长安经济法学文库

11

倪楠 著

中国农村食品安全监管制度实施问题研究

法律出版社
LAW PRESS·CHINA

编审委员会

主任　强　力

委员　（以姓氏笔画为序）

经邦济世　长治久安

（总序）

　　长安，作为一个地理名词，是指位于渭河平原中部，东经108.9°、北纬34.2°的关中平原地区。西汉至北周时期的长安城，位于今天西安市西北侧的龙首原，而隋唐长安城则坐落在今天的西安市区。长安，对于华人来说，似乎天然地带着浓厚的历史印记，成为一种中华文明的图腾与中国古代历史象征。这不仅仅是因为曾有13个古代王朝在这里定都，延续近千年的古都历史；更在于这自秦岭北坡向渭河平原上铺展开来的历史长卷中浸透的周秦风骨与汉唐血脉，在当时历史背景下所能达至的人类思想文化的交流、包容的自由境界，以及以文景之治、贞观之治、开元之治为代表的社会文明、安定、经济繁荣的程度。正如古斯塔夫·拉德布鲁赫所言："每一种法律思想都不可避免地带有它得以型塑的'历史气候'的标记，大多从一开始就被不知不觉地限定在历史可能性的界限之内，正是在此意义上它们与事物的性质相关联。"长安也不例外，我们无意人为地去美化和拔高长安在历史文化上的地位和意义，然而就与其紧密联系的特定历史时期而言，我们应当肯定古人的历史格局与视野。因此，我们在将这套丛书命名为"长安经济法学文库"时便带有了这种单纯的自傲与深深的自省。

　　西北政法大学创立于战火纷飞的1937年的红都延

安,1949 年南迁西安,即历史文化古城长安。一路走来,历经陕北公学、延安大学、西北人民革命大学、中央政法干校西北分校、西安政法学院、西北政法学院,今天的西北政法大学有新、老两个校区。老校区坐落于古城西安大雁塔校旁的长安南路上,谓之雁塔校区;新校区位于秦岭北麓的长安区韦郭路上,谓之长安校区。经济法学院是西北政法大学 12 个学院之一,创建于 1985 年 8 月,原名经济法系,是经司法部批准的全国首批设立的经济法系之一。1999 年 5 月,更名为法学二系(经济法方向)。2006 年 11 月学校更名为大学之后成立经济法学院。经济法学院现有教职员工 67 人,其中专业课教师 54 人,教辅人员 14 人;教授 9 人,副教授 22 人;博士 8 人,博士在读 14 人。我院现设有 1 个法学(经济法方向)本科专业和经济法学、环境与资源保护法、知识产权法学、劳动与社会保障法学 4 个硕士学位点;设经济法学、知识产权法学、环境与资源保护法学、财税金融法学、劳动法与社会保障法学、企业法与合同法学 6 个教研室;经济法学、房地产法学、金融法学、知识产权法学、环境与资源保护法学、法律经济学、劳动与社会保障法学、动物保护法学等 22 个研究中心。目前,已形成了在国内法学界具有重要影响的 7 个研究方向,即劳动与社会保障法研究方向、知识产权法与科技法研究方向、环境与资源保护法研究方向、金融法研究方向、房地产法研究方向、企业法研究方向、动物保护法学方向。目前,从综合实力上来讲,西北政法大学经济法学院已经成为全国有重要影响的法学院。

“长安经济法学文库”是西北政法大学经济法学院遴选本院教师的优秀研究成果,资助出版的一套学术丛书。其选题,涵盖了目前我院的经济法、劳动法与社会保障法、环境资源法、知识产权法及企业公司法 5 个学科。这套丛书的出版,首先,得益于经济法院近年来在科研学术水平上的不断提高和积累。学术研究是学校教学的基础,而创新则是学术研究的灵魂所在。经济法学院教师在学术研究中努力前行,追求创新,成果颇丰。在最近 5 年中共发表学术论文500 多篇,其中被核心期刊、中国人民大学书报资料中心《复印报刊资料》等刊物转载、转摘计 123 余篇;出版学术专著 17 部;获省部级奖励及其他获奖共 29项;目前承担科研项目共 55 项,其中国家级项目 7 项,省部级项目 16 项,厅级、校级项目 26 项。同时,我院教师出版教材 26 部,获省部级优秀教学成果奖 2项。其次,丛书的出版也得益于经济法重点学科的建设。近年来,经济法学院始终把学科建设作为龙头工作来抓,取得了良好的效果。我院经济法学学科1995 年被评为司法部重点学科,2001 年被评为省级重点学科。经济法学课程2003 年被评为陕西省首届省级精品课程,金融法学、知识产权法学课程 2006 年被评为省级精品课程,劳动法学和社会保障法学课程2010年5月被评为国家级精品课程,是全国唯一的劳动法与社会保障法学的精品课程。再次,丛书的出版也得益于经济法学院的人才培养计划。经济法学院实施传、帮、带的人才培养模式,支持、鼓励青年教师学业和教学科研水平提升。近3年来,专业教师中取得博士学位6名,博士在读的14名。收入本文库的部分著作,就是他们的博士学位论文中的精品。最后,丛书的出版也得益于法律出版社对西北政法大学经济法学院的支持和帮助。

经济法学是经世济民、安邦致用的学科,经济法学院则应是培养人才、创新学术和服务社会的园地。故而"经邦济世法魂系之,智识无涯学脉永续"是我们的办院宗旨。"长安经济法学文库"汇聚近年来西北政法大学经济法学院的科研成果,展示了经济法学院教师的教学科研能力,正是对我们学院宗旨的诠释。

公元前200年(汉高祖七年)2月,西汉朝廷正式迁入长安,"长安"之用意在于"欲其子孙长安都于此也"。而在2200多年后的今天,当我们编纂这套"长安经济法学文库"时,已经没有了封建帝王千秋万代家天下的美梦黄粱,取而代之的是现代社会主义法律人对于"经邦济世、长治久安"和谐社会的期冀。我想这是对"长安经济法学文库"最美好的祝福,也是对伟大祖国的最美好的祝福。

强　力*
长安静雅斋
2010年7月1日

* 西北政法大学经济法学院院长,教授。

前　　言

　　2015年4月24日新修订的《中华人民共和国食品安全法》(以下简称《食品安全法》)经第十二届全国人大常委会第十四次会议审议通过,从法律层面正式确立了我国现阶段对食品安全实施全程监管,将原有的分段监管体制变更为由农业部门和食药监部门按照不同环节的两段式监管体制,即农业部门履行食用农产品从种植、养殖到进入批发、零售市场或生产加工企业前的监管职责,而在生产、流通和消费环节,则由食品药品监督管理部门实施统一管理。从新中国成立后到现在,按照监管主体的不同,可以将我国食品安全监管体系总体划分为五个阶段:1949~1979年,以各主管部门管理为主,卫生行政部门管理为辅;1979~1992年,由行业主管部门负责,卫生行政部门监督;1992~2004年,以卫生部门主导,行政部门参与监管;2004~2012年,实行各部门分段监管;2013年至今,由食品药品监督管理部门统一监管。食品安全监管体系的不断改革和变化,主要是为了满足我国经济高速发展以及食品工业迅速增长的需要,特别是近10年来食品安全事件频发,已经危害到广大人民群众的生命健康和社会经济的可持续发展。自2009年以来,国家将食品卫生提升为食品安全国家战略,并不断加大处罚力度,进一步完善监管制度并大力更新技术检测手段,使城市中的食品市场秩序明显得到了改善和规范。但反观农村地区,食品安全事件仍然不断发生。造成这种状况的原因,主要体现在以下两个方面:第一,虽然《食品安全法》在全国范围内统一实施,但由于不同地区在经济和社会发展领域呈现出的不同发展状况,进而造成《食品安全法》在农村地区落实的过程中表现出监管能力、资金支持以及检测手段等方面的巨大差异。第二,2009 年版的《食品安全法》更加关注总体制度的建立,而 2015 年版的《食品安全法》则是对旧法的升级和进一步细化,而两部法律对农村领域的食品安全问题都没有给予更多有针对性的关注。同时,由于城乡二元结构的长期作用使农村食品市场普遍存在食品生产领域不规范、流通网络不健全、消费渠道单一,以及集市贸易、小商小贩、小作坊和大型聚餐等食品安全问题,这些问题已成为困扰农村地区食品安全监管的顽疾。因此,《食品安全法》在广大农村地区特别是中西部地区,主要表现出落实效果差、监管制度无法落实等问题。2016 年 8 月 26 日中共中央政治局召开会议,审议通过了"健康中国 2030"规划纲要,明确提出"要把人民健康放在优先发展的战略地位",这里所说的人民健康不仅指城镇居民还包括农村居民。因此,笔者认为,对农村地区食品安全问题的研究十分必要,对食品安全监管体系在农村地区配套制度的研究也有重大意义,这有利于进一步完善我国现有的食品安全监管体系以保障广大人民群众的生命健康和身体安全。

本书为 2014 年陕西省社会科学基金项目"食品安全监管制度在陕西农村地区的实施问题研究"(项目编号:2014F14)的核心研究成果,由法律出版社出版。

本书分为 4 篇,共 14 章。第一篇,食品安全法基本法律制度研究:第一章为食品安全法导论,介绍了本书的写作背景,对比分析了与食品安全相关的概念;第二章为食品安全法的产生和发展,归纳总结了国内外食品安全法律的演变过程以及发达国家食品安全立法的概况,并以法律依据变化为视角将新中国食品安全法的历史演进过程划分为萌芽时期(1949~1963 年)、发展时期(1964~1979 年)、完善时期(1981~2009 年)和成熟时期(2013 年至今)四个阶段;第三章为食品安全法的基本原理,对食品安全法学的基本原理进行了全面论述分析,对一直以来存在的食品安全基础理论方面的争论做了评述并提出了新的观点。第二篇,食品安全监督与管理制度研究:第四章为食品安全监督与管理法律制度概述,该章论述了现阶段世界其他国家和地区食品安全监管模式以及发展趋势,并对我国食品安全监管模式的历史演进过程进行了划分,详细说明了现阶段的不同监管主体和职能;第五章为食品安全风险监测和评估法律制度,分别研究了食品安全风险监测制度和食品安全风险评估制度;第六章为食品安全标准法律制度,介绍说明了世界主要发达国家的食品安全标准制度和发展趋势,并重点分析研究了我国食品安全标准制度和运行机制;第七章为食品生产经营者法律制度研究,分析研究了食品生产经营者法律制度以及与食品生产经营相关的 13 项法律制度;第八章为食品检验法律制度研究,分析研究了食品检验主体和运行机制;第九章为食品进出口法律制度研究,介绍了食品进口法律制度和食品出口法律制度;第十章为食品安全事故处置制度,介绍了食品安全事故应急预案和处置机制;第十一章为我国食品安全监管措施研究,概括总结了现阶段我国具体实施的 9 项食品安全具体监管措施。第三篇,陕西省农村地区食品安全现状研究,这是本次研究的核心内容和主要解决的实际问题:第十二章为陕西省农村地区食品安全发展状况总体评价,通过对陕西农村地区总体发展状况、食品安全监管制度在陕西省农村地区落实情况、陕西省落实食品安全监管制度的具体措施的分析和研究,进而对陕西省各地区农村食品安全状况作出了差异分析,对陕西省 83 个县市农村地区食品发展状况作出了评级;第十三章为陕西省各地市所辖农村地区食品安全发展状况评价,包括陕西省 10 个地市农村地区食品安全发展状况的具体分析和研究。第四篇,完善我国农村地区食品安全监管配套制度研究;第十四章为完善我国农村地区食品安全监管配套制度法律对策研究,研究了现阶段我国农村食品市场的发展状况、食品安全监管制度在我国农村地区实施中存在的不足,以及完善我国农村地区食品安全监管配套制度的法律建议。

本书是作者继 2013 年出版专著《食品安全法研究》,2016 年与舒洪水教授和苟震同志共同出版新《食品安全法研究》后,首部专门对我国农村地区食品安全具体问题进行研究的专著。在本书的撰写过程中,笔者碰到了极大的困难,这主要是由于现阶段无法全面地采集每一个地区,特别是偏远农村地区的小超市、小作坊、食品加工企业,以及流动性经营者的数量,用以证明不同地区食品市场的发展状况。在构建模型去描述农村地区食品安全发展状况时,也仅能从现有的经济、社会发展数据以及食品安全监管措施的落实程度去评价该地区农村食品安全的发展状况。这主要是因为,经济数据的好坏能够基本反映这个地区的基础条件、消费能力和监管保障设施的完备程度;社会保障制度的完善与否,能够直接反映该地区农村居民的生活状况和在食品领域的消费意愿;食品安全监管措施的落实程度,能够反映该地区监管主体的能力、效果和社会共治程度。同时,一个地区的食品安全状况和食品市场发展状况,又受到当地居民消费习惯、政府重视程度、地理位置,以及城乡一体化进程的影响。由于受到诸多现实因素和数据采集技术条件的制约,没有能够对所有数据都进行采集和计算成为笔者在评价陕西省 83 个县市农村地区食品安全发展状况时的一大遗憾。本书还有很多不足之处,对一些观点的论证可能不够严密,在此诚恳希望广大读者给予指正。

倪 楠

2017 年 6 月 5 日

目　录

第三篇　陕西省农村地区食品安全现状研究

第四篇　完善我国农村地区食品安全监管配套制度研究

第一篇

食品安全法基本法律制度研究

第一章　食品安全法导论

国以民为本,民以食为天,食以安为先。食品是人类赖以生存和发展的基本物质条件,这是国家安定、社会发展的根本要素。在任何一个国家,食品及其安全性都是上至国家领导,下至普通百姓共同关注的一个永恒话题。① 人的生命健康权是国家安全的基础,当出现食品不安全、环境污染的时候,人民是没有安全感的。人民有安全感,国家才有安全感。同时,食品安全也是国家稳定的基础,实践证明,食品不安全的时候,人民健康受到危害的时候,很容易产生群体的社会效应,这种放大的社会效应会影响整个社会的安全感,成为潜在的社会不稳定的因素。据国家统计局的数据统计,2015 年按可比价格计算,全国 39,647 家规模以上食品工业企业增加值同比增长 5.7%;实现主营业收入 11.35 万亿元,同比增长 4.6%;实现利润总额 8028.02 亿元,同比增长 5.9%;上缴税金总额 9642.93 亿元,同比增长 4.7%。经中国食品工业协会测算,2015 年度食品工业完成工业增加值占全国工业增加值的比重达 12.2%,对全国工业增长贡献率 10.8%,拉动全国工业增长 0.66 个百分点。而海关总署数据显示,2015 年我国食

---

① 参见张敬礼:《中华人民共和国食品安全法及实施条例讲座》,中国法制出版社 2009 年版,第 122~123 页。

品贸易整体呈现逆差,金额为2306.6亿元。[①] 随着我国经济社会的高速发展,未来食品产业将迎来一个高速发展期,同时也必将伴随出现大量的食品安全问题,我们需要有更加科学、高效的食品安全监管体制与之相适应。

一、食品

日常生活中食品的概念与法律中对食品含义的规定是不同的。研究食品安全法,首先需要对"食品"的含义进行界定。准确地界定"食品"的含义和区分相关概念,是研究食品安全法的首要条件。

(一)食品的概念

食品是一个动态的概念,在不同的年代有着不同的含义。对于什么是食品,无论是立法表述还是理论研究都有着不同的理解。古人云:"食,命也。"意思是说,凡是能够延续人体生命的物质,都可称为食品。《现代汉语词典》对食品的定义是:"商店出售的经过加工制作的食物",该定义强调了食品在现代社会中的生产销售特征。国际食品法典委员会(Codex Alimentarius Commission,CAC)将食品定义的外延作了扩大:"指用于人食用或者饮用的精加工、半加工或者未经加工的物质,并包括饮料、口香糖和已经用于制造、制备或处理食品的物质,但不包括化妆品、烟草或者制作为药品使用的物质。"在《中华人民共和国食品卫生法》(以下简称《食品卫生法》)中,食品是指各种供人食用或者饮用的成品和原料以及按照传统既是食品又是药品的物品,但不包括以治疗为目的的物品。《食品生产加工企业质量安全监督管理实施细则(试行)》第3条规定:"本细则所称食品是指经过加工、制作并用于销售的供人们食用或者饮用的制品。"而《食品工业基本术语》对食品的定义是:"可供人类食用或饮用的物质,包括加工食品、半成品和未加工食品,不包括烟草或只作药品用的物质。"广义的食品概念还涉及:所有生产食品的原料,食品原料种植,养殖过程接触的物质和环境,食品的添加物质,所有直接或间接接触食品的包装材料、设施,以及影响食品原有品质的环境。人们对食品含义的理解虽然各不相同,但都是从不同的角度共同揭示了食品的内涵,有利于人们对食品概念的理解。

2015年4月24日第十二届全国人民代表大会常务委员会第十四次会议修订的《中华人民共和国食品安全法》(以下简称《食品安全法》)基本沿用了2009

---

① 参见赵丽梅:《2015年度全国食品工业经济运行分析报》,载中国金融信息网:http://mt.sohu.com/20160229/n438889368.shtml.,最后访问日期:2016年2月29日。

年 2 月 28 日第十一届全国人大常委会第七次会议通过的《食品安全法》对食品的定义,同时,在《食品安全法》中更加准确地表述了既是食品又是药品的物品。《食品安全法》第 150 条第 1 款规定:"食品,指各种供人食用或者饮用的成品和原料以及按照传统既是食品又是中药材的物品,但是不包括以治疗为目的的物品。"在《食品安全法》的定义中,阐释了食品应具有以下法律特征:第一,食品是供人类所用的物品,而非供动物或其他所用的物品;第二,食品是供人类食用或者饮用的物品,而非供人类生存发展其他需要,如人类衣、住、行所需的物品;第三,食品既包括食物成品、原料,也包括按照传统既是食品又是中药材的物品,但不包括以治疗为目的的物品。符合以上特征的食品不仅包括经过加工制作的能够直接食用的各种食品,也包括按照传统既是食品又是中药材的物品,但不包括以治疗为目的的物品,这样就使食品与药品严格区别开来。参照国家标准 GB/T 7635—1987 规定,加工食品又可分为 18 类:(1)粮食加工品,如小麦粉、大米等;(2)食用植物油及其制品,如花生油、大豆油等;(3)肉加工品,如生、熟畜肉和禽肉等;(4)蛋制品,如蛋白粉、松花蛋;(5)水产加工品,如鱼类干制品、海带加工品;(6)食糖,如白糖、红糖;(7)加工糖,如冰糖;(8)糖果,如奶糖;(9)蜜饯果脯;(10)糕点;(11)饼干;(12)方便主食品,如方便面、面包;(13)乳制品,如奶粉、干酪、液体奶、酸奶;(14)罐头;(15)调味品,如味精、酱油、食醋、食盐;(16)其他加工食品,如粉丝、腐乳;(17)饮料,如葡萄酒、果汁、矿泉水;(18)茶叶。① 2002 年 3 月卫生部公布的《关于进一步规范保健食品原料管理的通知》,其中规定了既是食品又是中药材的物品等 80 余种,如山药、山楂、金银花;可用于保健食品的物品 114 种,如天麻、川贝母、三七、人参叶等。在《保健食品管理法》第 2 条中,明确指出,保健食品是指具有特定保健功能的食品。因此,保健食品是食品而非药品。

同时,从《食品安全法》的立法目的来看,直接可食用的初级农产品也应属于《食品安全法》的调整范围。

《食品安全法》第 2 条第 2 款规定:"供食用的源于农业的初级产品(以下简称食用农产品)的质量安全管理,遵守《中华人民共和国农产品质量安全法》的规定。但是,食用农产品的市场销售、有关质量安全标准的制定、有关安全信息的公布和本法对农业投入品作出规定的,应当遵守本法的规定"。《食品安全

---

① 参见中华人民共和国国务院新闻办公室:《中国的食品质量安全状况》白皮书,载国务院新闻办公室网:http://www.scio.gov.cn.Shtml.,最后访问日期:2007 年 8 月 20 日。

法》明确规定了食用农产品应遵守《中华人民共和国农产品质量安全法》(以下简称《农产品质量安全法》)的规定,食用农产品的市场销售、有关质量安全标准的制定、有关安全信息的公布和现行《食品安全法》对农业投入品作出规定的,一律适用《食品安全法》。《食品安全法》所增加的农业投入品,是指在农产品生产过程中使用或添加的物质。包括种子、种苗、肥料、农药、兽药、饲料及饲料添加剂等农用生产资料产品和农膜、农机、农业工程设施设备等农用工程物资产品。其中,涉及《食品安全法》对农业投入品作出的相关规定主要涉及第49条中建立健全农业投入品使用制度和相关禁止性要求。这就较好地解决了食用农产品监管部门和法律适用不明确的问题,有利于解决实践中的食用农产品执法和司法难题,也更好地保障了食用农产品的质量安全,充分体现了《食品安全法》所体现的全程控制原则。

(二)与食品相关的概念

1. 药品

根据《中华人民共和国药品管理法》(以下简称《药品管理法》)第101条关于药品的定义:药品是指用于预防、治疗、诊断人的疾病,有目的地调节人的生理机能并规定有适应症或者功能,主治、用法和用量的物质,包括中药材、中药饮片、中成药、化学原料药及其制剂、抗生素、生化药品、放射性药品、血清、疫苗、血液制品和诊断药品等。药品的定义明确界定了药品是以治疗为目的的物品。而《食品安全法》中所说的"按照传统既是食品又是中药材的物品"是指2002年3月卫生部公布的《关于进一步规范保健食品原料管理的通知》中列明的:第一种,既是食品又是药品的87种,如丁香、山药、杏仁、乌梅、金银花、百合、肉桂等。第二种,可用于保健食品的物品114种,如人参、人参果、三七、天麻、白术、丹参、川贝母等。同时,按照《保健食品管理法》的规定:"保健品是适宜于特定人群食用,具有调节机体功能,不以治疗疾病为目的的食品。"因此,保健品是具有特定保健功能的食品,不是药品。2013年国家卫计委组织对该名单进行了修订,形成了《按照传统既是食品又是中药材的物质目录(2013年)(征求意见稿)》,该文件将既是食品又是中药材的物品名更新为101种,保健食品的物品名单保持不变。

2. 不安全食品

根据2007年《食品召回管理规定》(国家食品药品监督管理总局令第12号)第3条的规定,不安全食品是指:"有证据证明对人体健康已经或可能造成危害的食品。"包括:(1)不符合食品安全标准的食品;(2)已经诱发食品污染、食源性疾病或对人体健康造成危害甚至死亡的食品;(3)可能引发食品污染、食源性疾病或对人体健康造成危害的食品;(4)含有对特定人群可能引发健康危害的成分而在食品标签和说明书上未予以标识,或标识不全、不明确的食品;(5)有关法律、法规规定的其他不安全食品。

3. 转基因食品

转基因食品是指"利用生物技术改良的动物、植物和微生物所制造或生产的食品、食品原料及食品添加物等。"①即针对某一或某些特性,以一些生物技术方式,修改动物、植物基因,使动物、植物或微生物具备或增强此特性,可以降低生产成本,增加食品或食品原料的价值。其包括:第一,转基因动植物(含种子、种畜禽、水产苗种)和微生物;第二,转基因动植物、微生物产品;第三,转基因农产品的直接加工品;第四,含有转基因动植物、微生物或者其产品成分的种子、种畜禽、水产苗种、农药、兽药、肥料和添加剂等产品。转基因食品是利用新技术创造的产品,也是一种新生事物。2001 年国务院颁布了《农业转基因生物安全管理条例》,规定国务院农业行政主管部门负责全国农业转基因生物安全的监督管理工作,国务院建立农业转基因生物安全管理部级联席会议制度、建立分级管理评价制度、建立农业转基因生物安全评价制度和标识制度。

4. 食品添加剂

世界各国对食品添加剂的定义不尽相同,联合国粮农组织(Food and Agriculture Organization of the United Nations, FAO)和世界卫生组织(World Health Organization, WHO)联合食品法规委员会对食品添加剂定义为:"食品添加剂是有意识地一般以少量添加于食品,以改善食品的外观、风味和组织结构或贮存性质的非营养物质。"②按照这一定义,以增强食品营养成分为目的的食品强化剂不应该包括在食品添加剂范围内。

按照《食品卫生法》第 54 条和《食品添加剂卫生管理办法》第 28 条以及《食品营养强化剂卫生管理办法》第 2 条和 2009 年《食品安全法》第 99 条,我国对食品添加剂定义为:"食品添加剂,指为改善食品品质和色、香和味以及为防腐、保鲜和加工工艺的需要而加入食品中的人工合成或者天然物质。"它具有以下三个特征:一是加入到食品中的物质,因此,它一般不单独作为食品来食用;二是既包括人工合成的物质,也包括天然物质;三是加入到食品中的目的是为

---

① 张忠明:《转基因食品标识阈值问题研究》,载《食品科学》2015 年第 9 期。
② 付玉明:《食品添加剂的安全标准与罪量判断》,载《法学杂志》2016 年第 8 期。

改善食品品质和色、香、味以及为防腐、保鲜和加工工艺的需要。而 2015 年《食品安全法》第 150 条规定："食品添加剂,指为改善食品品质和色、香和味以及为防腐、保鲜、加工工艺的需要而加入食品中的人工合成或者天然物质,包括营养强化剂。"2015 年《食品安全法》中所列的营养强化剂是指为增强营养成分而加入食品中的天然的或者人工合成而属于天然营养素范围的食品添加剂。

2011 年卫生部公告发布了《食品添加剂使用标准》(GB 2760—2011)包括食品添加剂、食品用加工助剂、胶姆糖基础剂和食品用香料等 2314 个品种,涉及 16 大类食品、23 个功能类别。主要分为 6 类:(1)为防止食品的污染、预防食品腐败变质的发生而添加的防腐剂、抗氧化剂;(2)为改善食品的外观而添加的着色剂、漂白剂、乳化剂、稳定剂;(3)为改善食品的风味而添加的增味剂、香料等;(4)为满足食品加工工艺的需要而采取的酶制剂、消泡剂和凝固剂等;(5)为增加食品的营养价值使用的营养剂;(6)其他,如为满足糖尿病患者而使用的无糖的甜味剂。2014 年 12 月 31 日国家卫计委发布了《食品安全国家标准 食品添加剂使用标准》(GB 2760—2014),该标准将替代 2011 年版本并于 2015 年 5 月 24 日起实施。与 2011 年版相比,新版标准涉及食品用香料香精部分的主要变化有以下几点:第一,允许使用食品用香料品种数量发生变化,删除了八角茴香、牛至、甘草根、中国肉桂、丁香、众香子、莳萝籽等天然香料品种;增加了异戊酸异丙酯等 24 种合成香料。第二,不得添加食品用香料、香精的食品名单发生变化,增加"16.02.01 茶叶、咖啡"。第三,部分香料名称发生变化,如"杭白菊油"修改为"杭白菊花油"。第四,引用标准发生变化,如食品用香精标签应符合相关标准规定。① 但值得注意的是,在新标准中规定:"将食品营养强化剂调整由其他相关标准进行规定。"

5. 食用农产品

食用农产品是指来源于农业活动的初级产品,即在农业活动中获得的、供人食用的植物、动物、微生物及其产品。② "农业活动"既包括传统的种植、养殖、采摘、捕捞等农业活动,也包括设施农业、生物工程等现代农业活动。"植物、动物、微生物及其产品"是指在农业活动中直接获得的以及经过分拣、去皮、剥壳、粉碎、清洗、切割、冷冻、打蜡、分级、包装等加工,但未改变其基本自然性

---

① 罗兵:《新国标将于 5 月实施》,载新华网:http://www.xinhuanet.com/food/2015 – 01/05/c_127358492.htm.,最后访问日期:2015 年 1 月 5 日。

② 田林:《食用农产品安全监管问题的立法比较研究》,载《食品科学》2015 年第 9 期。

状和化学性质的产品。① 食用农产品质量安全监管体制调整后,《农产品质量安全法》规定的食用农产品进入批发、零售市场或生产加工企业后的质量安全监管职责由食品药品监管部门依法履行,农业行政主管部门不再履行食用农产品进入市场后的相应质量安全监管职责,由食品药品监管部门履行好食用农产品进入批发、零售市场或生产加工企业后的监管职责。现行的食用农产品质量安全分段监管,不包括农业生产技术、动植物疫病防控和转基因生物安全监督管理。农业部门根据监管工作需要,可进入批发、零售市场开展食用农产品质量安全风险评估和风险监测工作。②

6. 无公害食品、有机食品、绿色食品

目前,在市场上无公害食品、有机食品、绿色食品同时存在,这三类食品既有相似之处,也有明显区别。

第一,无公害食品。无公害食品指的是"无污染、无毒害、安全优质的食品,在国外称无污染食品、生态食品、自然食品。无公害食品生产地环境清洁,按规定的技术操作规程生产,将有害物质控制在规定的标准内,并通过部门授权审定批准,可以使用无公害食品标志"。③ 农业部 2001 年制定、发布了 73 项无公害食品标准,2002 年制定了 126 项、修订了 11 项无公害食品标准,2004 年又制定了 112 项无公害标准。无公害食品标准内容包括产地环境标准、产品质量标准、生产技术规范和检验检测方法等,标准涉及 120 多个(类)农产品品种,大多数为蔬菜、水果、茶叶、肉、蛋、奶、鱼等关系城乡居民日常生活的"菜篮子"产品。2013 年农业部根据《食品安全法》相关规定,对无公害食品标准进行了清理,决定自 2014 年 1 月 1 日起停止施行《无公害食品 葱蒜类蔬菜》等 132 项标准。④此 132 项标准实际上是无公害食品农业行业标准,主要是为了解决市场上很多由无公害农产品加工而成的食品常常以"无公害食品"为名头的问题,随着这 132 项行业标准的废止,对应的无公害食品认证也将终止。2013 年 2 月 8 日农业部农产品质量安全中心还发出"农质安发〔2013〕9 号"文件,要求进一步规范无公害农产品认证申请工作;同时启用新版的《无公害农产品产地认定与产品

---

① 参见魏炳:《现代农业的发展方向——农业信息化》,载《河南农业》2016 年第 28 期。

② 参见冯建国:《我国无公害食品发展现状及其开发前景》,载《山东农业科学》2001 年第 6 期。

③ 全国畜牧总站质量标准与认证处:《无公害农产品生产质量安全控制通用规程》,载《中国畜牧业》2015 年第 18 期。

④ 参见《无公害农业的产生和发展》,载农村网:http://www.nongcun5.com/news/20111211/17387.html.,最后访问日期:2011 年 12 月 11 日。

认证申请书(2013 年)》。

第二,有机食品。有机食品也叫生态或生物食品等。有机食品是目前国际上对无污染天然食品比较统一的提法。有机食品通常是来自有机农业生产体系,根据国际有机农业生产要求和相应的标准生产加工的。除有机食品外,现阶段国际上还把一些派生的产品如有机化妆品、纺织品、林产品或有机食品生产而提供的生产资料,包括生物农药、有机肥料等,经认证后统称有机产品。目前经认证的有机食品主要包括一般的有机农产品(如粮食、水果、蔬菜等)、有机茶产品、有机食用菌产品、有机畜禽产品、有机水产品、有机蜂产品、有机奶粉。①国内市场销售的有机食品主要是蔬菜、大米、茶叶、蜂蜜、羊奶粉等。

第三,绿色食品。绿色食品,是指"在无污染的生态环境中种植及全过程标准化生产或加工的农产品,严格控制其有毒有害物质含量,使之符合国家健康安全食品标准,并经专门机构认定,许可使用绿色食品标志的食品"。绿色食品标准分为两个技术等级,即 AA 级绿色食品标准和 A 级绿色食品标准。AA 级绿色食品标准要求:生产地的环境质量符合《绿色食品产地环境质量标准》,生产过程是通过使用有机肥、种植绿肥、作物轮作、生物或物理方法等技术,培肥土壤、控制病虫草害、保护或提高产品品质,从而保证产品质量符合绿色食品产品标准要求。A 级绿色食品标准要求:生产地的环境质量符合《绿色食品产地环境质量标准》,生产过程中严格按绿色食品生产资料使用准则和生产操作规程要求,限量使用限定的化学合成生产资料,并积极采用生物学技术和物理方法,保证产品质量符合绿色食品产品标准的要求。②

二、食品安全

人类对食品安全的认识是一个漫长的社会实践过程,它随着人类认识自然和改造自然能力的不断增强而不断深化。在古代,不同国家对食品安全的概念有不同的理解,正因如此,有的学者指出:"关于食品安全的严格定义,国内外有较多看法,存在不小的差异,而今尚无一个明确而统一的定义。"在人类文明社会早期,由于缺乏科学指导以及人类认识自然能力的局限性,对食品安全的认识只能以长期的生活实践为基础,形成了一些禁忌性规定,但这些禁忌性规定

---

① 参见杨楠:《消费者有机食品购买行为影响因素的实证研究》,载《中央财经大学学报》2015年第 5 期。

② 参见王宗英、周大森:《关于绿色食品检查员信息化建设发展趋势的思考》,载《食品安全导论》2015 年第 36 期。

并非法律,而是人类长期生活实践经验的总结。早在 2500 年前的春秋时期,孔子曾总结出"五不食原则":"鱼绥而肉败,不食;色恶,不食;臭恶,不食;失饪,不食;不时,不食。"孔子所说的食品安全是指食品质量安全,是一种经验性的认识,是人类长期生活实践经验的总结,但是不可能将食品安全上升到科学的高度,更不可能成为法律。与此同时,由于人们宗教信仰的不同,也产生了对某些食品的禁忌性规定,在《旧约全书·利未记》中明确规定禁止食用猪肉、任何腐食动物或死禽肉等。①

随着社会生产力发展水平的提高,人们生产的食物除了供给自己以外开始有了剩余,于是食品贸易应运而生。这一时期人们开始关注食品安全,但不是食品质量安全,而是食品数量安全,严禁食品销售缺斤短两。因此,古撒玛利亚(Samarians)法律规定,如果旅店店主没有向顾客提供足量的啤酒,将会受到砍手的处罚。由于处罚严厉,人们在销售食品时不敢轻易缺斤短两。但后来人们发现,在食品掺假掺杂也可以获取更多的利润,个别利欲熏心的食品经营者开始掺假掺杂以牟取暴利。② 德奥弗拉斯特(Theophrastus,公元前 370 ~ 公元前 285 年)写过一本植物学的专著——《植物调查》(Enquiry into Plants)。在这本著作里,作者讨论了如何在食品中使用人工防腐剂、调味剂以及食品掺假行为等。公元 400 年,罗马民法规定,销售掺假食品者将被驱逐出境或沦为奴隶。由于对销售掺假食品者处罚力度的加大,掺假食品大为减少。但由于利益的驱使,食品经营者发现销售过期变质的食品不易被人们发现,这样社会上就出现了变质的食品,危害人们的身体健康,于是国家又通过法律的方式规制销售变质食品的行为。据《唐律疏议》第 18 卷记载:"脯肉有毒,曾经病人,有余者速焚之,违者杖九十;若故与人食并出卖,令人病者,徒一年,以故致死者绞;即人自食致死者,从过失杀人法。盗而食者,不坐。"③

总体来看,以食品安全为主要目标的专项立法主要出现在近现代,这主要由于在经济和社会制度尚不发达的古代,人们对食品更多的关注主要集中在解决温饱。因此,这些规制食品安全领域的法律制度往往以规定和法条的形式出现,以维护交易安全和市场秩序为目的。例如,有关销售食品计量的规定,即保证不缺斤短两;有关食品掺假的规定,即不得在食品中掺假掺杂;遵守宗教信仰的规定,即信仰宗教的人士不得食用某些食品;有关于食品质量安全的规定。

① 参见崔锐利:《食品安全存在的问题与卫生监督措施》,载《中国卫生农业》2015 年第 30 期。
② 参见赵文斌:《食品质量安全发展的历史》,载《中国标准导报》2014 年第 8 期。
③ 安敏、徐鹏:《〈唐律疏议〉"禁食"思想述论》,载《农业考古》2018 年第 1 期。

在这一时期,人们对于食品安全的理解比较单一化,这也符合当时农业社会的经济背景。

到了近代社会,由于人口数量的急剧增加,农业生产方式落后,水灾、旱灾、风灾等各种自然灾害频繁发生,严重影响农业生产,人们生产的食物已经满足不了自身的需求,导致人类历史上的大饥荒,饥饿就像幽灵一样困扰着人类的生存。此时,人们已将食品安全的重点放在数量安全或者供给安全方面,而将质量安全放在次要地位。① 1945 年 10 月 16 日联合国粮食与农业组织(Food and Agriculture Organization of the United Nations,FAO)在加拿大魁北克成立,其主要目标是让世界摆脱饥饿,实现粮食供需安全。但直到 1974 年 11 月,FAO 在世界粮食大会上通过《世界粮食安全国际约定》,第一次提出了"食物安全"的概念。其定义为:"保证任何人、在任何时候都能得到为了生存和健康所需要的足够粮食。"同时还提出了一个粮食安全系数,即世界粮食结转库存(期末库存)至少相当于当年粮食消费量的 17% ~18% ,在 17% 以上为安全,低于 17% 则为不安全,低于 14% 为粮食紧急状态。最初的粮食安全的概念,主要指的是数量要求,即必须有足够的物质保证。② 由于在 1970 年经历了自第二次世界大战以来最严重的粮食危机,所以 1974 年 11 月的世界粮食生产大会通过的《消除饥饿与营养不良世界宣言》与《世界粮食安全国际约定》,一致认为,消除饥饿是国际大家庭中每个国家,特别是发达国家和有援助能力的其他国家的共同目标,保证世界粮食安全是一项国际性的责任。

然而,随着世界经济和社会的发展以及科技的进步,人人能够"获得足够、安全和富有营养的食物"又成了人们奋斗的目标。粮食与食物安全的概念,也随着人们生活水平的提高而发生了变化。1983 年 FAO 又将食物安全的最终目标确定为:"确保所有人在任何时候都有能力获得他们所需要的基本食物。"时任 FAO 总干事的爱德华·萨乌马对"确保所有人在任何时候既买得到又买得起他们所需要的基本食品"解释时说,这个概念包括四项具体要求:第一,确保生产足够多的食品(Availability of Food),即为适应人口增长和饮食结构变化提供持续有保障的食品供应能力;第二,最大限度地稳定食品供应(Sustainability of Food Supply),即确保市场食品价格稳定并处于合理水平之下,使消费者能够承担得起;第三,确保所有人都能获得满足基本营养需求的食

---

① 参见孙文:《食品安全问题的历史分析及现实意义》,载《中国标准导报》2014 年第 8 期。
② 参见张秋柳:《食物安全:基于食品系统理论的探讨》,载《中国人口·资源与环境》2011 年第 9 期。

品(Accessibility to Food),这包括两个方面的含义:一是有足够的食品供应以满足消费者的需求,二是消费者有足够的购买力,能够买得起自己所需的食品;第四,食品质量安全(Food Safety/Quality an Preference),即消费者所购买和消费的食品是安全的、高质量的,并符合其消费偏好。也就是说,为确保粮食安全,既要发展生产,提高粮食供应量,又要建立起稳定的粮食供应机制,同时还要不断增加收入,提高购买力。这一论述使粮食安全的概念更加丰富,目标更加明确。①

1996 年 11 月世界粮食首脑会议通过的《世界粮食安全罗马宣言》和《世界粮食首脑会议行动计划》,对世界食物安全的表述为:"只有当所有人在任何时候都能够在物质上和经济上获得足够、安全和富有营养的食物,来满足其积极和健康生活的膳食需要和食物喜好时,才实现了食物安全。"可见,经过 20 余年的发展,"食物安全"的概念已经发生了很大变化。②

实际上,FAO 最初提出食品安全保障(Food Security)的概念时,已经涵盖了食物供需平衡和营养平衡及食品质量安全。但由于当时全世界正面临着严重的粮食危机,我国粮食也长期短缺,就将"Food Security"翻译为"粮食安全"。但在 20 世纪 80 年代,我国及其他国家的温饱问题得到解决以后,"粮食安全"一词已经不能全面表达"食品安全"的内涵,尤其是当今社会环境污染、食品污染,以及重大食品安全事件频繁发生,"食品安全"已成为当今世界关注的热点。

如前所述,关于食品安全的概念,不仅有关国际组织有不同的认识,学术界也有不同的看法。联合国粮食及农业组织(FAO)对食品安全的定义是:"为每个人在任何时候都能得到安全的和富有营养的食物,以维持一种健康、活跃的生活。"世界银行对食品安全的定义为:"所有人在任何时候都能获得足够的食品,保证正常的生活。"国际食品卫生法典委员会将食品安全定义为:"食品安全是指消费者在摄入食品时,食品中不含有害物质,不存在引起急性中毒、不良反应或潜在疾病的危险性;或者是指食品中不应包含有可能损害或威胁人体健康的有毒、有害物质或因素,从而导致消费者急性或慢性中毒或感染疾病,或产生危及消费者及其后代健康的隐患。"世界卫生组织从食品卫生的角度,将食品安全定义为:确保食品消费对人类健康没有直接或潜在的不良影响;从食品质量安全的角度考虑,又将食品安全界定为"对食品按其原定用途进行制作、食用时

---

① 参见苏永旭:《试论丘吉尔的第二次世界大战回忆录》,载《周口师范学院学报》2002 年第 6 期。

② 参见郭亮:《世界粮食现状及粮食供求展望》,载《农业世界》2015 年第 1 期。

不会使消费者健康受到损害的一种担保"。①

在学术界,人们对食品安全的概念也有不同的理解,概括起来有狭义与广义之分。广义的食品安全是指食品数量安全、食品质量安全、食品来源可持续性安全和食品卫生安全。狭义的食品安全仅指食品质量安全或食品的卫生安全。

第一,食品数量安全,亦称食品安全保障,是指一个单位范畴(国家、地区或家庭)能够生产或提供维持其基本生存所需的膳食需要,从数量上反映居民食品消费需求的能力。它通过这一单位范畴的食品获取能力来反映,以发展生产、保障供给为特征,强调食品数量安全是人类的基本生存权利。食品数量安全问题在任何时候都是各国,特别是发展中国家所需要解决的首要问题,事关国家存亡,没有哪一个国家不重视食品数量安全,特别是像中国这样的人口大国,食品数量安全尤其重要。令人鼓舞的是,经过世界各国多年坚持不懈的努力,目前全球食品数量安全问题从总体上基本得以解决,食品供给已不再是主要矛盾,虽然不同地区与不同人群之间仍然存在不同程度的食品数量安全问题。②

第二,食品质量安全,是指一个单位范畴(国家、地区或家庭)从生产或提供的食品中获得营养充足、卫生安全的食品消费以满足其正常生理需要,即维持生存生长或保证从疾病、体力劳动等各种活动引起的疲乏中恢复正常的能力。食品质量安全状态,就是一个国家或地区的食品中各种危害物对消费者健康的影响程度,它以确保食品卫生、营养结构合理为特征。强调食品质量安全是人类维持健康生活的权利,随着食品数量供应得到保障,维护食品质量安全的要求日益变得迫切,全世界面临着控制食品安全的严峻考验。③

第三,食品来源的可持续性安全。从发展的角度要求食物的获取注重对生态环境的良好保护和资源利用的可持续性,即确保食物来源的可持续性。食品是人类的生存基础,它能否可持续获取关系人类未来的生存和发展。每一个国家都必须保护好环境,合理利用自然资源,切实保障食品的可持续获取,使食品供给既能满足当代人的需求,又不对满足后代人的需求产生威胁。可见,食品

---

① 丁声俊、朱立志:《世界粮食安全问题现状》,载《中国农村经济》2003 年第 3 期。

② 参见王可山:《食品安全信息问题研究述评》,载《经济学动态》2012 年第 8 期。

③ 参见鲁捷:《关于完善我国食品安全监管机制的思考》,载《中国农村卫生事业管理》2011 年第 3 期。

的可持续获得是食品数量安全的内容之一,已经成为食品安全的重要内容。①

第四,食品卫生安全,是指为防止食品在生产、收获、加工、运输、贮藏、销售等各个环节被有害物质(包括物理、化学、微生物等方面)污染,使食品有益于人体健康所采取的各项措施。食品卫生安全主要是防止在食品中出现威胁人类健康的有毒有害因素,保护人类健康,提供有益健康的食品。②

2006年2月27日国务院制定《国家重大食品安全事故应急预案》将食品安全定义为:"食品中不应包含有可能损害或威胁人体健康的有毒、有害物质或不安全因素,不可导致消费者急性、慢性中毒或感染疾病,不能产生危及消费者及其后代健康的隐患。"可见在该预案中,食品安全主要是指食品质量卫生安全。它既包括生产安全,也包括经营安全;既包括结果安全,也包括过程安全;既包括现实安全,也包括未来安全。但该预案对食品安全的定义不包括食品可持续性安全。而《食品安全法》第150条第2款规定:"食品安全指食品无毒、无害,符合应当有的营养要求,对人体健康不造成任何急性、亚急性或者慢性危害。"同时,2015年3月15日国家食品药品监督管理总局发布了《食品召回管理办法》,该办法第3条前半部分规定:不安全食品是指"食品安全法律法规规定禁止生产经营的食品以及其他有证据证明可能危害人体健康的食品"。

通过上述分析可知,从食品安全的概念提出到现在,社会经济发生了巨大变化,人们对"食品安全"概念的认识也不断深化。从最初将食品安全简单地理解为数量安全,到现在对食品安全概念的综合理解,尽管人们并没有取得一致的认识,但食品安全的内涵包括了几个大的方面:(1)从数量的角度来看,要求人们既能买得到又买得起需要的基本食物;(2)从质量的角度来看,要求食物的营养全面、结构合理、卫生健康;(3)从发展的角度来看,要求食物的获取注重生态环境的保护和资源利用的可持续性;(4)从监管角度来看,要求实现食品从农田到餐桌,从生产、加工、消费到出口环节的全过程监管。③

近年来,我国频繁发生重大食品安全事件,例如,"苏丹红"事件、"三聚氰胺毒奶粉"事件、"瘦肉精"事件,以及近期的"真假砒霜""地沟油"等事件,无不充分说明,食品安全已经成为严重影响公众身体健康和生命安全的重要问题。食

---

① 参见崔卓兰、宋慧宇:《中国食品安全监管方式研究》,载《社会科学战线》2011年第2期。

② 参见王辉霞:《食品安全多元治理法律机制研究》,知识产权出版社2012年版,第189~192页。

③ 参见周开国、杨海生、伍颖华:《食品安全监督机制研究——媒体、资本市场与政府协同治理》,载《经济研究》2016年第9期。

品安全事件屡屡发生，已经引发社会公众对食品安全的恐慌，对国家和社会稳定，并对经济的良性发展造成了巨大冲击。食品安全是随着人们生活水平的不断提高、不断变化的一个动态发展的概念。长期以来，对于食品，我们一直关心的是能不能解决人们的温饱问题，而对于环境污染、农药残留、化肥使用、添加剂等的反应并不突出。在 21 世纪，我们解决了温饱问题，是否吃好、吃的更安全成为人们关注的焦点，食品安全也有了新内涵。但在本章中，我们仅从法律意义来理解食品安全的概念，即食品安全，是指食品不仅应当无毒、无害，符合应有的营养要求，对人体健康不造成任何急性、亚急性或者慢性危害，且不存在任何掺假掺杂物质或非法添加任何物质。① 这一食品安全的概念包含以下要素：

第一，食品应当无毒无害。"无毒无害"，是指正常人在正常食用情况下摄入可食状态的食品，不会造成对人体的危害。无毒无害不是绝对的，允许食品中含有少量的有毒有害物质，但不得超过国家食品安全标准规定的有毒有害物质的限量。这是由食品的特性所决定的，因为食品是一种"经验产品"甚至是"后经验产品"。对于一种食品，消费者只有购买并食用之后才能对其效用作出比较准确的评价，有时由于残留的剂量比较小和潜伏期的存在，消费者在食用后仍不能立即对该食品的效用做出准确的评价，有的要等到几十年后才能知晓结果。因此，食品不能含有任何对人体造成任何危害的成分，必须保证不致人患急、慢性疾病或者潜在性危害。但在判定食品是否为无毒无害时，应排除某些过敏体质的人食用某种食品而产生的毒副作用。②

第二，食品符合应具有的营养要求。营养要求不但应包括人体代谢所需的蛋白质、脂肪、碳水化合物、维生素、矿物质等营养素的含量，还应包括该食品的消化吸收率和对人体维持正常的生理的调节作用。如过期的奶粉，溶解度降低，消化吸收率低，易引起婴儿腹泻，即属于不符合应有的营养要求。

第三，对人体健康不造成任何急性、亚急性或者慢性危害。

第四，不存在任何掺假掺杂物质或非法添加剂。即使这些掺假掺杂物品与添加剂对人体健康没有任何危害，只要是法律没有规定允许添加，都属于违法的，该添加行为都要受到法律处罚。

此外，与"食品安全"相对应的概念是"食品污染"。食品污染，是指"食品

---

① 参见杨银柱：《论我国食品安全监管制度及其创新》，载《法制与社会》2011 年第 21 期。
② 同上。

从原料的种植、生长到收获、捕捞、屠宰、加工、贮存、运输、销售到食用前的整个过程的各个环节,都有可能被某些有毒有害物质的侵袭,造成食品安全性、营养性或感官性状发生改变,并含有(或人为添加)对人体健康产生急性或慢性危害的物质"。① 食品污染按外来污染物的性质可分为生物性污染、化学性污染和放射性污染三大类。

1.生物性污染

生物性污染,是指"食品在加工、运输、贮藏、销售过程中被微生物及其毒素污染"。生物性污染主要有:微生物污染、植物自身污染、昆虫污染等。

首先,食品微生物污染。食品微生物污染,是指"食品在加工、运输、贮藏、销售过程中被细菌与细菌毒素、霉菌与霉菌毒素和病毒微生物及其毒素污染"。食品微生物污染,主要包括细菌及细菌毒素污染和霉菌及霉菌毒污染。因此,了解微生物污染源及污染途径,对于维护人体健康,加强食品安全监管具有非常重要的意义。一般来说,污染食品的微生物来源可分为土壤、空气、水、操作人员、动植物、加工设备、包装材料等方面。

其次,植物自身污染。植物自身污染是可导致食物中毒的食用植物污染,主要有三种:(1)将天然含有对人体有毒有害成分的植物或其加工制品当作食品食用,如桐油、毒蘑菇、大麻油等;(2)将加工过程中未能破坏或除去有毒有害成分的植物当作食品,如木薯、苦杏仁等;(3)在一定生产条件下,产生了大量有毒有害成分的可食植物性食品,如发芽的马铃薯等。

最后,昆虫污染。污染食品的昆虫主要包括粮食中的甲虫、螨类、蛾类,以及动物食品和发酵食品中的蛆等。污染食品的寄生虫主要有绦虫、旋毛虫、中华枝睾吸虫和蛔虫等。污染源主要是病人、病畜和水生物。污染物一般是通过病人或病畜的粪便污染水源或土壤,然后再使家畜、鱼类和蔬菜受到感染或污染。粮食和各种食品的贮存条件不良,容易滋生各种仓储害虫。如粮食中的甲虫类、蛾类和螨类;鱼、肉、酱或咸菜中的蝇蛆,以及咸鱼中的干酪蝇幼虫等。枣、栗、饼干、点心等含糖较多的食品特别容易受到侵害。昆虫污染可使大量食品遭到破坏,但尚未发现受昆虫污染的食品对人体健康造成显著的危害。②

2.化学性污染

化学性污染,是指"农用化学物质、食品添加剂、食品包装容器与材料和工

---

① 刘宏成:《论我国食品安全监管制度的反思与重构》,载《法制与社会》2011年第29期。
② 参见张波:《食品污染与食品安全初探》,载《食品安全导刊》2015年第27期。

业废弃物的污染,汞、镉、铅、砷、氰化物、有机磷、有机氯、亚硝酸盐和亚硝胺及其他有机或无机化合物等所造成的污染,以及食品在烘烤、熏、腌、腊制中使用高温烹调不当产生的致癌物质、食品加工机械管道等造成的污染"。① 化学性食物中毒的发病率仅次于细菌性食物中毒,最常见的是因农药、化肥、鼠药、亚硝酸盐及镉、铅、砷等有毒化学物质大量混入食品所致。这类食物中毒的症状比较严重。化学性污染物对人体的危害有急性危害、慢性危害和远期危害三种。急性危害时表现为集体性食物中毒,污染物有农药、金属铅、铜、砷、汞等。慢性危害主要发生在砷、汞、镉等金属的长期摄食的情况下。远期危害主要表现为致畸、致癌、致突变的"三致"后果。造成化学性污染的原因有以下几种:(1)农业用化学物质的广泛应用和使用不当;(2)使用不合卫生要求的食品添加剂;(3)使用质量不合卫生要求的包装容器;(4)工业的不合理排放所造成的环境污染也会通过食物链危害人体健康。②

3. 放射性污染

放射性污染,是指"由于人类活动造成物料、人体、场所、环境介质表面或者内部出现超过国家标准的放射性物质或者射线"。食品的放射性污染,是指"食品吸附或吸收外来的(人为的)放射性核素,使其放射性高于自然本色"。放射性核素通过食物链,可以进行生物富集作用。放射性污染通过食品污染而进入人体内,可以导致血液改变,组织病变,甚至致癌、致畸等,威胁人体健康。值得注意的是,通过食品进入人体的放射性物质一般多为小剂量的,虽不如大剂量剧烈,但同样可引起血液变化(如白细胞下降,中性粒细胞和血小板减少,骨髓细胞、网织细胞明显增多等)、性机能减退、生育能力障碍,以及发生肿瘤和缩短寿命等。虽外,进入机体的放射性核素还可以参与同族化学性质近似元素的代谢,如锶90和铯137可分别参与体内钙和钾的代谢。这种参与机体代谢的放射性污染称为结构性污染,它的危害性更大。③

食品中的放射性物质,既有来自地壳中的放射性物质,称为"天然本底"。也有来自核武器试验和利用放射能所产生的放射性物质,即人为的放射性污染。④食品可以吸附或吸收外来的放射线核素,主要以半衰期较长的 ^{139}Cs 和 ^{90}Co 最具

---

① 胡颖廉:《食品安全治理的三个战略视角》,载《中国党政干部论坛》2015 年第 10 期。
② 参见潘金环:《食品化学性污染的危害及对策》,载《中国卫生法制》2001 年第 6 期。
③ 参见赵莉:《食品中的化学污染因素及其解决方法》,载《科技信息》2010 年第 36 期。
④ 参见边洪彪:《日本制定食品中核放射性物质标准的演变过程》,载《中国标准化》2012 年第 6 期。

卫生学意义。据统计,天然本底放射性核素已经超过 40 种,它们分布于空气、土壤与水体中,也参与外环境与生物体间的物质交换过程。因此,动植物体内均有不同程度的放射性核素存在。人为的放射性污染主要来自核爆炸的沉降尘、核工业与其他工农业生产活动、医学与其他科学实验中使用核素后的废弃物(水、气、渣)污染、意外事故泄漏等。核爆炸试验、核爆炸裂变产物中具有卫生学意义的核素,一般产量大、半衰期较长,摄入量较高,或者虽然产量小但在体内排出期长,如锶 89、锶 90、铯 137、碘 131 等。核试验后,这些放射性物质能较长时期存在于土壤和动植物组织中。核工业和其他工农业、医学和科学实验中使用放射性核素处理不当时,均可通过"三废"排放,污染环境进而污染食品。因此,意外泄漏事故和地下核试验冒顶等造成环境及食物的污染,也是食品的放射性污染途径之一,这种情况可使食品中存在大量放射性核素。

三、食品安全法

在 2013 年 12 月召开的中央农村工作会议上,习近平总书记明确提出,"能不能在食品安全问题上给老百姓一个满意的交代,是对我们执政能力的重大考验"。近年来,我国始终将食品安全作为国家治理和社会发展的重大问题,其战略地位和重要意义不断重申和提升。特别是,继党的十八大强调食品安全"关系群众的切身利益、问题较多""改革和完善食品安全监管体制机制"以来,党的十八届三中全会将食品安全纳入"公共安全体系"并作为国家治理体系的重要组成部分,党的十八届四中全会从食品安全法律法规完善、综合执法、综合治理等多角度强调食品安全治理的法治化,党的十八届五中全会更是明确提出"实施食品安全战略,形成严密高效、社会共治的食品安全治理体系,让人民群众吃得放心"。党的十八大报告明确指出,依法治国是治国理政的基本方式。党的十八届四中全会强调"依法治国……是实现国家治理体系和治理能力现代化的必然要求"。食品安全治理是探索国家治理体系和治理能力现代化的"最佳试验田"。这不仅因为食品安全涉及多个环节、多个社会主体、多种调整手段,这些环节、主体和方式相互关联,每个要素都对食品安全产生直接影响,必须进行宏观设计和整体布局,采用治理的视角来审视食品安全问题及其改革路径。①

我国的食品安全立法经历从无到有,逐步完善的发展过程。据初步统计,1949 年至 2015 年,我国部级以上机关所颁布的有关食品安全方面的法律、法

---

① 　根据习近平在 2013 年 12 月中央农村工作会议上的讲话整理。

规、规章、司法解释,以及各类规范性文件等多达 840 篇。其中,基本法律法规 107 篇、专项法律法规 683 篇、相关法律法规 50 篇。大致分为三个阶段:第一阶段(1949～1963 年)是食品卫生立法的起始阶段,陆续颁布了一批零散的卫生标准和管理办法,使食品卫生法规从无到有发展起来。第二阶段(1964～1979 年)是食品安全立法的发展阶段,改革开放后(1978 年 12 月后)共发布 832 篇。特别是 1979 年国务院正式颁布了《食品卫生管理条例》,推动了全国食品卫生工作的展开。第三阶段(1981～2015 年),是食品卫生法制逐步完善的时期,其标志就是全国人大常委会于 1982 年 11 月 19 日发布了《食品卫生法(试行)》(现已失效),全国人大常委会于 1995 年 10 月 30 日发布了现行有效的《食品卫生法》,这两部法律的颁布从法律层面上相继构成了我国改革开放后食品安全法律体系的核心,对我国的食品安全起到了重要的、不可替代的作用。1995 年 10 月 30 日起实行的《食品卫生法》,对保证食品安全、保障人民群众身体健康,发挥了积极作用,我国食品安全的总体状况不断改善。但是,食品安全问题仍然比较突出,不少食品存在安全隐患,食品安全事故时有发生,人民群众对食品缺乏安全感。2004 年 7 月 21 日召开的国务院第五十九次常务会议和 2004 年 9 月 1 日国务院发布的《国务院关于进一步加强食品安全工作的决定》(国发〔2004〕23 号),要求法制办抓紧组织修改《食品卫生法》。时任全国人大常委会委员长吴邦国、时任国务院总理温家宝高度重视食品卫生法的修改工作,先后多次作出重要批示。国务院法制办于 2004 年 7 月成立了由中央编办和国务院有关部门负责同志为成员的《食品卫生法》修改领导小组,组织起草《食品卫生法(修订草案)》。此后,法制办赴上海、浙江、福建、江西、四川等地的城市和农村调研;收集研究了许多国家的食品卫生安全制度;多次召开论证会,邀请卫生、农业、检验检疫、法学等方面的专家,分专题进行研究、论证;2005 年 9 月召开了食品安全中美专家研讨会。先后 6 次将征求意见稿送全国人大有关单位、全国政协有关单位、国务院有关部门、各省级政府、有关行业协会以及部分食品生产经营企业征求意见,并专门征求了在十届全国人大三次会议和十届全国政协三次会议上提出食品卫生、安全相关议案、建议、提案的代表和委员的意见。2005 年 11 月和 2007 年 4 月,全国人大科教文卫委员会先后两次召开修订《食品卫生法》座谈会,邀请提出制定《食品安全法》或者修订《食品卫生法》议案的领衔代表参加会议,法制办就食品卫生立法工作情况作了汇报,听取了代表们的意见。此外,对草案涉及的重大问题,法制办还多次向国务院领导写出报告。在反复研究各方面意见的基础上,法制办会同国务院有关部门对《食品卫生法

（修订草案）》作了进一步修改，并根据修订的内容将《食品卫生法（修订草案）》名称改为《食品安全法（草案）》，形成了《食品安全法（草案）》。草案已于 2007 年 10 月 31 日国务院第一百九十五次常务会议讨论通过提交十届全国人大常委会审议，于 2007 年 12 月 26 日十届全国人大第三十一次会议初审；2008 年 8 月 25 日十一届全国人大第四次会议二审；2008 年 10 月 23 日十一届全国人大第五次会议三审；2009 年 2 月 25 日十一届全国人大第七次会议四审；并于 2009 年 2 月 28 日最终审议通过。《食品安全法》的颁布实施跨越两届人大、历经四次审议最终颁布十章共 104 条，并于 2009 年 6 月 1 日起施行。国务院于 2009 年 7 月 20 日颁布了《中华人民共和国食品安全法实施条例》。①

2013 年最高人民法院、最高人民检察院发布《关于办理危害食品安全刑事案件适用法律若干问题的解释》，进一步加大对危害食品安全犯罪的打击力度。2013 年 10 月国务院法制办就食品安全法修订草案送审稿公开征求意见。在此基础上形成的修订草案经国务院第四十七次常务会议讨论通过。2014 年 5 月 14 日，国务院常务会议原则通过《食品安全法（修订草案）》。2014 年 6 月 23 日《食品安全法》自 2009 年实施以来迎来首次大修，《食品安全法修（订草案）》提交十二届全国人大常委会第九次会议审议。2014 年 12 月 25 日食品安全法修订草案二审稿提请全国人大常委会审议。2015 年 4 月 24 日新修订的《食品安全法》经第十二届全国人大常委会第十四次会议审议通过。《食品安全法》共十章，154 条，于 2015 年 10 月 1 日起正式施行。该法充分体现了突出预防为主、全程监管、创新监管制度加强法律责任和突出社会共治五大特点，同时还充分反映了经济发展的特点，并首次对网络食品交易进行了规范。

《食品安全法》作为一个新的部门法，就其解决的问题来看，《食品安全法》的内容应是一个动态的，其应该是一部包含全部食品安全问题的综合性法律。笔者认为，食品安全法是调整食品安全监督管理关系和食品安全责任关系的法律规范的总称，是经济法重要的部门法，在我国经济法律体系中占有重要地位。在我国食品安全法的概念有广义和狭义之分。广义的食品安全法，是指与食品安全有关的全部法律制度的综合，是以保障食品安全、保护个人生命健康为目的的法律规范和法律原则的总称。② 现阶段，在我国主要包括：《食品安全法》、《中华人民共和国产品质量法》（以下简称《产品质量法》）、《中华人民共和国农

---

① 参见黄薇：《建立保障食品安全的长效机制》，载《中国工商管理研究》2009 年第 4 期。
② 参见杨秀英：《食品安全法教程》，厦门大学出版社 2011 年版，第 12 ~ 13 页。

产品安全法》、《中华人民共和国渔业法》、《中华人民共和国计量法》、《中华人民共和国标准化法》、《中华人民共和国进出口商品检验法》、《中华人民共和国突发事件应对法》(以下简称《突发事件应对法》)及大量食品安全管理条例、规章制度、地方法规等在内的食品安全部法律体系。狭义的食品安全法专指《食品安全法》,该法于 2015 年 4 月 24 日十二届全国人大常委会第十四次会议高票通过,被称为"史上最严"的《食品安全法》,其高度体现了党中央、国务院提出的用最严谨的标准、最严格的监管、最严厉的处罚、最严肃的问责的要求,建立覆盖全过程的食品安全监管制度。

从《食品安全法》及其实施条例的内容来看,笔者认为《食品安全法》的调整对象总的来讲是食品安全关系,其中包括两个方面的内容:第一,食品安全监督管理关系,这一关系是发生在行政机关履行食品监督管理职能过程中与生产经营者之间的关系,是管理、监督与被管理、被监督的关系。第二,食品安全责任关系。这一关系是发生在生产经营者与消费者及相关第三人之间,因食品安全问题引发的损害赔偿责任关系,是一种在商品交易关系中发生的平等主体间的经济关系。

第二章　食品安全法的产生和发展

　　世界主要国家的食品安全立法大多有上百年的历史,在这百年的立法进程中,各国食品安全立法一般都经历了一个由乱到治,由放任自流到加强监管的转变过程。

一、国外食品安全法律制度的产生与发展

　　西方各发达国家的食品安全法规范,通过上百年不断的修改、完善,已经创制和积累了许多行之有效的法律制度。这些制度中既有宏观层面的,如立法体例、执法监督等;也有微观层面的,如危害分析与关键控制点(Hazard Analysis and Critical Control Point, HACCP)体系、缺陷食品召回制度等十分具体详细的规定。西方主要国家的这些食品安全法律制度,经过长时间反复的实践考验,不断吸取食品安全监管工作中的经验和教训,通过修改和完善形成了一套目前世界上比较先进的食品安全法规范体系,为保障人们生活中的食品安全发挥了十分重要的作用。

(一)国外食品安全法律的演变

　　1. 国外食品安全法律的形成过程

　　公元前 370 ~ 285 年,希腊植物学家狄奥弗拉斯图(Theophrastus)发现了在香橡胶里掺了杂物的现象;公元前 234 ~ 149 年,卡图(Cato)在《论农业》中提出了判断葡萄酒中是否掺水的方法;公元 23 ~ 79 年,老普利尼(Pliny the Elder)指出了面包和胡椒中掺杂现象,并发

现了很多用于调节酒味道的物质是损害健康的;公元前1311～201年罗马的物理学家盖伦(Galen)再次强调了应防止在胡椒中掺假。随之,为防止食品中掺假、保护消费者在食品购买中不受欺骗,各国政府采取了一系列的措施,成为食品安全法的雏形。例如,亚述语碑文曾记载正确计重和测量粮谷的方法;埃及卷轴古书中也记载了某些食品要求食用标签的情况;古代希腊有对啤酒和葡萄酒的纯度和质量进行检查的规定;罗马公民法(Roman Civil Law)中很大部分是为了保证合理价格下的食品充分供给,并建立了国家食品控制系统以保护消费者不受欺骗和不受劣质产品的危害;在摩西的教义和希伯来法律中也有食品卫生规则,认为违反者将会受到上帝的谴责。①

古代食品交易的范围很小,仅局限在家庭关系和紧密联系的社区内,这时的食品安全法律是以一般的道德责任为基础,而法律系统的不同在于各自文化中道德观念的差异。

2. 国外食品安全法律的商业发展阶段

商业化初期,食品交易在当地的区域内,对食品安全的保证更多的是通过声誉、非正规的管制和自我裁决实现的。那些在食品中掺假的人会受到公众的谴责和羞辱,如游街、在广场上被公众辱骂等。随着商业的发展,出现了商业法,其基本原则是良好的信用,食品中的掺假和销售中的欺诈违反了这一原则,将受到贸易协会的处罚。例如,英国的贸易协会承担没收不利于健康食品的责任。在商业协会的要求下,各国政府开始颁布特定产品的管理法令。1202年英国的约翰王就颁布了第一部英国的食品安全法——面包法令(Assize of Bread),禁止在面包中掺杂豆粉。1266年颁布了禁止销售变质的葡萄酒和肉,在这一时期,法国和德国也通过了保证食品质量的法律。1382年巴黎市市长宣布磨坊主在面粉中掺杂廉价谷物的行为是非法的,14年后禁止了奶油人为着色。②

随着商业的扩大,食品链的延长,消费者与生产者的直接联系少了。为了保证消费者的权益,英国的普通法(Common Law)中产生了产品责任的概念,即食品制造者必须对食品的掺假承担责任,但这时的责任是以交易合约为基础,只对直接的购买者负责。法国的法典中,也规定了以过错为基础的合约责任。由于公众缺乏发现食品掺假的手段,通用普通法作用很小。为了保证责任

---

① 参见任甜甜:《国外食品安全监管研究》,载《合作经济与科技》2015年第16期。

② 参见蒋迪启:《国外食品进入中国市场的策略》,载《中国食品工业》2006年第10期。

的承担,16 世纪中期,英国议会颁布了管理奶油质量的法令,要求奶油生产者必须在容器上印上自己的全名。直到 1785 年美国才出台了第一部食品通用法(Act Against Selling Unwholesome Provisions),禁止销售有害健康的食品,对违法者将处以罚金、拘禁或示众。

3. 国外食品安全法律以科学为基础的立法阶段

19 世纪 50 年代,显微镜被引入食品分析中,为发现食品中的掺杂物和病菌提供了技术手段,这标志着对食品的管制进入到现代时期。1851 年法国通过了第一部全国性的通用食品法,禁止食品中掺假,对违反的行为提供了处罚指导,并确立了行政机构的执法责任;1855 年对该法进行修正,将饮料包括进来;1860 年英国国会也颁布了其第一部通用食品法;1879 年德国制定了《食品法》。1906 年 2 月厄普顿·辛克莱的《屠宰场》(The Jungle)一书出版,揭露了肉类加工企业不卫生的生产条件,直接推动了 1906 年《纯食品与药品案》(Pure Food and Drugs Art of 1906)的通过。①

这一时期食品安全法以严格的产品责任为基础,违反食品安全法的行为被认为是一种犯罪,而且产品责任也不再仅局限于合约的当事人。20 世纪 90 年代初,美国法院认为,那些没有与制造者直接联系的远程购买者也有权要求制造者为不安全的食品承担责任,零售商也应为销售不健康的食品承担责任。

4. 国外食品安全法律的补充、完善和国际化阶段

由于一系列的农业生物灾害和农产品国际贸易的展开与扩大,各国纷纷开始建立保护农业生物安全的动植物检验制度,并形成了一系列与食品安全相关的国际公约。1872 年法国颁布了禁止从国外输入葡萄枝条传入根瘤蚜的法令。1886 年日本制定了有关动物检疫的法令。随后世界各国都相继实施了各种与动植物检疫相关的法令。1881 年一些国家联合制定了《国际葡萄根瘤蚜公约》;1914 年签署了《国际植物病理公约》;1924 年成立了国际兽医局;1943 年成立了联合国粮农组织;1951 年签署了《国际植物保护公约》;1962 年成立了卫生法典委员会,制定了《食品法典》;1968 年开始出版《国际动物卫生法典》;1994 年乌拉圭回合贸易谈判最终达成《实施卫生和植物卫生措施协议》(Agreement on the Application of Sanitary and Phytosanitary Measures,SPS),并成为 1995 年成立的世界贸易组织的贸易规则,充分肯定了动植物检疫保护生物

---

① 参见严可仕、刘伟平:《国外食品安全监管研究述评及对我国的启示》,载《福建论坛》(人文社会科学版)2013 年第 10 期。

安全的作用。[①]

20 世纪 80 年代后,世界各国为保障现代生物技术的健康发展,陆续建立了各自的基因工程和生物安全的管理法规。2000 年 175 个《生物多样性公约》的缔约国通过了《卡塔赫纳生物安全协定书》,共同防范转基因生物对生物安全的威胁。随着食品生产自然方式的减少,工业化比重的增加,食品被人们故意或非故意污染的机会正在逐渐增加。食品安全法律也随着新的食品安全危机的出现和新的食品隐患因素的发现而不断地补充和发展。[②]

(二)发达国家食品安全立法概述

1. 美国

美国是全世界最为重视食品安全监管的国家之一,有关调整食品安全的法律法规也比较健全。美国从 1906 年和 1907 年的《食品和药品法》和《肉类检验法》到现在的 100 多年里先后制定和修订了 7 部法律:《联邦食品、药品和化妆品法》(Federal Food Drug Cosmetic Act,FFDCA)、《公共卫生服务法》(The Public Health Service Act,PHSA)、《联邦肉类检验法》(Federal Meat Lnspection Act,FMIA)、《禽类食品检验法》(The Poultry Products Inspection Act,PPIA)、《蛋类产品检验法》(Egg Products Inspection Act,EPIA)、《联邦杀虫剂、杀真菌剂和灭鼠剂法》(Federal Insecticide Fungicide and Redenticide Act,FIFRA)、《食品质量保障》(Food Quality Protection Act,FQPA)。这些法律从一开始就集中于食品供应的不同领域,覆盖了美国所有食品及相关产品,并且为食品安全监管提供了具体的安全标准和监管程序。美国负责食品安全管理的机构有三个:食品和药品管理局(Food and Drug Administration,FDA)、美国农业部(United States Department of Agriculture,USDA)和美国国家环境保护机构(United States Environmental Protection Agency,EPA)。如果食品不符合安全标准,不允许其上市销售。同时,美国对食品安全监管执法力度较大,从事食品生产、加工与销售的企业,基本上不存在无照经营的现象,掺杂、掺假的现象也极为少见。

2. 德国

德国既是世界上四大食品出口国之一,也是食品进口大国。德国的食品安全法律体系的法律法规的颁布、执法监督和研究鉴定实行权限分立,职能分开。食品安全的法律法规由联邦议会和国会颁布,共形成了四大法律作为食

品安全领域的支柱。(1)《食品和日用品管理法》(Lebensmittel und Bedarfs-gegenstaendeg-esets)是德国食品安全法律体系的核心,其包罗万象,所列条款多达几十万条,涉及整个食品产业链,包括植物保护、动物健康、善待动物的饲养方式、食品标签等。(2)《食品卫生管理条例》(Lebensmittelhygiene Verordnung)是作为配套法规出现的,详尽地规范了涉及食品的各个领域。(3)《HACC 方案》(Hazard Analysis and Critical Control Ponit-Konzept)是对食品企业自我检查体系和义务作了详细的规范,对生产产品检查和生产流程中食品安全的危害源头的检查实现岗位责任制,HACCP 方案包含于 FAO 和 WTO 的《国际食品法典》(CodexA lim en tariu s),它公布于 1963 年,是公认的国际标准。(4)《指导性政策》是欧盟统一的食品安全法案《欧洲议会指导性法案》在德国的具体化,属于辅助性措施。

　　除此之外,德国专项法律也是食品安全法律的重要内容,如《禽肉卫生法》《鱼卫生法》《奶管理条例》等,为了保证食品安全,德国对食品生产和流通的每个环节都进行严格的检查和监督。无论是屠宰场还是食品加工厂,无论是商店还是食品,在转运过程中,食品必须处在冷冻状态,不新鲜的肉绝对不允许上市出售。为了保证国家制定的《食品法和日用品管理法》得到实施,国家设立了覆盖全国的食品检查机构,联邦政府、每个州和地方政府都设有负责检查食品质量的卫生部门。

　　3. 英国

　　英国关于食品安全的法律法规也是非常严格的,具有一套完备法律法规体系。英国在食品安全立法方面有着悠久的历史,1202 年诞生了最早的有关食品安全的法律——《面包法》,主要内容为严禁在面包里掺入豌豆或蚕豆粉造假。此后,1832 年英国颁布了《贫困法》,1948 年颁布《国家卫生服务法》,1984 年颁布《食品法》,作为当时处理食品安全的主要法律。1990 年英国颁布了《食品安全法》,于 1991 年 1 月起正式实施,这也是英国目前负责监管食品安全领域的主要法律。1990 年《食品安全法》、1999 年《食品标准法》用以控制整个食品链的质量安全,进而保障食品安全。《食品业指南》和《食品安全标准》作为英国食品安全的第二层防护网,是具体解释并补充说明食品安全方面的法律。[1] 英国《食品安全法》规定,凡是销售和供应不适合人类食用的食品,以及使用虚假

---

[1]　参见魏秀春:《英国学术界关于英国食品安全监管研究的历史概览》,载《世界历史》2011年第 1 期。

和误导消费者的食品标签都属于非法行为。英国《食品安全法》对各种食品、饮料所包含的具体成分和卫生标准作出了详细规定，具体执法工作主要由地方政府的官员们承担。食品标准局代表女王履行职能，并向议会报告工作。根据法律，食品标准局对其检测结果，除依法不得公开的以外，一律向公众公布，并向厂家或商家提出具体要求。英国食品标准局是英国政府为解决近年来日益严重的食品安全问题而专门设立的一个监督机构，其主要职能之一就是对其他食品安全监管机关的执法活动进行监督、评估和检查。一旦发现违法行为，法律的制裁将是无情的，罚款动辄就是几万英镑，情节严重的甚至会遭到起诉。

4. 日本

日本也是世界上食品安全监管法律体系比较健全的国家之一，其以《农林物质标准化及质量标示管理法》为基础，建立起了包括食品卫生、农产品质量（品质）、投入品（农药、兽医、饲料添加剂等）、动物防疫、植物保护等5个方面的较为系统的农产品质量法律法规体系。日本自1948年厚生劳动省颁布《食品卫生法》和农业水产省实施《输出品取缔法》之后，又相继出台了《农林产品品质规格和正确标识法》《植物防疫法》《家畜传染病预防法》《农药取缔法》《农药管理法》等与农产品质量安全有关的法律规定。①

2002年日本对1957年制定的《食品卫生法》进行了修订，其现已成为日本食品领域的基本法，并相应建立起了食品安全监管法律体系。该法经过全面修正后，对所有食品都有极为具体的规定，如所有食品和添加剂必须在洁净卫生状态下进行采集、生产、加工、使用、烹饪、储藏、搬运和陈列。自日本出现了疯牛病例后，日本政府决定成立由科学家和专门组成的独立委员会——食品安全委员会，并由政府任命担当大臣，委员会将对食品安全进行评价，其下设常设事务局。②

二、我国食品安全法的历史演进

1949年新中国成立之初，我国处在一穷二白的时期，之后的近30年人们都在为如何解决温饱问题而努力。该阶段食品生产基本属于自产自销，与食品安全相关的主要问题都集中在食品卫生和食品中毒方面，对食品安全方面的要求

---

① 参见王玉辉、肖冰：《21世纪日本食品安全监管体质的新发展及启示》，载《河北法学》2016年第6期。

② 参见郭鑫：《日本食品安全有关法律的修改特征研究》，载《牡丹江大学学报》2014年第12期。

还处于一种较低层次即无毒无害的水平上,根本无法实现食品营养方面的要求,在这样的年代里其实并不存在现代意义上的食品安全问题。1978 年改革开放后,随着我国食品工业的高速发展,伴随人们物质生活水平的不断提高,我国也从温饱型社会开始走向享受和发展型社会,人们开始普遍关注食品安全的问题。到 20 世纪 80 年代,随着经济全球化和国际食品贸易的日益扩大,危及人体健康和生命安全的重大食品安全事件屡屡发生。为了更好地解决食品安全领域的突出问题,保障公众身体健康和生命安全,我国开始持续推动食品安全领域的大量立法工作,不断完善食品安全监管体系。[①]

我国的食品安全立法经历从无到有,逐步完善的发展过程。据我们初步统计,1949 年至今,我国部级以上机关所颁布的有关食品安全方面的法律、法规、规章、司法解释,以及各类规范性文件等多达 840 篇。其中,基本法律法规 107 篇、专门法律法规 683 篇、相关法律法规 50 篇。回顾这些年来新中国食品安全法制建设的历史进程,可以将其划分为以下 4 个阶段。

(一)萌芽时期(1949～1963 年)

1949～1963 年,是新中国食品安全法制建设的萌芽时期,也是我国食品安全监管工作的起步阶段,陆续颁布了一批零散的卫生标准和管理办法,使食品卫生法规从无到有发展起来。

在这一时期新中国刚刚成立,农业生产能力和食品供应都非常有限,当时的社会生产力不足以解决全社会的温饱问题。从 1953 年开始,我国粮食、食油、副食开始进行统购统销,到 1955 年就全面实行了"以人定量"和"以行业定量"的计划供应制度以及凭证、凭票供应的销售体制。1958 年"大跃进"运动使农民家庭的粮食储备几乎被清空,紧跟着 3 年(1960～1962 年年初)自然灾害发生,全国缺粮问题从农村蔓延到了城市,其间,1960 年中央紧急下发了《立即开展大规模采集和制造代食品运动的紧急通知》。该阶段表现出食品卫生的主要问题,决定了该时期我国食品安全监管工作只能围绕食品是否卫生、是否中毒等是否危害人体健康的问题和合成代食品的安全管理工作而展开。同时,在这一阶段,我国相应的立法理论、制度和技术,都处于一个比较落后的阶段,该阶段立法的主要任务也都集中在为建设新政权提供基本的国家制度,为建设新社会提供基本的法律秩序。因此,国家对食品安全的监管工作,主要集中在国务院卫生部和有关部门通过发布一些单项规章和标准对有关食品卫生和食品中

---

① 参见陈和平:《食品安全事件的法经济学思考》,载《企业经济》2011 年第 11 期。

毒的突出问题进行监督管理。这一时期可以分为两个阶段:第一阶段为 1949～1953 年,从新中国成立到政务院第一次机构重组。当时全国食品卫生管理主要由卫生部承担。1950 年中央政府为了应对大量的食品卫生和食品中毒事件,在卫生部下设了我国第一个食品检验机构——药品食品检验所,正式开始对食品进行化验和制定食品标准。1953 年卫生部颁布了《关于统一调味粉含麸酸钠标准的通知》和《清凉饮食物管理暂行办法》,其中《清凉饮食物管理暂行办法》是新中国成立后第一部食品卫生规章,主要针对因冷饮不卫生而引起的食物中毒和肠道疾病频繁爆发的状况。同年经国务院一百六十七次会议批准在全国建立各省、市、自治区直至县级的卫生防疫站,开展食品卫生监督检验和管理工作,至此,卫生防疫站作为我国地方食品卫生主管部门被确立。同时,轻工业、商业等食品生产经营部门和单位也建立了一些保证自身产品合格出厂销售的食品卫生检验和管理机构。由于从中央到地方的食品卫生管理部门得以建立,卫生部开始通过部门规章对食品卫生工作进行管理,如 1954 年卫生部下发了《关于食品中使用糖精含量的规定》、1957 年卫生部下发了《关于酱油中使用防腐剂问题》的通知。① 第二级阶段为 1954～1956 年,我国第二次政府机构改革时期,由于政府部门职责和业务范围进一步得到明确,1956 年之后卫生部按职权划分开始联合相关部门管理涉及多部门分管的食品问题,其间主要有:1956 年国家建委、卫生部联合颁布了《有关饮用水的标准卫生规程》;1958 年轻工业部、卫生部、第二商业部颁发了《乳与乳制品部颁标准及检验方法》;1959 年由农林部、卫生部、对外贸易部、商业部联合颁发了《肉品卫生检验试行规程》;1959 年由农业部、卫生部、外贸部、商业部联合颁发《关于肉品卫生检验试行规程》,在全国范围内把肉品检验纳入统一规程。同时,国务院为防止食物中毒,批转了卫生部、国家科委、轻工部提出的《食用染料管理办法》,规定只允许使用5 种(苋菜红、胭脂红、柠檬黄、苏丹黄、靛等)合成色素,纠正了当时滥用有毒、致癌色素的现象等。

在食品安全法制建设的萌芽阶段,当时人们对现代意义上的食品安全还没有明显的需求,再加上计划经济时代国有企业并非以盈利为唯一目的,在政府的直接指挥和监督下,食品假冒仿冒问题也十分少见,政府部门只是对因食品卫生问题引发的疾病进行管理。因此,我国并没形成对食品安全进行全面监管的体系,对食品安全的监督管理也比较简单。1954 年以前,中央主要由卫生部

---

① 参见孙文:《食品安全问题的历史分析及现实意义》,载《世界农业》2014 年第 1 期。

负责管理食品卫生,地方由省、市、自治区,以及县级的卫生防疫站开展食品卫生监督检验和管理工作,防疫部门是这一阶段的地方管理主体。在 1956 年中央机关完成了第二次精简机构和机构整合后,各部门实行按分工管理食品卫生,中央除卫生部按职责分管外还涉及分管食品卫生的单位有:轻工业部负责有关制糖、卷烟、油脂、酿酒,及粮食加工等行业。农业部负责粮食生产,鱼、肉类加工和水产等。同时还有国家建委、第二商业部、外贸和国家科委等。由于该阶段卫生工作处在预防中毒的层面,防疫部门和相关部门也没有被赋予食品卫生执法权,主要管理的重点表现为部门的单项规章和颁布食品卫生标准制度。

(二)发展时期(1964~1979 年)

1964~1979 年,是新中国食品安全法制建设的发展阶段,与前一阶段相比,我国食品卫生管理工作正在逐步走向正规化。这一阶段是食品安全立法的发展阶段,改革开放后(1978 年 12 月后)共发布相关法律、法规、规章、司法解释,以及各类规范性文件 832 篇。特别是 1979 年国务院正式颁布了《食品卫生管理条例》,推动了全国食品卫生工作的展开。

这一阶段也是我国食品安全管理工作迈向法制化的前期准备阶段,同时也是由萌芽阶段的单向管理、单一渠道管理向全面管理、多渠道管理的过渡。在这一时期,我国食品供应和粮食生产主要经历了 1963~1965 年的国民经济调整时期、1966~1970 年的"十年动乱"时期和 1976~1978 年的经济建设恢复阶段。总体表现为食物种类较少,人们的食谱中主粮所占的比例较大,平时人们以蔬菜和副食产品为下饭食物。平时肉类和水产品定量供应,人们吃的也较少。基本上过年过节才集中吃鱼吃肉,其中,东北、内蒙古和新疆牧区吃肉情况要好一些。同时,1978 年之前全国实行供给制,票证几乎和货币一样重要,有钱没有粮票是吃不上饭的。此外,油票、糕点票、粮本、副食本等都是日常生活中极为重要的票证。由于在萌芽阶段和发展阶段我国食品供应的现实情况,决定了在前后两个阶段我国针对食品卫生工作需要解决的主要问题并没有发生实质改变,它们仍然集中在防止食物中毒和肠道传染病上,但与其前一阶段相比,所表现出的立法层次、立法内容都发生了很大改变,主要集中在以下几个方面。

1. 由单项管理到全面管理

1964 年国务院转发了卫生部、商业部等五部委发布的《食品卫生管理试行条例》。该条例的发布标志着我国食品卫生管理进入了全面管理阶段,其明确规定食品生产、经营包括生产、加工、采购、贮存、运输、销售等各环节,将监管范围、层次进行了扩大,初步确定了我国早期食品管理的主要内容,对食品生产者经营者及主管单位的食品安全工作提出了明确要求;初步构建起了我国食品卫生管理的模式并第一次确立了卫生部在食品管理中的地位,明确了管理职责及其与相关各部门的关系。需要特别指出的是,该条例首次提出在我国要建立食品卫生标准、确定惩罚责任和办法,标志着食品卫生管理从单项的行政管理向法制化管理逐步迈进。1979 年国务院正式颁布了《食品卫生管理条例》,同时卫生部与全国工商行政管理局联合颁发《农村集市贸易食品卫生管理试行办法》。该条例是对 1964 年《食品卫生管理试行条例》的补充和完善,标志着我国在不断加强食品卫生法制化管理的力度。该条例包含了总则、食品卫生标准、食品卫生要求、食品卫生管理、进出口食品卫生管理、奖励和惩罚、附则七个部分,比起《食品卫生管理试行条例》更加全面、系统,也更加符合法规条例自身的形式要求。该条例比《食品卫生管理试行条例》扩大了所涉及的监管范围,覆盖到一切食品及相关产品和生产、加工、收购、储存、运输、销售的全过程,同时首次提出了食品及食品相关概念的内涵;增加了有关进出口食品卫生管理的要求,明确规定了我国食品标准的分类,对食品卫生的要求和食品卫生管理更加细致,但在责任追究方面变化不大。

2. 各部委大量推出食品标准和检验方法

由于 1964 年《食品卫生管理试行条例》明确指出卫生部门应当根据需要,逐步研究制定各种主要食品、食品原料、食品附加剂、食品包装材料(包括容器)的卫生标准(包括检验方法),同时规定制订食品卫生标准,应当事先与有关主管部门协商一致。从此,卫生部及相关部门大量推出食品标准和食品检验方法,这使我国在这一时期食品卫生管理方面有了相当数量的依据,食品生产也有所遵循,对提高食品卫生质量,保障人民身体健康起到了重要的作用。1973 ~ 1975 年,食品卫生标准化工作进入了全面组织和系统管理阶段。1974 年中国医学科学院成立了食品卫生检验所,并在卫生防疫站内设置食品卫生监督检验机构,以加强基层食品检验机构的能力。1977 年由卫生部提出并组织制定、国家标准总局批准发布了包括粮食、肉禽蛋、水产食品、饮料、酒、食品添加剂等 54 项食品卫生国家标准。1978 年由商务部提出,国家标准总局批准发布了稻谷、小麦、大豆、玉米、大米、小麦粉、花生果、花生仁、花生油、大豆油、菜籽油、精炼菜籽油等 12 项国家标准。同年,商务部、卫生部、轻工业部和供销合作总社联合制定并发布了酱油、食醋、豆浆等 4 类食品的检验方法和卫生管理规定。1979 年国务院颁布了《标准化管理条例》,这一条例的颁布标志着我国食品管理法制建设迈上了新台阶。

（三）完善时期（1981～2009 年）

1981～2009 年，是改革开放后我国食品安全法治建设的完善时期。改革开放初期的 1982 年，全国人大常委会就通过了《食品卫生法（试行）》，标志着我国的食品卫生事业进入了法治化轨道。在总结试行法实施经验的基础上，《食品卫生法》于 1995 年正式颁布施行，对保证食品安全，预防和控制食源性疾病，保障人民群众身体健康，发挥了积极作用，我国的食品安全状况也有所改善。《食品卫生法》实施 14 年，正值我国社会转型和改革开放的关键时期，食品安全工作出现了一些新情况、新问题。食品安全问题在一些地方还有不同程度的存在，有的食品存在安全隐患。食品安全事故折射出食品安全监管工作中还存在一些问题和缺陷。为了从制度上解决问题，亟须对现行食品卫生制度加以修改、补充、完善，制定《食品安全法》。2004 年 7 月国务院第五十九次常务会议和 9 月公布的《关于进一步加强食品安全工作的决定》，要求法制办抓紧组织修改《食品卫生法》。法制办成立了《食品卫生法》修改领导小组，组织起草《食品卫生法（修订草案）》。草案经 2007 年 10 月国务院第一百九十五次常务会议讨论通过，同年 12 月，国务院向全国人大常委会提请审议《食品安全法（草案）》。为了更好地修改、完善这部法律草案，根据十一届全国人大常委会第二次委员长会议的决定，全国人大常委会办公厅于 2008 年 4 月 20 日向社会全文公布《食品安全法（草案）》，广泛征求各方面意见和建议，这是新一届全国人大常委会向社会全文公布、广泛征求意见的第一部法律草案，在 1 个月的时间内共收到各方面意见 11,327 条，充分体现了国家立法和人民意志的统一性。关于《食品安全法》是否应当规定电子监管码，全国人大法律委员会、全国人大常委会法工委于 2008 年 7 月召开了新一届全国人大常委会以来的第一次立法论证会。全国人大法律委员会、教科文卫委员会、全国人大常委会法工委，先后赴广西、上海、北京、河南、河北进行实地调研；多次召开座谈会，听取政府有关部门、食品生产经营者、专家学者对草案的意见；就立法中的重要问题与有关部门多次进行协调、沟通，广泛听取各方面的意见。《食品安全法》经过十届全国人大常委会第三十一次会议一审，十一届全国人大常委会第四次、第五次、第七次会议共四次审议，并于 2009 年 7 月 28 日最终审议通过。《食品安全法》的颁布实施跨越两届人大、经历四次审议最终颁布十章，共 104 条，并于 2009 年 6 月 1 日起施行。国务院于 2009 年 7 月 20 日颁布了《食品安全法实施条例》。①

---

① 参见黄远辉：《历史上的食品安全监管拾录》，载《工商行政管理》2012 年第 10 期。

这一时期的法治建设主要表现,是从《食品卫生法(试行)》到《食品卫生法》的颁布再到对《食品卫生法》的不断修改和完善,最终制定《食品安全法》,总共经历了两个不同的发展阶段。

1. 第一个阶段为 1981~2001 年《食品卫生法》阶段

该阶段我国食品工业基本由过去的供不应求、凭票供应,发展到了供求状况大致平衡。特别是在 20 世纪 90 年代后,食品工业稳步快速发展,到 2001 年我国食品工业总产值高达 9244.63 亿元。伴随着食品工业高速的发展,为了更加有效地对食品问题进行管理,该阶段成为我国最终确立食品监管法制化的重要时期。这一阶段主要立法工作表现为:

第一,大量食品卫生及相关法律诞生。其中主要法律有:1982 年第五届全国人民代表大会常务委员会第二十五次会议通过《食品卫生法(试行)》,标志着我国食品卫生管理全面步入了法制化、规范化的轨道。这是在总结我国食品卫生管理前两个阶段工作经验和教训的基础上制定的一部比较完整的食品卫生法律,它对于保证食品卫生、防止食品污染、保障人民身体健康有着重要意义。该法与 1979 年颁布的《食品卫生管理条例》有很大不同。其一,《食品卫生法(试行)》是经全国人大常委会审议通过的正式法律,而《食品卫生管理条例》是属于国务院发布的行政法规,其没有《食品卫生法(试行)》的法律层级高。其二,由于不同阶段、不同时期我们面对的食品安全所表现出的主要问题不同,《食品卫生法(试行)》在立法目的上从以前的被动防止食品污染,预防食品中有害因素引起的食物中毒、肠道传染病和其他疾病的单一目的已发展成为现阶段的主动防止食品污染和有害因素对人体的危害。其三,规范了食品卫生标准的制定。《食品卫生法(试行)》规定食品及其相关产品的国家卫生标准、卫生管理办法和检验规程,由国务院卫生行政部门制定或者批准颁发,改变了《食品卫生管理条例》中卫生部会同相关部门制定的机制,这样更加有利于食品卫生标准的统一和科学制定。其四,明确了县以上卫生防疫站或者食品卫生监督检验所为食品卫生监督机构,负责管辖范围内的食品卫生监督工作,并详细规定其机构职责。从而在全国范围内,初步形成了一个以卫生防疫站为链接的监督网络,建立了一支既有食品卫生专业知识,又有一定法律基础知识的食品卫生监督队伍,标志着我国食品执法队伍建设已步入正轨。其五,《食品卫生法(试行)》强化了法律责任,同时在附则中明确了与食品有关的相关概念。

1995 年《食品卫生法》正式颁布,新中国诞生了第一部卫生法律,形成了由食品卫生法律、行政规章、地方性法规、食品卫生标准,以及其他规范性文件有机联系的食品卫生法律制度体系。经过13年的总结和积累,1995年颁布的《食品卫生法》比起《食品卫生法(试行)》有了很大变化。主要表现为:其一,改变了执法主体。《食品卫生法》将原来的由卫生防疫站或食品卫生监督检验所变为卫生行政部门。自1995年10月31日起,卫生防疫站或食品卫生监督检验所不能再以自己的名义进行食品卫生执法。其二,理顺了监管体系。《食品卫生法》明确提出国务院卫生行政部门主管全国食品卫生监督管理工作。国务院有关部门在各自的职责范围内负责食品卫生管理工作。《食品卫生法》完整地规范了我国食品卫生的监管体系和监管内容。其三,行政处罚规定更加明确、具体,加重了处罚力度,可操作性更强。其四,应对食品市场出现的新情况增加了对保健食品的规定,更全面地保护了消费者的利益。在这一时期,为了适应市场经济的发展需要国家还颁布了大量涉及食品安全的相关法律,如1985年《中华人民共和国计量法》、1986年《中华人民共和国国境卫生检疫法》、1988年《中华人民共和国标准化法》、1991年《中华人民共和国进出境动植物检疫法》、1993年《产品质量法》和1993年《消费者权益保护法》。

第二,食品标准制定更加科学、规范。1980年国家标准局组建食品添加剂标准技术委员会,1981年卫生部成立了我国卫生标准技术委员会,同年食品卫生标准技术各分委员会也相继成立。继《食品卫生法(试行)》规范了卫生标准的制定后,所有国家食品卫生标准逐步走上了法制化管理的轨道,食品卫生标准在第一届至第四届全国卫生标准技术委员会食品卫生标准技术分委员会直接领导下,先后制定了"六五""七五""八五""九五"期间四个食品卫生标准五年计划。至1998年年底,我国已制定并颁布的食品卫生国家标准共236项,与标准相关的检验方法227项,共计463项,同时还包括行业标准18项,其中,食品卫生标准类别标准涵盖面约占90%以上。[①]

2. 第二阶段为2001～2009年《食品安全法》颁布实施阶段

随着市场经济的高速发展,我国食品安全工作出现了新情况、新问题:假冒劣质、有毒有害食品充斥市场;超量使用食品添加剂、滥用非食品用化学添加物;食品污染问题复杂、危害严重;转基因食品安全问题日益显现;食品安全受国外威胁,不断出现新的食源性危害;食品安全事件屡屡引发社会公众对食品安全的恐慌,对国家和社会的稳定以及经济的良性发展造成巨大冲击。正因如

---

① 参见张秀芳:《中国食品安全法的演变过程及发展趋势探析》,载《经济动态与评论》2017年第1期。

此,极大地催生了我国食品安全法制建设的成熟与完善。2009 年第十一届全国人民代表大会常务委员会第七次会议通过了《食品安全法》,完成了对《食品卫生法》的修改。这一阶段主要立法工作包括:

第一,从《食品卫生法》到《食品安全法》。其一,与《食品卫生法》相比,《食品安全法》在立法目的上发生了很大改变,从保障人民身体健康、增强体质到保障公民身体健康和生命安全,食品问题上升到了安全角度,扩大了保护范围。其二,法律适用主体扩大。《食品安全法》在《食品卫生法》从事食品生产经营主体的基础上,增加了"食品流通"、"食品添加剂的生产经营"和"用于食品的包装材料、容器、洗涤剂、消毒剂和用于食品生产经营的工具、设备的生产经营",法律适用主体得到进一步扩大。其三,监管模式变被动为主动、事后监管、全程监管,形成了集中监管与分段监管并行的新模式。其四,规定由卫生部统一整合、公布食品标准。《食品安全法》统一了食品安全标准,解决了此前食品标准太多太乱、重复交叉,层次不清的问题。设置专门性的食品安全国家标准审评委员会,制定标准与国际通行标准和国外先进标准相衔接。其五,建立了食品安全风险评估制度。对经综合分析表明可能具有较高程度安全风险的食品,国务院卫生行政部门应当及时提出食品安全风险警示,并予以公布。①

第二,健全相关管理机构。1978 年 9 月,中央工商行政管理局重新恢复,改称为中华人民共和国国家工商行政管理局。到 2001 年 4 月,国家工商行政管理局升为国家工商行政管理总局,开始对生产领域和流通领域的食品质量进行管理。1998 年国家技术监督局更名为国家质量技术监督局,并开始介入食品安全领域。同时,国务院决定将原国家商检局、原国家动植物检疫局和国家卫生检疫局合并组成国家出入境检验检疫局统一管理全国进出口食品工作。2001年国务院批准将原国家技术监督局和国家出入境检验检疫局合并,成立国家质量监督检验检疫局,标志着我国食品安全的监管部门按职能合并完成,我国食品安全监管体系正式形成。②

第三,不断更新和完善配套条例。在对《食品卫生法》进行修改阶段,国务院颁布了大量条例作为《食品卫生法》的配套规定,也对以往的条例进行了大量更新,以适应现阶段食品发展的要求。其中,行政法规主要有《乳品质量安全监管条例》《生猪屠宰管理条例》《突发公共卫生事件应急条例》《农业转基因生物

---

① 参见倪楠:《食品安全法研究》,中国政法大学出版社 2016 年版,第 123 ~ 134 页。
② 参见倪楠:《食品安全法研究》,法律出版社 2013 年版,第 74 ~ 79 页。

安全管理条例》《食盐专营办法》《国家重大食品安全事故应急预案》等。同时，该阶段各部门规章及规范性文件也不断颁布，如国家工商总局颁布的《关于规范食品索证索票制度和进货台账制度的指导意见》，中央编办颁布的《关于进一步明确食品安全监管部门职责分工的有关问题的通知》，国家质检总局颁布的《食品召回管理规定》《食品标识管理规定》《有机产品认证管理办法》，卫生部颁布的《新资源食品管理办法》《食品添加剂申报与受理规定》《食品添加剂管理办法》《餐饮业食品卫生管理办法》《食品卫生监督程序》和商务部颁布的《流通领域食品安全管理办法》。这些行政法规和部门规章的颁布，有力地加强了《食品卫生法》的进一步落实，使食品安全监管做到了有法可依。①

（四）成熟时期（2013 年至今）

2013 年至今是我国食品安全法制建设的成熟时期，这一时期的法制建设主要表现为，2013 年 3 月党中央、国务院对食品安全监管体制作出重大调整，2015 年 4 月第十二届全国人大常委会第十四次会议审议通过新修订的《食品安全法》。

2013 年最高人民法院、最高人民检察院发布《关于办理危害食品安全刑事案件适用法律若干问题的解释》，进一步加大对危害食品安全犯罪的打击力度。2013 年 10 月 10 日国家食品药品监管总局向国务院报送了《食品安全法（修订草案送审稿）》。为了进一步增强立法的公开性和透明度，提高立法质量，国务院法制办于同年 10 月 29 日将该送审稿全文公布，公开征求社会各界意见。2014 年 5 月 14 日国务院常务会议讨论通过《食品安全法（修订草案）》。同年 6 月 23 日《食品安全法（修订草案）》被提交至全国人大常委会第九次会议一审。2014 年 12 月 22 日十二届全国人大常委会第十二次会议对《食品安全法（修订草案）》进行二审。2015 年 4 月 24 日十二届全国人大常委会第十四次会议以 160 票赞成、1 票反对、3 票弃权，表决通过了新修订的《食品安全法》，自 2015 年 10 月 1 日起正式施行。新法用法律的形式巩固体制改革的成果并突出了风险治理、全程治理、企业责任、对特殊食品特殊监管、地方政府的责任、社会共治和法律责任七大特点。这一时期主要经历了以下两个阶段：

1. 由分段监管到统一监管

2012 年 11 月党的十八大提出建立中国特色社会主义行政体制，2013 年 2

---

① 参见倪楠、徐德敏：《新中国食品安全法律建设的历史演进及其启示》，载《理论导刊》2012 年第 11 期。

月召开的党的十八届二中全会审议通过了《国务院机构改革和职能转变方案》，画出了改革的路线图。2013 年 3 月国务院机构改革任务分工公布，确定了改革的细化分工和时间表。同年 3 月 10 日第十二届全国人民代表大会第一次会议审议通过《国务院机构改革和职能转变方案》。该方案提出，将食品安全办的职责、食品药品监管局的职责、质检总局的生产环节食品安全监督管理职责、工商总局的流通环节食品安全监督管理职责整合，组建国家食品药品监督管理总局，其主要职责是，对生产、流通、消费环节的食品安全和药品的安全性、有效性实施统一监督管理等。将工商行政管理、质量技术监督部门相应的食品安全监督管理队伍和检验检测机构划转食品药品监督管理部门。保留国务院食品安全委员会，具体工作由食品药品监管总局承担，食品药品监管总局加挂国务院食品安全委员会办公室牌子，不再保留食品药品监管局和单设的食品安全办。为做好食品安全监督管理衔接，明确责任。该方案提出，新组建的国家卫生和计划生育委员会，负责食品安全风险评估和食品安全标准制定；农业部负责农产品质量安全监督管理；将商务部的生猪定点屠宰监督管理职责划入农业部。①改革后，我国将 2004 年以来形成的食品安全监管分段监管制转变为统一监管体制，国家食品药品监督管理总局完成组建后，整合了食品安全监管机构和职责，对生产、流通、消费环节食品安全实施统一监管，符合了确保人民群众身体健康和生命安全的迫切需要，体现了加强食品药品安全监管的迫切需要，也充分反映了世界范围内食品安全监管体制的发展趋势。2013 年 11 月党的十八届三中全会召开，会议作出了《中共中央关于全面深化改革若干重大问题的决定》，其中明确指出："要完善统一权威的食品药品安全监管机构，建立最严格的覆盖全过程的监管制度，建立食品原产地可追溯制度和质量标识制度，保障食品药品安全。"

2. 对《食品安全法》进行大修

2009 年颁布实施的《食品安全法》，在我国食品安全法制建设过程中具有重要的意义。但经过 4 年的运行，其并未逆转国内食品安全恶化的态势，特别是在司法实践中仅以生产、销售不符合安全（生产）标准的食品罪和生产、销售有毒有害食品罪处理的危害食品安全刑事案件，2011 年比 2010 年审结的案件增长 279.83%，2012 年比 2011 年增长 224.62%，生效判决人数，同比增长分别

---

① 参见马凯：《关于国务院机构改革和职能转变方案的说明》，载《中国机构改革与管理》2013 年第 4 期。

为 153.09%、267.07%。2013 年公安部门侦破食品犯罪案件 3.4 万起,捣毁"黑工厂""黑作坊""黑窝点""黑市场"1.8 万个,各级检察机关就起诉制售有毒有害食品、制售假药劣药等犯罪嫌疑人 10,540 人。全国各级法院审结相关案件 2082 件,判处罪犯 2647 人。[①] 为此,2013 年,最高人民法院、最高人民检察院发布《关于办理危害食品安全刑事案件适用法律若干问题的解释》,进一步加大对危害食品安全犯罪的打击力度。在 2009 年《食品安全法》运行的 4 年中,我们深深地感受到现阶段我国食品产业基础和诚信基础薄弱、基层监管能力薄弱、配套制度和标准体系建设不够健全,以及食品安全责任不够适应等随着食品产业的发展而暴露出来的问题。

　　2013 年 10 月国务院法制办就《食品安全法(修订草案送审稿)》公开征求意见,在此基础上形成的修订草案经国务院第四十七次常务会议讨论通过。2014 年 5 月 14 日国务院常务会议通过《食品安全法(修订草案)》。2014 年 6 月 23 日《食品安全法》自 2009 年实施以来迎来首次大修,《食品安全法(修订草案)》提交十二届全国人大常委会第九次会议审议。2014 年 12 月 25 日《食品安全法(修订草案二审稿)》提请全国人大常委会审议。草案二审稿增加了关于食品贮存和运输、食用农产品市场流通、转基因食品标识等方面的内容。二审稿规定,生产经营转基因食品应当按照规定进行标识。2015 年 4 月 24 日新修订的《食品安全法》,经第十二届全国人大常委会第十四次会议审议通过。《食品安全法》共十章、154 条,于 2015 年 10 月 1 日起正式施行。这部经全国人大常委会第九次会议、第十二次会议两次审议,三易其稿,最终完成了修法程序被称为"史上最严"的《食品安全法》。

　　具体而言,《食品安全法》主要在以下方面作了重大修改:[②]

1. 保健食品应声明不能代替药物

　　《食品安全法》规定:保健食品标签、说明书应声明"本品不能代替药物"。新法明确保健食品原料目录,除名称、用量外,还应当包括原料对应的功效;明确保健食品的标签、说明书应当与注册或者备案的内容相一致,并声明"本品不能代替药物";明确食品药品监督管理部门应当对注册或者备案中获知的企业

---

① 参见姚毅婧:《全国食品安全宣传周启动聚焦新〈食品安全法〉》,载人民网:http://shipin. people. com. cn/n/2015/0616/c85914-27161712. html.,最后访问日期:2015 年 6 月 16 日。
② 参见法律快车:《2015 最新食品安全法修改亮点大全》,载法律快车网:http://www. lawtime. cn/info/shipin/jiedu/201504243317180. html.,最后访问日期:2015 年 4 月 24 日。

商业秘密予以保密。①

2. 特殊医学用途配方食品应注册

《食品安全法》增加规定,特殊医学用途配方食品应当经国务院食品药品监管部门注册。特殊医学用途配方食品是适用于患有特定疾病人群的特殊食品,《食品安全法》对这类食品未作规定。一直以来,我国对这类食品按药品实行注册管理,截至目前,共批准69个肠内营养制剂的药品批准文号。2013年国家卫生和计划生育委员会颁布了特殊医学用途配方食品的国家标准,将其纳入食品范畴。国家食品药品监督管理总局提出,特殊医学用途配方食品是为了满足特定疾病状态人群的特殊需要,不同于普通食品,其安全性要求更高,需要在医生指导下使用,建议在本法中明确对其继续实行注册管理,避免形成监管缺失。②

3. 明确网络食品交易主体责任

《食品安全法》增设网络食品交易相关主体的食品安全责任。该法规定,网络食品交易第三方平台提供者应当对入网食品经营者进行实名登记,明确其食品安全管理责任;依法应当取得许可证的,还应当审查其许可证。网络食品交易第三方平台提供者发现入网食品经营者有违反本法规定行为的,应当及时制止并立即报告所在地县级人民政府食品药品监督管理部门;发现严重违法行为的,应当立即停止提供网络交易平台服务。③

4. 集中用餐单位应有管理规范

《食品安全法》在餐饮服务环节增设餐饮服务提供者的原料控制义务和学校等集中用餐单位的食品安全管理规范。《食品安全法》规定,学校、托幼机构、养老机构、建筑工地等集中用餐单位的食堂应当严格遵守法律、法规和食品安全标准;从供餐单位订餐的,应当从取得食品生产经营许可的企业订购,并按照要求对订购的食品进行查验。供餐单位应当严格遵守法律、法规和食品安全标准,当餐加工,确保食品安全。《食品安全法》还规定:学校、托幼机构、养老机构、建筑工地等集中用餐单位的主管部门,应当加强对集中用餐单位的食品安全教育和日常管理,降低食品安全风险,及时消除食品安全隐患。④

5. 建立食品安全全程追溯制度

《食品安全法》规定,国家建立食品安全全程追溯制度。《食品安全法》规

---

① 参见陈丽平:《建立最严格食品安全监督制度》,载《法制日报》2015年4月25日,A03版。
② 参见陈斌:《特殊医学用途配方食品及其应用研究》,载《食品科学技术学报》2017年第1期。
③ 参见倪楠:《论食品安全监管主体研究》,载《西北农林科技大学学报》2013年第4期。
④ 参见马英娟:《走出多部门监管的困境》,载《清华法学》2015年第3期。

定,食品生产经营者应当依照本法的规定,建立食品安全追溯体系,保证食品可追溯。国家鼓励食品生产经营者采用信息化手段采集、留存生产经营信息,建立食品安全追溯体系。国务院食品药品监督管理部门会同国务院农业行政等有关部门建立食品安全全程追溯协作机制。①

6. 增设监管部门负责人约谈制度

《食品安全法》增设监管部门负责人约谈制度。《食品安全法》规定,食品生产经营过程中存在食品安全隐患,未及时采取措施消除的,县级以上人民政府食品药品监督管理部门可以对食品生产经营者的法定代表人或者主要负责人进行责任约谈。责任约谈情况和整改情况应当纳入食品生产经营者食品安全信用档案。县级以上人民政府食品药品监督管理等部门未及时发现食品安全系统性风险,未及时消除监督管理区域内的食品安全隐患的,本级人民政府可以对其主要负责人进行责任约谈。地方人民政府未履行食品安全职责,未及时消除区域性重大食品安全隐患的,上级人民政府可以对其主要负责人进行责任约谈。被约谈的食品药品监督管理等部门、地方人民政府应当立即采取措施,对食品安全监督管理工作进行整改。②

7. 增加规定风险分级管理要求

《食品安全法》增加规定风险分级管理要求。《食品安全法》规定,县级以上人民政府食品药品监督管理、质量监督部门,根据食品安全风险监测、风险评估结果和食品安全状况等,确定监督管理的重点、方式和频次,实施风险分级管理。同时规定,县级以上人民政府食品药品监督管理部门,应当建立食品生产经营者食品安全信用档案,记录许可颁发、日常监督检查结果、违法行为查处等情况,依法向社会公布并实时更新;对有不良信用记录的食品生产经营者增加监督检查频次,对违法行为情节严重的食品生产经营者,可以通报投资主管部门、证券监督管理机构和有关的金融机构。③

8. 应严格监管婴幼儿配方食品

《食品安全法》规定,婴幼儿配方食品生产企业,应当实施从原料进厂到成品出厂的全过程质量控制,对出厂的婴幼儿配方食品实施逐批检验,保证食品安全。生产婴幼儿配方食品使用的生鲜乳、辅料等食品原料、食品添加剂等,应

---

① 参见莫锦辉、徐吉祥:《食品追溯体系现状及其发展趋势》,载《中国食品与营养》2011 年第 1 期。

② 参见张喜才:《完善我国食品安全监管的对策建议》,载《对外经贸》2011 年第 12 期。

③ 参见姜峥、王丽珍:《婴儿配方奶粉》,载《食品与药品》2006 年第 10 期。

当符合法律、行政法规的规定和食品安全国家标准,保证婴幼儿生长发育所需的营养成分。婴幼儿配方食品生产企业应当将食品原料、食品添加剂、产品配方及标签等事项向省、自治区、直辖市人民政府食品药品监督管理部门备案。《食品安全法》特别规定:不得以分装方式生产婴幼儿配方乳粉,同一企业不得用同一配方生产不同品牌的婴幼儿配方乳粉。①

9. 实行最严格的法律责任制度

《食品安全法》建立了相当严格的法律责任制度。一是突出民事赔偿责任。规定首付责任制,要求接到消费者赔偿请求的生产经营者应当先行赔付,不得推诿;同时完善了消费者在法定情形下可以要求 10 倍价款或者 3 倍损失的惩罚性赔偿金制度。二是加大行政处罚力度。三是细化并加重对失职的地方人民政府负责人和食品安全监管人员的处分。四是做好与刑事责任的衔接。分别规定生产经营者、监管人员、检验人员等主体有违法行为构成犯罪的,依法追究刑事责任。②

10. 规定食品安全实行社会共治

《食品安全法》规定食品安全实行社会共治:一是规定食品安全有奖举报制度。明确对查证属实的举报,应给予举报人奖励。二是规范食品安全信息发布。强调监管部门应当准确、及时公布食品安全信息,同时规定,任何单位和个人不得编造、散布虚假食品安全信息。三是增设食品安全责任保险制度。③

---

① 参见文琳:《食品安全法律制度探析》,载《法制与社会》2017 年第 19 期。
② 参见刘道远:《食品安全监管法律责任研究》,载《河南大学学报》2012 年第 4 期。
③ 参见邓刚宏:《构建食品安全社会共治模式的法治逻辑与路径》,载《南京社会科学》2015 年第 2 期。

第三章　食品安全法的基本原理

　　食品安全法是一个新兴的法律部门,食品安全法学领域中有许多基础理论问题尚待解决。由于食品安全法学基础理论尚在发展、完善,食品安全法应划归中国特色社会主义法律体系七个部分中的哪一个,还存在一定争议。但就一国法律体系的完整性而言,为更好地保障广大人民群众的生命安全和食品健康,食品安全法是不可或缺的。在这个意义上,《食品安全法》与《消费者权益保护法》、《产品质量法》并无不同,他们具有相近的调整对象,一样的调整方法。食品安全法的重要作用毋庸置疑,我们对食品安全法基础理论的研究也尤为重要,对食品安全法基础理论的研究是我们贯彻和完善《食品安全法》的重要保障,它也是我国法治建设的一个重要环节。

一、食品安全法的性质和特征
(一)食品安全法属于经济法部门

　　食品安全法是一个新兴的学科,对它的研究已成为涉及宪法、行政法、刑法、民商法、经济法等多个学科、多个领域的综合性课题。现阶段由于食品安全事件频发,对《食品安全法》的研究与实施,有利于更好地落实保护广大人民群众生命安全和食品健康的立法宗旨。但由于《食品安全法》刚刚颁布不久,对食品安全法法学基础理论部分的研究仍有许多重大理论问题需要进一步研究,其中对于食品安全法的法学属性即《食品安法》应属于哪一个法律部门存在很大的争议。按照通说,法的部门是对全部现行法律规范和即将制定的法律规范,根据其调整对象的不同分类组合而形成的,同时根据各个法的部门里法律规范所调整的社会关系性质的规定进行分析归类。这些年随着经济的高速发展和社会的不断进步,法所调整的社会关系也越来越广泛,从历史上看,法律的划分经过了"诸法合体"向"民刑分离",再从"民商分立"到今天的"各法细分""各法分离"的趋势。

2011年3月10日时任全国人大常委会委员长吴邦国在十一届全国人大四次会议第二次全体会议上宣布,中国特色社会主义法律体系已经形成。在该法律体系下,我国形成了在宪法统领下,由宪法及宪法相关法、民商法、行政法、经济法、社会法、刑法、诉讼与非诉讼程序法等七个部分构成,包括法律、行政法规、地方性法规三个层次的法律体系。① 该体系的形成是全面实施依法治国基本方略、建设社会主义法治国家的基础,但在一些领域也出现了争议。自2009年《食品安全法》颁布后,学界就对食品安全法应属于哪一个法律部门产生了分歧,主要表现为行政法学界和经济法学界对食品安全法属性归属的论战。行政法是基于约束政府行政权力滥用的需求而产生,其核心主要表现为限制政府行为。经济法则是基于市场的失灵而产生,其核心主要表现为规范和调控市场。然而,行政法学界却因《食品安全法》与地方各级官员行政效能联系在一起实行问责制度,普遍认为其应属于行政法,因而引起了一场法律部门间的争论。这主要是因为当下食品安全事件频发,《食品安全法》自颁布之日起就体现了其独有的自身特点:食品安全法兼具公法和私法的属性;食品安全法是兼具程序法的实体法;食品安全法具有特别法的属性。正是因为这些独有的自身特点使食品安全法的基础理论表现出复杂性,因此,在很多层面《食品安全法》既表现出一定的行政法属性又表现出一定的经济法属性,进而引起两大法律部门对《食品安全法》法律属性的争议。但笔者认为,把一个法律归属于哪一个法律部门,主要取决于调整的对象是否一致、基本原则所表现出的精神是否一致,以及法律责任的形式是否统一。根据这三个评判标准,笔者认为,《食品安全法》属于经济法的范畴。对于《食品安全法》属性的划分有助于人们对于该法律的认识和使用,更好地发挥《食品安全法》的作用,同时对于经济法学学科的建设也有重要的作用。

---

① 吴邦国在形成中国特色社会主义法律体系座谈会上的讲话。

1. 食品安全法的调整对象属于经济法调整的范畴

调整对象就是法律规范所调整的社会关系。所谓社会关系是人与人之间的关系,社会关系复杂多样,既有联系又有区别,其性质也有不同。因此,也就有了由不同的法律调整不同的社会关系,以便可以更好地完成各自的任务和宗旨。笔者认为,《食品安全法》是调整食品安全监督管理关系和食品安全责任关系的法律规范的总称。食品安全法的调整对象总的来讲是食品安全关系,其中包括食品安全监督管理关系和食品安全责任关系。因此,食品安全关系属于经济法的范畴,是经济法调整的特定范围的经济关系。经济法调整的特定经济关系,是在国家协调本国经济运行过程中发生的,食品安全法属于经济法中的市场管理关系。现阶段我国实行社会主义市场经济,因此需要建立统一、开放和健康的市场体系,在保障市场流通的过程中,更要保障广大消费者的合法利益不受侵犯。而在市场经济中,市场本身又无力保障广大消费者的合法利益,这就需要国家干预,通过国家干预来加强市场管理,因此,在市场管理过程中发生的经济关系,应该由经济法调整。而行政法的调整对象是行政关系。所谓行政关系,是指行政主体行使行政职能和接受行政法监督而与行政相对人、行政监督主体发生的各种关系,以及行政主体内部发生的各种关系。行政关系以行政职权为核心,只有与行政职权的行使直接或间接发生联系的社会关系才是行政关系。行政关系主要包括:行政管理与服务关系、行政监督关系、行政救济关系和内部行政关系。在行政法的调整对象中,只有行政管理与服务关系与食品安全法的食品安全监督管理关系相吻合,而食品安全法所体现的食品安全责任关系,行政法却无法调整。所以,食品安全法的调整对象属于经济法调整的范围而不属于行政法所调整的国家行政机关在行政活动中产生的行政关系。

2. 食品安全法基本原则的精神属于经济法原则统领的范畴

食品安全法的基本原则,是食品安全法基础理论中的核心,它是食品安全法的精神和灵魂。它体现食品安全法的根本价值,反映食品安全法的本质,并对食品安全法的立法和贯彻执行起着普遍的指导作用。客观、准确、科学地概括、分析、提炼我国食品安全法的基本原则,对于我国食品安全法理论和实践都具有重要的意义。由于食品安全法所调整的社会关系的性质、范畴、任务和目标与其他法律不同,所以食品安全法具有独特的基本原则。笔者认为,其最基本应包括以下基本原则:分段监管原则、信息公开原则、预防性原则和风险分析原则。这些《食品安全法》基本原则的立法精神表现出经济法基本原则中的国家干预市场经济原则和社会利益本位原则的立法精神,而不是行政法的合法行政原则、合理行政原则、诚信原则和高效原则。首先,在现代市场经济中,经济自由与国家干预始终是一对矛盾。要追求市场自由必将排斥国家干预,也会因此出现经济发展失衡、损害消费者利益和盲目追求企业或个人利益最大化。而《食品安全法》《消费者权益保护法》和《产品质量法》共同构成了在市场规制关系中对消费者这个相对弱势群体在法律上进行系统保护的规范,因此,他们也都体现着国家干预市场经济的原则。其次,《食品安全法》的立法总宗旨为:"为保证食品安全,保障公众身体健康和生命安全。"食品安全直接关系广大人民群众的身体健康和生命安全,关系国家经济健康发展及社会和谐稳定。《食品安全法》的颁布实施,对于规范食品生产经营活动,防范食品安全事故的发生,增强食品安全监管工作的规范性、科学性和有效性,以及提高我国食品安全整体水平,都具有十分重要的意义。《食品安全法》的宗旨就是保障整个社会的食品经济安全,因此,其体现经济法的社会利益本位原则,而不是民法的个人利益,更不是行政法所体现的国家利益。

3.食品安全法的法律责任形式与经济法相一致

通说认为,经济法律责任是指经济法律关系主体违反经济法律规定的义务,而应当承担的带有否定性的法律后果。它与民事法律责任和行政法律责任相比侧重于保护社会公共利益、侧重于公平责任,以及以限制或剥夺经营性资格和经济补偿为重要形式。经济法律责任可以分为经济责任、行政责任和刑事责任三类。

《食品安全法》的出台,弥补了食品安全法制上的漏洞,构建了一条环环相扣的法律责任链条,较之以往的食品违反法律责任的规定,加大了处罚力度,覆盖面也比以往扩大,也更加全面和完善。食品安全法律责任,是指食品生产者、经营者以及对食品安全负有直接责任的责任者,因违反《食品安全法》规定的食品安全义务所承担的法律责任。即国家对违反食品安全法定义务、超越食品安全法定权利或者滥用权利的行为所作的否定性评价,这是国家强制保证权利义务主体作出一定行为或者不一定行为,补偿或者救济受到侵害或者损害的社会利益和法定权利,恢复被破坏的法律秩序的手段。食品安全法作为一种新的综合性的法律形式,不仅体现出责任形式的多样化,且其中的法律规范既包含了一些私法规范,亦包含了部分公法规范,同时还有一些公法和私法相混合的规范。因而在法律责任形式上,也就不可避免地呈现出司法性质的责任、公法性质的责任和公法、私法混合性质的新型责任。其中,司法性质的责任主要是食品安全民事责任,还包括食品生产经营者的社会责任;公法性质的责任主要是食品安全行政责任和刑事责任;私法、公法混合性的新型责任主要是惩罚性损害赔偿责任。在责任的适用上,《食品安全法》明确规定要适用本法。当与其他法律法规规定不一致时,按照特别法优先、后法优先的原则执行。食品安全法律责任的有效实施更好地维护了正常的食品生产、经营秩序,更好地保护正规经营者的合法权益,有效地促进经济健康和可持续发展,进而维护社会公共安全秩序,保障社会公众的身体健康和生命安全。根据法律后果的具体内容不同,食品安全责任可分为民事责任、行政责任和刑事责任。而行政法的法律责任形式主要包括行政处分和行政处罚,这两种处罚形式只是食品安全法律责任形式的一小部分,行政法律的责任形式无法涵盖全部的食品安全法律责任形式,也无法应对现阶段不断频发的食品安全事件。同时可以看出,食品安全法的法律责任形式是与经济法的法律责任形式相一致的,因此食品安全法体现着经济法的属性。

（二）食品安全法的特征

1. 食品安全法是兼具程序法的实体法

在研究法律和法律现象的过程中,根据法律规定内容的不同进行划分,可以分为实体法与程序法。实体法是规定和确认权利和义务以及职权和责任为主要内容的法律,如宪法、行政法、民法、商法、刑法等。程序法是规定以保证权利和职权得以实现或行使,义务和责任得以履行的有关程序为主要内容的法律,如行政诉讼法、行政程序法、民事诉讼法、刑事诉讼法、立法程序法等。《食品安全法》是实体法和程序法相结合的产物,其主要规定了食品安全监督与管理法律制度、食品安全质量监督管理制度、食品安全标准制度、食品生产经营者法律制度,以及经营者之间的权力义务关系,因此食品安全法属于实体法的范畴。同时,《食品安全法》还规定了食品安全监管程序,如食品生产经营许可、安全信息的公布、食品检验规程、食品安全事故处置等程序性规定,因而食品安全法是兼具程序法的实体法。①

2. 食品安全法具有特别法的属性

这是按照法的效力范围的不同所作的分类。一般法,是指在一国范围内,对一般的人和事有效的法;特别法,是指在一国的特定地区、特定期间或对特定事件、特定公民有效的法。一般情况下,在同一领域,法律适用遵循特别法优于一般法的原则。《食品安全法》在我们国家整个的法律体系中就处于特别法的

---

① 参见于华江等:《食品安全法》,对外经贸大学出版社 2010 年版,第 7~8 页。

位置。与之相比,《消费者权益保护法》、《产品质量法》和《农产品质量法》属于普通法。所以对于食品安全问题,《食品安全法》有规定,要优先适用《食品安全法》的规定。如果《食品安全法》未作规定,补充适用《消费者权益保护法》,甚至《合同法》《产品质量法》。

3. 食品安全法兼具公法和私法的属性

据调整对象、调整方式、法的本位、价值目标等的不同为标准,可以将法划为公法与私法。公法调整国家或公共利益,它的一方主体应当是国家,与另一方主体一般是不平等的隶属或服从关系,公法多以强制性规范为主。而私法则是强调私人利益关系的法律规范,多以任意性规范居多,以自治为其最高原则和精髓所在。公法与私法在调整范围、调整机制与其所维护的利益上存在本质区别,《食品安全法》的内容涉及国家对食品及食品相关行业生产经营者的监管,对食品安全风险监测和评估制度、食品安全标准制度、食品检验制度、食品进出口制度、食品安全信用档案制度和食品安全事故处置等方面的监管职责。这些食品安全质量监督管理制度,主要规范国家相关监管部门之间、监管部门与食品及食品相关行业企业之间的关系,这些监管制度集中体现出国家对食品安全领域的主动集中监管,也体现出食品安全法公法的特性。同时食品安全法涉及调整生产经营者与消费者及相关第三人之间,因食品安全问题引发的损害赔偿责任关系,是一种在商品交易关系中发生的平等主体间的经济关系,其规定了消费者相应的权利及损害救济,还规定了食品经营者相关民事责任,其具有私法方面的内容。因而,食品安全法兼具公法和私法的属性。

二、食品安全法的立法宗旨

随着我国经济社会的快速发展,人们生活水平不断提高,我国已从长期食物短缺发展为食物相对剩余的阶段,从温饱型社会发展为享受型社会,国家经济总量已达到世界第二位。人们也越来越多地认识到,食品安全是人类生存和发展的基础,食品安全关系着每一个人的健康和生命,食品安全问题已成为关系民生、关系国家经济健康发展和社会和谐稳定的重大社会问题。但近年来,国家虽不断加大食品安全监管力度,但假冒伪劣、有毒有害食品大量充斥着市场;超量使用食品添加剂、滥用非食品用化学添加物的现象并没有得到明显改善;转基因食品安全问题也日益突出;加之受到国外食品安全威胁,不断出现新的食源性危害,食品安全事件屡屡引发社会公众对食品安全的恐慌,由此对国家和社会的稳定以及经济的良性发展造成一定冲击。我国频繁发生的食品安全事件,也直接关系到老百姓的生命和健康安全。在国家向社会公布的《食品安全法(草案)》的立法目的为:"为保证食品安全,控制和消除食品污染和有害因素对人体的危害,防止食源性疾病,保障公众健康,促进食品产业发展,制定本法。"而2009年最终修改后颁布的《食品安全法》第1条明确指出《食品安全法》的立法目的为:"为保证食品安全,保障公众身体健康和生命安全,制定本法。"前后两个版本的不同,更好地说明了"食品安全"是《食品安全法》的核心,其终极目标就是要"保障公众身体健康和生命安全",2015年《食品安全法》也沿用了这一说法。

　　具体而言,2015年《食品安全法》自身具备的特点就是围绕"食品安全"而进行设计的,主要表现在以下几个方面:(1)规定国务院设立食品安全委员会,食品安全监管体制更加科学、有效。食品安全得到国家高度重视,为了解决食品安全监督管理中的职责不清等突出问题,2015年《食品安全法》规定了将多部门分段监管食品安全的体制,转变为由食品药品监管部门统一负责食品生产、流通和餐饮服务监管的相对集中的体制。这一变化是将2013年国务院对食品药品监督管理体制的改革落实并细化在法律层面,而食药监职能的整合在2014年已经在全国范围内基本完成。国务院设立食品安全委员会,作为高层次的议事协调机构,协调、指导食品安全监管工作。(2)大幅加重法律责任,重罚治乱是2015年《食品安全法》修改的一个重要思路,也是新法的一个重要特征。加重法律责任突出表现在完善民事赔偿机制、加大行政处罚力度、与刑事责任的衔接三个方面。除此之外,《食品安全法》在严厉执法的同时还新增食品经营者豁免条款。(3)实施全过程和全方位监管。全过程监管强调从食品原料阶段至消费者购入阶段之间各个环节的无缝管理,《食品安全法》将源头阶段首次延伸至食用农产品、新增食品贮存和运输管理、渠道上增加网上销售的管理规则、生产和流通提出更多监管要求,以及将食品添加剂全面纳入《食品安全法》管辖范畴。(4)增加第三方平台网络食品交易规定。流通环节中的第三方平台网络食品交易是本次修订新增的内容,实际上是吸纳了2014年颁布的《网络交易管理办法》和2013年《消费者权益保护法》关于网络交易的相关规定。在吸纳已有制度的同时,《食品安全法》规定了食品经营者在第三方网络交易平台的实名登记制度和第三方平台审查经营者许可证的义务,并规定了第三方平台提供者未遵守该制度的连带责任。该新增义务加重了第三方平台的审查义务,体现了在食品流通过程中更严格的经营者自我审查要求。《食品安全法》还规定,未履行审查许可证义务使消费者受到损害的,第三方交易平台应当与食品经营者承担连带责任,使该项义务在实践中更具执行力。(5)全面强化食品添加剂的管理。《食品安全法》在很多涉及食品的规定中加强了对于食品添加剂的管理,显示了对食品添加剂全面监管的特征,体现了对食品添加剂安全问题的重视,在相当程度上将食品管理规范类推至食品添加剂范畴。(6)《食品安全法》增设了餐饮服务提供者的原料控制义务以及学校等集中用餐单位的食品安全管理规范。(7)对特殊食品的监管与修订前相比,《食品安全法》专门设立了特殊食品监管一节,集中规定包括保健食品、婴幼儿食品,以及特殊医学用途配方食品的特殊法律要求,在吸纳该领域的已有很多规定的同时,也引入了一些变化和突破,如保健食品的注册和备案相结合制度、扩展婴幼儿配方食品的监管范围等。①

因此,《食品安全法》的立法目的是继 1982 年《食品卫生法(试行)》、1995年的《食品卫生法》之后,又一个食品卫生法治建设史上的里程碑。食品安全直接关系广大人民群众的身体健康和生命安全,关系国家经济健康发展及社会和谐稳定。《食品安全法》的颁布实施,对于规范食品生产经营活动,防范食品安全事故发生,增强食品安全监管工作的规范性、科学性及有效性,提高我国食品安全整体水平,具有十分重要的意义。

三、食品安全法基本原则

食品安全法基本原则是食品安全法基础理论中的核心,它是食品安全法的精神和灵魂。它体现着食品安全法的根本价值,反映着食品安全法的本质,并对食品安全法的立法和贯彻执行起普遍的指导作用。客观、准确、科学地概括、分析、提炼我国食品安全法的基本原则对于我国食品安全法理论和实践都具有重要的意义。研究食品安全法的基本原则,使我们能够正确认识食品安全法的本质,有利于建立科学的食品安全监管体系,有利于健全社会主义市场经济的法制内容,更好地指导食品安全活动,满足国家在调节社会食品安全活动中所产生的对食品安全关系调整的需要。由于食品安全法所调整的社会关系的性质、范畴、任务和目标与其他法律不同,所以食品安全法具有独特的基本原则。②《食品安全法》第 3 条规定:"食品安全工作实行预防为主、风险管理、全程控制、社会共治,建立科学、严格的监督管理制度。"该条充分说明了食品安全法贯彻

---

① 参见陈兵、杨玥:《新〈食品安全法〉详解——食品企业的必修课》,载食品论坛:http://bbs.foodmate.net/thread – 846804 – 1 – 1. html.,最后访问日期:2015 年 5 月 20 日。

② 参见倪楠:《论我国食品安全法基本原则》,载《法制与社会》2012 年第 24 期。

以下基本原则：

（一）预防性原则

预防性原则，是一项行动原则，是指将来很有可能发生损害健康或者以现有的科学证据尚不足以充分证明可能发生的损害，或者以现有科学证据尚不足以充分证明因果关系的成立，为了预防损害的发生而在当前时段采取暂时性的措施。[①] 食品安全预防原则旨在将食品安全事后规制变为重点预防事故的发生，这是对食品安全监管理念的重要转变。预防原则和风险分析原则是相对应的，它针对的是风险，而不是损害。风险是将来发生损害的可能性，一旦这种可能性成为现实，那就是实际损害。预防的目的并不是将风险降为零。因为从实际情况来讲，即便根据预防原则采取措施，也不可能将未来可能发生的风险的根源在当前消除为零。[②] 根据预防原则所采取的措施，应在一定时期之后进行评估，看其是否仍然有存在的必要，毕竟它是一种临时性的措施，而不能无限期的实施下去。

预防性原则的概念最早始于 20 世纪 80 年代德国的事先的考虑和担扰（Vorsorge）法则。2002 年《欧盟食品基本法》第 7 条第 2 款对预防性原则的具体措施提出如下要求："根据第 1 款所采取的措施应恰如其分，对贸易的限制作用不超出实现共同体所选择的高水平健康保护所必需的、技术经济上可行的，以及考虑事情的其他合法因素。应在适当时期根据鉴定作出的风险对生命及健康危害的性质及所需科技信息种类，澄清科技不确定性并开展更全面的风险分析。"[③]美国采取的开放政策和欧盟的限制管理截然相反，其认为对风险预防原则的过度适用将阻碍技术的进步、妨碍贸易自由，因此必须给予一定的限制。[④]

我国规定的预防性原则的内涵和外延要比欧美更加宽泛，预防性原则在我国《食品安全法》中体现在以下具体内容：

第一，食品生产经营许可制度。从事食品生产、食品流通、餐饮服务，应当依法取得食品生产许可、食品流通许可、餐饮服务许可。国家对食品添加剂的生产实行许可制度，申请食品添加剂生产许可的条件、程序，按照国家有关工业产品生产许可证管理的规定执行，食品添加剂应当在技术上确有必要且经过风

---

① 参见王贵松：《日本食品安全法研究》，中国民主制出版社 2009 年版，第 72 ~ 73 页。

② 参见倪楠：《论我国食品安全法基本原则》，载《法制与社会》2012 年第 24 期。

③ 蒋维永：《欧盟食品安全法律制度研究》，西南政法大学 2010 年硕士学位论文，第 222 页。

④ 参见高秦伟：《论欧盟行政法上的风险预防原则》，载《比较法研究》2010 年第 3 期。

险评估证明安全可靠,方可列入允许使用的范围。2015 年 8 月 26 日国家食品药品监督管理总局局务会议审议通过《食品生产许可管理办法》和《食品经营许可管理办法》,将食品流通许可与餐饮服务许可两个许可整合为食品经营许可,将食品添加剂生产许可纳入《食品生产许可管理办法》,规定食品添加剂生产许可申请符合条件的,颁发食品生产许可证,并标注食品添加剂,真正做到让食品生产经营许可是通过事先审查的方式提高食品安全保障水平的重要预防性措施。

第二,食品安全标准制度。制定并且实施严格的食品安全标准是真正实现食品安全源头治理、防患于未然的前提条件。食品安全标准为强制执行的标准,除食品安全标准外,不得制定其他的食品强制性标准。食品安全标准分为国家标准、地方标准和企业标准,食品安全风险评估结果应成为制定、修订食品安全标准的科学依据。没有食品安全国家标准的,可以制定食品安全地方标准,企业生产食品没有食品安全国家标准或者地方标准的,应当制定企业标准。

第三,食品安全强制检验制度。未经检验或经检验不合格的食品不准出厂销售。对于不具备自检条件的生产企业强令实行委托检验。

第四,食品安全标签制度。食品标签是粘贴在产品外包装上的标识。食品标签提供了食品的内在质量信息、营养信息、时效信息及食用指导信息等,是消费者选择食品的重要依据。食品标签应当清楚、明显,容易辨识,食品与标签应当一致。规范食品标签管理,一方面,可确保食品标签提供的信息真实充分有效,避免误导和欺骗消费者;另一方面,一旦出现食品安全事故,也有利于事故的处理和不安全食品的召回。①

(二) 风险分析原则

风险分析(risk analysis)原则,是指对食品中可能存在的风险进行评估,进而根据风险程度来采取相应的风险管理措施,以控制或者降低风险并且在风险评估和风险管理的全过程中保证风险相关各方保持良好的风险交流状态。② 这一原则是对食品安全进行科学管理的体现,也是制定食品安全监管措施和食品安全标准的重要依据,它已成为国际公认的食品安全管理理念。风险分析是对人体接触食源性危害而产生的已知或潜在的对健康不良影响的科学评估,它是一种系统地组织科学技术信息及其不确定性信息来回答关于健康风险的具

---

① 参见孔繁华:《论预防原则在食品安全法中的适用》,载《当代法学》2011 年第 4 期。

② 参见国家标准化管理委员会农轻和地方部主编:《食品标准化》,中国标准出版社 2006 年版,第 121 页。

体问题的评估方法。

1997 年 4 月 30 日欧盟委员会发布《关于欧盟食品法的一般原则委员会绿皮书》,为欧盟食品法确定了 6 个基本目标,"确保法规主要以科学证据和风险评估为基础"是其中之一。2000 年 2 月 12 日发布《欧盟关于食品安全白皮书》,该文件在第二章食品安全原则中认为,风险分析必须成为食品安全政策的基础,欧盟必须把它的食品政策建立在三项风险分析的运用之上:风险评估(科学建议和信息分析)、风险管理(管理与控制)和风险交流。同时认为,如果合适,预防性原则将应用于风险管理的决议。① 日本 2003 年颁布《食品安全基本法》指出,在制定有关确保食品安全性的措施时,应对人体健康带来损害的生物学、化学、物理的要素或状态,食品本身含有的或加入到食品中有可能带来损害的物质,在摄取该食品时有可能对人体健康带来的危害进行"食品影响健康评估"。同时,该法还规定,在内阁中设立食品安全委员会,专门从事食品安全风险评估和风险交流工作。②

在我国,《农产品质量安全法》《食品安全法》,都明确地规定了风险预防原则。探索该原则实现的法律机制,其实质在于落实相关法律法规的规定,贯彻执行与之相配套的一系列措施。《食品安全法》首次提出的建立食品安全风险监测和评估制度,标志着我国食品安全监管从经验监管向科学监管、从传统监管向现代监管逐步迈进。

1. 建立了食品安全风险监测制度

我国《食品安全法》在借鉴国内外先进经验的基础上,明确了食品安全风险监测制度。食品安全风险监测制度是有关食品安全风险监测管理部门、检测机构、检测内容、监测计划、检测范围、监测效果等制度的总称。食品安全风险监测是针对某种食品的食用安全性展开的评价、预警和检测,是对食品安全风险进行评估的基础和前提,也是风险评估阶段的数据来源。其中,食品安全风险是指食源性疾病、食品污染,以及食品中的有害因素或者食品添加剂、食品包装等足以对食品安全造成威胁,从而对人体健康造成急性、亚急性或者慢性危害。

2. 建立了食品安全风险评估制度

食品安全风险评估制度是指对食品、食品添加剂中生物性、化学性和物理性危害对人体健康可能造成的不良影响所进行的科学评估,包括危害识别、危

---

① 参见蒋维永:《欧盟食品安全法律制度研究》,西南政法大学 2010 年硕士学位论文,第 138 页。

② 参见孙杭生:《日本食品安全监督体系与制度》,载《农业经济》2006 年第 6 期。

害特征描述、暴露评估、风险特征描述等。食品安全风险评估是针对食品中的添加剂、污染物、毒素或病源菌对人群或动物的潜在副作用,用以定性或定量方式进行的科学评估。换言之,食品安全风险评估是根据食品安全风险监测所获得的数据或者群众举报的有关食品安全方面的信息,通过使用毒理数据、污染物残留数据分析、统计手段、暴露量及相关参数的评估等系统科学的步骤,来决定某种食品有害物质的风险。

(三)统一监管和全程控制原则

统一监管和全程防控原则,是指由中央政府的某一职能部门负责食品安全监管工作,并负责协调其他部门来对食品安全工作进行监管或由中央政府成立专门的、独立的食品安全监管机构,由其全权负责国家的食品安全监管工作,在这种监管体制下实施从农田到餐桌的"全程控制"。

统一监管的食品安全监管体制与分段监管体制相对应,分段监管体制,是指按照食品生产、加工、流通每一个环节在一个行政部门负责下,采取以分段监管为主、品种监管为辅的,各尽其责为主导方针的多机构分段监管体制。[1] 分段监管原则首先形成于美国,1906 年 6 月 30 日美国通过了第一部《食品和药品法》。之后的 32 年,为了适应食品安全发展的需要,美国先后颁布了五部法案,进行了两次大的修改,确立了详细的检验标准和检验程序,使涉及食品和药品安全的法律不断得到完善,这些法律涵盖了美国所有的食品领域,使各个食品环节在监管上做到了有法可依,至此分段监管原则在美国的食品安全法律中被充分体现出来。为了更好地完善这种分段监管原则,美国在 1998 年成立了"总统食品安全管理委员会",来协调全国的食品安全工作。这样就形成了由一个委员会总协调,六个部门来进行分管,对各自领域的食品安全问题进行分段监管充分落实了分段监管的特性。[2] 2004 年国务院出台了《国务院关于进一步加强食品安全工作的决定》,将《食品卫生法》的监管体制变为分段监管为主、品种监管为辅的食品安全监管体制,充分体现了分段监管原则在我国食品安全监管中的作用。到 2009 年《食品安全法》的颁布,进一步明确规定了我国食品安全遵循分段监管原则,对应的实行分段监管体制。在这种分段监管的原则下我国形成了与之适应和配套的食品安全监管体制,这种监管体制是国家对食品安全

---

[1] 参见蒋慧:《论我国食品安全监管的症结和出路》,载《法律科学》(西北政法大学学报)2011 年第 6 期。

[2] 参见李怀:《发达国家食品安全监管体制及其对我国的启示》,载《东北财经大学学报》2005 年第 1 期。

实施监督管理采取的组织形式和基本制度。2010 年 2 月为了进一步完善我国现行的分段监管体制,国务院设立了食品安全委员会,作为国务院食品安全工作的最高层次议事协调机构,共有 15 个部门参加。① 至此我国正式形成了在中央层面由一个总体机构协调,具体监管由 5 个部门在各自领域分别管理的分段监管体制。因此,我国现行的监管体制就是在分段监管原则的指导下构建的,它直接体现了《食品安全法》分段监管原则的核心精神。

但随着近年来食品工业的高速发展,世界范围内的食品安全事件频发,各个国家纷纷通过改革食品安全监管体制来应对食品工业高速发展中的新问题,并克服分段监管固有的体制问题。之后,各主要代表国家将原先的由多个部门进行分散监管模式,变为由单一部门或少数部门进行的统一监管模式。2011 年 1 月 4 日美国总统奥巴马签署了《FDA 食品全现代化法》。从新法推出的改革来看,美国正在改革自己的食品安全监管体系以适应新时代的要求,新法将过去的多部门协调管理逐步变更为由一个部门主要负责与多部门协同配合的监管体系。日本在 2003 年通过了《食品安全基本法》,对其监管体制进行了改革。在改革后新的监管模式改变了原来政出多门,结构繁杂的状况,使得监管机构权责分明,提高了监管效率;有利于更好地进行全国统一规划食品安全战略;使各种检测统一了标准,充分体现了监测工作的科学性和正规性,之后统一监管体制成为一种趋势。2013 年根据第十二届全国人民代表大会第一次会议批准的《国务院机构改革和职能转变方案》和《国务院关于机构设置的通知》(国发〔2013〕14 号),我国设立国家食品药品监督管理总局为国务院直属机构,这意味着这一新组建的正部级部门正式对外亮相,我国 2009 年建立的食品安全分段监管体制正式结束。国家食品药品监督管理总局具有监督管理药品、医疗器械、化妆品、保健食品和餐饮环节食品安全的直属机构,负责起草食品(含食品添加剂、保健食品,下同)安全、药品(含中药、民族药,下同)、医疗器械、化妆品监督管理的法律法规草案,制定食品行政许可的实施办法并监督实施,组织制定、公布国家药典等药品和医疗器械标准、分类管理制度并监督实施,制定食品、药品、医疗器械、化妆品监督管理的稽查制度并组织实施,组织查处重大违法行为的职责。

在 2013 年确立的统一监管的体制下,《食品安全法》在修法时强化了全程控制的理念和思想,从源头上采取严格的控制措施,不但加强生产加工的全过

---

① 参见黄薇:《食品安全法》解读,载《法学杂志》2009 年第 6 期。

程监管,同时还包括加强食品添加剂、食品相关产品(用于食品的包装材料、容器、洗涤剂、消毒剂和生产经营工具、器具、设备等)的监管。在这个链条中的每一个环节对食品质量与安全都是非常重要的,任何一个环节出问题都会产生食品安全连锁反应。目前,美国已建立了有效的食品安全全程控制体系,最典型的就是在食品生产企业中广泛实施的《通用良好生产规范》(Good Manufacturing Practice,GMP)和危害分析和关键控制体系(Hazard Analysis and Critical Control Point,HACCP)。欧盟《食品安全白皮书》明确提出要加强和巩固从农田到餐桌的控制能力,全面完善全程监管体制。①

(四)社会共治原则

社会共治原则,是指在食品安全治理过程调动社会各方力量,包括政府监管部门、相关职能部门、有关生产经营单位、社会组织乃至社会成员个人,共同关心、支持、参与食品安全工作,推动完善社会管理手段,形成食品安全社会共管共治的格局。现阶段,对于食品安全频发的状况,本能单靠一部法或一个部门去解决,《食品安全法》把食品安全管理,由过去政府监管的单一体制转向了社会共治,这是一大亮点也是社会的普遍诉求。食品安全社会共治强调多元主体的共同参与,能够在解决市场失效的同时,有效克服政府单一监管的缺陷,是比食品安全监管更具有效率性的替代选择。食品安全社会共治的形成包括两个方面:一是由单一主体变为多元主体,即改变政府单一食品安全监管者的状况,吸引更广泛的社会力量,如非政府组织、消费者、公众、企业等共同参与到食品安全治理中,形成强大的治理合力;二是由监管方式变为治理方式,改变自上而下、被动的监管方式,构建自下而上的、主动的、多元主体合作共赢的协同运作机制。

社会共治,是解决食品安全监管中存在的公共服务分散不均、监管力量相对不足和微观环境复杂多变等突出问题的有效手段。食品安全社会共治,需要政府监管责任和企业主体责任共同落实,行业自律和社会他律共同生效,市场机制和利益导向共同激活,法律、文化、科技、管理等要素共同作用。只有形成社会各方良性互动、理性制衡、有序参与、有力监督的社会共治格局,才能不断破解食品安全的深层次制约因素,不断巩固食品安全的微观主体基础和社会环境基础,使食品安全达到"社会共治"。

---

① 参见张守文:《〈食品安全法(修订草案送审稿)〉体现的基本原则》,载食品安全报网:http://www.cfsn.cn/zhuanti/2013 - 11/25/content_163749.htm.,最后访问日期:2013 年 11 月 25 日。

1. 食品生产经营者对其生产经营食品的安全负责

食品生产经营者应当依照法律、法规和食品安全标准从事生产经营活动，保证食品安全，诚信自律，对社会和公众负责，接受社会监督，承担社会责任。在食品安全治理体制下，食品企业变被动为主动，由行政管理相对人变为食品安全治理的主动参与者：一方面，食品企业对自己的行为进行严格自律，另一方面，其他食品企业对其进行相互监督、约束和控制。

2. 国务院食品药品监督管理部门依照《食品安全法》和国务院规定的职责，对食品生产经营活动实施监督管理

国务院卫生行政部门依照《食品安全法》和国务院规定的职责，组织开展食品安全风险监测和风险评估，会同国务院食品药品监督管理部门制定并公布食品安全国家标准。国务院其他有关部门依照本法和国务院规定的职责，承担有关食品安全工作。政府在食品安全治理中发挥领导者职能，为食品安全治理提供基础服务，包括：确定食品安全治理的整体方向和标准；明确各治理主体的地位和职责分工；引导多元主体参与治理，对各治理主体发挥作用提供基础服务和保证；进行行政执法；协调各方利益等。

3. 食品行业协会应当加强行业自律

食品行业协会应按照章程建立健全行业规范和奖惩机制，提供食品安全信息、技术等服务，引导和督促食品生产经营者依法生产经营，推动行业诚信建设，宣传、普及食品安全知识。

4. 消费者协会和其他消费者组织

对违反本法规定，损害消费者合法权益的行为，消费者协会和其他消费者组织依法进行社会监督，食品安全共治方面消费者组织要发挥重要的作用。

5. 加强食品安全宣传

各级人民政府应当加强食品安全的宣传教育，普及食品安全知识，鼓励社会组织、基层群众性自治组织、食品生产经营者开展食品安全法律、法规以及食品安全标准和知识的普及工作，倡导健康的饮食方式，增强消费者食品安全意识和自我保护能力。新闻媒体应当开展食品安全法律、法规以及食品安全标准和知识的公益宣传，并对食品安全违法行为进行舆论监督。有关食品安全的宣传报道应当真实、公正。

6. 完善社会大众参与社会共治的途径

任何组织或者个人有权举报食品安全违法行为，依法向有关部门了解食品安全信息，对食品安全监督管理工作提出意见和建议。对在食品安全工作中做

出突出贡献的单位和个人,按照国家有关规定给予表彰、奖励。县级以上人民政府食品药品监督管理、质量监督等部门应当公布本部门的电子邮件地址或者电话,接受咨询、投诉、举报。接到咨询、投诉、举报,对属于本部门职责的,应当受理并在法定期限内及时答复、核实、处理;对不属于本部门职责的,应当移交有权处理的部门并书面通知咨询、投诉、举报人。有权处理的部门应当在法定期限内及时处理,不得推诿。对查证属实的举报,给予举报人奖励。有关部门应当对举报人的信息予以保密,保护举报人的合法权益。举报人举报所在企业的,该企业不得以解除、变更劳动合同或者其他方式对举报人进行打击报复。

(五)信息公开原则

信息公开原则,是指为了实现公众的知情权,食品监管部门、食品生产经营者,除依法不得公开的信息外,与食品安全有关的任何信息应向公众公布的准则。① 《食品安全法》始终坚持信息公开原则,食品安全信息如果不公布或公布不规范、不统一,会造成消费者不必要的恐慌。《食品安全法》规定,我国建立食品安全信息统一公开制度,坚持信息公开原则。食品安全关系着人民群众的生命安全和身体健康,食品安全信息的公布受到广泛关注。《食品安全法》第22~23条作出了相关规定:国务院食品药品监督管理部门应当会同国务院有关部门,根据食品安全风险评估结果、食品安全监督管理信息,对食品安全状况进行综合分析。对经综合分析表明可能具有较高程度安全风险的食品,国务院食品药品监督管理部门应当及时提出食品安全风险警示,并向社会公布。县级以上人民政府食品药品监督管理部门和其他有关部门、食品安全风险评估专家委员会及其技术机构,应当按照科学、客观、及时、公开的原则,组织食品生产经营者、食品检验机构、认证机构、食品行业协会、消费者协会以及新闻媒体等,就食品安全风险评估信息和食品安全监督管理信息进行交流沟通。②

食品安全信息主要包括食品安全总体情况、标准、监测、监督检查(含抽检)、风险评估、风险警示、事故及其处理信息和其他食品安全相关信息。

1. 明确了信息公开的第一责任主体

国家建立统一的食品安全信息平台,实行食品安全信息统一公布制度。国家食品安全总体情况、食品安全风险警示信息、重大食品安全事故及其调查处

---

① 参见于华江等:《食品安全法》,对外经贸大学出版社2010年版,第7~8页。
② 宋敏等:《食品安全监管中的公众参与原则探析》,载《经济研究导刊》2017年第2期。

理信息和国务院确定需要统一公布的其他信息,由国务院食品药品监督管理部门统一公布。食品安全风险警示信息和重大食品安全事故及其调查处理信息的影响限于特定区域的,也可以由有关省、自治区、直辖市人民政府食品药品监督管理部门公布,未经授权不得发布上述信息。县级以上人民政府食品药品监督管理、质量监督、农业行政部门依据各自职责公布食品安全日常监督管理信息。公布食品安全信息,应当做到准确、及时,并进行必要的解释说明,避免误导消费者和社会舆论。

2. 建立了信息报告、通报制度

县级以上地方人民政府食品药品监督管理、卫生行政、质量监督、农业行政部门获知《食品安全法》规定需要统一公布的信息,应当向上级主管部门报告,由上级主管部门立即报告国务院食品药品监督管理部门。必要时,可以直接向国务院食品药品监督管理部门报告。县级以上人民政府食品药品监督管理、卫生行政、质量监督、农业行政部门应当相互通报获知的食品安全信息。

四、食品安全法的适用范围

法律作为调整人类行为的社会规范,有其明确的调整对象和范围。食品安全法的适用范围与食品卫生法的适用范围相比明显扩大,而且增加了与《农产品质量安全法》相衔接的规定。《食品安全法》在第 2 条中规定了《食品安全法》的适用范围,并且在第 33 条和第 34 条对《食品安全法》的适用范围提出了一般性要求。

(一)食品的生产经营

食品生产与食品经营,统称食品生产经营。食品生产是指食品生产和加工,食品经营是指食品销售和餐饮服务。食品加工企业,是指有固定的厂房(场所)、加工设施和设备,按照一定的工艺流程,加工、制作、分装用于销售的食品的单位和个人(含个体工商户)。这里的食品是经过加工、制作并用于销售的供人们食用或饮用的制品,不包括可以食用的初级农产品。食品流通是整个食品链中不可或缺的重要环节之一,食品流通往往通过批发市场和零售市场完成。前者如蔬菜、水果、肉禽蛋、水产品、副产品、茶叶等食品综合批发市场和专业批发市场;后者主要是集贸市场、便利店、超市、百货商场等有食品零售的经营场所。食品流通环节出了问题同样影响公众身体健康,餐饮服务业更是如此。这些方面,都要遵守《食品安全法》的规定。

《食品安全法》对食品生产经营还作出了如生产环境条件、生产设备、设施、工艺、运输、储存、包装、人员等方面更加全面的要求。[①]

（1）总体要求：首先，食品生产者应当依照法律、法规和食品安全标准从事生产活动，对社会和公众负责，保证食品安全，接受社会监督，承担社会责任。其次，实行许可证制度，从事食品生产应当依法取得食品生产许可证。

（2）原辅材料要求：采购或者使用的食品原料、食品添加剂、食品相关产品必须符合食品安全标准；用水应当符合国家规定的生活饮用水卫生标准；使用的洗涤剂、消毒剂应当对人体安全、无害。

（3）生产环境条件要求：具有与生产的食品品种、数量相适应的食品原料处理和食品加工、包装、贮存等到场所，保持该场所环境整洁，并与有毒、有害场所以及其他污染源保持规定距离。

（4）生产设备、设施、工艺要求：具有与生产经营的食品品种、数量相适应的生产经营设备或者设施，有相应的消毒、更衣、盥洗、采光、照明、通风、防腐、防尘、防蝇、防鼠、防虫、洗涤，以及处理废水、存放垃圾和废弃物的设备或者设施；具有合理的设备布局和工艺流程，防止待加工食品与直接入口食品、原料与成品交叉污染，避免食品接触有毒物、不洁物。

（5）运输、贮存、包装要求：贮存、运输和装卸食品的容器、工具和设备应当安全、无害，保持清洁，防止食品污染，并符合保证食品安全所需的温度等特殊要求，不得将食品与有毒、有害物品一同运输。预包装食品的包装上应当有标签，标签应当标明所要求的事项，且专供婴幼儿和其他特定人群的主辅食品，其标签还应当标明主要营养成分及其含量。

（6）人员要求：有食品安全专业技术人员，配备专职或兼职食品安全管理人员。食品生产人员每年应当进行健康检查，取得健康证明后方可参加工作。患有痢疾、伤寒、病毒性肝炎等消化道传染病的人员，以及患有活动性肺结核、化脓性或者渗出性皮肤病等有碍食品安全的疾病的人员，不得从事接触直接入口食品的工作。食品生产人员应当保持个人卫生，生产食品时，应当将手洗净，穿戴清洁的工作衣、帽。

（7）管理要求：其一，企业标准应当备案。企业生产的食品没有食品安全国家标准或者地方标准的，应当制定企业标准，作为组织生产的依据。国家鼓励食品生产企业制定严于食品安全国家标准或者地方标准的企业标准。企业标

---

① 参见刘志鑫：《关于食品安全法对食品生产加工者明确要求方面解读》，载法律网：http://www.66law.cn/domainblog/116696.aspx.，最后访问日期：2015年9月24日。

准应当报省级卫生行政部门备案,在本企业内部适用。其二,建立相关制度。食品生产企业应当制定食品安全事故处置方案;食品生产企业应当建立健全本单位的食品安全管理制度;食品生产者应当建立并执行从业人员健康管理制度;食品生产企业应当建立食品原料、食品添加剂、食品相关产品进货查验记录制度;食品生产企业应当建立食品出厂检验记录制度。

(8)禁止性规定:禁止生产相关①食品;生产经营的食品中不得添加药品,但可以添加按照传统既是食品又是中药材的物质;食品的标签、说明书,不得含有虚假、夸大的内容,不得涉及疾病预防、治疗功能;食品与其标签、说明书所载明的内容不符的,不得上市销售;食品广告的内容应当真实合法,不得含有虚假、夸大的内容,不得涉及疾病预防、治疗功能;发生食品安全事故应当及时向事故发生地县级卫生行政部门报告。不得隐瞒、谎报、缓报,不得毁灭有关证据。

此外,供食用的源于农业的初级产品(以下简称食用农产品)的质量安全管理,应遵守《农产品质量安全法》的规定。但是,有关食用农产品的质量安全标准的制定、食用农产品安全有关信息的公布和食用农产品的市场流通,应当遵守本法的规定。

(二)食品添加剂的生产经营

《食品安全法》第150条规定:"食品添加剂是指:为改善食品品质和色、香、味以及为防腐、保鲜和加工工艺的需要而加入食品中的人工合成或者天然物质。"营养强化剂是指:"为增强营养成分而加入食品中的天然或者人工合成物质,属于天然营养素范围的食品添加剂。"由此可见,营养强化剂本质上也是一种食品添加剂,但其自身又有特殊之处。与一般的食品添加剂用于食品的色香味以及防腐、保鲜的作用不同,它的主要作用在于增强食品的营养程度。笔者认为,一般情况下,营养增强剂对人体健康是无害的,但如果营养强化剂致使食品

---

① 这些食品包括:(1)用非食品原料生产的食品或者添加食品添加剂以外的化学物质和其他可能危害人体健康物质的食品,或者用回收食品作为原料生产的食品;(2)致病性微生物、农药残留、兽药残留、重金属、污染物质以及其他危害人体健康的物质含量超过食品安全标准限量的食品;(3)营养成份不符合食品安全标准的专供婴幼儿和其他特定人群的主辅食品;(4)腐败变质、油脂酸败、霉变生虫、污秽不洁、混有异物、掺假掺杂或者感官性状异常的食品;(5)病死、毒死或者死因不明的禽、畜、兽、水产动物肉类及其制品;(6)未经动物卫生监督机构检疫或者检疫不合格的肉类,或者未经检验或者检验不合格的肉类制品;(7)被包装材料、容器、运输工具等污染的食品;(8)无标签的预包装食品;(9)国家为防病等特殊需要明令禁止生产经营的食品;(10)其他不符合食品安全标准或者要求的食品。

本身的营养超出正常含量的幅度,就应当认定为存在对人体健康有害的可能性。

在食品加工和原料处理过程中,为使之能够顺利进行,还有可能应用某些辅助物质。这些物质本身与食品无关,如助滤、澄清、润滑、脱膜、脱色、脱皮、提取溶剂和发酵用营养剂等,它们一般应在食品成品中除去而不应成为最终食品的成分,或仅有残留。对于这类物质特称之为食品加工助剂。目前我国食品添加剂有23个类别,2000多个品种,包括酸度调节剂、抗结剂、消泡剂、抗氧化剂、漂白剂、膨松剂、着色剂、护色剂、酶制剂、增味剂、营养强化剂、防腐剂、甜味剂、增稠剂、香料等。① 《食品卫生法》(2009年6月1日起废止)第11条规定:"生产经营和使用食品添加剂,必须符合食品添加剂使用卫生标准和卫生管理办法的规定;不符合卫生标准和卫生管理办法的食品添加剂,不得经营、使用。"2015年颁布的《食品安全法》对食品添加剂的生产经营和食品生产经营者使用食品添加剂,都提出了更严格的要求,不仅对食品生产经营者使用食品添加剂要遵守《食品安全法》,并且食品添加剂生产经营者的生产经营行为也要遵守食品安全风险监测和评估以及食品安全标准的规定。

(三)食品相关产品的生产经营

食品相关产品的生产经营,是指用于食品的包装材料、容器、洗涤剂、消毒剂和用于食品生产经营的工具、设备的生产、经营。用于食品的包装材料和容器,指包装、盛放食品或者食品添加剂用的纸、竹、木、金属、搪瓷、陶瓷、塑料、橡胶、天然纤维、化学纤维、玻璃等制品和直接接触食品或者食品添加剂的涂料。用于食品生产经营的工具、设备,指在食品或者食品添加剂生产、流通、使用过程中直接接触食品或者食品添加剂的机械、管道、传送带、容器、用具、餐具等。用于食品的洗涤剂、消毒剂,指直接用于洗涤或者消毒食品、餐饮具以及直接接触食品的工具、设备或者食品包装材料和容器的物质。②

(四)食品生产经营者使用食品添加剂、食品相关产品

食品相关产品是指:"用于食品的包装材料、容器、洗涤剂、消毒剂和用于食品生产经营的工具、设备。"上文已经阐述了食品添加剂和食品相关产品的"生产经营"受《食品安全法》规制,同样,食品生产经营者对食品添加剂和食品相关产品的"使用"也应当受到规制。食品生产经营者在使用添加剂、食品相关产品

---

① 参见孙金沅、孙宝国:《我国食品添加剂与食品安全问题的思考》,载《中国农业科技导报》2013年第4期。

② 参见郁正玉、朱晓东:《落实食品生产经营者主体责任的原因及对策》,载《现代农业科技》2010年第19期。

的过程中,其使用的流程控制也应当符合法律规定的条件,这样才能保证使用过程的卫生和安全。因此,食品生产经营者和食品相关产品生产经营者,都应遵守《食品安全法》的规定。

(五)食品的贮存和运输

食品贮存、运输是食品安全管理的重要环节,本项内容为 2015 年《食品安全法》新增条款。新法的规定更加全面和细致,首次规定了从事食品贮存、运输和装卸的非食品生产经营者在贮存、运输和装卸食品的容器、工具和设备时应当安全、无害,保持清洁,防止食品污染,并符合保证食品安全所需的温度、湿度等特殊要求,不得将食品与有毒、有害物品一同贮存、运输。当经营者未按要求进行食品贮存、运输和装卸时,由相关部门责令改正、责令停产停业并处 1 万元以上 5 万元以下罚款,情节严重的可吊销许可证。

(六)对食品、食品添加剂和食品相关产品的安全管理

《食品安全法》在很多涉及食品的规定中加强了对于食品添加剂的管理,显示了对食品添加剂全面监管的特征,体现了对食品添加剂安全问题的重视,在相当程度上将食品管理规范类推至食品添加剂范畴。《食品安全法》第 26 条规定食品安全标准应包含食品添加剂中危害人体健康物质的相关限量规定。该法第 34 条明确列出了禁止生产经营的食品添加剂,包括:危害人体健康物质含量超过食品安全限量的食品添加剂,用超过保质期的原料生产的食品添加剂、腐败变质污秽不洁的食品添加剂,标注虚假生产日期、保质期或者超过保质期的食品添加剂,无标签的食品添加剂。该法第 124 条增加了违法生产和经营该法第 34 条禁止的食品添加剂的处罚。除没收违法生产经营的食品添加剂及生产经营的工具、设备原料外,并处 5 万元至货值金额 20 倍的罚款。之前有关食品添加剂的违法行为的处罚是根据《食品添加剂生产监督管理规定》依照《食品安全法》《产品质量法》《工业产品生产许可证管理条例》等进行处罚。现在《食品安全法》将违法生产和使用食品添加剂的处罚直接在《食品安全法》中列明,使得今后对食品添加剂的相关违法行为的处罚更加有据。大量新增的规定更多体现了系统整合食品添加剂的现有规定,是对《食品添加剂生产监督管理规定》《食品添加剂生产管理办法》《食品添加剂新品种管理办法》等法律法规中重要条款的重申或细化。①

---

① 参见陈兵、杨玥:《新〈食品安全法〉详解——食品企业的必修课》,资料来源食品论坛:http://bbs. foodmate. net/thread – 846804 – 1 – 1. html. ,最后访问日期:2015 年 5 月 19 日。

（七）其他相关规定

供食用的源于农业的初级产品的质量安全管理,应遵守《农产品质量安全法》的规定。但是,制定有关食用农产品的质量安全标准、公布食用农产品安全有关信息和《食品安全法》对农业投入品作出规定的,应当遵守《食品安全法》的有关规定。农产品包括食用农产品和非食用农产品。食用农产品是指:"种植、养殖形成的未经加工或经初级加工的,可供人类食用的生鲜农产品,包括蔬菜、瓜果、茶叶、食用菌、禽畜及其产品、水产品等。"《食品安全法》所增加的农业投入品是指在农产品生产过程中使用或添加的物质。包括种子、种苗、肥料、农药、兽药、饲料及饲料添加剂等农用生产资料产品和农膜、农机、农业工程设施设备等农用工程物资产品。其中,涉及《食品安全法》对农业投入品作出的规定主要涉及该法第49条中关于建立健全农业投入品使用制度和相关禁止性要求。

第二篇

食品安全监督与管理制度研究

第四章 食品安全监督与管理法律制度概述

食品安全直接关系到广大人民群众的身体健康和生命安全,关系到社会稳定和经济可持续发展。加强食品安全监督管理,对保证食品安全、保障公众身体健康和生命安全具有重要意义。我们需要有完善的监督管理体制,来克服在食品安全领域中经常出现的"市场失灵"和政府失灵的状况。从《食品安全法》第5条、第6条对我国食品安全监管体制的总体设计来看,我国食品安全监管实行两段式,主要由农业部和食品药品监督总局负责。农业部门履行食用农产品从种植养殖到进入批发、零售市场或生产加工企业前的监管职责。国家食品药品管理总局承担生产、流通、消费环节的食品安全实施统一监督管理。国务院其他有关部门依照《食品安全法》和各自职责,承担有关食品安全工作。《食品安全法》结束2009年以来形成的食品安全分段监督管理体制,将原食品安全办、原食品药品监管部门、工商行政管理部门、质量技术监督部门的食品安全监管和药品管理职能进行整合,组建了食品药品监督管理机构,对食品药品实行集中统一监管。

一、世界其他国家和地区食品安全监管模式

根据 WHO 和 FAO 的定义,食品安全监管指:"由国家或地方政府机构实施的强制性管理活动,旨在为消费者提供保护,确保从生产、处理、储存、加工直到销售

的过程中食品安全、完整,并适于人类食用,同时按照法律规定诚实而准确地贴上标签。"①笔者认为,食品安全监管是国家职能部门对食品生产、流通企业的食品安全行使监督管理的职能。具体是负责食品生产、加工、流通环节食品安全的日常监管;实施生产许可、强制检验等食品质量安全市场准入制度;查处生产、制造不合格食品及其他质量违法行为。② 食品安全监管体制是指国家对食品安全实施监督管理采取的组织形式和基本制度,它是国家有关食品安全的法律、法规和方针、政策得以有效贯彻落实的组织保障和制度保障。③

从目前情况来看,世界各国都根据各自国情通过立法建立了不同类型的食品安全监管模式,根据他们的共性和特征可将现有的监管模式分为:多部门监管模式、单一部门监管模式和统一协调监管模式。

1. 多部门监管体制

多部门监管体制,即建立在由多部门共同负责基础上的食品安全监管体制。在食品安全领域,因为各个行业的初始分工不同,因此各个部门对食品相关领域的监管职责也不尽相同,并逐渐形成了由多个不同部门对食品安全负责的多部门监管体系。④ 在这种监管体制下,食品安全的监管由若干部门共同负责,如卫生部、农业部、商业部、环境部、贸易及产业部等,在不同的国家监管的组成部门也各有不同。在这种多部门的食品安全监管体制下,虽然每一个部门的作用和责任都明确规定,监管思路也非常清晰,但由于近年来食品工业的飞速发展,这种监管体制在实际运行中时也表现出了一定的制度缺陷:(1)监管机构过于庞杂,机构之间缺乏必要的协调机制。由于这种监管体制缺乏国家层面上的总体协调,同时大量部门参与管理,每个部门都会根据自己的管理范围制定具体的管理政策,但又由于在管理权限上的边际不清,从而导致在实施过程中效率低下,常常出现在一些监管领域大家都来管理,有些领域无人问津,疏于监管。(2)法规制定常出现重复或空白。由于在多部门监管过程中各部门在管理领域和资源占有上各不相同,同时又缺乏一个统一的协调机构。在这样的情况下,会导致重复工作或者超出法律规定以及在法定行动上出现空白。也正是由于多部门监管体制在运行过程中表现出的不可避免的诸多问题,以及在监管

---

① 张敬礼:《中国食品药品监管理论与法治实践》,中国法制出版社 2009 年版,第 310 页。
② 参见王海彦主编:《食品安全监管》,安徽人民出版社 2007 年版,第 33~35 页。
③ 参见倪楠:《论食品安全法中的分段监管原则》,载《西北大学学报》2012 年第 5 期。
④ 参见李怀:《发达国家食品安全监管体制及其对我国的启示》,载《东北财经大学学报》2005 年第 1 期。

过程中所需要参与管理的机构规模过于庞大,所以作为该种监管体制主要代表的美国和日本,分别在1998年和2003年改变了这种由多部门进行监管的模式。

2. 单一部门监管体制

即一元化的单一部门负责食品安全的监管体制。在这种监管体制下又可分为两种具体的表现形式:一是由中央政府的某一职能部门负责食品安全监管工作,并负责协调其他部门对食品安全工作进行监管,这种模式的代表国家是加拿大。二是由中央政府成立专门的、独立的食品安全监管机构,由其全权负责国家的食品安全监管工作,这种模式的代表国家是英国。在这种为单一部门进行监管的模式下总体上形成了统一管理、分级负责、相互合作的机制。其主要优势表现在:(1)形成了高效统一的监管措施,能够快速对食品安全事件进行应对。(2)形成了统一的食品标准,使监管政策不存在冲突和交叉空白的现象。(3)减少了机构的重叠和重复执法现象,提高了服务效率,加强了责任感。但这种监管体制对各国行政体制要求非常严格,加拿大、英国、德国、丹麦、澳大利亚等国家和地区是该种监管体制的主要代表。

3. 统一协调监管体制

即在国家层面建立了一个相对独立的权威机构进行统一协调,而各个部门则按照不同的标准对各种食品环节进行监管。这种监管体制,可以说是对多部门监管体制和单一部门监管体制的结合。这种模式的主要代表国家是美国和日本,这种监管体制的优势主要在于:(1)各部门分工明确,各司其职,为食品安全提供了强有力的组织保障,在统一协调下各部门之间有着良好的合作关系,既分工,又合作。(2)在整个食物链的各个环节,都形成了有效监管,真正做到了从农田到餐桌的有效保护。(3)设立了独立的风险评估和风险管理功能,加强了风险信息的交流和传播,启动了危险性预警系统,从而使决策更加透明,并使执行过程得到全程监管。

(一)主要发达国家的食品安全监管模式

1. 美国

1998年之前,美国实行的是由中央政府各部门按照不同职能共同监管的食品安全监管模式。在1998年之后,美国政府成立了"总统食品安全管理委员会"来协调全国的食品安全工作,在国家层面建立了一个相对独立的权威机构进行统一协调,而各个部门则按照不同的标准对各种不同食品环节进行监管的新模式。该委员会是由农业部、商业部、卫生部、管理与预算办公室、环境保护局、科学与技术政策办公室等有关职能部门的负责人组成。委员会主席由农业部部长、卫生部部长、科学与技术政策办公室主任共同担任。目前,美国的食品安全监管系统形成了由一个委员会协调,六个部门分别管理,即总统食品安全管理委员会进行总体协调,卫生部的食品药品管理局(Food and Drug Administration,FDA)、农业部的食品安全检查局(Food Safety and Inspection Service,FSIS)、动植物健康检验局(Animal and Plant Health Inspection Service,APHIS)、环境保护局(Environmental Protection Agency,EPA)、商业部的国家渔业局(National Marine Fisheries Service,NMFS)、卫生部的疾病控制和预防中心(Centers for Disease Control,CDC)对各自领域的食品安全问题按照职权管理。其中,FSIS 主管肉、禽、蛋制品的安全,FDA 负责 FSIS 职责之外的食品掺假、存在安全隐患、标签夸大宣传等工作,APHIS 主要是保护动植物免受害虫和疾病的威胁,EPA 主要维护公众及环境健康,避免农药对人体造成的危害,加强对宠物的管理,NMFS 执行海产品检测以及定级程序等,CDC 负责研究、监管与食品消费相关的疾病。海关负责定期检查、留样监测进口食品(见表 4 – 1)。我们可以看出美国的食品安全监管机构实行的是从上到下的垂直管理,采取品种监管为主,即按照产品种类进行职责分工,不同种类的食品由不同部门管理,各部门分工明确各司其职,为食品安全提供了强有力的组织保障,而且部门之间有着良好的合作关系,既分工,又合作。

表 4 – 1　美国食品安全监管体制分解

总协调	监管单位	监管内容
总统食品安全管理委员会	卫生部的食品药品管理局	各州贸易中出售的国内生产及进口食品,包括带壳的蛋类食品,但不包括肉类和家禽、瓶装水、酒精含量低于7%的葡萄酒饮料。执行与国内生产及进口食品(肉类和家禽除外)有关的食品安全法律,负责食品的标签管理以及其他产品的标签管理
	农业部的食品安检查局	监管国内生产与进口的肉类、家禽及相关产品。执行与国内生产及进口的肉类和家禽产品有关的食品安全法律,并且制定肉类和禽类产品的标签管理办法
	动植物健康检验局	负责动植物病虫害控制,包括病虫监测和动植物检疫
	环境保护局	监管饮用水,制定饮用水安全标准、测定新杀虫剂的安全性、制定食品中可容许的杀虫剂残留标准,并公布杀虫剂安全使用指南
	商业部的国家渔局	监管鱼类和海产品,通过收费的"海产品检查计划",检查渔船、海产品加工厂和零售商店是否符合联邦卫生标准

续表

总协调	监管单位	监管内容
总统食品安全管理委员会	卫生部的疾病控制和预防中心	监管所有食品,调查由食品传染的疾病的病源,进行研究以防止食品传染疾病
	财政部的酒精、烟草和火器管理	负责烟酒制品配方的管理
	美国海关总署	与农业部和 FDA 联合,负责对进口食品的安全监管;定期检查、留样监测进口食品

2011 年 1 月 4 日时任美国总统奥巴马签署了《FDA 食品安全现代化法》,该法对 1938 年通过的《联邦食品、药品及化妆品法》进行了大规模修订,可以说是对过去 70 多年来美国在食品安全监管体系领域改革力度最大的一次。从《FDA 食品安全现代化法》推出的改革来看,美国正在改革自己的食品安全监管体系以适应新时代的要求,《FDA 食品安全现代化法》将过去的多部门协调管理逐步变更为由一个部门主要负责加多部门协同配合的监管体系。根据《FDA 食品安全现代化法》,FDA 将拥有更多保证食品安全的预防性举措以及更加清晰的监管架构来改善以往食品安全领域监管的不足。具体来说,在食品安全监管领域,该法在食品安全预防控制方面对食品生产企业的检查和执法、进口食品安全方面、问题食品及时应对方面、加强国内食品安全监管机构的合作方面等相关领域,进一步加强了监管。对相关监管机构的权力进行了重新整合,并且在一些领域进行了制度创新。将 FDA 推到了预防食品安全发生的最前线,使 FDA 对食品安全的管理领域扩大至 80%(不包括由美国农业部管理的肉类和家禽产品)。根据该法,食品企业必须落实 FDA 制定的强制性预防措施,并且要执行强制性的农产品安全标准。在农产品安全领域,FDA 将起草制定生产和收获最低标准的科学标准。

2. 加拿大

加拿大实行的是由中央政府的某一职能部门负责食品安全监管工作,并负责协调其他部门对食品安全工作进行监管的模式(见表 4-2)。加拿大 1997 年 3 月通过的《食品监督署法》,将原来分别隶属于农业部、渔业海洋部、卫生部和工业部等四部门中的检验业务剥离出来,在农业和农业食品部之下设立一个专门的食品安全执法监督机构——加拿大食品监督署(Canada Food Inspection Agency,CFIA),统一负责加拿大食品安全、动物健康和植物保护的监督管理工作。其中,食品安全项目包括对乳制品、鸡蛋及鸡蛋产品、鱼类及海产品、新鲜蔬菜和水果、蜂蜜、标签、枫叶产品、肉类及家禽产品、有机产品、包装材料及非食品化学品、加工水果机蔬菜、零售食品12个方面进行管理。动物健康项目包括兽医、生物、人畜共患疾病以及饲料的管理。作物项目包括作物保护、种子和化肥方面的管理。

表4-2　加拿大食品安全监管体制分解

监管单位	监管内容
农业和农业食品部下设食品检验属（CFIA）	负责制定动植物健康标准并负责相应的执法检查； 负责所有的联邦政府食品执法检查； 负责强化食品安全体系、促进标签的合理使用、保护动物的健康、防止动物疾病传染到人体、保护作物资源、保护作物和森林免遭法定疾病和害虫的侵害
卫生部	制定在加拿大国内销售的食品政策和安全以及营养质量标准的权利； 负责评估加拿大食品检验署有关食品安全的工作效果

在这种监管模式下，加拿大形成了由CFIA主要负责食品安全工作，卫生部主要负责食品安全标准的制定，在与CFIA分工明确的基础上进行合作，共同开展食品安全工作的监管体系。农业和农业食品部部长负责为CFIA提供全面的指导工作意见并对议会负责。CFIA将全国分成4个区域，分别设立办公室：大西洋区域办公室、魁北克区域办公室、安大略区域办公室和西部区域办公室。在4个区域办公室下又设有18个地区办公室、21个实验室、185个办事处及400多个派驻生产企业的办公室。加拿大的这种监管模式从过去的多部门监管到现阶段的将食品、动物和作物的执法检查整合到一个政府部门，形成了统一管理、分级负责、相互合作的机制，减少了机构的重叠和重复执法现象，提高了服务质量，加强了责任感。

3. 英国

英国实行的是由中央政府成立专门的、独立的食品安全监管机构，由其全权负责国家的食品安全监管工作的监管模式（见表4-3）。英国政府根据《食品标准法》，于2000年成立了食品标准署。它取代了农业、渔业和食品部对食品安全立法的主导权，这是英国食品安全监管体制的一大变革。该部门是不隶属于任何内阁部门的非内阁部，是独立的食品安全监督机构，负责食品安全总体事务和制定各种标准，代表英王履行职能，并通过卫生大臣向议会负责。该部门设有一个最多由14人组成的非执行理事会负责决定食品标准署的大政方针，该理事会设一名主席，成员分别由卫生部国务大臣、苏格兰、威尔士和北爱

尔兰地方政府的卫生大臣任命,一位首席执行官在执行管理理事会(Executive
Management Board)支持下主持全署日常工作。食品标准署在全国各地都设有
机构,目前有 2200 多名雇员,全部属于公务员。在食品标准署下还设有执行机
构肉类卫生服务局(Executive Agencies),负责涉及肉类的检查和执法,目前有
1400 多名雇员。食品安全的具体执法工作,主要由地方政府和口岸卫生执法部
门承担。食品标准署根据有关地方政府食品安全执法框架协议和《食品安全
法》下的操作守则对上述部门的监管情况进行监督。此外,环境、食品和农村事
务部(Department for Environment,Food and Rural Affairs,DEFRA)负责兽药和
农药的欧盟监控项目,并在上述领域中作为执法机关;交易标准、园艺标准和酒
类标准除零售环节之外的执法工作也由环境、食品和农村事务部负责。屠宰场
也是重点监控场所,政府相关部门对各屠宰场实行全程监督;大型肉制品和水
产品批发市场也是检查重点,肉类卫生服务局的食品卫生检查人员每天在这些
场所仔细抽样检查,确保出售的商品来源渠道合法并符合卫生标准。英国的监
管体系纵贯"从农田到餐桌"的整个食物链,横跨所有食品部门,整合了所有食
品监管的资源。

表 4 – 3　英国食品安全监管体制分解

监管部门	监管内容
食品标准局	政策制定,即制定或协助公共政策机关制定食品(饲料)政策; 服务功能,向公共当局及公众提供与食品(饲料)有关的建议、信息和协助; 检查功能,为获取并审查与食品(饲料)有关的信息功能,可对食品和食品原料的生产、流通及饲料的生产、流通和使用的任何方面进行监测; 监督功能,对其他食品安全监管机关的执法活动进行监督、评估和检查

(二)主要发展中国家的食品安全监管模式

1. 印度

印度的食品安全监管模式类似多部门监管模式,即建立在由多部门共同负
责基础上的食品安全监管体制。这种模式在印度主要体现为管理部门众多、职
能分割、法规分散、执行不力,没有形成统一集中的食品安全监管体制。印度的
食品安全管理由中央和各州政府共同管理。中央政府由 7 个部门管理与食品
安全相关的事务(见表 4 – 4)。①

---

① 　参见陈锡文等主编:《中国食品安全战略研究》,化学工业出版社 2008 年版,第 280 ~ 282
页。

表4－4　印度食品安全监管体制主要监管机构分解

监管单位	监管内容	法律体系
商务部	发布国家进口政策,协调与 WTO 相关的国际条款	《出口(质量控制与检查)法》
食品与消费者事务部	处理国内消费品标准事务	《农业生产(分级、标志)法》
食品加工产业部	协调针对食品加工业的各种政策和计划; 通过水果蔬菜委员会贯彻水果蔬菜条例; 协调和联络中央各部与各种政府食品安全管理机构; 作为食品法典委员会下属5个委员会的主席,参与 Codex 规则更新	《水果蔬菜管理条例》
农业部	负责农产品生产过程中的安全问题	《杀虫剂法》《牛奶与奶制品管理条例》《肉制品条例》
健康与家庭福利部	联络国际和国内食品质量管理机构	《反伪劣食品法》

2. 泰国

泰国实行的是由中央政府成立专门的、独立的食品安全监管机构,由其全权负责国家的食品安全监管工作的监管模式。泰国由公共健康部负责食品安全事务的管理。公共健康部下设食品和药品管理办公室和该部的州办公室负责具体事务,该办公室由10个司、1个立法办公室和1个信息中心构成。泰国有一部统一的《食品卫生法》,由公共健康部负责执行(见表4－5)。①

表4－5　泰国食品安全监管体制分解

监管部门	监管内容
公共健康部	制定食品标准、食品细则、食品要求和标签要求; 管理食品生产与进口; 审批特别管制食品手册; 审批食品广告和产品包装材料; 检查食品加工条件和出售者的经营条件; 取样和评估食品质量等

① 参见马伟锦、张止军:《泰国的食品安全保障体系》,载《经济与管理》2010年第10期。

3.巴西

巴西的食品安全由中央、州、地方和县共同管理,在中央层面由健康部和农业与供应部分别负责不同的食品安全问题,健康部下属的健康与卫生标准管理秘书负责管理除动物源性食品、酒精和醋之外的所有食品和食品服务系统。动物源性食品、酒精和醋由农业与供应部下属的农业保护秘书负责。农业与供应部,还负责植物产品检查和分类及农业生产资料的检验与管理。巴西没有统一的食品法,而是制定了一些食品条例。①

(三)各种监管模式发展趋势分析

鉴于全球性食品安全问题不断出现,近年来,国际组织和各国政府,特别是发达国家,都在根据现实需要不断加强和改革自身的监督管理工作,于是食品安全监管工作也呈现出了新的特点和趋势。

1.从分散监管走向集中监管

最近10年,世界食品工业高速发展,新技术、新产品不断出现,这样使一直采取以第一种分散监管模式为主的国家在食品安全监管中纷纷表现出:各个监管部门之间职责交叉或者职能空白;各个监管部门按照不同标准检测结果冲突;没有统一协调管理机构,使资源利用低等问题。为了应对第一种监管模式表现出的种种问题,各主要代表国家开始改革自己的监管模式,将原先的由多个部门进行分散监管模式变为由单一部门或少数部门进行监管的集中监管模式。加拿大1997年3月通过的《食品监督署法》设立专门的食品安全执法监督机构,统一负责加拿大食品安全、动物健康和植物保护的监督管理工作。2011年1月4日时任美国总统奥巴马总统签署了《FDA食品安全现代化法》。从《FDA食品安全现代化法》改革的主要内容来看,美国正在改革自己的食品安全监管体系以适应新时代的要求,《FDA食品安全现代化法》将过去的多部门协调管理逐步变更为由一个部门主要负责加多部门协同配合的监管模式。日本在2003年通过了《食品安全基本法》,对其监管体制进行了改革。在改革后新的监管模式改变了原来政出多门、结构繁杂的状况,使监管机构权责分明,提高了监管效率,有利于更好地进行全国统一规划食品安全战略,使各种检测统一了标准,充分体现了监测工作的科学性和正规性。

2.完善的检测体系是监管的技术支撑

食品安全管理虽然是以法律为主体,但所有食品安全的预防、处罚都要有

---

① 参见陈锡文等主编:《中国食品安全战略研究》,化学工业出版社2008年版,第280~282页。

一定依据,而这些依据的形成要求有完备的食品安全检测检验体系。食品安全检验检体系,是政府实施食品安全管理的重要手段,承担着为政府提供技术决策、技术服务和技术咨询的重要职能,在保障食品安全方面起着重要作用。在完善的检测体系下应有大量的实验室、专业的技术人员和完善的检测标准。美国根据不同的食品类别来建立全国性专业机构和分区域的大区性食品检测机构,同时美国还建立了完备的监测体系,其建立了商品检验、农药残留物检验、污染物检验、兽药残留物和激素检验等。欧盟及各成员国设立官方的检测机构,同时一部分私立检测机构也得到了官方的认可,发挥了重要的作用。其中,德国检验分为:企业自主检验、中介检验和官方检验 3 个层次。加拿大则依靠 16 个实验室提供与食品相关的专业检测。无论采取哪种检测方式和体系,建立完善的监测监管制度都是一国食品安全监管体系建立的首要目标。在监管检测体系建设中,发达国家集中表现出检测体系健全、检测方式合理、检测设备先进、从源头监控、检测标准统一和法律依据充分的特点。

3. 完善配套的法律规范

食品安全的管理是一个系统工程,不是任何一个单一的法律能够完全解决的。同时,随着食品工业的高速发展,导致与食品安全有关的法律表现出了很强的滞后性。世界上主要的三种监管模式,在法律建设上都集中的表现以下特点:其一,鼓励食品企业和行业协会不断加强自我监管能力。三种监管模式都体现了食品安全管理部门制定一系列食品企业通用管理规范,由食品企业自愿采纳并融合到自己的管理体系中,同时要求行业协会进行自律性监管,维护本行业的整体利益。其二,大量制定统一的食品管理标准。目前美国、加拿大、澳大利亚等国都在积极整合和颁布统一的食品安全分类标准,以促进实现食品安全管理的统一和协调。其三,不断完善与食品安全保障体系有关的法律法规。这些法律法规主要涉及食品安全监测、食品企业认证体系建设和与食品安全有关的进出口。特别是近 10 年来,世界各主要发达国家为保障不断出现的生物技术健康发展,还陆续建立了各自的基因工程生物安全的管理法规。食品安全法律也随着新食品安全事件的出现而不断完善和发展。

4. 独立的风险评估体系

食品安全风险评估,是指对食品、食品添加剂中生物性、化学性和物理性危害对人体健康可能造成的不良影响所进行的科学评估,包括危害识别、危害特征描述、暴露评估、风险特征描述等。食品风险评估体系的建立,是对以预防和源头管理为主的食品安全监管新模式的落实。世界主要发达国家都制定了完备的食品安全风险评估体系。美国多年来对食品中化学危害的管理的重视,制定了许多关于添加剂、药品、杀虫剂,以及其他对人体有潜在危害的化学和物理危害的法规,近几年联邦政府更加关注微生物致病原的风险,通过关注食品从"农田到餐桌"全程的安全性来降低微生物致病原的风险。这个方法是基于风险评价的结论:"微生物致病原的风险是确定的,但在一定程度上是可以避免的。"欧盟2000年发布的《欧盟关于食品安全白皮书》在第二章食品安全原则中认为,风险分析必须成为食品安全政策的基础。2003年颁布的日本《食品安全基本法》指出,在制定有关确保食品安全性的措施时,应对人体健康带来损害的生物学的、化学的或物理的要素或状态,食品本身含有的或加入到食品中有可能带来损害的物质,在摄取该食品时有可能对人体健康带来的危害进行"食品影响健康评估"。

二、我国食品安全监管模式的历史演进

我国食品安全监管体制从无到有,不断修改完善,最终形成现阶段的食品安全分段监管体制,总共经历了66年,依照我国食品安全监管面对的主要问题、特点和管理机构的变化,可将其划分为以下四个阶段。

1. 第一阶段为1949~1979年,我国形成了以各主管部门管理为主,卫生行政部门管理为辅的监管体制

新中国成立初期,我国的农业生产能力和食品供应水平都非常有限,当时的社会生产力根本不足以解决全社会的温饱问题。再加上计划经济时代国有企业并非以营利为唯一目的,在政府的直接指挥和监督下,食品假冒仿冒问题十分少见,政府部门也只是对源于食品卫生问题引发的疾病进行管理。因此,在这一时期,我国并没形成对食品安全的监管体制,对食品安全的监督管理也主要集中在食品卫生管理工作上,防疫部门是这一阶段主要的管理主体。到1956年随着社会主义改造的结束,全国形成了食品工商业十分零散的局面,各个部门都有自己的食品生产、经营部门,由于食品工商业在当时并不算是一个独立的产业,所以各部门也都成为食品卫生的主管部门。① 1956年年底,中央机关完成了第二次精简机构和机构整合后,各部门实行按分工管理食品卫生,中央除卫生部按职责分管外还涉及分管食品卫生的单位有:轻工业部、农业部、

---

① 参见刘鹏:《中国食品安全监管:基于体制变迁与绩效评估的实证研究》,载《公共管理学报》2010年第2期。

国家建委、第二商业部、外贸和国家科委等。随着政府机构改革的完成,我国初步勾勒出了以各主管部门管理为主,卫生行政部门管理为辅的监管雏形。1964年国务院转发的《食品卫生管理试行条例》正式确定了这种管理体制。1979年国务院正式颁布《食品卫生管理条例》依旧延续使用了1964年确定的管理体制。

2. 第二阶段为1981~1992年,我国形成了以卫生行政部门为主导的监管体制

1982年通过的《食品卫生法(试行)》规定,国务院卫生行政部门对全国食品卫生进行监管,地方县级以上卫生防疫站或者食品卫生监督检验所为食品卫生监督机构,负责管辖范围内的食品卫生监督工作。同时铁道、交通卫生防疫机构独立行使食品卫生监督职责。在《食品卫生法(试行)》中确立了由卫生部单独监管,地方县以上由卫生部下属的防疫站或检验所进行卫生执法的食品卫生监管体制。1995年颁布的《食品卫生法》更明确了我国的食品卫生监督管理体制,确立了由国务院卫生行政部门主管全国食品卫生监督管理工作,国务院有关部门在各自的职责范围内负责食品卫生管理工作,分清国务院卫生行政部门与国务院其他有关职能部门的职责。同时,将县级以上食品卫生监管职责确定为卫生行政部门,并维持了铁道、交通卫生防疫机构独立行使食品卫生监督职责的基本原则。《食品卫生法》的颁布逐步理顺了当时的食品卫生监管体系,形成了以卫生部主管,其他相关部门在各自范围内协管,地方由卫生行政部门进行监督执法的新食品安全监管体制。

3. 第三阶段为2004~2012年,我国进入了食品安全法治治理时期,形成了分段监管体制

2004年国务院出台了《国务院关于进一步加强食品安全工作的决定》,将《食品卫生法》规定的监管体制变为分段监管为主、品种监管为辅的食品安全监管体制。2009年《食品安全法》的颁布,进一步明确规定了食品安全分段监管体制。《食品安全法》将原有的地方卫生行政部门监管,变更为由县级以上地方人民政府统一负责、领导、组织、协调本行政区域的食品安全监督管理工作,县级以上地方人民政府依照该法和国务院的规定确定本级卫生行政、农业行政、质量监督、工商行政管理、食品药品监督管理部门的食品安全监督管理职责,从而确立了县级以上地方各级人民政府有关部门对食品安全问题监管的协调配合机制,建立起了食品安全责任制和责任追究制。至此,我国正式确立了由几个部门按照职责分工共同监管的食品安全分段监管体制。

4.第四阶段为2013年至今,我国形成了统一监管体制

为了进一步解决分段监管体制所表现出的食品监管职责交叉和监管空白并存,责任难以完全落实,资源分散配置难以形成合力,整体行政效能不高的问题,按照党的十八大、十八届二中全会精神和第十二届全国人民代表大会第一次会议审议通过的《国务院机构改革和职能转变方案》,决定组建国家食品药品监督管理总局,对食品药品实行统一监督管理。将国务院食品安全委员会办公室的职责、国家食品药品监督管理局的职责、国家质量监督检验检疫总局的生产环节食品安全监督管理职责、国家工商行政管理总局的流通环节食品安全监督管理职责整合,组建国家食品药品监督管理总局。主要职责是,对生产、流通、消费环节的食品安全和药品的安全性、有效性实施统一监督管理等。将工商行政管理、质量技术监督部门相应的食品安全监督管理队伍和检验检测机构划转食品药品监督管理部门。

保留国务院食品安全委员会,具体工作由国家食品药品监督管理总局承担,国家食品药品监督管理总局加挂国务院食品安全委员会办公室牌子。新组建的国家卫生和计划生育委员会,负责食品安全风险评估和食品安全标准制定。农业部负责农产品质量安全监督管理。将商务部的生猪定点屠宰监督管理职责划入农业部。不再保留国家食品药品监督管理局和单设的国务院食品安全委员会办公室。2015年4月24日经第十二届全国人大常委会第十四次会议审议通过新修订的《食品安全法》,该法第5~6条,进一步确定了现阶段食品药品监督管理部门对食品生产经营活动实施监督管理的统一监管体制。

三、我国食品安全监督管理的主体

《食品安全法》第5~13条,规定了我国食品安全监管主体,该主体从食品安全监管的组织体系来看,可被分为食品安全行政监管主体、食品安全行业监管主体和食品安全社会监管主体。

(一)食品安全行政监管主体

按照《食品安全法》的有关规定,我国食品安全监管实行两段式,主要由农业和食品药品监督部门负责。农业部门履行食用农产品从种植养殖到进入批发、零售市场或生产加工企业前的监管职责。国家食品药品管理总局承担生产、流通、消费环节的食品安全实施统一监督管理。食品安全监管体制改革后,食品药品监管部门是唯一对食品生产经营活动实施监管的部门,其他有关部门依照本法和国务院规定的职责,承担有关食品安全工作。我们可以将食品安全

行政监管主体,按照职权范围分为直接监管和辅助监管,也可以按照层级关系分为中央监管和地方监管。

1. 中央国家机关的食品安全监管主体

(1)国务院食品安全委员会——协调部门

根据《食品安全法》的规定,为贯彻落实《食品安全法》,切实加强对食品安全工作的领导,2010年2月6日国务院决定设立食品安全委员会,作为全国食品安全工作的高层次议事协调机构,共有15个部门参加。国务院食品安全委员会下设办公室,具体承担委员会的日常工作。其主要职责是分析食品安全形势,研究部署、统筹指导食品安全工作;提出食品安全监管的重大政策措施;督促落实食品安全监管责任。国务院食品安全委员会分别于2010年2月9日和2015年1月29日,在北京召开第一次和第二次会议。2013年按照党的十八大、十八届二中全会精神和第十二届全国人民代表大会第一次会议审议通过的《国务院机构改革和职能转变方案》,决定保留国务院食品安全委员会,具体工作由国家食品药品监督管理总局承担。国家食品药品监督管理总局加挂国务院食品安全委员会办公室牌子,不再保留国家食品药品监督管理总局和单设的国务院食品安全委员会办公室。

(2)农业部——直接监管

农业部是国务院主管农村经济和综合管理种植业、畜牧业、渔业、农垦、乡镇企业、饲料工业及农业机械化的职能部门。其在食品安全方面的主要职能,是履行食用农产品从种植养殖到进入批发、零售市场或生产加工企业前的监管职责。对作为食品原料的初级农产品生产环节进行监管,也就是负责农产品的种植、养殖环节的监管,全面实施无公害食品行动计划;完善农产品质量安全检测体系建设,推进安全优质农产品标准化生产基地建设,组织对种植业产品农药残留、畜禽产品、水产品药物残留超标行为的监测和集中整治,查处禁用限用农药、化学药物的使用;负责定点屠宰场(厂、点)的检验检疫及其监督;起草动植物防疫和检疫的法律法规草案,制定有关标准;协同有关部门对食品安全事故调查处理等。2014年为认真落实《国务院机构改革和职能转变方案》、《国务院关于地方改革完善食品药品监督管理体制的指导意见》(国发〔2013〕18号)和《国务院办公厅关于加强农产品质量安全监管工作的通知》(国办发〔2013〕106号)要求,农业部和国家食品药品监督管理总局现就加强食用农产品质量安全监督管理工作衔接,强化食用农产品质量安全全程监管提出意见。其中,《国务院关于地方改革完善食品药品监督管理体制的指导意见》指出,食用农产品质量安全监管涉及的品种多、链条长,农业部和食品药品监督总局要在依法依规认真履职的基础上,密切协作、加强配合,构建"从农田到餐桌"全程监管的制度和机制,严格落实食用农产品监管职责、加快构建食用农产品全程监管制度、推行食用农产品产地准出和市场准入管理、建立食用农产品质量追溯体系、加强监管能力建设和监管执法合作、强化检验检测资源共享、加强舆情监测和应急处置和建立高效的合作会商机制。

《农产品质量安全法》第3条规定:"县级以上人民政府农业行政主管部门负责农产品质量安全的监督管理工作;县级以上人民政府有关部门按照职责分工,负责农产品质量安全的有关工作。"据此,县级以上农业部门是农产品质量安全的主管部门。具体来说,国务院农业行政主管部门负责农产品质量安全风险评估,并根据评估结果采取相应措施;国务院农业行政主管部门和省级人民政府农业行政主管部门应当按照职责权限,发布有关农产品质量安全状况的信息;县级以上地方人民政府农业行政主管部门负责提出或调整禁止特定农产品生产的区域,报本级人民政府批准后公布,并采取措施,推进保障农产品质量安全的标准化生产综合示范区、示范农场、养殖小区和无规定动植物疫病区的建设;国务院农业行政主管部门和省级人民政府农业行政主管部门应当定期对可能危及农产品质量安全的农药、兽药、饲料和饲料添加剂、化肥等农业投入品进行监督抽查,并公布抽查结果;县级以上人民政府对农业行政主管部门在农产品质量安全监督检查中,对经检验发现的不符合农产品质量安全标准的农产品,有权查封、扣押。

（3）食品药品监督管理总局——直接监管

国家食品药品监督管理总局是国务院综合监督管理药品、医疗器械、化妆品、保健食品和餐饮环节食品安全的直属机构,负责起草食品（含食品添加剂、保健食品,下同）安全、药品（含中药、民族药,下同）、医疗器械、化妆品监督管理的法律法规草案,制定食品行政许可的实施办法并监督实施,组织制定、公布国家药典等药品和医疗器械标准、分类管理制度并监督实施,制定食品、药品、医疗器械、化妆品监督管理的稽查制度并组织实施,组织查处重大违法行为。[①]2013年3月22日国家食品药品监督管理局改名为国家食品药品监督管理总局,新组建的国家食品药品监督管理总局将食品安全办的职责、食品药品监管

---

① 参见国家食品药品监督管理总局:《国家食品药品监督管理总局行政事项受理服务大厅简介》,载国家食品药品监督管理总局官网:http://samr.cfda.gov.cn/WS01/CL0131/,最后访问日期:2016年5月3日。

局的职责、质检总局的生产环节食品安全监督管理职责、工商总局的流通环节食品安全监督管理职责整合,对生产、流通、消费环节的食品安全和药品的安全性、有效性实施统一监督管理等。同时,将工商行政管理、质量技术监督部门相应的食品安全监督管理队伍和检验检测机构划转食品药品监督管理部门,并负责食品安全风险评估和食品安全标准制定。

2015年4月24日经第十二届全国人大常委会第十四次会议审议通过新修订《食品安全法》,该法第5条第2款规定:"国务院食品药品监督管理部门依照本法和国务院规定的职责,对食品生产经营活动实施监督管理。"该条确立了食品药品监管部门在食品安全监管中的统一监管职责,这些职责具体体现为:其一,负责起草食品安全、药品、医疗器械、化妆品监督管理的法律法规草案,拟订政策规划,制定部门规章,推动建立落实食品安全企业主体责任、地方人民政府负总责的机制,建立食品药品重大信息直报制度,并组织实施和监督检查,着力防范区域性、系统性食品药品安全风险。其二,负责制定食品行政许可的实施办法并监督实施。建立食品安全隐患排查治理机制,制定全国食品安全检查年度计划、重大整顿治理方案并组织落实。其三,负责建立食品安全信息统一公布制度,公布重大食品安全信息。参与制定食品安全风险监测计划、食品安全标准,根据食品安全风险监测计划开展食品安全风险监测工作。其四,负责制定食品、药品、医疗器械、化妆品监督管理的稽查制度并组织实施,组织查处重大违法行为。建立问题产品召回和处置制度并监督实施。其五,负责食品药品安全事故应急体系建设,组织和指导食品药品安全事故应急处置和调查处理工作,监督事故查处落实情况。其六,负责制定食品药品安全科技发展规划并组织实施,推动食品药品检验检测体系、电子监管追溯体系和信息化建设。其七,负责开展食品药品安全宣传、教育培训、国际交流与合作,推进诚信体系建设。其八,指导地方食品药品监督管理工作,规范行政执法行为,完善行政执法与刑事司法衔接机制;承担国务院食品安全委员会日常工作;负责食品安全监督管理综合协调,推动健全协调联动机制;督促检查省级人民政府履行食品安全监督管理职责并负责考核评价。

(4)卫生部——技术支持

根据第九届全国人民代表大会第一次会议批准的国务院机构改革方案和《国务院关于机构设置的通知》(国发〔1998〕5号),设置卫生部,该部是主管卫生工作的国务院组成部门。2013年国务院将卫生部的职责、人口计生委的计划生育管理和服务职责整合,组建国家卫生和计划生育委员会。主要职责是,统筹规划医疗卫生和计划生育服务资源配置,组织制定国家基本药物制度,拟订计划生育政策,监督管理公共卫生和医疗服务,负责计划生育管理和服务工作等。同时,将人口计生委的研究拟订人口发展战略、规划及人口政策职责划入发展改革委,国家中医药管理局由国家卫生和计划生育委员会管理。同时,不再保留卫生部、人口计生委。按照《食品安全法》第5条第3款的规定:"国务院卫生行政部门依照本法和国务院规定的职责,组织开展食品安全风险监测和风险评估,会同国务院食品药品监督管理部门制定并公布食品安全国家标准。"经过机构改革和新法的修订,卫生计生委在食品安全领域主要表现为技术支持,与国家食品药品监督管理总局的有关职责分工。其一,国家卫生和计划生育委员会负责食品安全风险评估和食品安全标准制定。国家卫生和计划生育委员会会同国家食品药品监督管理总局等部门,制定、实施食品安全风险监测计划。国家食品药品监督管理总局,应当及时向国家卫生和计划生育委员会提出食品安全风险评估的建议。国家卫生和计划生育委员会对通过食品安全风险监测或者接到举报发现食品可能存在安全隐患的,应当立即组织进行检验和食品安全风险评估,并及时向国家食品药品监督管理总局通报食品安全风险评估结果。对于得出不安全结论的食品,国家食品药品监督管理总局应当立即采取措施。需要制定、修订相关食品安全标准的,国家卫生和计划生育委员会应当尽快制定、修订。完善国家食品安全风险评估中心法人治理结构,健全理事会制度。其二,国家食品药品监督管理总局会同国家卫生和计划生育委员会组织国家药典委员会,制定国家药典。其三,国家食品药品监督管理总局会同国家卫生和计划生育委员会,建立重大药品不良反应和医疗器械不良事件相互通报机制和联合处置机制。其四,国家卫生和计划生育委员会,参与制定食品安全检验机构资质认定的条件和检验规范。①

(5)国家工商总局——依职权参与

通过最新国务院机构改革和部门职能调整方案,国家工商行政管理局的流通环节食品安全监督管理职能将由新组建的国家食品药品监督管理总局统一管理。国家工商总局属于新法规定的依照《食品安全法》和国务院规定的自身职责,承担有关食品安全工作的部门。机构改革到位后,国家工商总局将于国家食品药品监督管理总局协调协作,国家工商总局将在自己的职权范围监管食

① 参见国家卫生健康委员会:《机构介绍》,载中华人民共和国国家卫生健康委员会官网:http://www.nhfpc.gov.cn/,最后访问日期:2014年9月5日。

品安全,这主要包括:严格食品市场主体准入,确保食品经营主体资格合法有效;切实加强食品经营行为监管,大力扶持食品企业创新,积极促进我国食品产业水平全面提升;继续加大食品执法检查力度,依法查处食品生产经营中的商标侵权、假冒仿冒、虚假宣传等违法行为,依法规范食品市场秩序;加强与食品药品监管等部门的协调配合,强化信息通报和执法协作,形成监管合力,提高执法效能;强化消费教育引导,构建企业自律、政府监管、社会协同、公众参与、法制保障的食品安全社会共治格局。工商机构作为负责市场监督管理和行政执法有关工作的职能部门,工商行政管理系统仍然在食品安全领域承担着重要的职能作用。按照2014年《国务院食安办关于落实2014年食品安全重点工作安排部门分工的意见》的部署,工商总局共承担了5项工作任务:其一,继续加大对食品广告虚假宣传查处力度,严厉整治生产销售粗制滥造、冒用名牌、虚假标识等假冒伪劣行为,由工商总局会同食品药品监管总局等部门负责落实。其中,工商总局具体负责单位为广告司、竞争执法局及商标局。其二,依法严厉打击非法添加非食用物质、超范围超限量使用食品添加剂、无证生产经营、假冒知名品牌,以及走私乳粉和乳清粉等违法行为,由公安部、农业部、海关总署、工商总局、质检总局、食品药品监管总局等部门依据各自职责分别负责落实。其中,工商总局具体负责单位为竞争执法局和商标局。其三,加大对活禽交易市场及活禽监督检查力度,严格按照有关规定对病死畜禽进行无害化处理,由农业部、工商总局、食品药品监管总局等部门依据各自职责分别负责落实。其中,工商总局具体负责单位为市场司,其他相关司局配合。其四,制订修订一批食品安全法律法规,由全国法制办会同农业部、国家卫生计生委、工商总局、质检总局、食品药品监管总局等部门负责落实。其中,工商总局具体负责单位为法规司和消保局。其五,加强食品安全领域诚信体系建设,由食品药品监管总局会同中央文明办、工业和信息化部、农业部、商务部、国家卫生计生委、工商总局、质检总局等部门负责落实。其中,工商总局具体负责单位为外资注册局、企业注册局、个体司。

(6)国家质量监督检验检疫总局——依职权参与

国家质量监督检验检疫总局,是国务院主管全国质量、计量、出入境商品检验、出入境卫生检疫、出入境动植物检疫和认证认可、标准化等工作,并行使行政执法职能的直属机构。通过最新国务院机构改革和部门职能调整方案,国家质量监督检验检疫总局的生产环节食品安全监督管理职责将由新组建的国家食品药品监督管理总局统一管理。国家质量监督检验检疫总局属于依照《食品

安全法》和国务院规定的自身职责,承担有关食品安全工作的部门。机构改革
到位后,国家质量监督检验检疫总局将与国家食品药品监督管理总局协调协
作,国家质量监督检验检疫总局将在自己的职权范围监管食品安全,这主要包
括:其一,监督管理食品包装材料、容器、食品生产经营工具等食品相关产品生
产加工活动;其二,拟订进出口食品质量监督和检验检疫的工作制度;其三,承
担进出口食品的检验检疫、监督管理以及风险分析和紧急预防措施工作;其四,
按规定权限承担重大进出口食品质量安全事故查处工作。

(7)商务部——依职权参与

按照《食品安全法》对食品监管体制的改革,2013年商务部将生猪定点屠
宰监督管理职责划入农业部管理,商务部属于依照《食品安全法》和国务院规定
的自身职责,承担有关食品安全工作的部门。按照商务部市场秩序司的职能划
分,商务部在食品安全管理利于主要承担流通领域食品安全相关工作,推动追
溯体系建设。2014年商务部办公厅印发《关于做好2014年商务系统食品安全
工作的通知》,做好2014年商务领域食品安全工作,商务部将在6个方面加强
食品安全管理,涉及12项具体内容,这主要包括:其一,加强酒类流通管理。加
快推进酒类流通法规标准建设,加强酒类流通行业规划引导,培育现代流通主
体,发展新型流通模式,推动酒类流通体系转型升级,不断提升国内酒类流通的
组织化程度和现代化水平。着力规范市场经营秩序,加强诚信体系建设,推进
"真品售酒、实价售酒"。开展科学理性饮酒公益宣传,深化酒类流通电子追溯
建设,支持酒类企业开展国际合作。其二,做好餐饮服务管理。完善餐饮业行
业管理相关规章和标准建设;制定出台《餐饮业管理办法》,组织制定餐饮业服
务规范,建立健全餐饮业标准体系;配合相关部门做好餐饮业食品安全工作;抓
紧出台《商务部关于加快发展大众化餐饮的指导意见》,加强餐饮食品安全管
理,努力营造安全、放心的饮食消费环境。其三,推进肉菜流通追溯体系建设。
加快肉类蔬菜流通追溯体系建设进度,尽快形成比较完善的流通安全保障网
络。发挥"大数据"作用,提高为政府部门和社会公众提供服务的能力。加大追
溯体系宣传推广力度,充分展示追溯体系实际成效,引导全社会树立追溯意识,
不断提升公众对追溯产品的认知水平。其四,推动商务信用建设继续在食品相
关行业,推进以"确保商品质量、提升服务品质、坚持诚信经营、树立商业品牌"
为主要内容的商务诚信建设。加快建设企业诚信档案数据平台,建立健全信用
信息采集、使用、共享制度,在食品安全领域逐步建立"守信得益、失信受制"的
诚信激励约束机制。其五,夯实食品安全工作基础加强对食品流通行业从业人

员、商务执法人员等的业务培训,提升相关从业人员综合素质和业务能力,培养通法律、善调查的商务执法队伍。组织做好全国食品安全宣传周各项活动,加强商务领域食品安全宣传工作,深入开展"诚信兴商宣传月"活动。其六,履行好商务领域食品安全职责。认真落实商务系统食品安全工作职责,明确工作定位,理清工作界线;积极配合食品安全监管部门,切实做好流通领域食品安全各项工作,不断提高履职尽责水平;积极回应群众关注的热点问题,对舆论中存在的质疑、误解,要配合相关部门做好澄清和释疑解惑工作,及时回应公众关切,合理引导公众预期。①

(8)国家认证认可监督管理委员会——依职权参与

国家认证认可监督管理委员会是由国务院组建并授权履行行政管理职能,统一管理、监督和综合协调全国认证认可工作的主管机构。其主要职能:其一,研究起草并贯彻执行国家认证认可、安全质量许可、卫生注册和合格评定方面的法律、法规和规章,制定、发布并组织实施认证认可和合格评定的监督管理制度、规定。其二,研究拟定国家实施强制性认证与安全质量许可制度的产品目录,制定并发布认证标志(标识)、合格评定程序和技术规则,组织实施强制性认证与安全质量许可工作。其三,负责进出口食品和化妆品生产、加工单位卫生注册登记的评审和注册等工作,办理注册通报和向国外推荐事宜。其四,依法监督和规范认证市场,监督管理自愿性认证、认证咨询与培训等中介服务和技术评价行为等。

(9)标准化委员会——依职权参与

中国国家标准化管理委员会是国务院授权的履行行政管理职能,统一管理全国标准化工作的主管机构。其主要职责为:参与起草、修订国家标准化法律、法规的工作;拟定和贯彻执行国家标准化工作的方针、政策;拟订全国标准化管理规章,制定相关制度;组织实施标准化法律、法规和规章、制度;负责制定国家标准化事业发展规划;负责组织、协调和编制国家标准(含国家标准样品)的制定、修订计划;负责组织国家标准的制定、修订工作,负责国家标准的统一审查、批准、编号和发布等。

2. 各级人民政府的食品安全监管主体

为了保证食品安全,保障公众身体健康和生命安全,《食品安全法》分四个

---

① 参见商务部:《商务部主要职责》,载中华人民共和国商务部网:http://www.mofcom.gov.cn/mofcom/zhize.shtml,最后访问日期:2015年6月3日。

方面对县级以上地方人民政府的食品安全监管职责作出明确规定,新增两个条文,修改两个条文。

(1)明确了县级以上人民政府的监管职责

《食品安全法》第6条第1款规定:"县级以上地方人民政府对本行政区域的食品安全监督管理工作负责,统一领导、组织、协调本行政区域的食品安全监督管理工作以及食品安全突发事件应对工作,建立健全食品安全全程监督管理工作机制和信息共享机制。"为了强化地方人民政府在监管中的主体作用,《食品安全法实施条例》对强化监管职责又提出了几项要求:其一,县级以上地方人民政府应当依法履职,加强食品安全监督管理能力建设。首先,要提高依法行政能力,切实把法律体系的建立与完善、法律法规的执行、宣传和教育统一于监督管理的实践中,严格依法行政,真正做到执法必严、违法必究,坚决纠正和查处执法不严、执法不公、违法不究、以罚代刑、部门保护、地方保护等违法违规行为。其次,要不断注重提高创新监管能力,依法监管和遵循市场经济规律三者的有机结合,加快整顿和规范市场秩序,从严、从速、从重查办案件,特别要加大处罚和执法力度,形成高压态势,增强监管的权威性和震慑力。最后,要实行监管重心下移,把监管的关口前移,坚持事前防范和事后规范相结合,坚持教育与处罚相结合,不断改进和创新监管方式。其二,县级以上地方政府应当为食品安全监督管理工作提供保障。2015年《食品安全法》增加第8条第1款:"县级以上人民政府应当将食品安全工作纳入本级国民经济和社会发展规划,将食品安全工作经费列入本级政府财政预算,加强食品安全监督管理能力建设,为食品安全工作提供保障。"同时,国家鼓励和支持开展与食品安全有关的基础研究、应用研究,鼓励和支持食品生产经营者,为提高食品安全水平采用先进技术和先进管理规范。要不断提高理论研究能力,充分发挥理论的先导作用,建立健全调查研究制度,对各地、各级监管重点、难点、热点问题展开调研,提高调查研究的质量。要吸纳更多的专业技术人员从事食品药品安全监管工作,根据食品药品监管执法工作需要加强监管执法人员培训、提高执法人员素质、规范执法行为、提高监管水平。地方各级政府要增加食品药品监管投入,改善监管执法条件,健全风险监测、检验检测和产品追溯等技术支撑体系,提升科学监管水平。其三,县级以上地方人民政府应当建立健全食品安全监督管理部门的协调配合机制。《食品安全法》第8条第2款规定:"县级以上人民政府食品药品监督管理部门和其他有关部门应当加强沟通、密切配合,按照各自职责分工,依法行使职权,承担责任。"食品安全监管现阶段虽实行统一监管,但对食品安全的监管应是一个系统工程,只有在组织协调、密切配合的基础上才能找到出路、想出办法,想方设法整合分散的食品监管资源,最大限度地调动各方面力量,才能把权责统一起来。其四,县级以上地方政府应当建立健全食品安全全程监督管理工作机制和信息共享机制,实现食品安全信息和食品检验等技术资源的共享。要加快食品安全监督网络的建设,充分利用现代信息技术手段,实现动态和静态相结合的监督管理模式。

(2)县级以上人民政府确定本级食品安全监管部门的职责

《食品安全法》第 6 条第 2 款规定:"县级以上地方人民政府依照本法和国务院的规定,确定本级食品药品监督管理、卫生行政部门和其他有关部门的职责。有关部门在各自职责范围内负责本行政区域的食品安全监督管理工作。"县级以上人民政府有关部门应当按照职责分工,确定本级食品药品监督管理、卫生行政部门和其他有关部门的职责。所谓有关部门是指质检部门、工商部门、环保部门等,它们根据各自的职责分工,负责辖区内食品安全的有关工作。如质检部门负责监督管理食品包装材料、容器、食品生产经营工具等食品相关产品生产加工活动;农业部门负责食用农产品的全过程监管;工商部门负责食品市场主体准入,确保食品经营主体资格合法有效,切实加强食品经营行为监管;环保部门负责对农产品产地排放或倾倒废水、废气、固体废物或者其他有毒有害物质的处罚;城管部门要做好食品摊贩等监管执法工作;公安机关要加大对食品药品犯罪案件的侦办力度,加强行政执法和刑事司法的衔接,严厉打击食品药品违法犯罪活动。但目前,一些地方食品安全监管部门在监管职责的划分上,与国务院有关部门管理的职责规定不完全对口,这样不利于政令畅通,不利于国务院有关部门和县级以上地方人民政府有关部门依法履职,因此有关部门应在各自职权范围内,认真负责本行政区域、本单位管辖的监管工作。

(3)明确县级以上地方人民政府与上级政府所属部门以及同级监管部门的关系,实行食品安全管理的责任制

为进一步加强地方人民政府的食品安全监管工作,应不断理顺县级以上人民政府与上级政府所属部门的关系,进而为确保县级以上地方人民政府统一负责、领导、组织、协调本行政区域的食品安全监督管理工作,建立健全食品安全全程监督管理工作职责。《食品安全法》新增的第 7 条规定:"县级以上地方人民政府实行食品安全监督管理责任制。上级人民政府负责对下一级人民政府的食品安全监督管理工作进行评议、考核。县级以上地方人民政府负责对本级食品药品监督管理部门和其他有关部门的食品安全监督管理工作进行评议、考

核。"同时，第6条第2款、第3款还规定了："县级以上地方人民政府依照本法和国务院的规定，确定本级食品药品监督管理、卫生行政部门和其他有关部门的职责。有关部门在各自职责范围内负责本行政区域的食品安全监督管理工作。县级人民政府食品药品监督管理部门可以在乡镇或者特定区域设立派出机构。"从而确立了县级以上各级人民政府有关部门对食品安全问题监管的协调机制和权责一致原则。

（4）健全基层管理体系

《食品安全法》第6条第3款规定："县级人民政府食品药品监督管理部门可以在乡镇或者特定区域设立派出机构。"要充实基层监管力量，配备必要的技术装备，填补基层监管执法空白，确保食品和药品监管能力在监管资源整合中都得到加强。在农村行政村和城镇社区要设立食品药品监管协管员，承担协助执法、隐患排查、信息报告、宣传引导等职责。要进一步加强基层农产品质量安全监管机构和队伍建设。推进食品药品监管工作关口前移、重心下移，加快形成食品药品监管横向到边、纵向到底的工作体系。

（二）食品安全行业监管主体

"以政府监管为主，行业自律为辅，全民参与"是我国现行《食品安全法》所构架的食品安全监管体制。按照西方新自由主义经济学理论，市场机制本身就存在失灵现象，因此市场失灵需要政府的干预，然而政府干预同样面临这种失灵。特别是发展中国家，虽然缺乏市场机制充分发育这一前提，但其与发达国家一样面临市场失灵现象以及政府监管的僵化和失败，甚至还要更为复杂。面对政府治理的危机，人们就需要另外一种能够同时克服政府和市场的双重失灵的"治理"模式，这就是经由各种非盈利组织共同参与的第三种社会协调机制。在这种新型的政治治理模式下，政府不再是唯一的权力中心，也不再是唯一的公共服务提供者，而是"通过授权和分权，将非盈利组织、民营的市场组织和公民自治组织等多中心的组织制度安排，引入到公共物品和公共服务的提供与生产之中，使这些与政府组织共同承担起社会公共事务管理的责任"。①

行业协会，是指介于政府、企业之间，商品生产者与经营者之间，并为其服务、咨询、沟通、监督、公正、自律、协调的社会中介组织。行业协会是一种民间性组织，它不属于政府的管理机构序列，而是政府与企业的桥梁和纽带。行业协会属于我国民法规定的社团法人，是我国民间组织社会团体的一种，即国际

---

① 蔡磊：《非营利组织基本法律制度研究》，厦门大学出版社2005年版，第4页。

上统称的非政府机构,又称 NGO,属非营利性机构。①《食品安全法》在第9条中,以法律的形式明确了行业协会在我国食品安全监管体制中应有的作用和地位,并进一步强调了行业协会在食品安全中的管理和服务职能:"食品行业协会应当加强行业自律,按照章程建立健全行业规范和奖惩机制,提供食品安全信息、技术等服务,引导和督促食品生产经营者依法生产经营,推动行业诚信建设,宣传、普及食品安全知识。消费者协会和其他消费者组织对违反本法规定,损害消费者合法权益的行为,依法进行社会监督。"为落实《食品安全法》就行业协会在监管中的定位,还需要从制度上强化食品行业组织的自治功能,完善行业协会的自律监管机制,从而真正实现以行业自律监管弥补政府监管失灵的预期功能,提升食品安全监管的整体效率。行业协会应着重做好以下工作:

第一,行业协会应当加强行业自律,做好中介服务。食品行业协会作为食品行业的行业监管主体,应不断健全行业协会内部组织治理机制,做好与政府的沟通,将食品行业信息传递给政府,为政府完善食品安全监管制度提供服务;加强与消费者的沟通,根据消费者的需求不断完善食品行业内部管理制度;通过行业自律不断完善行业内部管理,保障整个行业的集体利益。

第二,加快食品行业诚信体系建设。加大对道德失范、诚信缺失的治理力度,积极开展守法经营宣传教育,完善行业自律机制。帮助食品生产经营单位牢固树立诚信意识,打造信誉品牌,培育诚信文化。加快建立各类食品生产经营单位食品安全信用档案,完善执法检查记录,根据信用等级实施分类监管。建设食品生产经营者诚信信息数据库和信息公共服务平台,并与金融机构、证券监管等部门实现共享,及时向社会公布食品生产经营者的信用情况,发布违法违规企业和个人"黑名单",对失信行为予以惩戒,为诚信者创造良好发展环境。

第三,食品行业协会作为政府、企业和消费者之间的桥梁,积聚了大量的社会资源、信息。食品行业协会应更好地利用这个平台和占有的社会资源来宣传和普及食品安全知识,提高社会大众食品安全监管能力和防范意识。

(三)食品安全社会监管主体

食品安全问题关乎社会公众的切身利益,如果在监管体系中缺失了社会监管,将很难实现法律的预期目标,很难全方位保障大众的食品安全。食品安全

---

① 参见刘文萃:《食品行业协会自律监管的功能分析与推进研究》,载《湖北社会科学》2012年第1期。

社会监督是社会成员和社会组织对食品安全法律法规的制定和实施活动的合法性进行监督。根据主体不同可以分为个人监督、社会团体、基层群众性自治组织监督和新闻媒体监督。

第一，个人监督。个人监督一般指公民对权力机构及其工作人员的监督，有时也指一般群众对于领导干部的监督。它是民主监督的一种重要形式。个人监督是人民主权原则、基本人权原则和法治原则的体现。个人进行食品安全监督的优势在于其监督可能是全方位、全过程、全天候的监督，是对食品生产经营及监管机关每时每刻、每个环节、每个角落的严密监督。《食品安全法》第10条规定："任何组织或者个人有权举报食品生产经营中违反本法的行为，有权向有关部门了解食品安全信息，对食品安全监督管理工作提出意见和建议。"这就明确规定了个人拥有就食品安全问题向县级以上卫生行政、质量监督、工商行政管理、食品药品监督管理部门进行咨询、投诉、举报的权利。个人行使监督职责是对食品安全知情权、建议权、监督权的重要体现。有关部门应当依照法律、法规规定，在各自的职责范围内，对食品安全方面的投诉、举报事项，及时调查处理，这也是监督管理部门获取食品安全信息，取得食品生产经营者违法行为证据的重要渠道。

第二，社会团体、基层群众性自治组织监督。国家鼓励社会团体、基层群众性自治组织开展食品安全法律、法规以及食品安全标准和知识的普及工作，倡导健康的饮食方式，增强消费者食品安全意识和自我保护能力。社会团体是社会群众团体的一个分支，我国有全国性社会团体近2000个。其中使用行政编制或事业编制，由国家财政拨款的社会团体约200个。在这近200个团体中，全国总工会、共青团、全国妇联的政治地位特殊，社会影响广泛。还有16个社会团体的政治地位虽然不及上述3个社会团体，但也比较特殊。它们分别是中国文联、中国科协、全国侨联、中国作协、中国法学会、对外友协、贸促会、中国残联、宋庆龄基金会、中国记协、全国台联、黄埔军校同学会、外交学会、中国红十字总会、中国职工思想政治工作研究会、欧美同学会。以上19个社会团体的主要任务、机构编制和领导职数由中央机构编制管理部门直接确定，它们虽然是非政府性的组织，但在很大程度上行使部分政府职能。被列入参照《公务员法》管理的人民团体和社会团体。这些社会组织来源于群众、扎根于群众，具有广泛联系群众、紧密贴近群众、直接服务群众的特点和优势，在反映群众呼声、理性表达诉求、保障公民权利、化解社会矛盾、促进社会公平、维护社会稳定等方面发挥着重要作用，能够有效解决社会群体复杂多变的矛盾和问题，因此，在开展食品安全法律、法规以及食品安全标准和知识普及工作,倡导健康饮食方式等方面都发挥着重要作用。

第三,新闻媒体监督。新闻媒体拥有运用舆论进行监督的权利,《食品安全法》规定新闻媒体应当开展食品安全法律、法规以及食品安全标准和知识的公益宣传,并对违反本法的行为进行舆论监督。新闻媒体由于自身的独特性质,可以起到下情上达、集中民智、集思广益、沟通民意,促进政府部门、食品生产经营者和消费者之间的理性交流,更加容易利用新闻平台开展食品安全法律、法规以及食品安全标准和知识的公益宣传。同时,新闻媒体可以弥补其他监管方式的不足,从新闻监督的角度更好地保护广大人民群众的利益,能客观真实地报道食品安全问题,揭露一些食品企业和经营者的违法行为,利用新闻媒体的高效性、及时性向广大人民群众发出食品危机预警,对食品行业的违法、违纪、违规行为给予披露和揭示,更好地促进监管部门履行职责。

第五章 食品安全风险监测和评估法律制度

2016 年 11 月 9 日国家卫计委印发《食品安全标准与监测评估"十三五"规划（2016～2020 年）》（以下简称《规划》），提出在"十三五"期间进一步完善食品安全标准与监测评估工作体系，制定、修订 300 项食品安全国家标准。目前，我国仍处于食品安全矛盾凸显期和问题高发期。此外，食品新技术、新工艺的不断开发应用，以及各种新的食品化学污染物和致病微生物不断出现，给食品安全标准与监测评估工作提出了新的挑战。面对新的形势，《规划》提出进一步推进食品安全标准建设。根据标准，分类重点建设 7 个食品安全风险评估与标准研制核心实验室；加强标准宣传、培训和跟踪评价，提升标准服务，县级以上卫生计生行政部门食品安全标准的咨询等服务能力得到明显提升。《规划》明确，将全面推进食品安全风险评估工作。形成相对完善的风险评估管理规范和技术指南体系；完成第 6 次全国总膳食研究，构建覆盖 24 大类食品的食物消费量和毒理学数据库；完成食品中 25 种危害因素的风险评估，阶段性开展食品安全限量标准中重点物质的再评估。在食品安全风险监测方面，《规划》提出，将进一步提升食品安全风险监测能力。风险监测覆盖所有县级行政区域并延伸到乡镇农村；省、地市、县级疾病预防控制机构达到相应监测能力建设标准要求。中西部地区，特别是贫困地区监测队伍得到充实,监测能力显著提升。①

一、食品安全风险监测和评估法律制度概述

(一)食品安全风险

20 世纪后期,随着食品资源的过度开发,食品生产规模的急剧扩大,生态环境污染的日趋严重影响食品安全的全球性恶性事件频频发生。尤其是近年来,国际上一些地区和国家频繁发生食品污染与中毒事件,如动物性农产品的抗生素、激素残留和瘦肉精等问题。同时,食源性疾病,如疯牛、口蹄疫、禽流感、二噁英污染等重大食品安全事件频发和流行,日益引起各国的关注。食品安全风险问题,不仅是局限于个别国家的问题,而是国际性问题,并已成为全球性的重大战略性问题。改革开放以来,我国的食品生产加工取得了快速发展,食品的种类日益丰富。然而在食品业迅速发展的同时,由于环境污染、企业加工水平低、企业安全意识薄弱、技术标准不完善、监管措施不健全、信息不对称等原因致使我国食品安全事故频发,严重损害了消费者的身体健康权、食品安全信息知情权。2015 年卫计委通过突发公共卫生事件管理信息系统共收到 28个省(自治区、直辖市)食物中毒类突发公共卫生事件(以下简称食物中毒事件)报告 169 起,中毒 5926 人,死亡 121 人。与 2014 年相比,报告起数、中毒人数和死亡人数分别增加 5.6%、4.8% 和 10.0%。2015 年无重大食物中毒事件报告;报告食物中毒较大事件 76 起,中毒 676 人,死亡 121 人;一般事件 93 起,中毒 5250 人。微生物性食物中毒人数最多,占全年食物中毒总人数的 53.7%。有毒动植物及毒蘑菇引起的食物中毒事件报告数量和死亡人数最多,分别占全年食物中毒事件总报告起数和总死亡人数的 40.2% 和 73.6%。与 2014 年相比,微生物性食物中毒事件的报告起数和中毒人数分别减少 16.2% 和 17.0%,死亡人数减少 3 人;化学性食物中毒事件的报告起数、中毒人数和死亡人数分别增加 64.3%、151.9% 和 37.5%;有毒动植物及毒蘑菇食物中毒事件报告起数、中毒人数和死亡人数分别增加 11.5%、34.0% 和 15.6%;不明原因或尚未查明原因的食物中毒事件的报告起数和中毒人数分别增加 23.5% 和 36.3%,死亡人数减少 4 人。发生在家庭的食物中毒事件报告起数和死亡人数最多,分别占全年食物中毒事件总报告起数和总死亡人数的 46.7% 和 85.1%;发生在集

---

① 参见国家卫计委:《食品安全标准与监测评估"十三五"规划发布》,载央广网:http://hn.cnr.cn/yw2/20161128/t20161128_523292822.shtml.,最后访问日期:2016 年 11 月 28 日。

体食堂的食物中毒人数最多,占全年食物中毒总人数的 42.6% 。与 2014 年相比,发生在集体食堂的食物中毒事件的报告起数和中毒人数分别增加 29.4% 和 17.9%;发生在家庭的食物中毒事件报告起数和中毒人数分别减少 2.5% 和 14.7%,死亡人数增加 9.6%;发生在饮食服务单位的食物中毒事件报告起数和中毒人数分别减少 3.3% 和 2.1%,死亡人数增加 2 人;发生在其他场所的食物中毒事件报告起数增加 2 起,中毒人数增加 31.5%,死亡人数与 2014 年持平。2015 年学生食物中毒事件的报告起数、中毒人数和死亡人数分别占全年食物中毒事件总报告起数、总中毒人数和总死亡人数的 18.3%、28.7% 和 0.8%,其中,27 起中毒事件发生在集体食堂,中毒 1605 人,无死亡。与 2014 年相比,学生食物中毒事件的报告起数和中毒人数分别减少 13.9% 和 22.0%,死亡人数减少 3 人。① 从这些数据来看,总体而言,我们依然受到食品安全风险的威胁,并且呈现不断上升的趋势。食品安全风险是指食源性疾病、食品污染以及食品中的有害因素或者食品添加剂、食品包装等足以对食品安全造成威胁,从而对人体健康造成急性、亚急性或者慢性危害。食品安全风险大致上有以下几种类型。

1. 食品原材料的安全风险

一是有些食品原材料本身含有对人体有害的物质,如河豚天然含有的毒素,只有在国家许可的时候才可以买卖或食用。② 很多日常食品只有在符合一定食用量或加工方法时才对人体无害,比如,豆角必须煮熟才可食用,否则可能引起食物中毒。二是由外在因素造成的食品污染,如受到污染的粮食、水果等,而第二种情况在我国还有蔓延的趋势。还有一些食品原材料是现阶段科学技术还无法测明的或者无法确定的食品,转基因食品就是这方面的典型代表。2009 年《食品安全法》第 101 条关于法律适用的规定涵盖了转基因食品,自此结束了我国转基因食品安全立法层次不高、只有行政法规和部门规章对转基因食品安全进行规制的局面。

《食品安全法》第 151 条规定:"转基因食品和食盐的食品安全管理,本法未作规定的,适用其他法律、行政法规的规定。"2013 年 2 月 5 日经原卫生部部务会审议通过的《新食品原料安全性审查管理办法》第 23 条规定:"本办法所称的新食品原料不包括转基因食品、保健食品、食品添加剂新品种。转基因食品、保

---

① 参见国家卫计委:《国家卫生计生委办公厅关于 2015 年第四季度全国食物中毒事件情况的通报》,载国卫办:http://www.nhfpc.gov.cn/yjb/s7859/201604/8d34e4c442c54d33909319954c43311c.shtm.,最后访问日期:2016 年 11 月 28 日。

② 参见王艳林主编:《食品安全法概论》,中国计量出版社 2005 年版,第 18 页。

健食品、食品添加剂新品种的管理依照国家有关法律法规执行。"所以,转基因食品安全风险的监测与评估也适用本法。关于转基因食品的安全问题,至今仍无法测明。目前,并没有科学的证据证明转基因食品是安全的,所以建立食品安全风险监测与评估制度,对转基因食品、仿生食品、藻类食品、快餐食品、工程食品等利用现代加工技术生产的食品进行监测与评估,显得尤为重要。①

2. 含添加剂的食品安全风险

食品添加剂在现代食品工业中发挥着越来越重要的作用。然而,近年来随着食品加工业的发展,食品添加剂种类不断增多,由此而引发的食品安全问题也与日俱增。2014 年 12 月 24 日卫计委正式发布新版《食品安全国家标准食品添加剂使用标准》(GB 2760—2014),自 2015 年 5 月 24 日起正式实施,此版本将取代 2011 年版。该标准主要规定了食品中添加剂使用的原则、允许使用的品种、使用范围及最大使用量或残留量等参数,违法使用食品添加剂的行为不但给人身健康带来严重威胁,还破坏正常的食品生产秩序,增加食品安全风险。针对这种现象不仅应该加强食品添加剂安全风险评估,更重要的是加强对食品添加剂的使用监管。

3. 食品包装的安全风险

食品包装被称作是"特殊的食品添加剂",它是现代食品工业的最后一道程序。不仅包括食品的外包装,还包括盛装或运输食品的器皿、器具。在一定程度上,食品包装已经成了食品必不可少的一部分。然而,在我国,食品包装的形势却不容乐观,由食品包装引发的食品安全问题已经频繁发生。2006 年 7 月 18 日国家质检总局正式启动了对 39 种食品用塑料包装、容器、工具等产品进行无证查处,取得了一定效果,但还不足以规避由食品包装引起的食品安全风险。

(二)食品安全险分析

在经济全球化日益加速的背景下,伴随着世界食品贸易的持续增长,食品安全危机的多发性、速度快、范围广引起了国际社会的普遍关注。为此,各国政府和有关国际组织都致力于控制食品风险,保障食品安全,试图建立一种新的国际食品安全监管的制度体系。②

食品安全风险监测和评估,源于风险分析制度。风险分析于 20 世纪 80 年代末,开始运用于食品安全领域。1991 年世界粮农组织、世界卫生组织和关贸

---

① 参见罗云波:《关于转基因食品安全性》,载《食品工业科技》2000 年第 2 期。
② 参见刘厚余:《食品安全风险分析的法律机制国外经验与本土借鉴》,载《经济与法》2011 年第 11 期。

总协定就联合在罗马召开"食品标准、食物化学品及食品贸易"会议,建议法典各分委员会及顾问组织在评价食品标准时,继续以适当的科学原则为基础并遵循风险评估的决定。1994 年第四十一届食品法典委员会执委会会议建议世界粮农组织与世界卫生组织就风险分析问题联合召开会议,会议最终形成了一份题为《风险分析在食品标准问题上的应用》报告,同时对风险评估的方法以及风险评估过程中的不确定性和变异性进行了探讨。1995 年联合国世界粮农组织和世界卫生组织召开了以风险性分析应用于食品标准制定为主题的联合专家委员会,首次提出了食品安全领域要进行风险分析的新理念。1997 年 1 月世界粮农组织与世界卫生组织联合专家咨询会议提交了《风险管理与食品安全》报告,规定了风险管理的框架和基本原理。1998 年在罗马召开的世界粮农组织和世界卫生组织联合专家咨询会上,形成了《风险情况交流在食品标准和安全问题上的应用》的报告,这标志着食品安全风险分析的理论框架已经形成。此后,世界贸易组织《实施卫生与动植物检疫措施协定》明确要求各国政府采取的卫生措施必须建立在风险评估的基础上,以避免隐藏的贸易保护措施。于是,各国在食品安全管理实践中都率先通过立法的方式,明确了食品安全风险分析的法律框架。

食品安全风险分析(risk analysis),由风险评估(risk assessment)、风险管理(risk management)和风险交流(risk communication)三个相互关联的部分组成。风险评估是针对整个食品产业链的风险信息的预测与监控,目的在于及时发现和预警食品风险信息,为风险管理与信息交流提供必要的准备。风险管理的首要目标是通过选择和实施适当的措施,尽可能有效地控制食品风险,从而保障公众健康。具体措施包括制定最高限量、制定食品标签标准、实施公众教育计划、通过使用其他物质或者改善农业或生产规范,以减少某些化学物质的使用等。风险管理可以分为四个部分:风险评价、风险管理选择评估、执行管理决定以及监控和审查。风险交流是指就风险的信息和控制力在利益相关方中进行沟通,其主要目的为:①在风险分析过程中使所有的参与者提高对所研究特定问题的认识和理解;②在达成和执行风险管理决定时增加一致性和透明度;③为理解建议或执行中的风险管理决定提供坚实的基础;④改善风险分析过程中的整体效果和效率;⑤制定和实施作为风险管理选项的有效信息和教育计划;⑥培养公众对于食品供应安全性的信任和信心;⑦加强所有参与者的工作关系和相互尊重;⑧在风险情况交流过程中,促进所有有关团体的适当参与;⑨就有关团体对于与食品及相关问题的风险知识、态度、估价、实践、理解进行信息交流。

由于食品安全风险分析制度在保障食品安全方面起着十分重要的作用,世界上许多国家和地区都先后建立了完善的食品安全风险分析制度。我国最初应用食品安全风险分析是在 20 世纪 90 年代中后期,在农产品质量方面涉及食品安全风险分析。2009 年《食品安全法》首次提出建立食品安全风险监测与评估制度,标志着我国食品安全监管从经验监管向科学监管、从传统监管向现代监管迈进。我国的食品安全风险监测与评估是通过对影响食品安全的各种生物、物理和化学危害进行监测和评估,提出和实施风险管理措施,并对有关情况进行交流的过程。

(三)发达国家食品安全风险监测评估法律制度

1. 欧盟食品安全风险监测评估法律制度

20 世纪 90 年代,欧盟各国爆发口蹄疫、疯牛病、禽流感等疫情,引发公众对政府监管食品安全能力的信任危机,为此欧盟理事会将政策的焦点转向食品安全。[①] 2002 年 1 月 28 日欧盟理事会和欧洲议会颁布了《一般食品法》,建立了欧盟食品安全局,其不隶属于任何欧盟管理机构。欧盟食品安全局由管理委员会、行政主任、咨询论坛、科学委员会和九个专门的科学小组组成,对食品和饲料安全已存在的和潜在的风险提供独立客观的科学建议和交流意见,为欧盟食品安全政策和立法提供科学基础,确保欧盟委员会、各成员国和欧盟议会及时有效地进行风险管理。

欧盟食品安全局根据欧盟委员会、欧洲议会或成员国,在风险管理过程中提出的特别请求或问题,承担食品链中所有风险评估的任务,并在其职责范围内的任何领域提供科学和技术支持。欧盟食品安全局为完成其使命,加强与成员国、欧盟委员会和专业科学家密切合作,利用现有完全独立的科学资源,委托其他机构进行必要的科学研究,并以开放和透明的方式授权于这类研究工作的开展。通过咨询论坛,共享风险评估数据,通报新的风险评估问题,建立与成员国之间的联络组,召集欧盟专家,协调风险交流,避免研究工作重复,从而更早地确定潜在风险,提出分析意见,共享科学信息,以保障最高水平的消费者安全。[②]

欧盟食品安全局通过公开、透明的方式开展风险交流工作。在科学委员会

---

① 参见赵学刚、周游:《欧盟食品安全风险分析体系及其借鉴》,载《管理现代化》2010 年第 4 期。

② 参见吴斌、陈忘名、赵增连主编:《欧盟食品安全法规概述》,国家质量监督检验检疫总局编译,中国计量出版社 2007 年版,第 3~4 页。

和专家小组独立的科学建议基础之上,确保所有利益方和公众能够获得及时、可靠、客观、正确的信息。通过不断提高公众对食品风险的认知,系统解释风险,与行为主体及国家食品安全权威机构密切合作,并获得专家咨询论坛交流工作组提供科学建议的支持,确保风险交流信息适时地发布。同时,通过成立风险交流专家咨询组,为执行主任提供有关风险交流和工作争议的建议。利用网络、出版物、展览和会议等公共信息交流方式,收集公众的观点和意见,出版科学建议、宣传资料和研究成果,公开发布权益声明。通过利益相关方咨询平台和讨论会,直接与利益相关方进行对话,为公开讨论食品政策提供机会。此外,还通过召集高层次的科学会议,针对风险评估及食品和饲料安全的科学基础进行深入研讨。

2. 德国食品安全风险监测评估法律制度

21 世纪初的疯牛病危机,严重影响德国消费者对食品安全的信心。为此,2002 年 11 月德国联邦食品、农业和消费者保护部依照《消费者健康保护和食品安全重组法案》和欧盟第 178/2002 号指令,设立联邦风险评估研究所(Bundesinstitut für Risikobewertung,BfR)专门负责风险评估和风险交流。[①] 联邦风险评估研究所是一个独立于政府的科学评估研究机构,其以风险评估结果为基础,向联邦政府部门和其他风险管理机构提供科学的建议措施。BfR 共设 9 个部门,包括行政管理部、风险交流部、科研服务部、生物安全部、化学品安全部、食品安全部、消费品安全部、食品链安全部、实验毒理学部门,各部门还设立工作组或实验中心,负责风险评估的相关工作。

联邦消费者保护与食品安全局,通过两个步骤实现风险管理:第一个步骤是发现风险,主要由联邦风险评估研究所汇总信息、以联邦各州的食品监测或食品监测程序为基础的快速预警系统报告来实现;第二个步骤是由联邦风险评估研究所或联邦其他机构评估风险。对人和动物健康或环境的影响最后由联邦消费者保护与食品安全局以评估结果为基础制定风险管理措施。为使风险评估工作更加科学规范,2005 年 8 月联邦风险评估研究所发布了《健康评估文件格式指南》,统一规定了风险评估报告的格式,原则上所有有关健康评估问题的文件都应该符合该格式。联邦风险评估研究所完成的风险评估报告,要提交给相关的联邦机构,为风险管理和风险交流提供依据。详细规范的风险评估报

---

① 参见土芳、陈松、钱永忠:《发达国家食品安全风险分析制度建立及特点分析》,载《中国牧业通讯》2009 年第 1 期。

告,能够确保风险管理人员按照特定情况作出正确决策,同时也保证了决策过程的公开透明。

风险交流作为联邦风险评估研究所的一项法定任务,应向消费者提供有关食品和产品中可能存在及已被评估的风险信息。当需要在较大范围内通知公众时,除媒体外,消费者建议中心、产品比较团体、消费者保护、食品与农业信息服务部都会成为风险交流的重要途径。为了实现风险信息交流的持续和互动,联邦风险评估研究所定期组织专家听证、科学会议及消费者讨论会,并面向一般公众、科学家和其他相关团体公开其评估工作和评估结果,通常会在其网站上公布专家意见和评估结果,向消费者提供可见和可用的科学研究成果。通过全面的风险交流,一方面,尽早发现潜在的健康风险,并及时通知有关当局和消费者;另一方面,参与交流的各相关方会对风险评估的过程与结果进行讨论。通过工作的透明度,在风险评估涉及的各方之间建立起足够的信任。目前,联邦风险评估研究所参与了欧盟的 30 多个项目,与相关利益方一起为消费者健康保护做出了重要贡献。①

3. 日本食品安全风险监测评估法律制度

日本政府为保障食品安全,挽回民众的信任,采取措施改变以往只强调生产者利益的做法,转而重视消费者权益,将食品安全风险评估与风险管理职能分开,设立单独的上层监督机构,统一负责风险评估。2003 年 7 月日本政府颁布了《食品安全基本法》,成立了食品安全委员会,专门负责食品安全风险评估和风险交流工作,将食品安全风险评估与风险管理进行分离。②

食品安全委员会直属内阁管理,由 7 位食品安全方面的资深委员组成。食品安全委员会由秘书处、事务处、风险评估处、政策建议与公共关系处、信息和突发事件应急反应处、风险交流事务主管组成。共设 16 个专家委员会,如"计划编制专家委员会",主要职能是实施计划编制;"风险交流专家委员会",负责风险交流的监测;"突发事件应急专家委员会",负责紧急事件的应急措施。此外,还有 13 位专家对各种危害实施风险评估,如食品添加剂、农药、微生物、特别食品等。这 13 位专家被分为 3 个评估小组,分别负责化学物质、生物材料以及新兴食品。

---

① 参见魏益民、郭波莉、赵林度等:《联邦德国食品安全风险评估机构与运行机制》,载《中国食品与营养》2009 年第 7 期。

② 参见刘厚金:《食品安全风险分析的法律机制:国外经验与本土借鉴》,载《经济与法》2010年第 11 期。

　　风险评估作为食品安全委员会的主要职能,大体上以风险管理机构提交的评估请求或者食品安全委员会自身指定的评估请求来实施。根据对此类风险评估的结果,食品安全委员向首相及具备风险管理职能的各省负责人提出政策建议,以便确保食品安全措施的实施。食品安全委员会还通过与国外政府、国际组织、相关部门和消费者、食品经销商等各利益相关方进行风险交流,确定自身食品安全风险评估的方向。主要通过召开国际会议与国外政府、国际组织和相关部门进行风险交流来交换各方意见和建议,通过网站、热线和专人信息采集与公众进行风险交流,听取消费者和公众的意见和建议。食品安全委员会通过每周一次公开召开委员会议,并在其网站公布会议议程来保证实施风险评估的透明性。通过建立食品安全热线,专门用来接收民众对于食品安全的要求和意见。同时,食品安全委员会从各县选拔任命了 470 名食品安全监督员,监督员通过发放调查问卷来了解食品安全事件引起人们关注的程度,及时上报相关信息,并且协助各地方组织进行信息交流。

　　4.美国食品安全风险监测评估法律制度

　　最初,美国建立的风险评估机构与欧盟建立的有所不同,美国不强调风险评估的独立性,联邦政府相关机构既承担风险评估也进行风险管理决策,其主要由卫生部的食品药品管理局、美国农业部、环境保护局等负责。1997 年美国宣布总统食品安全行动计划,要求所有的具有食品安全风险管理职责的联邦政府机构都要建立机构内风险评价团体。此团体负责通过鼓励研究和开发预测模型和其他工具,跟踪食品微生物风险评价科学的前沿。至此,美国建立了首例从农场到餐桌的食物微生物风险评价的模型,即蛋和蛋制品中肠炎沙门氏菌(Salmonella enteritidis)的风险分析。还进行了牛肉中的 E. Coli O157: H7 的风险分析。并与哈佛大学就 BSE 通过食品传播的风险评价达成合作协议。美国还对多种即食食品进行了李斯特菌(Listeria monocytogenes)的风险分析。

　　2003 年 7 月 25 日美国农业部宣布成立食品安全风险评估委员会,以加强美国农业部内各机构之间就有关风险评估的计划和行动的合作与交流。新的风险评估委员会将收集美国农业部一些部门的专家意见,为管理和决策提供统一的科学依据。该委员会将对风险评估划分优先顺序,确定研究需求等;规定实施风险评估的指导方针;确认外部专家和大学来帮助开展风险评估。同时,美国的法律要求食品在进入市场前,必须确定食品添加剂、动物药品和杀虫剂的使用不会引起危害,而对食品中固有的有害成分或不可避免的食品污染,则要求管理机构进行干预。作为风险管理的样板,美国联邦食品管理机构每年都举行年度会议,共同商讨以风险为基础的年度食品抽样检测计划,以测定药品和化学物在食品中的残留,检测结果作为标准制定的基础、执行的基础及其他进一步行动的基础。

风险交流,在风险评价和风险管理阶段就发挥着非常重要的作用。美国政府风险沟通贯穿于食品安全管理的整个过程,一方面,通过有效的信息发布和信息传播,使公众健康免受不安全食品的危害。例如,在突发食品安全风险时,政府将通过全国范围内各层级的食品安全系统电信网和大众媒体将紧急情况告知社会大众,并通过信息分享机制告知国际组织、地区组织和其他国家,使消费者和相关组织能及早进行预防。另一方面,将管理部门风险分析程序也向社会大众公开,接受社会大众的评论和建议,发挥群策群力的作用。

(四)发达国家食品安全风险监测评估发展趋势

1. 建立独立的风险评估机构

风险评估是风险分析的核心,是风险管理的科学依据。为确保风险管理的科学性、客观性和有效性,发达国家大多将风险评估和风险管理职能分开,成立专门的风险评估机构,把涉及食品安全管理的各行政机构的信息进行收集、交换和整合,遵循科学、透明、公开、预防的原则进行风险评估。风险管理机构和风险评估机构之间的合作具有很强的程序性,也由于工作的公开透明,风险管理机构对食品安全作出的各项决策都基于科学的基础之上,这对于真正确保消费者安全意义深远。如以上谈到的德国和日本均专门成立了独立于风险管理机构的食品安全风险评估机构。从国际经验来看,独立的风险评估确保了食品安全立法与执法的科学性,为有效的风险管理提供了依据,成为食品安全保护的关键屏障。[1]

2. 高效的预警反应和食品追溯机制

为了应对不断出现的食品危机事件,欧盟实施了食品和饲料快速预警系统,它是一个连接欧盟委员会欧洲食品安全管理局以及各成员国食品与饲料安全主管机构的网络。该系统明确要求,各成员国相关机构必须将本国有关食品或饲料对人类健康所造成的直接或间接风险,以及为限制某种产品出售所采取措施的任何信息,都通报给欧盟快速预警体系。系统将收到的有关信息整理编辑后,按照相应程序上报欧盟委员会,转发欧盟有关部门,通知预警体系内的其

---

[1] 参见刘厚金:《食品安全风险分析的法律机制:国外经验与本土借鉴》,载《经济与法》2010年第11期。

他成员。一旦发现来自成员国或者第三方国家的食品与饲料可能会对人体健康产生危害,而该国又没有能力完全控制风险时,欧盟委员会将启动紧急控制措施。同时在对食品进行全程监管的基础上,实行跟踪制度、追溯制度和召回制度,这也是欧盟在面对食品危害的时候能够迅速及时处理危机的制度保证。食品跟踪与追溯,要求在食品供应链中的每一个加工点,不仅要对自己加工成的产品进行标识,还要采集所加工的食品原料上已有的标识信息,并将其全部信息标识在加工成的产品上,以备下一个加工者或消费者使用。欧盟及其主要成员国在食品追溯制度方面建立的统一的数据库,包括识别系统、代码系统,详细记载生产链中被监控对象移动的轨迹,监测食品的生产和销售状况。①

3. 完备的风险分析法律制度

国外的食品安全管理实践中,大都通过立法的形式确立了食品安全风险分析的法律框架,厘清了具体手段和程序,便于所有执行者操作实施。如欧盟颁布了欧洲议会与理事会 178/2002 法规,成立了欧盟食品安全局。德国出台了《消费者健康保护和食品安全重组法案》,成立了联邦消费者保护与食品安全局,组建了联邦风险评估研究所,依法专司食品安全风险分析。日本通过颁布《食品安全基本法》成立了食品安全委员会,并赋予这些机构各项法律职责和义务,确保食品安全风险分析工作的强制性和有效性。为了促进风险分析工作的顺利实施,各国大都制定了风险分析运作程序,从风险分析的启动到管理决策的制定,整个过程都按照明确的流程进行,这大大提高了风险分析工作的效率。此外,发达国家还以国际食品风险分析准则为基础,制定了法规形式的风险评估标准和方法,在各项指导性准则中还确立了风险分析中应考虑的因素。

4. 有效的风险管理,充分的风险交流

大多数国家改变了按食品品种或按生产阶段来划分监管部门职能的分离式规制,取而代之的是实行统一式法律监管体制。如德国建立了统一的规制机构,负责食品安全风险管理。由于制度的路径依赖,分离式体制转变为统一式体制的运作成本较高,因此也有许多国家没有成立统一的监管机构,而是强调通过法律制度的重新设计,来保证具有管理权的各规制机构之间有效的整合与合作,如日本。②

---

① 参见赵学刚、周游:《欧盟食品安全风险分析体系及其借鉴》,载《管理现代化》2010 年第 4 期。

② 参见滕月:《发达国家食品安全规制风险分析及对我国的启示》,载《哈尔滨商业大学学报》(社会科学版)2008 年第 5 期。

国外政府在其食品安全的法律监管过程中,特别强调风险信息交流在风险评估与风险管理中的作用。日常的风险交流是食品安全法律监管的重要环节,通过适用透明的标准,确保食品行业内所有成员之间的公平。法律允许政府在制定法规时考虑公众对该法规制定的时间及现实合理性的评价。[①] 利用公共媒体向公众解释法规的科学基础,任何人都可以看到和得到政府所依赖的信息。在适当情况下,风险分析的过程根据公众的评论进行修改。通过有效的信息发布和信息传播,使公众健康免受不安全食品的危害,提高了风险分析的明确性、预见性和风险管理的有效性。

(五) 我国食品安全风险监测和评估制度的历史发展

食品安全检测和评估是为了防止食品中有害因素对公众健康的危害,系统收集、分析和评价食品中的有毒有害数据和食源性疾病监测数据及相关信息,并对有关情况进行交流的一项制度。建立这一制度可以发现潜在的危险,做到预防在先。[②] 我国的食品安全监测和评估制度起步较晚,20 世纪 90 年代中后期才开始涉及,直到 2009 年《食品安全法》出台,才首次提出建立食品安全风险监测和评价制度。

1. 食品安全风险监测制度的历史发展

1999 年原国家商检局会同农业部参照欧盟 96/22 和 93/23 指令要求,建立了"中华人民共和国动物及动物源性食品中残留物质监控计划"。2003 年系统内部批准承担动物源食品药物残留监控计划基准实验室 8 个,农业部 4 个。从 2000 年开始,卫生部开始在全国范围内建设食品污染物监测网,建立了食品污染物和食源性疾病致病因素监测点,该监测点的建立参照了全球环境监测规划、食品污染检测与评估计划(GEMS/FOOD),并在各省逐步建立。

2008 年国家质检总局为进一步加强植物食源性食品源头监管和质量监控,在 2004 年建立植物性食品残留物质监控体系基础上,颁布了《中华人民共和国出口植物源食品残留物质监控计划》,批准承担植物源食物残留物质监控计划基准实验室 4 个。

2001 年食品安全风险监测进入到农产品安全领域,2006 年《中华人民共和国农产品安全法》的实施确立了农产品风险监测制度。2004 年 11 月 22 日由国家食品药品监督管理局、公安部、农业部、商务部、卫生部、海关总署、国家工商

---

① See Aston Hauc, Jure Kovac, "Project management in strategy implementation experiences in Slovenia", *International ,journal of Project Management*18 ,2000 ,pp. 61 ~ 67.

② 参见于华江主编:《食品安全法》,对外经贸大学出版社 2010 年版,第 7 ~ 8 页。

行政管理总局、国家质量监督检验检疫总局联合发布的《食品安全监管信息发布暂行管理办法》,明确规定了食品安全监测评估信息的发布主体、原则以及程序。2008 年 11 月山东省产品质量监督检验局,率先建立了我国第一个仿效发达国家的食品安全风险监测实验室。2009 年《食品安全法》颁布,首次提出建立食品安全风险监测和评价制度。同年 7 月,国务院发布了《食品安全法实施条例》,其中第 5 ~ 11 条是关于食品安全风险监测的规定,进一步明确了我国食品安全风险监测和食品安全风险评估制度。2009 年 6 月,卫生部就《食品安全风险监测管理规定(试行)》对外征求意见。2010 年 2 月,卫生部会同工业和信息化部、农业部、商务部、工商总局、质检总局和国家食品药品监管局等制定了《食品安全风险监测管理规定(试行)》,该规定共 4 章 18 条,详细规定了食品安全风险监测制度。①

　　根据《食品安全法》规定,以及国家建立食品安全风险监测制度的要求,2010 年卫生部等 6 部门联合发布了 2010 年国家食品安全风险监测计划(以下简称 2010 年国家监测计划),各省卫生厅、局根据 2010 年国家监测计划会同有关部门结合本地情况制定了监测方案。2010 年在卫生部的牵头组织下,国家食品安全风险监测工作在 31 个省(区、市)和新疆生产建设兵团全面展开。在 2010 年食品安全风险监测工作中,32 个省级、241 个地(市)级和 65 个县级疾病预防控制中心(以下简称疾控中心)分别承担了监测计划确定的食源性疾病、食品污染和食品中有害因素等项监测任务。通过对 67 种食品 12. 36 万份样品 157 个项目的监测,获得了大量翔实的监测数据,为食品安全风险评估和食品安全标准制修订提供了数据基础。另外,分布于各省(区、市)的 312 家县级医院开展了食源性异常病例和异常健康事件的监测,辽宁等 7 个省(区、市)还开展了食源性疾病的主动监测。在监测工作完成后,国家食品安全风险评估专家委员会对 2010 年的监测结果进行了评估。2012 年我国已设置化学污染物和食品中非法添加物以及食源性致病微生物监测点 1196 个,覆盖了 100% 的省份、73% 的地市和 25% 的区县,在 416 个医疗机构主动监测食源性异常病例或健康事件。

　　2013 年 12 月国家卫生计生委在北京召开电视电话会,要求全国卫生计生系统加强食品安全风险监测体系建设,在 31 个省(市、自治区)和新疆生产建设

---

　　① 　参见周雪:《我国食品安全风险监测与评估制度研究》,西南政法大学 2010 年硕士学位论文,第 12 ~ 13 页。

兵团疾控中心加挂"国家食品安全风险监测（省级）中心"，指定北京市疾控中心等6家具备条件的省级疾控中心为"国家食品安全风险监测参比实验室"。2014年卫计委将修订《食品安全风险监测管理规定》，强化监测结果统一汇总分析，加强部门会商，为食品安全监管提供有力的技术支持。此外，制定《食源性疾病管理办法》，完善全国食源性疾病监测与报告网络，及时通报重大食源性疾病信息，配合监管部门加强食源性疾病的源头控制。2015年按照全年食品安全重点工作安排与食品安全风险监测和评估工作有关安排，加强风险隐患排查治理；开展食品生产经营主体基本情况统计调查，摸清底数、排查风险；制定并实施农产品和食品安全风险监测和监督抽检计划，加大监测抽检力度，加强结果分析研判，及时发现问题、消除隐患；进一步规范问题食品信息报告和核查处置，完善抽检信息公布方式，依法公布抽检信息；严格监督食品经营者持证合法经营，督促其履行进货查验和如实记录查验情况等法定义务；提高风险监测和评估能力；继续加强风险监测网络和能力建设，完善食品中非食用物质名单，开展相关检验方法研究；制订农产品和食品安全风险评估办法及未来五年工作规划，组织实施年度优先风险评估和应急评估项目；夯实农产品和食品安全风险评估工作基础，全面开展食物消费量调查和总膳食研究；建立部门间风险监测数据共享与分析机制，提高数据利用度。

2. 食品安全风险评估制度的历史发展

从2000年开始，卫生部通过开展全国膳食与营养调查，基本掌握了全国居民的膳食、饮食结构以及疾病的趋势，针对消费量大的食品以及常见的食品致病病菌和化学污染物进行常规监测，初步形成了我国食品安全风险评估体系。该体系借鉴发达国家的经验，依托科学数据的分析，采用风险评估原则和方法，对部分食品进行了风险评估。2001年食品安全风险分析进入到农产品质量安全领域，2002年农业部畜牧兽医局成立了"动物疾病风险评估小组"，对我国动物疫病进行风险评估和风险管理。2006年《农产品质量安全法》开始实施，该法第6条规定："国务院农业行政主管部门应当设立由有关方面专家组成的农产品质量安全风险评估专家委员会，对可能影响农产品质量安全的潜在危害进行风险分析和评估。国务院农业行政主管部门应当根据农产品质量安全风险评估结果采取相应的管理措施，并将农产品质量安全风险评估结果及时通报国务院有关部门。"《农产品质量安全法》的颁布正式确立了农产品风险评估制度。2007年5月国家农产品质量安全风险评估专家委员会成立大会暨第一届专家委员会全体会议在京召开，标志着该制度在农产品食品安全方面正式建立起来,随后其他食品领域的风险评估制度也相继建立起来。

2009 年《食品安全法》颁布,明确规定了食品安全风险评估制度。同年 12 月卫生部根据《食品安全法》的规定,组建了由 42 名委员组成的第一届国家食品安全风险评估委员会。2010 年 1 月根据《食品安全法》和《食品安全法实施条例》的规定,卫生部会同工业和信息化部、农业部、商务部、工商总局、质检总局和国家食品药品监管局制定的《食品安全风险评估管理规定(试行)》公布生效。2012 年 7 月 25 日时任卫生部部长陈竺在内蒙古自治区调研时表示,风险监测评估工作在努力应对突发食品安全事件、解决近期突出问题的同时,还要整合资源,加强人、财、物的投入,争取在“十二五”期间初步形成长效工作机制,进一步提高食品安全风险监测评估的能力和水平。各级政府和有关部门要认真学习贯彻《国务院关于加强食品安全工作的决定》和《国家食品安全监管体系“十二五”规划》的要求,增强责任感和紧迫感,着力加强食品安全基础建设。①

2011 年 10 月国家食品安全风险评估中心挂牌成立,是负责食品安全风险评估的国家级技术机构,由医学、农学、化学、食品学、营养学、微生物学、食品毒理学等专业人员组成,开展食品安全风险评估基础性工作,具体承担食品安全风险评估相关科学数据、技术信息、检验结果的收集、处理、分析等任务,向国家食品安全风险评估专家委员会提交风险评估分析结果,经其确认后形成评估报告报卫生部,由卫生部负责依法统一向社会发布。其中,重大食品安全风险评估结果,提交理事会审议后报国家食品安全风险评估专家委员会。食品风险评估中心采用理事会决策监督管理模式,由 23 人组成,其中设理事长 1 名、副理事长 2 名。理事长由国家卫生计生委分管领导担任,副理事长分别由国务院食品安全委员会办公室、农业部分管领导担任,理事由相关行政部门代表、食品安全相关领域专家、食品风险评估中心管理层和服务对象代表等人员组成。

(六)食品安全监测和食品安全风险评估的关系

《食品安全法》第 18 条第 1 项规定,国务院卫生行政部门通过食品安全风险监测或者接到举报发现食品可能存在安全隐患的,应当立即组织进行检验和食品安全风险评估。通过该条规定,我们可以看到,风险监测是我们启动食品安全检验和食品安全风险评估的条件之一。食品安全风险监测主要是监测食品生产、加工、贮藏、运输和销售过程中所涉及的可能对人体健康造成危害的化学、生物和物理因素的安全性。通过采取化学分析、生物学检验、病理学评价等

---

① 根据时任卫生部部长陈竺 2012 年 7 月带领全国人大调研组在内蒙古调研时的讲话整理。

高科技监测手段,能够及时发现可能存在的食品安全隐患。

群众举报,也是发现食品可能存在安全隐患的重要途径。个别生产经营者危害食品安全的行为可能暂时逃脱监管部门的检查,但广大人民群众的监管却来自各个方面。在食品安全监管领域积极发挥群众监管的力量,鼓励社会组织或者个人举报食品生产经营中的违法行为,国家对积极参与社会监督的社会组织或者个人予以保护。

因此,在通过食品安全风险监测或者接到举报发现食品可能存在安全隐患的情况下,国务院卫生部门应当立即组织进行检验和食品安全风险评估。食品安全风险评估是由国务院卫生行政机构成立的医学、农药、食品、营养等方面的专家组成的食品安全风险评估专家委员会依法进行。

二、食品安全风险监测制度

2009年制定的《食品安全法》,首次提出建立食品安全风险监测和评估制度,标志着我国食品安全监管从经验监管向科学监管、从传统监管向现代监管逐步迈进。食品安全风险监测制度是有关食品安全风险监测管理部门、监测机构、监测内容、监测计划、监测范围、监测效果等制度的总称。

(一)食品安全风险监测制度概述

1. 食品安全风险监测含义

2009年《食品安全法》第11条,第一次确立了我国建立食品安全风险监测制度。2015年《食品安全法》第14条进一步完善了食品安全风险监测制度,明确了食品风险监测计划的参与主体,规定了调整风险监测计划的情形,新增了食品安全风险监测方案的备案制,并对风险监测有了新的规定。2010年《食品安全风险监测管理规定(试行)》第2条规定:"食品安全风险监测,是通过系统和持续地收集食源性疾病、食品污染以及食品中有害因素的监测数据及相关信息,并进行综合分析和及时通报的活动。"食品安全风险监测是针对某种食品的食用安全性展开的评价、预警和检测,是对食品安全风险进行评估的基础和前提,也是风险评估阶段的数据来源。食品安全风险监测总体上是为了掌握和了解食品安全状况,对食品安全水平进行监测、分析、评价和公告的活动。食品安全风险监测作为一项系统性、专业性、科学性的技术活动,其有利于了解掌握特定食品类别和特定食品污染物的污染水平,掌握污染物的变化趋势,以便为制定和实施食品安全监督管理政策、制定食品安全标注提供依据;有利于公众加强自身保护,指导食品生产经营企业做好食品安全管理。

2. 食品安全风险监测制度的作用

食品安全风险监测制度是为了掌握和了解食品安全状况,对食品安全水平进行检验、分析、评价和公告活动提供保障的机制。食品安全风险监测是食品安全监管部门履行食品安全监督管理职责的重要手段,食品安全监测与风险评估的结果,将成为制定食品安全标准、确定检查对象和监测频次的重要依据。因此,食品安全风险监测制度有三个方面的作用:

第一,食品风险监测有利于食品安全风险评估工作的顺利进行。国家食品安全风险评估制度,对食品、食品添加剂、食品相关产品中生物性、化学性和物理性危害因素进行风险评估。国务院卫生行政部门负责组织食品安全风险评估工作,成立由医学、农业、食品、营养、生物、环境等方面的专家组成的食品安全风险评估专家委员会进行食品安全风险评估。食品安全风险评估结果,由国务院卫生行政部门公布。对农药、肥料、兽药、饲料和饲料添加剂等的安全性评估,应当有食品安全风险评估专家委员会的专家参加。食品安全风险评估应当运用科学方法,根据食品安全风险监测信息,科学数据以及其他有关信息进行。《食品安全法》将应当启动风险评估的启动条件从一项增加到六项,具体规定为通过食品安全风险监测或者接到举报发现食品、食品添加剂、食品相关产品可能存在安全隐患的;为制定或者修订食品安全国家标准提供科学依据需要进行风险评估的;为确定监督管理的重点领域、重点品种需要进行风险评估的;发现新的可能危害食品安全因素的;需要判断某一因素是否构成食品安全隐患的;国务院卫生行政部门认为需要进行风险评估的其他情形,应当立即组织进行检验和食品安全风险评估。按照2015年《食品安全法》的规定,国务院食品药品监督管理、质量监督、农业行政等部门在监督管理工作中发现需要进行食品安全风险评估的,应当向国务院卫生行政部门提出食品安全风险评估的建议,并提供风险来源、相关检验数据和结论等信息、资料。属于以上情形的,国务院卫生行政部门应当及时进行食品安全风险评估,并向国务院有关部门通报评估结果。

第二,食品风险监测有利于食品安全标准的制定和完善。食品安全风险评估结果是制定、修订食品安全标准和实施食品安全监督管理的科学依据。经食品安全风险评估,得出食品、食品添加剂、食品相关产品不安全结论的,国务院食品药品监督管理、质量监督等部门应当依据各自职责立即向社会公告,告知消费者停止食用或者使用,并采取相应措施,确保该食品、食品添加剂、食品相关产品停止生产经营;需要制定、修订相关食品安全国家标准的,国务院卫生行政部门应当会同国务院食品药品监督管理部门立即制定、修订。

第三,食品风险监测有利于推动食品安全监督管理工作的进行。食品风险监测有利于推动食品安全监督管理工作的进行。国家食品安全管理工作应该根据工作中的新动向、新问题,相关部门应该根据实际情况及具体问题,制定相应的国家食品安全风险监测计划。食品安全监督管理单位可以通过风险监测了解我国食品安全整体状况科学评价食品污染和食源性疾病对健康带来的危害,为有效制定食品安全管理政策提供技术依据。

3. 食品安全风险监测的对象

《食品安全法》第14条、第99条,《食品安全风险监测管理规定(试行)》第2条、第17条,明确规定了我国食品安全风险监测的对象是食源性疾病、食品污染及食品中的有害因素。因此,我国食品安全风险监测的对象包括:

第一,食源性疾病。《食品安全法》第150条规定,食源性病毒是"食源性疾病,指食品中致病因素进入人体引起的感染性、中毒性等疾病,包括食物中毒"。1984年世界卫生组织将"食源性疾病"(food borne diseases)一词作为正式的专业术语,以代替历史上使用的"食物中毒"一词,并将食源性疾病定义为:"通过摄食方式进入人体内的各种致病因子引起的通常具有感染或中毒性质的一类疾病。"即指通过食物传播的方式和途径致使病原物质进入人体并引发的中毒或感染性疾病。从这个概念出发,应当不包括一些与饮食有关的慢性病、代谢病,如糖尿病、高血压等,然而,国际上有人把这类疾病也归为食源性疾患的范畴。顾名思义,凡与摄食有关的一切疾病(包括传染性和非传染性疾病)均属食源性疾患。《食品安全风险监测管理规定(试行)》第17条规定:"食源性疾病监测指:通过医疗机构、疾病控制机构对食源性疾病及其致病因素的报告、调查和检测等收集的人群食源性疾病发病信息。"

食源性疾病常常表现出三大特征:首先,在食源性疾病爆发流行过程中,食物本身并不致病,只是起了携带和传播病原物质的媒介(vehicle)作用。其次,导致人体患食源性疾病的病原物质是食物中所含有的各种致病因子(pathogenic agents)。最后,人体摄入食物中所含有的致病因子可以引起以急性中毒或急性感染两种病理变化为主要发病特点的各类临床综合征(syndromes)。因此,我们将食源性疾病分为四类:(1)食用了被有毒有害物质污染或含有有毒有害物质的食品后出现的急性、亚急性疾病;(2)与食物有关的变态反应性疾病;(3)经食品感染的肠道传染病(如痢疾)、人畜共患病(口蹄疫)、寄生虫病(旋毛虫病)等;(4)因二次大量或长期少量摄入某些有毒有害物质而引起的以慢性毒害为主要特征的疾病。

第二,食品污染。食品污染,是指根据国际食品安全管理的一般规则,在食品生产、加工或流通等过程中因非故意原因进入食品的外来污染物,一般包括金属污染物、农药残留、兽药残留、超范围,或超剂量使用的食品添加剂、真菌毒素以及致病微生物、寄生虫等。食品污染是影响食品安全的主要原因,尤其是随着食品生产的工业化和新技术、新原料、新产品的采用,造成食品污染的因素日趋复杂化,高速发展的工农业带来的环境污染问题,也波及食物并引发一系列严重的食品污染事故。造成食品安全隐患的污染源通常有三类:(1)生物性污染。生物性污染,是指食品在加工、运输、贮藏、销售过程中被有害的细菌、病毒、寄生虫和真菌等污染。生物性污染主要有:微生物污染、植物自身污染和昆虫污染等。(2)化学性污染。化学性污染,是指农用化学物质、食品添加剂、食品包装容器与材料和工业废弃物的污染,汞、镉、铅、砷、氰化物、有机磷、有机氯、亚硝酸盐和亚硝胺及其他有机或无机化合物等所造成的污染,以及食品在烘烤、熏、腌、腊制中使用高温烹调不当产生的致癌物质、食品加工机械管道等造成的污染。(3)物理性污染。物理性污染,是指食品生产过程中的杂质超过规定的含量或食品吸附、吸收外来的放射性核素所引起的食品质量安全问题。如放射性辐射对植物、动物的种植、养殖,以及对动物饲养原料的污染。

第三,食品中的有害因素。食品中的有害因素,是指在食品生产、流通、餐饮服务等环节,通过除了食品污染以外的其他途径进入食品的有害因素,包括自然存在的有害物、违法添加的非食用物质,以及被作为食品添加剂使用的对人体健康有害的物质。从该定义可知,食品中有害物质因素有三大类:(1)食品内源性有害物质。自然界中的有些动植物自身就含有天然有毒、有害物质,如河豚有河豚毒素,毒蘑菇含有多种有毒物质。此外,还有以病禽畜肉为原料的食品,如果人们误食了这些食物就会引起食物中毒、危害健康,甚至危及生命。(2)违法添加的非食用物质,如奶粉中含有过量的三聚氰胺,牛肉中添加瘦肉精等。(3)被作为食品添加剂使用的有害物质,如在食物中添加了并非食材的药材,而药材本身是对人体有副作用的。①

(二)食品安全监测计划的制订

1.国家食品安全监测计划制定的主体

《食品安全法》第 14 条第 2 款规定:"国务院卫生行政部门会同国务院食品

---

① 参见王艳林主编:《中华人民共和国食品安全法实施问题》,中国计量出版社 2009 年版,第 52~53 页。

药品监督管理、质量监督等部门,制定、实施国家食品安全风险监测计划。"规定了食品安全风险监测计划的制订实施主体是国务院卫生行政部门。《食品安全法实施条例》第5条进一步规定了食品安全风险监测计划的制订和实施的参与部门:"国家食品安全风险监测计划,由国务院卫生行政部门会同国务院质量监督、工商行政管理和国家食品药品监督管理以及国务院商务、工业和信息化等部门,根据食品安全风险评估、食品安全标准制定与修订、食品安全监督管理等工作的需要制定。"《食品安全风险监测管理规定(试行)》第3条规定:"卫生部会同国务院质量监督、工商行政管理和国家食品药品监督管理以及国务院工业和信息化等部门本着及时性、代表性、客观性和准确性的原则制定、实施国家食品安全风险监测计划。"可见,国家食品安全风险监测计划的主体和组织者是国务院卫生行政部门,而国家食品安全风险监测计划制定并不是国家某一部门或机构的工作职责,也不是由某一单独部门独立完成。制定和实施国家食品安全风险监测计划,要由国务院卫生行政部门牵头,会同其他相关部门来共同完成。2013年国务院机构改革后,国家工商部门流通环节的食品安全监督管理职责已划入国家食品药品监督管理部门,因此,工商行政管理不再参与食品安全风险监测计划。按照《食品安全法》,食品安全风险监测计划由国务院食品药品监督管理、质量监督等部门以及国务院商务部、工业和信息化部等作为参与者。卫生部门与相关部门之间形成信息通报和信息共享制度,这样也更加有利于食品安全风险监测计划的调整,保障食品安全风险监测的顺利实施。

2. 国家食品安全监测计划制定的流程

《食品安全风险监测管理规定(试行)》规定了食品安全风险监测计划制定的流程。

第一,食品安全风险监测计划建议的提出。国务院有关部门根据食品安全监督管理等工作的需要,提出列入国家食品安全风险监测计划的建议。建议的内容应包括食源性疾病、食品污染和食品中有害因素的名称、相关食品类别及检测方法、经费预算等。这些建议按照重要程度进行排序,由卫生部负责收集和整理建议的内容并进行排序。

第二,食品安全风险监测计划草案的提出。国家食品安全风险评估专家委员会负责根据卫生部排序的先后及食品安全风险评估工作的需要,提出制定国家食品安全风险监测计划的草案,于每年6月底前报送卫生部。

第三,食品安全风险监测计划的审定。卫生部会同国务院有关部门,对草案进行审议,审议通过后,联合相关部门于每年9月底以前制定并印发下年度国家食品安全风险监测计划。《食品安全风险监测管理规定（试行）》指明在制定国家食品安全风险监测计划的各个过程中，都应征求行业协会、国家食品安全标准审评委员会以及农产品质量安全评估专家委员会的意见。

3. 国家食品安全监测计划的内容

国家食品安全风险监测计划规定监测目标、监测范围、工作要求、组织保障措施和考核等内容。国家食品安全风险评估专家委员会在起草国家食品安全风险监测计划时，同时对需要列入监测范围的食源性疾病、食品污染物和食品中有害因素名单进行补充或修改。

第一，计划分类。一般来说，食品安全风险监测计划包括常规监测计划和特殊监测计划两类。常规监测计划是指国家或省级卫生部门按年度发布的计划，这种计划是持续的、系统的、常规的，一般以年度为一个监测时段。而特殊监测计划又称临时监测计划，主要针对年度监测计划所未列入或已列入但未予以重点关注的突发性、临时性、特殊的单一对象的监测计划，此类计划具有临时性、应急性和快捷性等特点。临时监测计划由国务院卫生行政部门负责制定并实施。

第二，优先监测对象。食品安全风险监测应包括食品、食品添加剂和食品相关产品，以及涉及食品生产、流通和餐饮的各个环节，但每年都会有特定的目标和需要专项监测的事项。国家食品安全风险监测应遵循优先选择原则，兼顾常规监测范围和年度重点，一般优先监测要选择毒性作用和健康影响较大、风险较高以及污染水平呈上升趋势风险因素。优先监测的具体内容如下：①健康危害较大、风险程度较高以及污染水平呈上升趋势的；②易于对婴幼儿、孕产妇、老年人、病人造成健康影响的；③流通范围广、消费量大的；④以往在国内导致食品安全事故或者受到消费者关注的；⑤已在国外导致健康危害并有证据表明可能在国内存在的。

第三，监测计划具体内容。《食品安全风险监测管理规定（试行）》第9条规定："国家食品安全风险监测计划应规定监测的内容、任务分工、工作要求、组织保障措施和考核等内容。"由于每年国家制定的食品安全风险监测计划都因重点监测的领域、方法、标准的不同而不同，因此在以下说明时以《2013年国家食品安全监测计划》为参考。

（1）监测目的

2013年国家食品安全监测计划列明，本年度监测的目的为：了解我国食品中主要污染物及有害因素的污染水平和趋势，确定危害因素的分布和可能来源,掌握我国食品安全状况,及时发现食品安全隐患;评价食品生产经营企业的污染控制水平与食品安全标准的执行效力,为食品安全风险评估、风险预警、标准制(修)订和采取有针对性的监管措施提供科学依据;了解我国食源性疾病的发病及流行趋势,提高食源性疾病的预警与控制能力。

(2)监测内容

监测内容一般指该年度计划重点监测的对象。2013年国家食品安全监测计划列明,本年度监测的内容为:第一,食品污染及食品中的有害因素监测。食品污染及食品中有害因素监测包括常规监测和专项监测两类。常规监测的主要目的是了解我国食品中污染物总体污染状况、污染趋势并为食品安全风险评估、标准制(修)订提供代表性的监测数据,同时也可以提示食品安全隐患。专项监测的主要目的是及时发现食品安全隐患,为食品安全监管提供线索。第二,食源性疾病监测。食源性疾病监测包括食源性疾病主动监测、疑似食源性异常病例/异常健康事件监测和食源性疾病(包括食物中毒)报告三类。食源性疾病主动监测,主要有哨点医院监测、实验室监测和流行病学调查三部分内容。疑似食源性异常病例/异常健康事件监测对象,是食品相关异常病例和异常健康事件。食源性疾病(包括食物中毒)的报告对象是所有调查处置完毕的食源性疾病(包括食物中毒)事件。

(3)监测方法与评判依据

《食品安全风险监测管理规定(试行)》第10条规定:"国家食品安全风险监测计划应规定统一的检测方法。食品安全风险监测采用的评判依据应经卫生部会同国务院有关部门确认。"统一的检测方法可以保障检测过程和结果更具科学性,操作性也更强。

(4)食品安全风险监测计划实施指南

《食品安全风险监测管理规定(试行)》第8条规定:"制定国家食品安全风险监测计划的同时应制定国家食品安全风险监测计划实施指南,供相关技术机构参照执行。"食品安全风险监测计划实施指南的制定,提高了监测计划的可操作性,充分体现了以政府监管为主,其他机构参与的监管理念。

4.国家食品安全风险监测计划的调整

第一,信息通报。国家建立食品安全风险监测计划调整机制。食品安全风险监测计划不是一成不变的,它需要根据食品安全风险状况的不断变化而进行调整,以便国务院卫生行政部门能及时了解掌握食品安全风险的具体状况。针对食品安全的不同情况,采取及时有效的监管和应对措施。食品安全风险监测计划调整的依据有：(1)食品安全具体监管部门提供的科学、准确及时的食品安全风险信息。国务院食品药品监督管理部门和其他有关部门获知有关食品安全风险信息后，应当立即核实并向国务院卫生行政部门通报。食品安全涉及的领域很多，包括生产、运输和流通许多环节，单靠国务院卫生行政部门是无法准确掌握和及时了解食品安全风险信息的，必须通过国务院有关食品安全的监管部门通力合作、密切配合，才能准确及时了解和掌握食品安全风险信息。(2)医疗卫生机构报告的有关疾病信息。对有关部门通报的食品安全风险信息以及医疗机构报告的食源性疾病等有关疾病信息，国务院卫生行政部门应当会同国务院有关部门分析研究，认为必要的，及时调整国家食品安全风险监测计划。《食品安全法实施条例》第 8 条第 1 款规定："医疗机构发现其接收的病人属于食源性疾病病人、食物中毒病人，或者疑似食源性疾病病人、疑似食物中毒病人的，应当及时向所在地县级人民政府卫生行政部门报告有关疾病信息。"同时《食品安全风险检测管理规定(试行)》第 11 条规定："卫生部根据医疗机构报告的有关疾病信息和国务院有关部门通报的食品安全风险信息，会同国务院有关部门对国家食品安全风险监测计划进行调整。"

第二，计划调整。按照《食品安全法》第 14 条第 3 款的规定，有权进行食品安全风险监测计划调整的主体是卫生部，而其他部门此时只能提出建议或作为参与主体介入，这也是因为食品安全风险监测计划的调整是临时性的，是为解决突发事件而设置的，这样就要求具有应急和快速的反应，因此就要求权责统一，部门相对单一。

5. 省级(地方)食品安全风险监测方案的制定

《食品安全法》第 14 条第 4 款规定："省、自治区、直辖市人民政府卫生行政部门会同同级食品药品监督管理、质量监督等部门，根据国家食品安全风险监测计划，结合本行政区域的具体情况，制定、调整本行政区域的食品安全风险监测方案，报国务院卫生行政部门备案并实施。"因此，从层级上来看，我国食品安全风险监测计划分为国家和地方两个层级，省、自治区直辖市根据国家风险监测计划制定本辖区实施的食品安全风险监测方案。在我国食品安全风险监测计划的系统中，国家层面称为食品安全风险监测计划，地方层面称为食品安全风险监测方案。同时，《食品安全风险检测管理规定(试行)》和《食品安全法实施条例》还对省级(地方)食品安全风险监测方案的制定建立了系统的制度要求：

第一，制定的主体。省、自治区、直辖市人民政府卫生行政部门，依法制定食品安全监测方案。省、自治区、直辖市人民政府卫生行政部门，应当组织同级质量监督、食品药品监督管理、商务、工业和信息化等部门,依照《食品安全法》第 14 条的规定,制定本行政区域内的食品安全风险监测方案。本行政区的风险监测方案应符合国家监测计划,同时要结合本区域人口特征、主要生产和消费食物的种类、保护水平和经费来源等具体情况来制定。

第二,地方报备案制度。省、自治区、直辖市人民政府卫生行政部门会同有关部门制定食品安全风险监测方案,必须报国务院卫生行政主管部门备案。这样有利于相关食品安全监管部门监督检查食品安全监管计划和监管方案落实情况,有利于对食品安全监管计划和监管方案的落实过程中的违法行为依法追究相关责任人的法律责任。

第三,通报制度。省、自治区、直辖市人民政府卫生行政部门会同有关部门制定食品安全风险监测方案,依法定程序向国务院卫生行政主管部门备案后,国务院卫生行政部门将备案的具体情况向质量监督、食品药品监督管理、商务、工业和信息化等部门进行通报。省级卫生机构在实施监测方案时,如遇食品安全风险监测结果表明可能存在食品安全隐患的,应该向所在地市的县、市卫生机构通报,同时向本级政府和上级卫生行政机关通报,以便采取措施、调整计划、消除不安全因素。

(三)食品安全风险监测计划的实施

1. 食品安全风险监测计划的实施机构

食品安全风险监测工作,由省级以上人民政府卫生行政部门会同同级质量监督、食品药品监督管理等部门确定的技术机构承担。承担食品安全风险监测工作的技术机构,应具备食品检验机构资质认定条件和按照规范进行检验的能力,原则上应当按照国家有关认证认可的规定取得资质认定(非常规的风险监测项目除外)。承担食品安全风险监测工作的技术机构,应当根据食品安全风险监测计划和监测方案开展监测工作,保证监测数据真实、准确,并按照食品安全风险监测计划和监测方案的要求,将监测数据和分析结果报送省级以上人民政府卫生行政部门和下达监测任务的部门。承担国家食品安全风险监测工作的技术机构,应根据有关法律法规的规定和国家食品安全风险监测计划实施指南的要求,完成监测计划规定的监测任务,按时向卫生部等下达监测任务的部门报送监测数据和分析结果,保证监测数据真实、准确、客观。食品安全风险监测工作人员采集样品、收集相关数据,可以进入相关食用农产品种植养殖、食品生产、食品流通或者餐饮服务场所。采集样品,应当按照市场价格支付费用。

2. 食品安全风险监测计划的实施内容

第一，隐患监测。承担国家食品安全风险监测任务的机构还应承担国务院卫生行政部门交付的食品安全隐患检测任务，及时报送结果，并根据检验结果向国务院卫生行政部门提出是否需要进行检测、评估、检验和管理的建议。

第二，监测方法的规定。食品安全风险监测采用的监测方法应经方法学研究确认可行，并采用先进技术手段与成熟技术结合的原则。

第三，数据汇总。卫生部指定的专门机构负责对承担国家食品安全风险监测工作的技术机构获得的数据进行收集和汇总分析，向卫生部提交数据汇总分析报告。卫生部应及时将食品安全风险监测数据和分析结果通报国务院农业行政、质量监督、工商行政管理和国家食品药品监督管理部门，以及国务院商务、工业和信息化部等部门。

第四，信息发布。食品安全风险监测信息由国务院卫生行政部门统一公布。省、自治区、直辖市人民政府卫生行政部门可公布影响仅限于本行政区域内的风险监测信息。县级以上农业、质量监督、工商行政管理、食品药品监督管理等部门，依据各自职责公布食品安全监督管理信息。信息的发布应遵循准确、及时和客观的原则。

第五，费用保障。国务院卫生部门负责为承担检测任务的技术机构提供检验费用。

第六，检验管理。专业检验机构应当根据食品安全风险监测计划和监测方案开展监测工作。监测工作应当涉及关系食品安全的各个环节、各个领域，要对存在风险的食品安全环节进行系统、全面的监测，保证监测数据真实、准确。食品安全风险监测机构主要承担风险监测有关技术性工作，包括收集食品安全风险信息，建立并维护食品安全信息数据库；对食品安全风险信息进行技术研究，提出风险监测计划建议；对风险监测项目进行检验方法的研究；对风险监测数据进行风险评估，提出后续处置建议等。

第七，质量控制。卫生部会同国务院质量监督、工商行政管理、国家食品药品监督管理及国务院工业和信息化等部门制定国家食品安全风险监测质量控制方案并组织实施。

第八，结果反馈。食品安全风险监测结果表明可能存在食品安全隐患的，县级以上人民政府卫生行政部门，应当及时将相关信息通报同级食品药品监督管理等部门，并报告本级人民政府和上级人民政府卫生行政部门。食品药品监督管理等部门应当组织开展进一步调查。

三、食品安全风险评估制度

食品安全风险评估是世界贸易组织和国际食品法典委员会（Codex Alimentarius Commission，CAC）用于制定食品安全控制措施的科学手段，也是各国政府制定食品安全法规、标准和政策的主要技术依据。我国已将风险评估制度纳入法律的轨道，已经确立用法律的形式来保障风险评估的实施。风险评估制度是有关食品安全风险评估管理部门、评估机构、评估内容、评估过程、评估范围和风险警示等制度的总称。

（一）食品安全风险评估概述

1. 食品安全风险评估的含义

《实施卫生和植物卫生措施协议》（Agreement on the Application of Sanitary and Phytosanitary Measures，SPS）附录里对风险评估给出了解释，即风险评估是根据可能适用的卫生与植物卫生措施评价虫害或病害在进口成员国领土内传入、定居或传播的可能性，及评价相关潜在的生物学后果和经济后果；或评价食品、饮料或饲料中存在的添加剂、污染物、毒素或致病有机体对人类或动物的健康所产生的潜在不利影响。[1]

我国《食品安全法实施条例》第 62 条规定："食品安全风险评估是指对食品、食品添加剂中生物性、化学性和物理性危害对人体健康可能造成的不良影响所进行的科学评估，包括危害识别、危害特征描述、暴露评估、风险特征描述等。"食品安全风险评估是针对食品中的添加剂、污染物、毒素或病原菌对人群或动物的潜在副作用，用定性或定量方式进行的科学评估。《食品安全法》第 18 条规定："有下列情形之一的，应当进行食品安全风险评估：（一）通过食品安全风险监测或者接到举报发现食品、食品添加剂、食品相关产品可能存在安全隐患的；（二）为制定或者修订食品安全国家标准提供科学依据需要进行风险评估的；（三）为确定监督管理的重点领域、重点品种需要进行风险评估的；（四）发现新的可能危害食品安全因素的；（五）需要判断某一因素是否构成食品安全隐患的；（六）国务院卫生行政部门认为需要进行风险评估的其他情形。通过使用毒理数据、污染物残留数据分析、统计手段、暴露量及相关参数的评估等系统科学的步骤，决定某种食品有害物质的风险。"

食品安全风险评估是一个多学科工作，也是一项技术性和科学性很强的学

---

① 参见陈君石：《风险评估在食品安全监管中的作用》，载《农业质量标准》2009 年第 3 期。

术研究工作。其具体特点体现为:第一,食品安全风险评估,是具有国际通行原则和方法的系统科学,不是简单意义上的检测、检验或者毒理学检验评价,例如,依据理论模型软件对各项信息进行数字化换算等。第二,食品安全风险评估,必须以科学数据为基础,根据与之相关的食品安全风险监测、科学数据及其他与人体膳食暴露量有关的信息基础上进行。第三,食品安全风险评估是由掌握足够专门知识和专业知识的人员参与。第四,食品安全风险评估,要具有独立性。要将风险评估和风险管理过程相分离,最大限度地减少风险管理机构(往往是政府监管机构和利益相关方)对风险评估过程的干预。应当认识到,如果缺乏足够的科学信息,食品安全风险评估是难以进行的。

2. 食品安全风险评估的作用

第一,有利于完善食品标准。国际食品法典(Codex Alimentarius Commission,CAC)标准规定,标准的制定必须基于危险性评估的结果。WTO 的 SPS 协定明确规定了危险性评估的地位,同时要求要基于科学、透明和协调一致等原则,在制定标准的过程中运用危险性评估。WTO 将危险性评估作为其重要的规则,要求其成员国无论是为了保障消费者的健康,还是为了促进公平的国际食品贸易,都必须重视危险性评估的作用。

我国《食品安全法》规定,食品安全风险评估结果是制定、修订食品安全标准和对食品安全实施监督管理的科学依据。食品安全标准是食品安全监管的"科学标尺",主要包括致病性微生物、农药残留、兽药残留、重金属、污染物质,以及其他危害人体健康物质的限量规定;食品添加剂的品种、使用范围、用量等,这些数据都来自于食品安全风险评估的结果。食品安全标准应当而且必须以食品安全风险评估结果为依据,并随着食品安全风险评估结果的变化而及时修订。

第二,有利于加强监管。我国《食品安全法》规定,食品安全风险评估应当运用科学方法,根据食品安全风险监测信息、科学数据以及其他有关信息进行。食品安全风险评估是一个科学监测的技术活动,食品安全风险评估要严格按照风险评估实施方案,遵循危害识别、危害特征描述、暴露评估和风险特征描述的科学结构化程序开展风险评估,其贯穿于食品生产、流通、餐饮消费全过程。

食品安全风险评估结果得出食品不安全结论的,国务院质量监督、工商行政管理和国家食品药品监督管理部门应当依据各自职责,立即采取相应措施,确保该食品停止生产经营,并告知消费者停止食用。食品安全监督管理工作必须建立在科学理论、科学方法的前提下,通过科学的食品安全风险监测得出数据,运用数据统计和数理分析的方法所得出的食品安全风险评估结果,作为实行食品安全监管的基础数据,有利于监管机构作出正确的决定,实施正确、合理、科学的应急处置方案。

第三,有利于食品安全的实现。食品是人类赖以生存和发展的物质基础,食品安全直接关系人体健康和生命安全,关系经济发展和社会稳定。从目前来看,我国食品安全状况并不乐观,随着现代农业生产和食品科技水平的不断提高,食品供给日趋复杂化、全球化,在给公众带来消费满足和巨大便利的同时,也造成了食品不安全的各种隐患,剧毒农药、添加剂的大量使用,工业污染、有害化学物质和微生物污染、食品生产者的不诚实行为等因素都直接影响着食品的安全性,食品安全问题所引起的灾难事件层出不穷。[①] 而风险评估制度的建立有利于及时发现隐患,防止大规模的食物中毒,并尽快寻找适当可行的途径对食品安全问题进行控制与管理,从而实现食品安全的目标。

3. 食品安全风险评估的对象

《食品安全法》第17条规定,食品安全风险评估的范围包括食品、食品添加剂、食品相关产品中生物性、化学性和物理性危害因素进行风险评估。因此,我国食品安全风险评估的对象包括:

第一,生物性危害。生物性危害主要是指致病性微生物及其毒素、寄生虫、有毒动植物造成的食品腐蚀、食物中毒的危害。这是最常见的一种情况,主要有以下几种:常见的生物性危害包括细菌、病毒、寄生虫,以及霉菌。(1)细菌。按其形态,细菌分为球菌、杆菌和螺形菌;按其致病性,细菌又可分为致病菌、条件病菌和非致病菌。食品中细菌对食品安全和质量的危害表现在引起食品腐败变质和引起食源性疾病两个方面。(2)病毒。病毒非常微小,需用电子显微镜才能观察。病毒对食品的污染不像细菌那么普遍,然而一旦发生污染,产生的后果将非常严重。(3)寄生虫。畜禽、水产是许多寄生虫的中间宿主,消费者食用了含有寄生虫的畜禽和水产品后,就可能感染寄生虫。例如,吸虫(Trematoles)中间宿主是淡水鱼、龙虾等节肢动物,生吃或烹调不适,会使人感染吸虫。(4)霉菌。霉菌可以破坏食品的品质,有的产生毒素,造成严重的食品安全问题。例如,黄曲霉素、杂色曲霉素、赭曲霉素可以导致肝损伤,并具有很强的致病作用。生物性危害的等级大多以美国的疾病管制中心(Centers for Disease Control,CDC)所规范的四个等级为主:第一级,对于人及动物的危害较

---

① 参见王海彦主编:《食品安全监管》,安徽人民出版社2007年版,第33~35页。

轻且对于环境的危害为轻微的,主要措施是接触时要戴上手套,接触后要洗手以及清洗接触过的桌面及器皿等。列于此等级的有枯草杆菌、大肠杆菌、水痘等。第二级,对于人及动物的危害为中等,对于环境的危害为轻微。列于此等级的有乙型肝炎、丙型肝炎、流行性感冒、莱姆病、沙门氏杆菌等病原体。第三级,对于人及动物的危害为高度,对于环境的危害为轻度。列于此等级的有炭疽热、疯牛病、HIV、SARS、西尼罗河脑炎、天花、结核菌、黄热病等病原体。第四级,对于人及动物的危害为最高的,对于环境的危害为最高的。列于此等级的有伊波拉出血热、登革热、汉他出血热、拉萨热等出血热疾病的病毒。要处理这个等级的生物性危害物质,需要有合乎第四级标准的实验室(BSL4 或 P4)来进行,这类实验室要有极严格的门禁管制,且必定为负压隔离,以避免破损时外漏。工作人员与待处理物品必须要做到隔离(如将物品放在负压的手套箱内或是工作人员穿着完整且独立供气的隔离衣)。①

第二,化学性危害。化学性危害主要包括各种有机磷农药通过食品污染造成的急性中毒。化学性污染来源复杂,种类繁多,主要有:①重金属。如汞、镉、铅、砷等,均为对食品安全有危害的金属元素。食品中的重金属主要来源于三个途径:首先,农用化学物质的使用、工业三废的污染;其次,食品加工过程使用的不符合卫生要求的机械、管道、容器,以及食品添加剂中含有毒金属;最后,作为食品的植物在生长过程中从含高金属的地质中吸取了有毒重金属。②自然毒素。许多食品含有自然毒素,例如,发芽的马铃薯(土豆)含有大量的龙葵毒素,可引起中毒或致人死亡;鱼胆中含的 5 - a - 鲤醇,能损害人的肝肾和心脑,造成中毒和死亡;霉变甘蔗中含 3 - 硝基丙醇,可致人死亡。自然毒素有的是食物本身就带有的,有的则是细菌或霉菌在食品中繁殖过程中所产生的。③农用化学药物。食品植物在种植生长过程中,使用了农药杀虫剂、除草剂、抗氧化剂、抗菌素、促生长素、抗霉剂,以及消毒剂等,或畜禽鱼等动物在养殖过程中使用的抗生素,合成抗菌药物等,这些化学药物都可能给食物带来危害。世界各国对农用化学药物的品种、使用范围以及残留量都作了严格限制。④洗消剂。洗消剂是一个常被忽视的食品安全危害。问题产生的原因有:首先,使用非食品用的洗消剂,造成对食品及食品用具的污染;其次,不按科学方法使用洗消剂,造成洗消剂在食品及用具中的残留。⑤其他化学危害。化学性危害情况比

---

① 参见周雪:《我国食品安全风险监测与评估制度研究》,西南政法大学 2010 年硕士学位论文,第 12 ~ 13 页。

较复杂,污染途径较多,上面讲的是一些常见的、主要的化学性危害,此外还有滥用机械润滑油等其他化学性危害。

第三,物理性危害。物理性危害主要是由原材料、包装材料以及在加工过程中由于设备、操作人员等原因带来的一些外来物质,如玻璃碴、金属碎片、石头、木屑、塑料、碎骨头、碎石头、铁屑、木屑、头发、蟑螂等昆虫的残体、碎玻璃以及其他可见的异物等。

(二)食品安全风险评估的组织机构

1. 食品安全风险评估的监管机构

我国《食品安全法》第 17 条第 2 款规定:"国务院卫生行政部门负责组织食品安全风险评估工作,成立由医学、农业、食品、营养、生物、环境等方面的专家组成的食品安全风险评估专家委员会进行食品安全风险评估。食品安全风险评估结果由国务院卫生行政部门公布。"同时,该法第 20 条规定:"省级以上人民政府卫生行政、农业行政部门应当及时相互通报食品、食用农产品安全监测信息。国务院卫生行政、农业行政部门应当及时相互通报食品、食用农产品安全风险评估结果等信息。"

因此,按照相关法律规定,食品安全风险评估工作由国务院卫生行政部门负责,农业行政部门则负责农产品安全风险评估工作;在有《食品安全法》第 18 条规定的 6 种情形时,国务院卫生行政部门和农业行政部门必须组织进行检验和食品安全风险评估;国务院卫生行政部门有向国务院相关部门及农业部通报食品安全风险评估结果的义务;仅国务院卫生行政部门有权进行食品安全风险评估的监管,地方卫生行政部门不具备此项权能,这与食品安全风险监测不同。

2. 食品安全风险风险评估的相关机构

《食品安全法》第 19 条和第 21 条第 2 款规定:"国务院食品药品监督管理、质量监督、农业行政等部门在监督管理工作中发现需要进行食品安全风险评估的,应当向国务院卫生行政部门提出食品安全风险评估的建议,并提供风险来源、相关检验数据和结论等信息、资料。属于本法第十八条规定情形的,国务院卫生行政部门应当及时进行食品安全风险评估,并向国务院有关部门通报评估结果。经食品安全风险评估,得出食品、食品添加剂、食品相关产品不安全结论的,国务院食品药品监督管理、质量监督等部门应当依据各自职责立即向社会公告,告知消费者停止食用或者使用,并采取相应措施,确保该食品、食品添加剂、食品相关产品停止生产经营;需要制定、修订相关食品安全国家标准的,国务院卫生行政部门应当会同国务院食品药品监督管理部门立即制定、修订。"该法新增相关单位提供风险来源、相关检验数据和结论的规定,这是为了使风险评估更具有科学性。

因此,按照相关法律规定,国务院农业行政、质量监督和国家食品药品监督管理机构,属于国务院食品安全风险评估的相关机构。它们有权向国务院卫生行政部门提出食品安全风险评估的建议,并提供有关信息和资料,农业部主管农业风险评估方面;当食品安全风险评估结果得出食品不安全结论的,它们应在各自主管的范围内采取措施,确保该食品停止生产经营,并告知消费者停止食用;国务院卫生行政部门具有食品安全国家标准的制定和修改权;县级以上地方相关部门有义务协助收集前款规定的食品安全风险评估信息和资料;食品安全风险评估相关机构不包括商务部门和工业和信息化部门。

3. 食品安全风险评估专家委员会

《食品安全法》第 17 条第 2 款前半部分规定:"国务院卫生行政部门负责组织食品安全风险评估工作,成立由医学、农业、食品、营养、生物、环境等方面的专家组成的食品安全风险评估专家委员会进行食品安全风险评估。"国家食品安全风险评估专家委员会,依据本规定及国家食品安全风险评估专家委员会章程独立进行风险评估,保证风险评估结果的科学、客观和公正。任何部门不得干预国家食品安全风险评估专家委员会和食品安全风险评估技术机构承担的风险评估相关工作。卫生部可以要求国家食品安全风险评估专家委员会立即研究分析,对需要开展风险评估的事项,国家食品安全风险评估专家委员会应当立即成立临时工作组,制订应急评估方案。在风险交流方面,我国《食品安全风险评估管理规定(试行)》第 18 条规定:"卫生部应当依法向社会公布食品安全风险评估结果。风险评估结果由国家食品安全风险评估专家委员会负责解释。"

2009 年 12 月 13 日我国卫生部组建了第一届国家食品安全风险评估专家委员会,其主要职责有:承担国家食品安全风险评估工作,参与制订与食品安全风险评估相关的监测和评估计划,拟定国家食品安全风险评估的技术规则,解释食品安全风险评估结果,开展食品安全风险评估交流,并承担卫生部委托的其他风险评估相关任务。

4. 食品安全风险评估技术机构

《食品安全风险评估管理规定(试行)》第 4 条第 2 款规定:"卫生部确定的食品安全风险评估技术机构负责承担食品安全风险评估相关科学数据、技术信息、检验结果的收集、处理、分析等任务。食品安全风险评估技术机构开展与风险评估相关工作,接受国家食品安全风险评估专家委员会的委托和指导。"该法第14条规定:"委托的有关技术机构应当在国家食品安全风险评估专家委员会要求的时限内提交风险评估相关科学数据、技术信息、检验结果的收集、处理和分析的结果。"第20条规定:"食品安全风险评估技术机构的认定和资格管理规定由卫生部另行制订。"

因此,按照相关法律规定,在食品安全风险评估过程中可以将风险评估相关科学数据、技术信息、检验结果的收集、处理和分析工作,交由食品安全风险评估技术辅助机构来完成,这些机构由卫生部对其进行认定和资格管理,食品安全风险评估专家委员会只承担技术有关的指导工作。

(三)食品安全风险评估的内容

1. 食品安全风险评估的种类

第一,主动评估。根据《食品安全法》第17条和《食品安全法实施条例》第12条以及《食品安全风险评估管理规定(试行)》的相关规定,食品安全风险监测和评估是国务院卫生行政部门的职权和职责。国务院卫生行政部门主动启动食品安全风险评估的事项有:(1)通过食品安全风险监测,发现食品可能存在安全隐患的;(2)接到举报发现食品可能存在安全隐患的;(3)为制定或者修订食品安全国家标准提供科学依据需要进行风险评估的;(4)为确定监督管理的重点领域、重点品种需要进行风险评估的;(5)发现新的可能危害食品安全的因素的;(6)需要判断某一因素是否构成食品安全隐患的;(7)国务院卫生行政部门认为需要进行风险评估的其他情形。因此,国务院卫生行政部门在上述7种情况下,应当立即组织食品安全风险评估。

第二,建议评估。根据《食品安全法》第19条和《食品安全法实施条例》第12条以及《食品安全风险评估管理规定(试行)》的相关规定,国务院农业行政、质量监督和国家食品药品监督管理等有关部门应当向国务院卫生行政部门提出食品安全风险评估的建议,并提供有关信息和资料。因此,国务院农业行政、质量监督、国家食品药品监督管理有关部门有权在本部门主管的范围内向国务院卫生行政机关提出食品安全风险评估建议,同时应提供相关信息材料。这些材料应包括:(1)风险的来源和性质;(2)相关检验数据和结论;(3)风险涉及范围;(4)其他有关信息和资料。

国务院有关部门向国务院卫生行政部门提出风险评估建议,应提供《风险评估项目建议书》。县级以上地方农业行政、质量监督、食品药品监督管理等有关部门应当协助收集前款规定的食品安全风险评估信息和资料。

第三,拒绝评估。《食品安全风险评估管理规定(试行)》及相关规定,对于以下情况,经国家食品安全风险评估专家委员会提出意见,国务院卫生行政部门可以作出不予评估的决定:(1)通过现有的监督管理措施可以解决的;(2)通过检验和产品安全性评估可以得出结论的;(3)国际政府组织有明确资料对风险进行科学描述且适于我国膳食暴露模式的。对作出不予评估决定和因缺乏数据信息难以做出评估结论的,卫生部应当向有关方面说明原因和依据;如果国际组织已有评估结论的,应一并通报相关部门。

第四,应急评估。应急评估指发生下列情形之一的,卫生部可以要求国家食品安全风险评估专家委员会立即研究分析,对需要开展风险评估的事项,国家食品安全风险评估专家委员会应当立即成立临时工作组,制定应急评估方案。(1)处理重大食品安全事故需要的;(2)公众高度关注的食品安全问题需要尽快解答的;(3)国务院有关部门监督管理工作需要并提出应急评估建议的;(4)处理与食品安全相关的国际贸易争端需要的。

2. 食品安全风险评估的过程

我国食品安全风险评估专家委员会按照风险评估实施方案,遵循危害识别、危害特征描述、暴露评估和风险特征描述的结构化程序,开展风险评估。食品安全风险评估要求对相关监测数据和风险信息进行评价,并根据这些食品安全风险信息做出推论。食品安全风险评估分为四个阶段:第一,危害识别。危害识别,是指确认可能对健康产生不良效果并且可能存在于食品中的生物、化学和物理因素。它根据流行病学、动物试验、体外试验、结构活性关系等科学数据和文献信息,确定人体暴露于某种危害后是否会对健康造成不良影响、造成不良影响的可能性,以及可能处于风险之中的人群和范围。第二,危害特征描述。危害特征描述是对食品中的有害因素进行定性和定量评价,计算人体的每日容许摄入量。它是对与危害相关的不良健康作用进行定性或定量描述。可以利用动物试验、临床研究以及流行病学研究确定危害与各种不良健康作用之间的剂量反应关系、作用机制等。如果可能,对于毒性作用有阈值的危害应设立人体安全摄入量水平。第三,暴露评估。暴露评估是根据膳食调查的数据进行计算,得到人体对于某种化学物质的暴露量。它是描述危害进入人体的途径,估算不同人群摄入危害的水平。根据危害在膳食中的水平和人群膳食消费量,初步估算危害的膳食总摄入量,同时考虑其他非膳食进入人体的途径估算人体总摄入量,并与安全摄入量进行比较。第四,风险特征描述。风险特征描述是就暴露量对人群产生健康不良效果进行估计,当暴露量小于人体的每日容许摄入量时,健康不良效果的可能性理论上为零。在危害识别、危害特征描述和暴露评估的基础上,综合分析危害对人群健康产生不良作用的风险及程度。同时,应当描述和解释风险评估过程中的不确定性。

3. 食品安全风险评估的程序

第一,任务说明。国务院卫生部门下达食品安全风险评估任务时,应向提出风险评估建议的部门收集以下信息:(1)危害的性质、涉及的食品种类、食品数量和分布范围;(2)危害进入食品的途径和含量;(3)危害可能引起的健康危害;(4)危害涉及的人群和数量;(5)国内外现有的监督管理措施;(6)其他与风险评估相关的信息。

第二,任务下达。卫生部依法定事由审核同意后,向国家食品安全风险评估专家委员会下达食品安全风险评估任务。卫生部以《风险评估任务书》的形式,向国家食品安全风险评估专家委员会下达风险评估任务。《风险评估任务书》应当包括风险评估的目的、需要解决的问题和结果产出形式等内容。

第三,制定评估方案。国家食品安全风险评估专家委员会应当根据评估任务书提出风险评估实施方案,报国务院卫生部门备案。对于需要进一步补充信息的,可向卫生部提出数据和信息采集方案的建议。

第四,实施评估。国家食品安全风险评估专家委员会按照风险评估实施方案,遵循危害识别、危害特征描述、暴露评估和风险特征描述的结构化程序开展风险评估。

第五,风险交流。国家食品安全风险评估专家委员会进行风险评估,对风险评估的结果和报告负责,并及时将结果、报告上报卫生部。受委托的有关技术机构应当在国家食品安全风险评估专家委员会要求的时限内提交风险评估相关科学数据、技术信息、检验结果的收集、处理和分析的结果。

第六,评估结果。卫生部应当依法向社会公布食品安全风险评估结果,风险评估结果由国家食品安全风险评估专家委员会负责解释。在一般情况下,食品安全风险评估的结果主要作为制定、修订食品安全标准和对食品安全实施监督管理的科学依据。但食品安全风险评估结果一旦得出食品不安全的结论,质量监督、工商行政管理、食品药品监督管理部门应依据各自职责,立即采取责令改正、停产、下架等措施,从而预防和消除不良影响的发生。同时,这些监管部门还应通过在新闻媒体上发布公告等适当的方式,及时告诉消费者停止食用,确保消费者的身体健康和生命安全不受危害。如果食品不安全与食品安全国家标准有关,卫生部门应立即修订该标准,不得拖延,以确保该标准科学、合理并适应实际需要。

4. 食品安全风险预警制度

食品安全工作的首要任务,是防范食品安全事故的发生。安全风险监测与评估属前瞻性的工作,是防范食品安全事故的技术性和基础性手段。《食品安全法》第22条规定:"国务院食品药品监督管理部门应当会同国务院有关部门,根据食品安全风险评估结果、食品安全监督管理信息,对食品安全状况进行综合分析。对经综合分析表明可能具有较高程度安全风险的食品,国务院食品药品监督管理部门应当及时提出食品安全风险警示,并向社会公布。"食品安全预警是指通过对食品安全隐患的监测、追踪、量化分析、信息通报预报等,建立起一整套针对食品安全问题的功能体系。对潜在的食品安全问题及时发出警报,从而达到早期预防和控制食品安全事件、最大限度降低损失、变事后处理为事先预警的目的。① 食品安全预警系统是食品安全控制体系不可缺少的内容,是实现食品安全控制管理的有效手段。食品安全预警通过指标体系地运用,来解析各种食品安全状态、食品风险与突变现象,揭示食品安全的内在发展机制、成因背景、表现方式和预防控制措施,从而最大限度地减少灾害效应,维护社会的可持续发展。鉴于预警的关键在于及时发现高于预期的食品安全风险,通过提供警示信息来帮助人们提前采取预防的应对策略。从这个意义上来讲,预警管理的目标具体应包括:建立食品安全信息管理体系,构建食品安全信息的交流与沟通机制,为消费者提供充足、可靠的安全信息;及时发布食品安全预警信息、帮助社会公众采取防范措施;对重大食品安全危机事件进行应急管理,尽量减少食源性疾病对消费者造成的危害与损失。

按照《食品安全法》第118条的规定:"国家建立统一的食品安全信息平台,实行食品安全信息统一公布制度。国家食品安全总体情况、食品安全风险警示信息、重大食品安全事故及其调查处理信息和国务院确定需要统一公布的其他信息由国务院食品药品监督管理部门统一公布。食品安全风险警示信息和重大食品安全事故及其调查处理信息的影响限于特定区域的,也可以由有关省、自治区、直辖市人民政府食品药品监督管理部门公布。未经授权不得发布上述信息。县级以上人民政府食品药品监督管理、质量监督、农业行政部门依据各自职责公布食品安全日常监督管理信息。公布食品安全信息,应当做到准确、及时,并进行必要的解释说明,避免误导消费者和社会舆论。"

---

① 参见叶存杰:《基于 NET 的食品安全预警系统研究》,载《科学技术与工程》2007 年第 2 期。

第六章　食品安全标准法律制度

　　食品安全标准是保障食品安全的重要技术手段,是食品法律法规体系的重要组成部分,是进行法制化食品安全监管的基本依据。在食品生产流通领域中,随着食品生产新技术、新原料的广泛使用,一些新的食品原料和包装材料由于缺乏足够的风险评估和科学的食品安全标准,使食品安全的可靠性大大降低。加之监测标准跟不上,监测技术落后,食品安全监管难度增大,食品安全形势更加复杂。食品安全问题是关系人民健康和国计民生的重大问题。如何解决食品安全问题,保障百姓身体健康,已经成为政府部门的一项重要战略举措。而支撑这个战略举措强有力的技术支撑,就是食品安全标准化体系。食品安全标准是政府管理部门为保证食品安全,防止疾病的发生,对食品中安全、营养等与健康相关指标的科学规定,是卫生监督执法的技术依据,是国家卫生事业的重要组成部分,是提高国民健康水平的重要技术基础。因此,食品安全标准的体系建设就更为重要。

一、食品安全标准概述

(一)食品安全标准的含义

　　对于食品安全,不同的国家根据经济和社会发展状况有着不同的规定,同样不同的国家为保障食品安全的有效落实,也都制定了不同的食品安全标准。关于食品安全标准的含义,学界尚无权威的解释。我国《食品安全法》第150条第2款规定:"食品安全,指食品无毒、无害,符合应当有的营养要求,对人体健康不造成任何急性、亚急性或者慢性危害。"由此可见,食品安全标准是保证食品无毒、无害,符合应当有的营养要求,对人体健康不造成任何急性、亚急性或者慢性危害的强制性标准。食品安全标准的制定具有广泛性和时空性,涉及多部门、多领域,并且随着社会经济的不断发展而变化。

1.国际社会对食品安全标准的界定

按照世界贸易组织 SPS 的协定,国际食品法典委员会颁布的标准,是 WTO 认可的唯一食品安全领域的国际标准,是国家间解决贸易争端的依据之一。CAC 是由 FAO 和 WHO 共同建立的,以保障消费者健康和确保食品贸易公平为宗旨的一个制定国际食品标准的政府间组织。自 1961 年第 11 届粮农组织大会和 1963 年第 16 届世界卫生大会分别通过了 CAC 的决议以来,已有 173 个成员国和 1 个成员国组织(欧盟)加入该组织,覆盖全球 99% 的人口。所有国际食品法典标准都主要在 7 个下属委员会中讨论和制定,然后经 CAC 大会审议后通过。CAC 标准都是以科学为基础,并在获得所有成员国的一致同意基础上制定的。

食品安全国际标准有两大体系:第一大体系是 ISO 框架下的食品安全标准体系,即由 ISO 的技术委员会、分支委员会和工作组负责制定。负责制定食品国际标准的技术委员会主要有:TC34(农产食品技术委员会)、TC54(香精油技术委员会)、TC122(包装技术委员会)和 TC166(接触食品的陶器器皿、玻璃器皿委员会)。第二大体系是纳入 WTO 协议框架下的 CAC 体系,CAC 是一个以促进国际食品贸易,并由 FAO 和 WHO 共同于 1962 年设立的政府间国际食品标准机构,CAC 的标准被 WTO 在《实施卫生与植物卫生协定》(Sanitary and Phytosanitary, SPS)中认定为解决国际食品贸易争端的依据之一,而成为公认的食品安全国际标准。①

CAC 成立 40 多年来,在食品质量和安全领域的诸多方面发挥了重要作用,它编纂了 8000 多个国际食品标准,出版了 13 卷涉及 300 多项的食品通用标准和专用标准。CAC 有 181 个成员,也拥有 181 个联络点,并明确要求每个 CAC 成员国必须设立 1 个联络点,同时建议设立国家一级的 CAC 委员会或类似机构。1983 年我国由 FAO 特邀作为观察员参与 CAC 大会,并于 1986 年正式成为 CAC 成员国。1999 年后,我国成立了由卫生部、国家质检总局等 9 个单位组成的中国食品法典委员会负责与 CAC 联络,并组织国内各相关机关参与 CAC

---

① 参见王艳林主编:《食品安全法概论》,中国计量出版社 2005 年版,第 18 页。

工作的协调机构。①

2. 我国的食品安全标准

技术标准已经成为国家现代行政的重要法律依据,标准以科学、技术和经验的综合成果为基础,以促进最佳的共同效益为目的,其实质是对生产技术设立的必须符合要求的门槛以及能达到此标准的实施方案。技术规范本身不具有法律性,但一旦国家通过法律规范把遵守和执行技术规范确定为法律义务,技术规范则成为法律规范,成为法律规范所规定义务的具体内容,即成为法律规范的有机组成部分。②

按照《食品安全法》及相关规定,我国的食品安全标准可以分为食品安全国家标准、食品安全地方标准和食品安全企业标准。食品标准,是指在一定范围内为达到食品质量、安全、营养等要求,以及为保障人体健康,对食品及其生产加工销售过程中的各种相关因素所作的管理性规定或技术性规定。③ 而对于食品安全标准,我国的新旧《食品安全法》和《食品安全法实施条例》及《标准化法》都没有给出一个统一、清晰的定义。笔者认为,食品安全标准是指为了保证食品安全,对食品生产经营过程中影响食品安全的各种要素以及各关键环节所规定的统一技术要求。这种要求主要包括:对食品安全、相关的标签、标识、说明书的要求;食品生产经营过程的卫生要求;与食品安全有关的质量要求;食品检验方法与规程等。为了我国食品安全标准制度更好地贯彻实行,围绕食品安全标准构建了食品安全标准体系。食品安全标准体系是我国食品安全法律法规体系的重要组成部分,是以系统科学和标准化原理为指导,按照风险分析的原则和方法,对食品生产、加工和流通整个食品链中的食品生产全过程、各个环节影响食品安全和质量的关键要素及其控制所涉及的全部标准,按其内在联系形成的系统、科学、合理的有机体。

(二)食品安全标准的特征

1. 强制性

食品安全标准是强制执行的标准,是食品安全技术法规的重要组成部分。

---

① 参见汪江连、苗奇龙:《论 CAC 及其法典编纂对完善我国食品安全标准体系的借鉴》,载《北京工商大学学报》(社会科学版)2010 年第 2 期。

② 参见伍劲松:《食品安全标准的性质与效力》,载《华南师范大学学报》(社会科学版)2010年第 2 期。

③ 参见国家标准化管理委员会农轻和地方部编:《食品标准化》,中国标准出版社 2006 年版,第 13～15 页。

《食品安全法》第25条前半部分明确规定："食品安全标准是强制性标准。"这符合1989年制定的《中华人民共和国标准化法》(以下简称《标准化法》)的要求。《标准化法》是关于标准问题的综合性法律,它与《食品安全法》之间是一般法和特别法的关系。《标准化法》第7条前半部分规定:"国家标准、行业标准分为强制性标准和推荐性标准。保障人体健康,人身、财产安全的标准和法律、行政法规规定强制执行的标准是强制性标准。"除食品安全标准外,不得制定其他的食品强制性标准。由食品安全标准取代原来有关食品的强制性标准,使其成为唯一的食品强制性标准。比照技术性贸易壁垒(WTD/TBT)协定,强制执行的食品安全标准属于"技术法规"的范畴,食品安全标准应遵守WTD协定对技术法规的要求。

从食品安全标准的本质属性来看,食品安全标准和法律、法规及规章一样,是国家机关代表国家以国家的名义制定的,具有国家意志的属性。同时食品安全标准,作为国家政权重要组成部分的国家行政执法权运行的具体表现形式之一,也离不开国家强制力的保障和支持。离开了国家强制力,行政执法工作就无法进行,食品安全标准所设定的义务就成了一纸空文。因此,食品安全标准所体现的国家意志和国家强制力,与法律、法规、规章具有一致性。我国的食品安全标准具有明确的法律授权,对食品生产与销售等企业具有一定的强制力,可以作为行政执法的依据。[①]

2. 唯一性

食品安全标准具有唯一性,除国家规定食品安全标准外,不得制定其他的食品强制性标准。有关产品国家标准涉及食品安全国家标准规定内容的,应当与食品安全国家标准相一致。

食品安全地方标准是食品安全国家标准的单项补缺,在没有食品安全国家标准,但有地方特色食品有必要制定地方标准的情况下才可制定,并要求进行备案,国家标准一经颁布,即应立即废除。[②] 食品安全企业标准是企业内部执行的标准,没有强制性标准或推荐性标准之分的必要性,国家鼓励食品生产企业制定严于食品安全国家标准或者地方标准的企业标准,并实行备案制。制定食品安全标准,应当以保障公众身体健康为宗旨,做到安全可靠。虽然食品安全

[①]　参见伍劲松:《食品安全标准的性质与效力》,载《华南师范大学学报》(社会科学版)2010年第2期。

[②]　参见王志强:《食品标准使用中存在的问题及改进措施》,载《食品安全导刊》2016年第12期。

是相对的,不是食品固有的生物特性,其在不同的经济发展阶段,对不同的主体,其内容和水平都有差别,但食品安全所体现的安全性精神实质却始终是一致的。

3. 科学性

在制定食品安全标准前,应当依据风险评估结果,参照相关的国际标准和国际食品安全风险评估结果,并广泛听取食品生产经营者和消费者的意见。食品安全标准制定的基础从文化转向了技术,预示着科学技术的发展对食品安全标准的制定和修订都将产生深远影响,食品安全的监测标准、监测方法和监测技术水平,以及风险评估的标准和方法,对于制定食品安全标准具有至关重要的意义。科学技术的进步将促使食品安全保护水平不断提升。《食品安全法》赋予了食品安全标准特定的含义和要求,在某种意义上说,其已不是一般的技术要求,而是食品生产经营的依据、食品安全监管的依据和食品安全责任追究和认定的准则,具有食品安全技术法规的地位和作用。[1]

(三)食品安全标准制定的目的

食品安全标准的制定目的与《食品安全法》的根本目的应是一致的,即"保障公众身体健康"。食品安全标准,是指基于保证食品安全的目的,对食品的生产经营过程中影响食品安全的各种要素以及各相关环节所规定的统一技术要求。《食品安全法》所规定的"食品安全标准",是直接服务于"保障公众身体健康"的具有高度统一性与整合性的技术标准。在技术要素结构上,涵盖了原来多元混杂的食用农产品质量安全标准、食品卫生标准、食品质量标准,以及有关食品的行业标准。在一定意义上,食品标准领域以"安全"概念替代原先的"卫生"概念来作为相关标准制定的"元概念",显示了立法者对立法对象的科学把握。食品安全标准是《食品安全法》的技术核心,是对《食品安全法》实施的主要技术支撑,缺乏"科学合理、安全可靠"的标准,食品安全的其他一些相关活动,或将失去目的和意义,或将因缺乏规范依据而无法进行,食品安全标准的制定工作将成为落实《食品安全法》的核心环节。

(四)食品安全标准制定的原则

1. 坚持安全可靠的食品安全国家标准原则

食品安全国家标准要体现《食品安全法》立法宗旨,以保护公众健康为出发

---

[1] 参见樊宇:《产业发展我国食品安全标准的现状与解决路径分析》,载《产业发展》2011年第11期。

点和落脚点,落实食品安全法律法规要求,涵盖与人体健康密切相关的食品安全要求。"安全可靠"是针对我国目前食品安全标准整体偏低的状况提出的。食品安全标准的指标水平整体偏低直接关系到食品安全性的保障问题。目前,我国某些食品安全标准中的限量指标与国际标准存在较大差距,某些重要领域的国家标准至今还没有制定出来。标准水平偏低与标准较少固然与我国作为发展中国家的实际情况有很大关系,但我们仍然有义务基于"保障公众身体健康"的根本目的,不断加快食品安全标准的制定与修订速度,弥补食品安全标准体系上存在的漏洞,提高食品安全性的整体水平。

2. 坚持以风险评估为基础的科学性原则

食品安全国家标准要以食品安全风险评估结果为依据,以对人体健康可能造成食品安全风险的因素为重点,科学合理设置标准内容,提高标准的科学性和实用性。"科学合理"也是对食品安全标准制定的原则要求。"科学合理"不仅要求相关标准在制定之前要以科学研究和食品安全监测评估为基础,达到实体的合理性,还必须坚持程序的合理性,即在制定相关标准的过程中广泛听取公众意见,兼顾科学原理与实际情况,增强标准的可操作性。尽管食品安全标准的制定主要是一个技术过程,主要需要通过技术专家来完成,但专家工作的基础必须建立在对事实情况的充分了解之上。此外,食品安全标准还存在与特定地区和行业的发展水平相协调的问题,这是一个政策问题。公众参与可以弥补政府及专家调研过程的不完备性,提供可能被遗漏的相关事实信息。公众通过参与表达出来的偏好,有利于政府部门对专家方案的政策性矫正。食品安全标准的制定是一个具有政策选择意义的决策过程,需要按照国务院提出的"依法决策、科学决策、民主决策"的要求进行。[①]

3. 坚持立足国情与借鉴国际标准相结合的原则

制定食品安全国家标准,应当符合我国国情和食品产业发展实际,兼顾行业现实和监管实际需要,适应人民生活水平不断提高的需要,同时要积极借鉴相关国际标准和管理经验,注重标准的操作性。我国在食品安全标准的制定上要坚持立足国情与借鉴国际标准相结合的原则,多采用国际通行的标准,尽量减少我国标准与国际标准的差距,同时,对于食品出口行业,要积极推进标准化认证工作。

在实践中,我国在制定食品安全标准时,也始终坚持立足国情与借鉴国际

---

① 参见王锡锌:《依法行政的合法化逻辑及其现实情境》,载《中国法学》2008 年第 5 期。

标准相结合的原则。现阶段建立的食品安全标准体系框架与国际食品法典委员会标准的覆盖范围基本相同。截至 2010 年,国际食品法典委员会共制定了310 项各类法典文本。以污染物为例,《国际食品法典食品及饲料中污染物和毒素通用标准》基本包含了 CAC 所有的污染物限量值,涉及的污染物种类共有 15种。我国污染物基础标准(GB 2761、GB 2762 及 GB 14882)中涉及的污染物种类共有 20 种。其中与 CAC 的相同污染物种类共有 12 种,我国独有污染物种类有 11 种。在可比指标范围内,我国基础标准中有 19 个限量指标值与 CAC 相同,1 个限量指标值严于 CAC,6 个限量指标值宽于 CAC。根据我国污染物限量基础标准与 CAC 标准项的规定衡量,目前食品类别都相同的指标值符合率超过 70% ,与 CAC 的一致性程度相对较高。①

4. 坚持公开透明的原则

食品安全标准的制定过程应贯彻透明度原则,坚持公开、公正、透明,并履行向 WTO 的通报、公布和咨询义务。换言之,食品安全标准制定过程中应该公开进行,以保证大众的监督。完善标准管理制度,注重在标准制定、修订过程中广泛听取各方意见,拓宽征求意见的范围和方式,鼓励公民、法人和其他组织积极参与食品安全国家标准制定、修订工作,保障公众的知情权和监督权。同时,标准评审委员会的成员应代表广泛,不仅由医学、农业、食品、营养等方面的专家,以及国务院有关部门的代表组成,还应包括检验检测机构、公众和利益相关方的代表参加,并对其相关利益进行公开,以保证其评审结果的公正和独立。在标准制定过程中,应积极考虑国外先进标准,对国外标准进行跟踪、研究,结合本国情况进行更新、采用。加强我国参与国际标准制订、修订的强度和力度。标准制定完成后,还要适时进行审查和修订,根据科学技术发展的动态进行维护,保证其先进性和适用性。

二、世界主要发达国家的食品安全标准法律制度

(一)主要发达国家食品安全标准制度

1. 英国

英国是较早重视食品安全并制定相关法律的国家之一,其体系完善、法律责任严格、监管职责明确、措施具体,形成了立法与监管齐下的管理体系。例

---

① 参见樊永祥:《我国食品安全标准体系与发达国家基本相同"内外有别"之说毫无依据》,载《中国卫生标准管理》2011 年第 6 期。

如,英国从 1984 年开始分别制定了《食品法》、《食品安全法》、《食品标准法》和《食品卫生法》等,同时还出台许多专门规定,如《甜味规定》、《食品标签规定》、《肉类制品规定》、《饲料卫生规定》和《食品添加剂规定》等。这些法律法规涵盖英国所有食品类别,涉及从农田到餐桌整条食物链的各个环节。英国政府于1997 年成立了食品标准局。该局是不隶属于任何政府部门的独立监督机构,负责食品安全总体事务和制定各种标准,实行卫生大臣负责制,每年向国会提交年度报告。食品标准局还设立了特别工作组,由该局首席执行官负责,加强对食品链各环节的监控。英国法律授权监管机关可对食品的生产、加工和销售场所进行检查,并规定检查人员有权检查、复制和扣押有关记录,取样分析。食品卫生官员经常对餐馆、外卖店、超市、食品批发市场进行不定期检查。在英国,屠宰场是重点监控场所,为保障食品的安全,政府对各屠宰场实行全程监督;大型肉制品和水产品批发市场也是检查重点,食品卫生检查官员每天在这些场所进行仔细的抽样检查,确保出售的商品来源渠道合法并符合卫生标准。①

2. 法国

在法国,保障食品安全的两个重点工作是打击舞弊行为和畜牧业监督,与之相应的两个新部门近几年也应运而生。其中,直接由法国农业部管辖的食品总局主要负责保证动植物及其产品的卫生安全、监督质量体系管理等。竞争、消费和打击舞弊总局主要负责检查包括食品标签、添加剂在内的各项指标。法国农民也已经意识到,消费者越来越关注食品安全乃至食品产地和生产过程的卫生标准以及对环境的影响。为了使产品增加竞争力,法国农业部给农民制定了一系列政策,鼓励农民发展理性农业。除了每种商品都要标明生产日期、保质期、成分等必须的内容外,法国法律还规定,凡是涉及转基因的食品,不论是种植时使用了转基因种子,还是加工时使用了转基因添加剂等,都须在标签上标明。此外,法国规定,食品中所有的添加剂必须详细列出。由于"疯牛病"的影响,从 2000 年 9 月 1 日起,欧盟各国对出售的肉类实施一种专门的标签系统,要求标签上必须标明批号、屠宰所在国家和屠宰场许可号、加工所在国家和加工车间号。从 2002 年 1 月开始,又增加了动物出生国和饲养国两项内容。有了标准,重在执行,法国超市工作人员会把第二天将要过期的食品类商品扔到垃圾桶内,包括蔬菜、水果、肉类、禽蛋等。而判断食品是否过期的唯一标准就

---

① 参见国家食品药品监督管理总局英国食品安全监管培训团:《英国食品安全监管经验与启示》,载《中国食品药品监管》2013 年第 10 期。

是看标签上的保质期,而一旦店内有过期食品被检查部门发现,就会导致商店关门。位于巴黎郊区的兰吉斯超级食品批发市场是欧洲最大的食品批发集散地,也是巴黎市的"菜篮子",为了保证食品质量,法国农业部在此设有专门人员,每天24小时不断抽查各种产品。

3. 德国

一直以来,德国政府实行的食品安全监管以及食品企业自查和报告制度,成为德国保护消费者健康的决定性机制。食品生产企业都要在当地食品监督部门登记注册,并被归入风险列表中。监管部门按照风险的高低确定各企业抽样样品的数量。每年各州实验室要对大约40万个样本进行检验,检验内容包括样本成分、病菌类型及数量等。

食品往往离不开各种添加剂,添加剂直接关系到食品安全与否。在德国,添加剂只有在被证明安全可靠并且技术上有必要时,才能获得使用许可证明。德国《添加剂许可法规》对允许使用哪些添加剂、使用量,可以在哪些产品中使用添加剂都有具体规定。食品生产商必须在食品标签上将所使用的添加剂一一列出。德国食品生产、加工和销售企业有义务自行记录所用原料的质量,进货渠道和销售对象等信息也都必须有记录为证。根据这些记录,一旦发生食品安全问题,可以在很短时间内查明问题出在哪里。同时,德国《食品和饲料法典》和《添加剂许可法规》的一大特点就是与欧盟法律法规接轨。如果某个州的食品监管部门确定某种食品或动物饲料对人体健康有害,将报告联邦消费者保护与食品局(BVL)。该机构对汇总的报告完整性和正确性加以分析,并报告欧盟委员会。报告涉及产品种类、原产地、销售渠道、危险性,以及采取的措施等内容。如果报告来自其他欧盟成员国,BVL 将从欧盟委员会接到报告,并继续传递给各州。如果 BVL 接到的报告中含有对人体健康危害程度不明的信息,它将首先请求联邦风险评估机构进行毒理学分析,根据鉴定结果再决定是不是在快速警告系统中继续传递这一信息。通过信息交流,BVL 可以及时发现风险。一旦确认某种食品有害健康,将由生产商、进口商或者州食品监管部门通过新闻公报等形式向公众发出警告,并尽早中止有害食品的流通。①

4. 美国

美国整个食品安全监管体系分为联邦、州和地区三个层次。以联邦为例,

①　参见苏蒲霞:《德国的食品安全立法对我国的启示》,载《中共成都市委党校学报》2015 年第 2 期。

负责食品安全的机构主要有卫生与公众服务部下属的食品和药物管理局和疾病控制和预防中心,农业部下属的食品安全及检验局和动植物卫生检验局,以及环境保护局。三级监管机构的许多部门,都聘用流行病学专家、微生物学家和食品科研专家等人员,采取专业人员进驻食品加工厂、饲养场等方式,从原料采集、生产、流通、销售和售后等各个环节进行全方位监管,构成覆盖全国的立体监管网络。

与之相配套的是涵盖食品产业各环节的食品安全法律及产业标准,既有类似《联邦食品、药品和化妆品法》这样的综合性法律,也有《食品添加剂修正案》这样的具体法规。一旦被查出食品安全有问题,食品供应商和销售商将面临严厉的处罚和数目惊人的巨额罚款。美国特别重视学生午餐之类的重要食品的安全性,通常由联邦政府直接控制这些方面,一旦发现问题,有关部门可以当场扣留这些食品。万一食品安全出现问题,召回制度就会发挥作用。联邦政府专门设立了一个政府食品安全信息门户网站。通过该网站,人们可以链接到与食品安全相关的各个站点,查找到准确、权威并更新及时的信息。[①]

（二）发达国家食品安全标准制度的特征

1. 体系健全,法律作用强

发达国家食品安全标准体系健全,法律作用强。以欧盟、日本和美国为代表的发达国家,在进行食品安全管理上强调"从农田到餐桌"的全程食品安全管理,要求已从单纯检验,到把好最后一道关,发展到监控田间地头到餐桌的全过程,包括生产、加工、包装、贮运和销售,每一个环节和阶段都有相应的标准来严格控制食品质量与安全,形成了较完整的食品安全标准体系。[②] 另外,不同领域和部门之间都尽量使各自使用的标准不与其他领域和部门发生冲突。对食品标准的制定与实施都尽量赋予法律的内涵并给予法律的保证,将技术要求与法律权威结合起来。如美国的食品安全标准体系就是以联邦和州的法律为基础的。

2. 种类繁多,技术水平高

发达国家食品安全标准种类繁多,涉及种植、果蔬、水产、肉禽等多个行业,还包括食品添加剂和污染物、农药残留、兽药残留允许量等,甚至还包括进出口检验和论证,以及取样和分析方法等标准规定,具有很强的可操作性。食品安全标准数目多,仅在农药残留指标上,食品法典委员会就有 2572 项,欧盟

---

① 参见倪永品:《中美食品安全管理的比较:同构与异质》,载《中国市场监管研究》2017 年第 7 期。

② 参见吴华媛、杨标斌:《江西化工》,载《中国食品安全标准体系管理概述》2010 年第 4 期。

有 22,289 项,美国有 8669 项,日本有 9052 项。日本和欧盟由于经济和技术水平较高,标准制定较严,尤其对食品生产环境要求较高,如欧盟对肉制食品,不但要检查农残和兽残,还要检查出口国生产厂家的卫生条件,有的还要对生产车间的温度、肉制品包装和容器等有严格规定。在食品安全标准的制定方面,发达国家起步较早,包括美国、日本、欧盟等国家,都建立起了从农田到餐桌的食品安全控制体系(见表6-1)。①

表 6 - 1 欧盟、美国和日本的食品安全标准②

国家	欧盟	美国	日本
主要机构	欧洲食品安全局	食品与药品监督管理局,食品安全检验局,动植物卫生检验局,环境保护局	全国食品安全委员会,厚生劳动省,农林水产省
涉及范围	食品添加剂、调味品、加工辅料和与食品相接触物质,植物卫生、植物保护产品及其残留物,饮食产品和营养,生物性风险,食品链污染	食品安全检验局负责肉禽、蛋及其制品的食用安全、卫生及其正确标识,食品与药品监督管理局负责除此以外的食品的安全卫生以及消费者免受掺杂、不安全和虚假标贴的食品危害;环境保护局负责饮用水的质量管理,保护消费者免受农药带来的危害,改善有害生物管理的安全方式;动植物卫生检验局主要是防止植物和动物的有害生物和疾病	国内生鲜农产品生产环节的安全管理和质量保证,农产品品质和标志的认证和认证产品的监督和管理,加工和流通环节食品安全的监督和管理
相关法律标准	《欧洲食品安全白皮书》,ECNo. 178/2002. ECNo. 396/2005	联邦食品、药品与化妆品法、联邦肉检 30 法、禽肉制品检验法、蛋制品检验法、食品质量保护法以及公共健康服务法	食品卫生法、日本农业标准法、食品中残留农业化学品列表制度

① 参见于丽艳、王殿华:《发达国家食品安全标准对中国食品出口的影响》,载《华东经济管理》2011 年第 10 期。

② 资料来源:欧洲食品安全局网站(www.efsa.europa.eu);美国农业部网站(www.usda.gov);日本农林水产省和厚生劳动省的相关资料整理。

3. 管理和运作非常规范

发达国家食品安全充分发挥标准化权威机构的职能,积极处理和协调不同利益集团在标准制定、修订和实施过程中的冲突,并协调和沟通不同管理机构之间的矛盾。标准化权威机构还通过与各政府职能机构的分工合作,广泛吸收生产者和经营者参与标准的制定,同时起到宣传、教育和培训的作用。美国的食品标准分为三个层次:第一是国家标准;第二是行业标准;第三是由农场主或公司制定的企业操作规范。欧盟的食品安全标准体系分为两层:上层为欧盟指令,下层为包含具体技术内容的自愿选择的技术标准。日本的食品标准体系也分为国家标准、行业标准和企业标准。这些部门都形成了良好的运行机制,在食品安全监管中发挥着重要作用。

4. 注重与国际标准接轨

国际食品法典委员会标准、国际动物卫生组织标准、国际植物保护公约标准及其他国际认可的国际组织标准以其先进性和科学性而得到 WTO 的认可,并被指定为国际贸易和争端解决的技术依据。为此,各发达国家投入巨大的人力、财力积极研究和参与国际标准的制定和修订工作,以促进本国食品国际贸易。美国、日本、欧盟等在一开始制定食品标准时就与国际标准和国外先进标准接轨,普遍实行了"良好生产操作规范""良好农业规定""危害分析和关键控制点"等体系,并以食品法典委员会标准作为最重要的参照。[①]

三、我国食品安全标准法律制度

(一)我国食品安全标准的历史演进

我国食品安全标准化始建于 20 世纪 50 年代,当时我国已经开始制定部分食品卫生领域的单项标准或技术规定,这一时期我国食品安全标准化建设处于萌芽状态。到 20 世纪 70 年代,卫生部下属的中国医学科学院卫生研究所,负责并组织全国卫生系统专家制定 14 类 54 个食品卫生标准。1978 年上述 14 类标准开始正式实施,这属于食品安全的起步阶段。食品安全国家标准的前身是食品卫生标准。在《食品安全法》颁布实施前,《食品卫生法(试行)》规定:"卫生部成立了食品卫生标准技术分委会,系统组织开展食品污染物、生物毒素、食品添加剂、营养强化剂、食品容器及包装材料、辐照食品、食物中毒诊断以及理化和微生物检验方法等食品卫生标准研制工作。"我国加入世界贸易组织后,为

---

① 参见吴华媛、杨标斌:《中国食品安全标准体系管理概述》,载《江西化工》2010 年第 12 期。

了适应入世需要,卫生部组织专家在 2001 年和 2004 年将我国标准与国际食品法典委员会标准进行了详细的比较分析,对与国际标准不一致的内容进行了重新评估,结合我国居民的膳食模式修改、调整了部分技术指标。入世标准清理工作不但提高了我国食品卫生标准水平,还尽可能使我国标准与国际相关标准协调一致。2007 年国务院新闻办公室发布《中国的食品质量安全状况》白皮书指出,国家标准化管理委员会统一管理中国食品标准化工作,国务院有关行政主管部门分工管理本部门、本行业的食品标准化工作。此时,我国食品卫生标准的数量已达到近 500 项,其中包括食品污染物、食品添加剂、真菌毒素、农药残留、包装材料用添加剂使用卫生标准等基础标准 8 项,食品及相关产品标准128 项,涉及动物性食品、植物性食品、辐照食品、食(饮)具消毒产品、包装材料等类别;检验方法标准 275 项,包括理化检验方法 219 项,微生物检验方法 35项,毒理学安全评价程序和方法 21 项,食品企业卫生规范类标准 22 项,包括食品生产企业通用卫生规范和各类食品企业的卫生规范或良好生产规范;食物中毒诊断标准 19 项,形成了与《食品卫生法》相配套的食品卫生标准体系,此时,食品安全标准体系建设已经初见成效。①

　　2009 年实施的《食品安全法》提出了食品安全标准的概念,并将食品安全标准作为食品领域唯一强制执行的标准体系。根据《食品安全法》及国务院颁布的《食品安全法实施细则》的要求,国务院卫生行政部门应当对现行的食用农产品质量安全标准、食品卫生标准、食品质量标准和有关食品的行业标准中强制执行的标准予以整合,统一公布为食品安全国家标准。2010 年 1 月卫生部成立了多部门、多领域专家广泛参与的食品安全国家标准审评委员会,负责标准审查工作。《食品安全法》实施后,卫生部牵头负责,与国家有关部门组成了乳品安全标准清理工作组,优先对乳品安全标准进行清理整合。乳品标准清理工作对 164 项乳品相关标准进行了梳理整合,最终整合为 66 项乳品安全国家标准,经评审后,于 2010 年 3 月在卫生部网站进行了公布。乳品安全国家标准与以往乳品标准比较,严格遵循了《食品安全法》要求,突出了与人体健康密切相关的限量规定,在食品安全风险评估的基础上确保了标准的科学性。标准参照国际食品法典的格式,精简了文本结构,基本解决了现行乳品标准的重复、交叉

---

　　① 参见樊永祥等:《改革开放 30 年来食品卫生工作标准进展》,载《中国食品卫生杂志》2009年第 7 期。

和指标设置不合理等问题,形成了统一的乳品安全国家标准体系。①

　　2010 年开始的食品安全基础标准清理,是卫生部为贯彻《食品安全法》及其实施条例,完善食品安全标准体系所开展的重要工作。食品安全基础标准,包括食品中农兽药残留限量、有毒有害污染物限量、致病微生物限量、真菌毒素限量、食品添加剂使用限量和食品标签通用要求等,是标准体系的核心内容。经过 1 年多的努力,《食品中污染物限量》《食品中真菌毒素限量》《食品添加剂使用标准》《预包装食品标签通则》均已修订完成,经过广泛征求意见,通过审评委员会的审查,并将于近期颁布实施。农业部门也牵头制定发布了一批食品中农兽药残留的限量要求。在标准清理过程中,充分梳理分析我国现行有效的食用农产品质量安全标准、食品卫生标准、食品质量标准,以及有关食品的行业标准中强制执行的标准,解决标准中的交叉、重复、矛盾或缺失等问题。以食品中污染物限量标准为例,分析我国现行有效的涉及污染物标准 830 余项,其中国家标准 320 余项,农业、林业、轻工业、商业、水产业、供销合作等行业标准 510 余项,这些标准在指标间存在多处重复、矛盾、交叉的地方,通过污染物基础标准的清理工作,这些问题得到了基本解决。②

　　2010 年食品安全国家标准审评委员会共审议通过了 246 项国家标准,包括食品产品标准、配套的检验方法标准、食品添加剂的质量规格标准等,我国食品安全国家标准体系建设初见成效。为了加快标准体系的建设工作,2010 年年底,卫生部向社会公开征集 2011 年食品安全国家标准立项建议,并按照确定的优先领域,合理提出 2011 年标准制(修)订计划。在标准制(修)订管理方面,卫生部发布了《食品安全国家标准管理办法》和《食品安全国家标准制(修)订项目管理规定》,对标准立项、起草、审查、复审、修订均作了规定,保证标准的科学性、时效性和可行性。

　　2013 年国家卫生计生委依法履职,不断加强食品安全标准工作。一是完善了食品安全标准管理制度和工作机制,制定了食品安全国家标准、地方标准管理办法、企业标准备案办法,出台了加强食品安全标准工作的指导意见,建立了部门间协调配合机制,形成了鼓励行业和社会公众参与标准制定的工作机制。二是规范标准审评工作,加强食品安全国家标准审评委员会组织领导,制定公

---

①　参见卫生部:《卫生部公布 66 项新乳品安全国家标准》,载中央政府门户网站:http://www. gov. cn/gzdt/2010－04/22/content_1589981. html. ,最后访问日期:2010 年 4 月 22 日。

②　参见卫生部:《中国发布涉及农产品及食品安全国家标准 18 余项》,载中央政府门户网站:http://www. gov. cn/jrzg/2008－04/15/content_944831. html. ,最后访问日期:2008 年 4 月 15 日。

布《食品安全国家标准工作程序手册》,不断充实审评专家队伍,提高审评工作的科学性。三是加快食品安全国家标准制定、修订工作,现已公布乳品安全标准,食品中污染物、真菌毒素、致病微生物和农药残留限量,食品添加剂和营养强化剂使用、食品生产经营规范、预包装食品标签和营养标签通则等食品安全国家标准,以及相关食品标准、生产经营过程的卫生要求和配套检验方法等,共计411项。①

2014年6月国家卫生计生委和各地卫生计生部门认真贯彻《食品安全法》,按照职责分工,认真落实国务院《关于加强食品安全工作的决定》和2014年食品安全重点工作安排,涉及食品安全管理的主要有:重点做好食品安全标准清理整合工作;加快重点和缺失食品安全国家标准的制定、修订,完善食品安全国家标准体系;不断完善食品安全国家标准、地方标准管理和企业标准备案管理,组织编写了《食品安全国家标准工作程序手册》;进一步加强食品安全国家标准跟踪评价。2014年8月第一届食品安全国家标准审评委员会(以下简称委员会)第十次主任会议在京召开,会议审议通过了《食品添加剂使用标准》《食品经营过程卫生规范》《食糖》《水产调味品》《食品中总砷及无机砷的测定》等65项食品安全国家标准。2014年10月国家卫生和计划委会同国家食品安全风险评估中心组织编写了《食品安全地方标准制定及备案指南》,详细规定了地方标准制定的范围、制定的要求、标准的主要内容、文本及编制说明的要求、制定程序、备案程序和备案机构,进一步规范了地方标准设置的基本原则和程序。②

2016年12月国家卫计委会同食品药品监管总局、农业部等,围绕习近平总书记提出的"四个最严"要求,不断加强食品安全标准体系建设,在食品安全标准工作进展方面,国家卫计委主要是从四大方面调整完善。(1)围绕"建立最严谨的标准",不断完善标准体系。全面完成分散在15个部门(行业)、近5000项标准的清理整合任务,彻底解决了长期以来标准间交叉、重复、矛盾等历史遗留问题。加快组织制定重点亟须食品安全国家标准,截至目前,会同相关部门累计制定公布食品安全国家标准979项,覆盖人民群众日常消费的食品品种,涉及食品安全指标近2万项,织密标准体系的网眼。(2)夯实标准基础,不断提高标准的科学性。卫计委牵头制定并实施国家食品安全风险监测计划,监测品种

---

① 参见食品安全标准与检测评估司《2013年食品安全标准工作进展》。
② 同上。

涉及粮油、果蔬、婴幼儿食品等 30 大类,囊括 300 余项指标,累积获得 1100 多万个监测数据,组织食物消费量调查和总膳食研究,为标准研制全面、系统积累科学数据。(3)坚持开门做标准,提高标准的实用性。卫计委鼓励各方参与标准立项、起草、征求意见等工作,建立标准研制协作组,提高标准研制能力。成立跨部门、多领域权威专家组成的食品安全国家标准审评委员会,严格标准审评。建立国家食品安全标准目录和查询平台、标准跟踪评价平台,服务企业和社会公众,畅通标准意见反馈渠道。(4)创新标准管理思路,强化部门合作。卫计委完善标准合作机制,通过落实部门职责,发挥部门合力。加强标准出台前的社会风险评估和标准发布后的效益评估,充分听取相关部门、行业、企业和消费者意见。注重标准与监管、产业发展相衔接。①

(二)食品安全国家标准

2009 年《食品安全法》第 22 条,规定了国务院卫生行政部门的标准整合职责。《食品安全法》的目的之一,就是统一原来多元混杂的食品标准体系。本法制定之前,依据相关的法律法规,我国在食品标准上存在多种标准并行的状况,主要有食用农产品质量安全标准、食品卫生标准、食品质量标准和有关食品的行业标准。多元混杂的状况显然不利于食品安全的整体保障与统一执法,这也是造成我国食品安全事件频发的一个重要的制度原因。2009 年《食品安全法》规定由国务院卫生行政部门统一整合这些标准中的强制性标准,并在此基础上公布食品安全国家标准,这是实现本法立法目的的关键性环节。需要注意的是,本法对于食品安全国家标准的统一与强化并非意味着取消食品领域的行业自治。食品安全法要整合的仅仅是原来行业标准中的强制性标准,对于行业性的推荐标准仍然允许存在,甚至可以采取鼓励政策。在食品安全法的食品安全国家标准的整合与公布工作完成之前,原来存在的多元混杂的食品标准仍然应该得到严格执行,相关主体违反这些标准同样需要被追究法律责任。2015 年《食品安全法》删除了该条,但该项职责并没有改变,2014 年国家卫生计生委共完成 208 项整合任务,2015 年完成 200 余项整合任务,力争"十三五"构建起更加科学、合理的标准体系。"十三五"期间将重点关注制定、修订不少于 300 项食品安全国家标准、完善标准管理制度、提升标准服务能力、加强食品安全标准基础研究、加强标准国际合作与交流五大举措。

---

① 参见国家卫计委张志强:《未来制定修订不少于 300 项食品安全国家标准》,载新华网:http://news.xinhuanet.com/food/2016 - 12/01/c_1120033598.htm.,最后访问日期:2016 年 1 月 1 日。

1. 国家食品安全标准的制定、技术、起草主体

(1)国家食品安全标准的制定主体

《食品安全法》第 27 条规定:"食品安全国家标准由国务院卫生行政部门会同国务院食品药品监督管理部门制定、公布,国务院标准化行政部门提供国家标准编号。食品中农药残留、兽药残留的限量规定及其检验方法与规程由国务院卫生行政部门、国务院农业行政部门会同国务院食品药品监督管理部门制定。屠宰畜、禽的检验规程由国务院农业行政部门会同国务院卫生行政部门制定。"

从《食品安全法》相关规定来看,我国食品安全标准的制定主体可以从以下三方面理解:其一,食品安全国家标准,由国务院卫生行政部门会同国务院食品药品监督管理部门制定、公布,国务院标准化行政部门提供国家标准编号。国务院卫生行政部门是《食品安全法》规定负责食品安全标准制定的主管部门,因此也就具备了公布食品安全国家标准的职权。《食品安全法》改变了以往食品卫生国家标准由国务院标准化行政部门和国务院卫生行政部门联合发布的公布方式,这样规定更有利于食品安全国家标准的及时发布和责任主体的明确。但为了保证国家标准编号的统一和连续,食品安全国家标准的编号依然由国务院标准化行政部门负责。这只是一种程序性的配合义务,不涉及食品安全标准制定权的分享问题。其二,食品中农药残留、兽药残留的限量规定及其检验方法与规程由国务院卫生行政部门、国务院农业行政部门会同国务院食品药品监督管理部门制定。食品中的农药和兽药残留,涉及使用农产品生产环节对农业和兽药的控制。国务院卫生行政部门、国务院农业行政部门应当按照各自职责,根据《食品安全法》和国务院的有关规定制定相关标准,会同国务院食品药品监督管理部门对食品中农药残留、兽药残留的限量及其检验方法与规程作出规定。其三,屠宰畜、禽的检验规程,由国务院有关主管部门会同国务院卫生行政部门制定。除国务院卫生行政部门外,生猪、牛、羊等畜禽的屠宰管理还会涉及国务院商务主管部门、农业行政部门等多个部门的职责。国务院有关部门应会同国务院卫生行政部门做好相关工作。

同时,《食品安全法实施条例》第 15 条前半部分规定:"国务院卫生行政部门会同国务院农业行政、质量监督、工商行政管理和国家食品药品监督管理以及国务院商务、工业和信息化等部门制定食品安全国家标准规划及其实施计划。"因此,我国食品安全国家标准应该由卫生部组织制定,而国务院农业行政、质量监督、国家食品药品监督管理、国务院商务、工业、信息化部以及国务院标

准化管理委员会成为食品安全标准制定的协管主体,而非主管单位。

（2）食品安全国家标准的技术主体

《食品安全法》第 28 条第 2 款规定:"食品安全国家标准应当经国务院卫生行政部门组织的食品安全国家标准审评委员会审查通过。食品安全国家标准审评委员会由医学、农业、食品、营养、生物、环境等方面的专家以及国务院有关部门、食品行业协会、消费者协会的代表组成,对食品安全国家标准草案的科学性和实用性等进行审查。"同时,我国《食品安全法实施条例》第 17 条规定:"食品安全法第二十三条(旧法)规定的食品安全国家标准审评委员会由国务院卫生行政部门负责组织。食品安全国家标准审评委员会负责审查食品安全国家标准草案的科学性和实用性等内容。"2010 年我国食品安全国家标准审评委员会在京成立,由 10 个专业分委员会的 350 名委员和工业和信息化、农业、商务、工商、质检、食品药品监管等 20 个单位委员组成,主要职责是审评食品安全国家标准,提出实施食品安全国家标准的建议,对食品安全国家标准的重大问题提供咨询,承担食品安全标准其他工作。委员会下设食品产品、微生物、生产经营规范、营养与特殊膳食食品、检验方法与规程、污染物、食品添加剂、食品相关产品、农药残留、兽药残留 10 个专业分委员会。

食品安全国家标准审评委员会负责对食品安全国家标准草案的科学性和实用性进行技术性审查,该委员会是隶属于卫生部的技术咨询和服务机构,它对国家标准草案进行技术审查,最终再提交作为卫生部的决策依据。它的主要职责为:其一,审评食品安全国家标准;其二,提出实施食品安全国家标准的建议;其三,对食品安全国家标准的重大问题提供咨询;第四,承担食品安全国家标准的其他工作。

（3）食品安全国家标准草案的起草主体

《食品安全法实施条例》第 16 条规定:"国务院卫生行政部门应当选择具备相应技术能力的单位起草食品安全国家标准草案。提倡由研究机构、教育机构、学术团体、行业协会等单位,共同起草食品安全国家标准草案。国务院卫生行政部门应当将食品安全国家标准草案向社会公布,公开征求意见。"

在食品安全国家标准的起草、制定及后续的实施过程中,国务院卫生行政部门始终扮演着主导者和监管者的双重角色。食品安全国家标准制定前,需要进行大量细致的技术研究工作。食品安全国家标准的起草任务需要有具备相应技术能力的单位承担。食品安全国家标准的制定需要严格按照程序执行,这些标准必须有技术支撑,需要有长期的实验、跟踪和比较,然后进行长期的风险评估,才能对标准进行确定。因此,选择具有相应技术能力的单位来进行食品安全国家标准的起草是十分必要的。同时由于食品安全涉及多领域,需要多部门进行分工配合,提倡研究机构、教育机构、学术团体、行业协会等单位共同起草食品安全国家标准草案,这一规定有效地克服了单一部门制定标准时遇到的局限性,可以使各单位资源形成共享,充分发挥优势,使起草的食品安全国家标准更加科学完善。

2. 食品安全标准的制定程序

《食品安全国家标准管理办法》第4条规定:"食品安全国家标准制(修)订工作包括规划、计划、立项、起草、审查、批准、发布以及修改与复审等。"因此,我国食品安全标准的制定程序应包括食品安全国家标准计划的编制、食品安全国家标准计划的起草、食品安全国家标准计划的审查和食品安全国家标准计划的发布等步骤。

(1)食品安全国家标准计划的编制

第一,立项的主体。根据《食品安全法实施条例》第15条前半部分规定:"卫生部会同国务院农业行政、质量监督、工商行政管理和国家食品药品监督管理以及国务院商务、工业和信息化等部门制定食品安全国家标准规划及其实施计划。"按照2013年机构改革和《食品安全法》的有关规定,工商行政管理部门已经不再承担这方面的工作。食品安全国家标准规划及其实施计划应当明确食品安全国家标准的近期发展目标、实施方案和保障措施等。卫生部于每年年初编制本年度的食品安全国家标准计划,卫生部在公布食品安全国家标准规划、实施计划及制(修)订计划前,应当向社会公开征求意见。食品安全标准计划编制的启动主体可以分为以下几个方面:①卫生部根据食品安全国家标准规划及其实施计划和食品安全工作需要制定食品安全国家标准制(修)订计划。②各有关部门认为本部门负责监管的领域需要制定食品安全国家标准的,应当在每年编制食品安全国家标准制(修)订计划前,向卫生部提出立项建议。立项建议应当包括要解决的重要问题、立项的背景和理由、现有食品安全风险监测和评估依据、标准候选起草单位,并将立项建议按照优先顺序进行排序。③审评委员会根据食品安全标准工作需求,对食品安全国家标准立项建议进行研究,向卫生部提出制定食品安全国家标准制(修)订计划的咨询意见。④任何公民、法人和其他组织都可以提出食品安全国家标准立项建议。

第二,项目的内容。《食品安全法》第26条规定,食品安全标准应当包括下列内容:食品、食品添加剂、食品相关产品中的致病性微生物,农药残留、兽药残留、生物毒素、重金属等污染物质以及其他危害人体健康物质的限量规定；食品添加剂的品种、使用范围、用量；专供婴幼儿和其他特定人群的主辅食品的营养成分要求；对与卫生、营养等食品安全要求有关的标签、标志、说明书的要求；食品生产经营过程的卫生要求；与食品安全有关的质量要求；与食品安全有关的食品检验方法与规程；其他需要制定为食品安全标准的内容。具体内容如下。

其一，食品安全限量标准。食品安全限量标准，即食品、食品相关产品中的致病性微生物、农药残留、生物毒素、兽药残留、重金属等污染物质，以及其他危害人体健康物质的限量规定。因为人体摄入致病性微生物、农药残留、兽药残留、生物毒素、重金属等污染物质以及其他危害人体健康物质会危害人体健康。因此，必须测定一个保障人体健康允许的最大值，规定食品中各种危害物质的限量，《食品安全法》新增了生物毒素。食品中的危害物质主要有以下几种。

①致病性微生物。微生物（Microorganism/Microbe）是一些肉眼看不见的微小生物的总称。微生物最大的特点不但在于其体积微小，而且在结构上亦相当简单。由于微生物体积微小，故相对面积较大，物质吸收快、转化快。微生物在生长与繁殖上亦是很迅速的，而且适应性强。从寒冷的冰川到酷热的温泉，从极高的山顶到极深的海底，微生物都能够生存。根据不同的标准可以对微生物作不同的分类，按照微生物对人类和动物有无致病性，可以将微生物分为致病性微生物与非致病性微生物。致病性微生物包括细菌、病毒、真菌等，也称为病原微生物。食品安全标准主要是限制病原微生物。

②农药残留。农药残留问题是随着农药在农业生产中广泛使用而产生的。农药使用后一个时期内没有被分解而残留于生物体内的微量农药等物质，即农药残留，包括微量农药原体、有毒代谢物、降解物和杂物。农药残留对健康的危害主要表现为：首先，食用食品一次大量摄入农药可引起急性中毒，最常见的是有机磷农药急性中毒；其次，若长期食用农药残留超标的农副产品，可导致人体慢性蓄积性中毒，这类危害比急性中毒涉及的面更广，导致人群中产生许多慢性病，甚至影响下一代。

③兽药残留。兽药残留是兽药在动物源食品中的残留，根据 FAO 和 WHO 食品中兽药残留联合立法委员会的定义，兽药残留是指动物产品的任何可食部分所含兽药的母体化合物及其代谢物，以及与兽药有关的杂质。食用兽药残留的动物性食品，主要产生慢性损害，但当兽药残留一次性大量进食后，也可能发生急性中毒。其中，影响食品安全的兽药主要有抗生素类药物，磺胺类药物，激

素类药物及其他兽药。①

④生物毒素。生物毒素有两种称法,分别是生物毒素和天然毒素。生物毒素是由各种生物(动物、植物、微生物)产生的有毒物质,为天然毒素。生物毒素的种类繁多,几乎包括所有类型的化合物,其生物活性也很复杂,对人体生理功能可产生影响;不仅具有毒理作用,而且也具有药理作用,常用作生理科学研究的工具药,也被用作药物。按来源可分为植物毒素、动物毒素、海洋毒素和微生物毒素。某些毒素具有剧毒,如肉毒杆菌毒素;一般也有相当大的毒性,被有毒动物或昆虫蜇伤或摄入有毒植物等均可发生中毒,甚至死亡。天然毒素,是指生物来源并不可自复制的有毒化学物质,包括动物、植物、微生物产生的对其他生物物种有毒害作用的各种化学物质。

⑤重金属。对什么是重金属,目前尚没有严格的统一定义。有人认为密度在 5 以上的金属统称为重金属,如金、银、铜、铅、锌、镍、钴、镉、铬和汞等 45 种;也有人认为密度在 4 以上的金属是重金属,有 60 种。大多数金属都是重金属,其化学性质一般较为稳定。尽管锰、铜、锌等重金属是生命活动所需的微量元素,但任何东西一旦超过正常的量,它必然给人体造成不良影响。重金属进入人体的途径主要有三种,分别是食物、水和大气。人体内的重金属含量如果超标,容易造成慢性中毒。②

其二,食品添加剂的品种、使用范围、用量。《食品添加剂卫生管理办法》第 28 条第 1 款对食品添加剂定义为:"食品添加剂是指为改善食品品质和色、香、味,以及为防腐和加工工艺的需要而加入食品中的化学合成或天然物质。"以增强食品营养成分为目的的食品强化剂不应该包括在食品添加剂范围内。

食品添加剂具有以下三个特征:①它是加入食品中的物质,一般不单独作为食品来食用;②既包括人工合成的物质,也包括天然物质;③其目的是改善食品品质和色、香、味,以及为防腐、保鲜和加工工艺的需要。食品添加剂是食品生产加工中不可缺少的基础原料,但 1932 年日本科学家用与 O - 氨基偶氮甲苯有类似构造的猩红色素喂养动物时发现,喂食动物的肝癌发病率几乎是 100%,由此最早发现了食品添加剂的毒副作用,因此,必须制定标准严格限定其品种、使用范围和限量。③

2007 年《食品添加剂使用卫生标准》(GB 2760—2007)规定了 23 类食品添

①　参见刘宗凤:《浅析兽药残留监管问题与对策》,载《中国兽药医文摘》2011 年第 8 期。

②　参见王华丽:《食品添加剂的评估和管理》,载《饮料工业》2015 年第 6 期。

③　参见蒋成武:《食品中重金属元素检测方法研究进展》,载《食品安全导论》2017 年第 36 期。

加剂:酸度调节剂、抗结剂、消泡剂、抗氧化剂、漂白剂、膨松剂、胶姆糖基础剂、着色剂、护色剂、乳化剂、酶制剂、增味剂、面粉处理剂、被膜剂、水分保持剂、营养强化剂、防腐剂、稳定与凝固剂、甜味剂、增稠剂、食品用香料、食品工业用加工助剂和其他类别。为适应社会经济发展需要,2011 年卫生部公布了《食品安全国家标准食品添加剂使用标准》(GB 2760—2011)代替了标准《食品添加剂使用卫生标准》(GB 2760—2007),并于 2011 年 6 月 20 日正式实施。《食品安全国家标准食品添加剂使用标准》(GB 2760—2011)包括了食品添加剂、食品用加工助剂、胶母糖基础剂和食品用香料等 2314 个品种,涉及 16 大类食品、23 个功能类别。新标准按照《食品安全法》规定,对食品添加剂的安全性和工艺必要性进行严格审查,经广泛征求监管部门、行业协会、企业和公众意见,向世贸组织成员通报,并对社会各界反馈意见和世贸组织成员评议意见进行慎重研究,由食品安全国家标准审评委员会审评通过。其明确规定了食品添加剂的使用原则,规定使用食品添加剂不得掩盖食品腐败变质、不得掩盖食品本身或者加工过程中的质量缺陷,不得以掺杂、掺假、伪造为目的而使用等;增加了食品用香料香精和食品工业用加工助剂的使用原则;调整食品用香料分类、食品工业用加工助剂名单等。

2011 年 7 月 6 日卫生部发布食品安全国家标准《复配食品添加剂通则》,并于 2011 年 9 月 5 日起实施。《复配食品添加剂通则》定义复配食品添加剂是为了改善食品品质、便于食品加工,将两种或两种以上单一品种的食品添加剂,添加或不添加辅料,经物理方法混匀而成的食品添加剂。复配食品添加剂主要包括复配营养强化剂、复配防腐保鲜剂、复配抗氧化剂、复配香料、复配增稠剂、复配凝胶剂、复配乳化剂、复配甜味剂、复配酸味剂、复配膨松剂、复配凝固剂、复配品质改良剂、复配护色剂及复配消泡剂等。

其三,专供婴幼儿和其他特定人群的主辅食品的营养成分要求。婴幼儿与其他特定人群的主辅食品具有特别要求,对于某些营养成分既不能过多,也不能过少,否则会导致营养不良,也可能引起中毒等。因此,婴幼儿和其他特定人群主辅食品的营养成分不仅关系到食品的营养,还关系到他们的身体健康和生命安全,因此,他们对主辅食品的营养成分有特殊要求,需要制定标准。

2010 年 3 月卫生部发布了 GB 10765—2010《婴儿配方食品》、GB 10767—2010《较大婴儿和幼儿配方食品》、GB 10765—2010《婴幼儿谷类辅助食品》和 GB 10765—2010《婴幼儿灌装辅助食品》4 项标准,这些标准于 2011 年 4 月 1 日起实施,本次新标准的发布将过去 11 项婴幼儿食品整合为 4 项新食品安全国家标准,基本覆盖了婴幼儿食品的主流产品。2012 年卫生部发布《食品安全国家标准"十二五"规划》,提出 2015 年年底前,将婴幼儿食品、乳品食品及食品添加剂产品标准作为食品安全标准制定的优先领域。

其四,对与卫生、营养等食品安全要求有关的标签、标志、说明书的要求。食品标签是指预包装食品容器上的文字、图形、符号,以及一切说明物。预包装食品,是指预先包装于容器中,以备交付给消费者的食品。食品标签的所有内容,不得以错误的、引起误解的或欺骗性的方式描述或介绍食品,也不得以直接或间接暗示性的语言、图形、符号,导致消费者将食品或食品的某一性质与另一产品混淆。此外,食品标签的所有内容,必须通俗易懂、准确、科学。食品标签是依法保护消费者合法权益的重要途径。食品的标签、标识和说明书具有指导、引导消费者购买食品的作用,许多内容都直接或间接关系到消费者食用时的安全,这些内容的标示应该真实准确、通俗易懂、科学合法,需要制定标准统一的要求。

2007 年 8 月 27 日国家质量监督检验检疫总局公布了《食品标识管理规定》,在规定中规范了有关食品标识和管理。2009 年 10 月 22 日国家质量监督检验检疫总局作出《国家质量监督检验检疫总局关于修改〈食品标识管理规定〉的决定》修订的决定,新的规定指出:"食品标识是指粘贴、印刷、标记在食品或者其包装上,用以表示食品名称、质量等级、商品量、食用或者使用方法、生产者或者销售者等相关信息的文字、符号、数字、图案以及其他说明的总称。"同时,我国还有三个有关标签方面的标准:GB 10344—2005《预包装饮料酒标签通则》(代替 GB 10344—1989);GB 13432—2004《预包装特殊膳食用食品标签通则》(代替 GB 13432—1992);GB 7718—2004《预包装食品标签通则》,这三个标签标准均为强制性的。

其五,食品生产经营过程的卫生要求。食品的生产经营过程是保证食品安全的重要环节,其中的每一个流程都有一定的卫生要求,对保护消费者身体健康、预防疾病,具有重要意义,都需要制定标准统一的要求。我国国家标准中有关食品生产过程的现行卫生规范有 19 个,而《食品卫生法》规定的要求食品生产经营过程标准应属国家强制标准。

其六,与食品安全有关的质量要求。与食品安全有关的质量要求,主要包括:食品的营养要求;食品的物理或化学要求,如酸、碱等指标;食品的感觉要求,如味道、颜色等,这些也属于食品安全标准的内容。关于食品安全有关的质量要求,我国国家标准主要是各种产品卫生标准,共有 84 个。

其七,与食品安全有关的食品检验方法与规程。食品检验方法是指对食品进行检测的具体方式或方法,食品检验规程是指对食品进行检测的具体操作流程或程序。采用不同的检验方法或规程会得到不同的检验结果,所以要对食品检测或试验的原理、类别、抽样、取样、操作、精度要求、仪器、设备、检测,或试验条件、方法、步骤、数据计算、结果分析、合格标准等检验方法或规程作出统一规定。我国现行的食品检验方法与规程方面的国家标准基本都是推荐性标准。

其八,其他需要制定为食品安全标准的相关规定。《食品安全法》第30条规定:"国家鼓励食品生产企业制定严于食品安全国家标准或者地方标准的企业标准,在本企业适用,并报省、自治区、直辖市人民政府卫生行政部门备案。"

第三,项目的调整。《食品安全国家标准制(修)订计划》在执行过程中可以根据实际需要进行调整。根据食品安全风险评估结果,需要紧急制(修)订相关食品安全国家标准的,由食品安全风险评估专家委员会提出增补食品安全国家标准计划的申请,经卫生部批准列入计划,并立即组织制定。同时,在食品安全监管中发现的重大问题,也可以紧急增补食品安全国家标准制(修)订项目。

(2)食品安全国家标准的起草

第一,起草机构。卫生部采取招标、委托等形式,择优选择具备相应技术能力的单位承担食品安全国家标准起草工作。提倡由研究机构、教育机构、学术团体、行业协会等单位组成标准起草协作组共同起草标准。承担标准起草工作的单位应当与卫生部食品安全主管司局签订食品安全国家标准制(修)订项目委托协议书。农业部、质检总局、食品药品监管局等部门应当鼓励和支持所属机构承担标准起草工作或者参与标准起草工作。

第二,起草依据。根据《食品安全国务标准管理办法》第17条和第18条的规定,食品安全国家标准计划的起草应满足下列要求:(1)以食品安全风险评估结果和食用农产品质量安全风险评估结果为主要依据;(2)充分考虑我国社会经济发展水平和客观实际的需要;(3)参照相关的国际标准和国际食品安全风险评估结果;(4)标准起草单位和起草负责人在起草过程中,应当深入调查研究,保证标准起草工作的科学性、真实性。

第三,起草时限。《食品安全国务标准管理办法》第19条规定:"起草单位应当在委托协议书规定的时限内完成起草和征求意见工作,并将送审材料及时报送审评委员会秘书处(以下简称秘书处)。"

(3)食品安全国家标准的审查

第一,审查机构。食品安全国家标准应当经食品安全国家标准审评委员会审查通过。食品安全国家标准审评委员会由医学、农业、食品、营养等方面的专家以及国务院有关部门的代表组成,其内部的机构或机制包括了秘书处、专业分委员会以及审评委员会主任会议三个层面。

第二,审查程序。食品安全国家标准审评委员会按照以下程序审评食品安全标准送审稿,首先由秘书处初步审查,其次公开征求意见,再次由专业分委员会会议审查,最后由主任会议审议通过。遇有紧急情况,食品安全国家标准送审稿可由秘书处初步审查、公开征求意见后,直接提交专业分委员会会议和主任会议共同审查通过。主要工作有以下几个方面:(1)秘书处应当在召开专业分委员会会前1个月将拟审查的食品安全国家标准送审稿(可以电文文件形式)提交专业分委员会委员(含单位委员)。(2)根据标准审查工作需要,由秘书长或副秘书长提名,经专业分委员会主任委员同意,可邀请有关方面的专家或代表作为特邀专家参加审查会议。(3)各专业分委员会审查标准时,2/3以上(含2/3)委员(含单位委员)到会为有效。(4)专业分委员会在审查食品安全国家标准送审稿时,原则上应当协商一致。协商不一致需表决时,则必须参加会议的委员(含单位委员)3/4以上(含3/4)同意,方为通过(未出席会议的,以书面形式说明意见者,计入票数;未以书面形式说明意见者,不计入票数)。对标准或条款有分歧意见的,须有不同观点的论证材料。审查标准的投票情况应如实记入会议纪要。(5)专业分委员会审查的标准涉及其他专业分委员会的,必须书面征求其他专业分委员会意见,并邀请其他专业分委员会的主任委员、副主任委员参加标准审查。必要时,可由委员会副主任委员(可委托秘书长)负责专业分委员会间的协调。(6)审评委员会主任会议审议通过的标准草案,应当经审评委员会技术负责人签署审议意见。(7)标准审议通过后,标准起草单位应当在秘书处规定的时间内提交报批需要的全部资料。(8)秘书处对报批材料进行复审后,报送卫生部卫生监督中心。(9)经格式审查并审查通过的标准由卫生部卫生监督中心报送卫生部。(10)食品安全国家标准草案按照规定履行向WTO的通报程序。

(4)食品安全国家标准的发布

省级以上人民政府卫生行政部门应当在其网站上公布制定和备案的食品安全国家标准、地方标准和企业标准,供公众免费查阅、下载。对食品安全标准执行过程中的问题,县级以上人民政府卫生行政部门应当会同有关部门及时给予指导、解答。食品安全标准属于强制性标准,除了企业标准具有契约性质、其效力具有相对性之外,国家标准和地方标准都是相关行政机关根据本法之授权制定的行政规章,具有直接法律上的规范效力。作为行政规章,食品安全的国家标准与地方标准应由相应的制定公布主体参照同类法律规范作为政府信息予以公开,未经公开的食品安全标准不能生效,不得成为行政机关的执法依据,也不对相对人产生法律上的拘束力。关于企业标准的公开问题,本法没有作出具体规定,笔者认为,应该主要由接受备案的省级卫生行政部门负责公开,可以参照地方标准的公开形式和方法;相关企业可以作为企业标准公开的辅助主体,通过其网站、商业广告或产品附属说明加以公开,且企业公开的标准内容必须与报送备案并由政府部门公开的内容保持一致,如果出现不一致,则以政府公布的企业标准为准,所涉及的法律责任由企业承担。

第一,食品安全国家标准的发布机构。审查通过的标准,以卫生部公告的形式发布。国务院标准化委员会在接到卫生部待发布的食品安全国家标准目录后,于 5 个工作日内提供编号。

第二,食品安全国家标准的公布时间。食品安全国家标准自发布之日起 20 个工作日内在卫生部网站上公布,供公众免费查阅、下载。农业部、质检总局、食品药品监督局等部门也应当及时公布相关标准。

第三,食品安全国家标准的修订。食品安全国家标准公布后,个别内容需作调整时,由食品安全国家标准审评委员会提出意见,报卫生部审查批准后,以卫生部公告的形式发布食品安全国家标准修改单。

第四,食品安全国家标准的解释。对食品安全标准执行过程中的问题,县级以上人民政府卫生行政部门,应当会同有关部门及时给予指导、解答。对食品中农药残留、兽药残留的限量规定及其检验方法与规程标准,和屠宰畜、禽的检验规程标准的解释,应当征求农业部或者商务部意见,并以农业部和商务部的意见为准。食品安全国家标准的解释以卫生部发文形式公布,与食品安全国家标准具有同等效力。

第五,食品安全国家标准的复审。食品安全国家标准公布后,个别内容需作调整时,以卫生部公告的形式发布食品安全国家标准修改单。食品安全国家标准实施后,审评委员会应当适时进行复审,提出继续有效、修订或者废止的建议。对需要修订的食品安全国家标准,应当及时纳入食品安全国家标准修订立项计划。

3. 对食品安全标准的追踪评价及修订

《食品安全法》新增了第 32 条,其规定:"省级以上人民政府卫生行政部门应当会同同级食品药品监督管理、质量监督、农业行政等部门,分别对食品安全国家标准和地方标准的执行情况进行跟踪评价,并根据评价结果及时修订食品安全标准。省级以上人民政府食品药品监督管理、质量监督、农业行政等部门应当对食品安全标准执行中存在的问题进行收集、汇总,并及时向同级卫生行政部门通报。食品生产经营者、食品行业协会发现食品安全标准在执行中存在问题的,应当立即向卫生行政部门报告。"2012 年 12 月卫生部为规范食品安全国家标准跟踪评价工作,有效实施食品安全国家标准跟踪评价制度,根据 2009 年《食品安全法》、《食品安全法实施条例》和《食品安全国家标准管理办法》等有关规定,制定《食品安全国家标准跟踪评价规范(试行)》。该规范指出食品安全国家标准跟踪评价,是对食品安全国家标准执行情况进行调查,了解标准实施情况并进行分析和研究,提出标准实施和标准修订相关建议的过程。跟踪评价工作包括以下内容:标准贯彻落实和执行情况;推进标准实施的措施及成效;标准指标或技术要求的科学性和实用性;其他需要跟踪评价的内容。卫生部制订食品安全国家标准跟踪评价计划,组织落实工作计划。省级卫生行政部门负责食品安全国家标准跟踪评价的组织管理工作。省级卫生监督机构组织开展跟踪评价工作,负责调查、收集、分析相关信息和数据,并提交跟踪评价报告。食品安全国家标准跟踪评价计划包括以下内容:跟踪评价任务;跟踪评价工作范围;承担单位;完成时限;提交跟踪评价报告要求。

2014 年 10 月国家卫生计生委食品司召开食品安全标准跟踪评价研讨会议。会上研究了《食品安全国家标准跟踪评价工作指南》,提出了《食品安全标准跟踪评价工作机制》起草框架,还提出了改进今后食品安全标准跟踪评价工作,以及提高标准跟踪评价系统性、连续性等的相关建议。2015 年 11 月国家卫生计生委食品司发布《关于进一步加强食品安全国家标准跟踪评价相关工作的通知》(国卫食品标便函〔2015〕264 号)。2016 年 7 月省级卫生计生行政部门要按照国家卫生计生委食品司《关于进一步加强食品安全国家标准跟踪评价相关工作的通知》(国卫食品标便函〔2015〕264 号)要求,会同相关监管部门做好跟踪评价工作。2016 年跟踪评价工作重点是检验方法、污染物限量、乳品标准等标准。省级卫生计生行政部门还要加强食品安全标准工作人员的培训,不断提高地市级、县级机构的标准解答能力。

(三)食品安全地方标准

《食品安全法》第 29 条规定:"对地方特色食品,没有食品安全国家标准的,省、自治区、直辖市人民政府卫生行政部门可以制定并公布食品安全地方标准,报国务院卫生行政部门备案。食品安全国家标准制定后,该地方标准即行废止。"地方标准又称为区域标准:对地方特色食品,没有国家标准和行业标准而又需要在省、自治区、直辖市范围内统一的工业产品的安全、卫生要求，可以制定地方标准。地方标准由省、自治区、直辖市标准化行政主管部门制定，并报国务院标准化行政主管部门和国务院有关行政主管部门备案，在公布国家标准或者行业标准之后，该地方标准即应废止。地方标准属于我国的四级标准之一。地方标准的制定范围包括：（1）工业产品的安全、卫生要求；（2）药品、兽药、食品卫生、环境保护、节约能源、种子等法律、法规规定的要求；（3）其他法律、法规规定的要求。因此，制定地方标准的项目就以上述范围而又没有国家标准、行业标准的项目为限，不能以一般的标准化对象都作为制定地方标准的项目。负责制定地方标准的单位是省、自治区、直辖市的标准化行政主管部门。我国食品安全地方标准，是指在我国省、自治区和直辖市政府适用于该地区的标准，一般应在没有国家标准的前提下才能制定食品安全地方标准。《食品安全法》第29条规定："对地方特色食品，没有食品安全国家标准的，省、自治区、直辖市人民政府卫生行政部门可以制定并公布食品安全地方标准，报国务院卫生行政部门备案。食品安全国家标准制定后，该地方标准即行废止。"我国《食品安全法》和《食品安全法实施条例》及《食品安全地方标准管理办法》（2011年）的相关规定对食品安全地方标准规定如下：

1. 制定的前提

在制定食品安全法地方性法规方面，我国实行"国家标准优先"原则，即有国家标准的，地方标准自行失效；无国家标准的，地方可以根据实际情况制定标准，但必须符合"保障公众身体健康"的根本目的以及"科学合理、安全可靠"的原则要求。《食品安全法》第29条规定，没有食品安全国家标准的，可以制定食品安全地方标准。没有食品安全国家标准的情况主要有以下两种：其一，需要制定相应的国家标准，但由于技术要求或者制定程序等问题，尚未制定国家标准。制定食品安全国家标准，需要通过各种实验进行相应的风险评估，收集国内外的有关信息，再经过严格的审查、公布程序，这一过程需要一定的时间。在这种情况下，可以通过制定食品安全地方标准来填补该食品的标准空白。其二，对一些地方特色食品，由于其生产、流通、食用被限制在一定区域范围内，尚不需要制定国家标准。对于这些尚无必要制定食品安全国家标准，又需要在一定区域范围内统一食品安全要求的，可以制定食品安全地方标准，在该区域内统一公布、适用。

2. 制定的主体

《食品安全法》第29条规定，省、自治区、直辖市人民政府卫生行政部门组织制定食品安全地方标准,应当参照执行本法有关食品安全国家标准制定的规定,并报国务院卫生行政部门备案。在制定地方标准时,省级人民政府卫生行政部门是制定的主体。这一法规的制定在横向意义上排除了省级人民政府其他部门独立制定食品安全地方标准的可能性,在纵向意义上排除了省级以下的任何政府部门制定食品安全地方标准的可能性,这样的好处在于可以在很大程度上防止出现标准制定复杂多元的局面。地方标准制定后还必须报送国务院卫生行政部门备案。这里的"备案"是一种行政监督形式,包含了审查的要求,即国务院卫生行政部门有权对备案的食品安全地方标准进行全面审查,对与法律、行政法规以及国家标准相抵触的地方标准提出修改建议、责令限期改正或停止执行。

3. 标准的内容

对地方特色食品,没有食品安全国家标准,但需要在省、自治区、直辖市范围内统一实施的,可以制定食品安全地方标准。食品安全地方标准包括食品及原料、生产经营过程的卫生要求、与食品安全有关的质量要求、检验方法与规程等食品安全技术要求。食品添加剂、食品相关产品、新资源食品、保健食品不得制定食品安全地方标准。

4. 标准的编号

食品安全地方标准编号由代号、顺序号和年代号三部分组成。汉语拼音字母"DBS"加上省、自治区、直辖市行政区划代码前两位数再加斜线,组成食品安全地方标准代号。食品安全地方标准编号示例:DBS××/×××-××××(代号顺序号年代号)。

5. 标准的适用

根据 2011 年《食品安全地方标准管理办法》规定,标准的适用涉及标准的执行、标准的实施、标准的复审、标准的废止等,包括以下几方面的内容:其一,卫生部定期公布省、自治区、直辖市食品安全地方标准备案情况,指导地方标准制定工作。其二,省级卫生行政部门应当组织卫生监督机构、相关单位对食品安全地方标准的执行情况进行跟踪评价,评价情况应当及时通报相关部门。其三,食品安全地方标准实施后,省级卫生行政部门应当根据科学技术发展、相关食品安全标准制定和跟踪评价结果等情况,组织卫生监督机构对标准复审,确定其继续有效、修订或废止。复审周期原则上不超过 5 年。其四,食品安全地方标准修订后,省级卫生行政部门应当在公布后 20 日内重新报送卫生部备案。食品安全地方标准废止后,省级卫生行政部门应当在废止后 20 日内向卫生部报送有关废止标准的文件。其五,食品安全地方标准有异议时,可以向省级卫生行政部门提出意见,省级卫生行政部门应当及时处理。

(四)食品安全企业标准

企业标准是对企业范围内需要协调、统一的技术要求、管理要求和工作要求所制定的标准。企业标准由企业制定,由企业法人代表或法人代表授权的主管领导批准、发布。企业标准一般以"Q"作为企业标准的开头。《标准化法》规定:"企业生产的产品没有国家标准和行业标准的,应当制定企业标准,作为组织生产的依据。企业的产品标准须报当地政府标准化行政主管部门和有关行政主管部门备案。已有国家标准或者行业标准的,国家鼓励企业制定严于国家标准或者行业标准的企业标准,在企业内部适用。"所谓食品安全企业标准,是指食品生产企业自己制定的,作为企业组织生产的依据的且仅在企业内部适用的食品安全标准。

1. 标准制定的主体

"国家鼓励食品生产企业制定严于食品安全国家标准或者地方标准的企业标准,在本企业适用,并报省、自治区、直辖市人民政府卫生行政部门备案。"我国食品安全标准分为国家标准、地方标准和企业标准。《食品安全法》规定省、自治区、直辖市人民政府卫生行政部门是制定地方标准的唯一单位,同时国家鼓励食品生产企业制定严于食品安全国家标准或者地方标准的企业标准。因此,省、自治区、直辖市人民政府卫生行政主管部门和企业在一定条件下也可以成为食品安全制定主体。食品安全企业标准的制定主体是企业,不是国家行政机关,这是制定主体在针对缺失国家标准和地方标准情况下,必须完成的法律义务,而非法定职权。《食品安全法》所制定的标准都是强制性标准,因此,企业标准也属于强制性标准,但更多地表现出契约的强制性,而非法规的强制性。

2. 标准的种类

按照《食品安全法》的规定,国家立法允许企业制定标准存在两种类型:第一是为填补空白,由于在食品安全生产领域同时缺少国家标准和地方标准,即存在食品安全的标准"漏洞",尽管这一漏洞会逐步缩小,但在这一过程中的漏洞填补需要一定的社会主体承担,而直接从事生产的企业便成为最适合的主体选择。第二是为提升企业质量,国家鼓励企业在既有的国家标准或地方标准之上制定更加严格的食品安全标准,更好地促进食品安全性和行业竞争水平。这也是考虑到食品安全国家标准或地方标准仅能反映一般水平或要求,而相当一部分企业具备执行更加严格的食品安全标准的能力,所以应在立法上予以鼓励。

3. 制定企业标准的要求

其一,贯彻国家和地方有关的方针、政策、法律、法规,严格执行强制性国家标准、行业标准和地方标准;其二,保证安全、卫生,充分考虑使用要求,保护消费者利益,保护环境;其三,有利于企业技术进步,保证和提高产品质量,改善经营管理和增加社会经济效益;其四,积极采用国际标准和国外先进标准;其五,有利于合理利用国家资源、能源,推广科学技术成果;其六,有利于产品的通用互换,符合使用要求,技术先进、经济合理;其七,有利于对外经济技术合作和对外贸易;其八,本企业内的企业标准之间应协调一致。

4. 标准的内容与格式

企业标准应当包括食品原料(包括主料、配料和使用的食品添加剂)、生产工艺以及与食品安全相关的指标、限量、技术要求。企业标准的编写应当符合GB/T1.1《标准化工作导则第1部分:标准的结构和编写规则》的要求。企业标准的编号格式为:Q/(企业代号)(四位顺序号)S——(年号)。

5. 标准的备案制度

国家为规范食品安全企业标准(以下简称企业标准)备案,根据《食品安全法》制定了《食品安全企业标准备案办法》,具体规定有:其一,备案提供的材料。企业标准备案时应当提交下列材料:企业标准备案登记表;企业标准文本(一式八份)及电子版;企业标准编制说明;省级卫生行政部门规定的其他资料。企业标准编制说明应当详细说明企业标准制定过程和与相关国家标准、地方标准、国际标准、国外标准的比较情况。标准比较适用下列原则:有国家标准或者地方标准时,与国家标准或者地方标准比较;没有国家标准和地方标准时,与国际标准比较;没有国家标准、地方标准、国际标准时,与两个以上国家或者地区的标准比较。其二,备案标准的要求。《食品安全企业标准备案办法》要求:(1)备案的企业标准由企业的法定代表人或者主要负责人签署。(2)企业应当确保备案的企业标准的真实性、合法性,确保根据备案的企业标准所生产的食品的安全性,并对其实施后果承担全部法律责任。其三,备案标准的处置。《食品安全企业标准备案办法》要求:(1)省级卫生行政部门收到企业标准备案材料时,应当对提交材料是否齐全等进行核对,并根据下列情况分别作出处理;企业标准依法不需要备案的,应当及时告知当事人不需备案;提交的材料不齐全或者不符合规定要求的,应当立即或者在5个工作日内告知当事人补正;提交的材料齐全,符合规定要求的,受理其备案。(2)省级卫生行政部门受理企业标准备案后,应当在受理之日起 10 个工作日内在备案登记表上标注备案号并加盖备案章。标注的备案号和加盖的备案章作为企业标准备案凭证。(3)省级卫生行政部门在办理备案过程中不得以任何名义收取费用。(4)省级卫生行政部门应当在发给企业备案凭证之日起 20 个工作日内,向社会公布备案的企业标准,并同时将备案的企业标准文本发送同级农业行政、质量监督、工商行政管理、食品药品监督管理部门。企业要求不公开涉及商业秘密的企业标准内容的,应当在备案时提出书面意见,并同时提供可向社会公布的企业标准文本。其四,标准备案的复审和续展。《食品安全企业标准备案办法》第 15 条规定:"有下列情形之一的,企业应当主动对企业标准进行复审:(一)有关法律、法规、规章和食品安全国家标准、地方标准发生变化时;(二)企业生产工艺或者食品原料(包括主料、配料和使用的食品添加剂)及配方发生改变时;(三)其他应当进行复审的情形。"同时企业标准备案有效期为 3 年。有效期届满需要延续备案的,企业应当对备案的企业标准进行复审,并填写企业标准延续备案表,到原备案的卫生行政部门办理延续备案手续;(四)企业经复审认为需要修订企业标准的,应当在修订后重新备案。备案的企业标准有效期届满,但企业未办理延续备案手续的,原备案的卫生行政部门应当通知企业在规定的期限内办理相关手续;企业在规定的期限内仍未办理的,原备案的卫生行政部门应当注销备案。省级卫生行政部门应当在延续企业标准备案或者注销企业标准备案之日起 20 个工作日内向社会公布延续或者注销情况;(五)省级卫生行政部门在注销备案前,应当告知企业有听证的权利。企业要求听证的,卫生行政部门应当按规定组织听证。

第七章 食品生产经营者法律制度研究

　　食品生产经营者法律制度是解决食品质量问题的必要制度。一方面,其为政府监管食品生产经营者提供了明确的法律依据;另一方面,其对政府监管食品生产经营者进行规范,以防止政府在监管过程中侵犯食品生产经营者权益。食品生产经营者监管法律制度与食品安全责任法律制度共同构成我国食品安全法的制度体系。保障食品安全仍面临许多困难,要毫不懈怠,持续攻坚。各级政府要坚持人民利益至上,切实发挥食安委统一领导、综合协调作用,以改革精神和法治思维,坚定实施食品安全战略,加快健全从中央到地方直至基层的权威监管体系,落实最严格的全程监管制度,严把从农田到餐桌的每一道防线,对违法违规行为零容忍、出快手、下重拳,切实保障人民群众身体健康和生命安全。

一、食品生产经营者法律制度概述

(一)食品生产经营监管制度的定义

　　食品生产经营者监管法律制度,是指由《食品安全法》确立的对食品质量的形成、维持和提高进行监督管理的主体、方式、程序等方面的制度安排。我国食品生产经营监管法律制度的框架,由《食品安全法》搭建。该法明确了对食品生产经营者的具体监管措施,是对食品生产经营者作为第一责任人的制度保障,设定了食品生产经营者违法行为的法律责任。这些规定,是国家和社会对食品质量实施监管的基本依据。食品安全关系每个人的身体健康和生命安全,吃得放心、吃得安全是广大群众的心声,是全面建成小康社会的基本要求。要以贯彻落实《食品安全法》为契机,创新工作思路和机制,加快建立健全最严格的覆盖生产、流通、消费各环节的监管制度,完善监管体系,全面落实企业、政府和社会各方责任。

(二)食品生产经营的含义

所谓生产经营,是指围绕企业产品的投入、产出、销售、分配乃至保持简单再生产或实现扩大再生产所开展的各种有组织的活动的总称。生产经营是企业各项工作的有机整体,是一个系统。1995 年的《食品卫生法》(已失效)第 54 条规定:"食品生产经营:指一切食品的生产(不包括种植业和养殖业)、采集、收购、加工、贮存、运输、陈列、供应、销售等活动。食品生产经营者:指一切从事食品生产经营的单位或者个人,包括职工食堂、食品摊贩等。"虽然 2009 年《食品安全法》的颁布取代了原有的《食品卫生法》,但 2009 年和 2015 年的《食品安全法》并没有对食品生产经营作出新的描述。《食品质量安全市场准入审查通则》规定:"食品生产加工企业,是指有固定的生产加工场所、相应的生产加工设备和工艺流程,制作、销售食品的企业,不包括现做现卖、流动制作等形式的食品加工场点。"

食品生产经营是食品生产、加工和经营的简称,应该包括食品生产和食品经营。所谓食品生产,是指为食品加工提供原料(主料、辅料)而进行的采集、种植、养殖、生化合成等行为和过程。食品经营,是指将食物类产品(原料、成品)进行交易的行为和过程。① 同时从事食品生产经营的许可共分为三类:食品生产、食品流通和餐饮服务。其中,食品生产,是运用一定的加工机械设备和科学方法对食品原料进行加工制成各种食品的活动。② 食品流通,是指食品从供应地向接收地的实体流动过程,即根据实际需要,将食品运输、贮存、搬运、包装、流通加工、配送、信息处理等基本功能实现有机结合的过程。③ 餐饮服务,是指通过即时制作加工、商业销售和服务性劳动等,向消费者提供食品、消费场所和

---

① 参见欧阳晓春:《食品生产、加工、经营环节监管模式浅探》,载《中国食品药品监管》2005年第 6 期。

② 参见罗小刚主编:《食品生产安全监督管理与实务》,中国劳动社会保障出版社 2010 年版,第 1 ~ 2 页。

③ 参见李洪生主编:《食品流通安全监督管理与实务》,中国劳动社会保障出版社 2010 年版,第 6 ~ 7 页。

设施的服务活动。① 按照《食品安全法》及相关规定,在食品生产经营活动中的经营主体是从事食品生产加工、流通、销售和餐饮服务的法人、自然人和其他经济组织,包括食品生产、运输、储藏、销售、服务企业及各类经济组织。

(三)生产经营者的食品安全义务

根据《食品安全法》的规定,生产经营者的义务可以分为两类:一类是保障性义务,另一类是禁止性义务。保障性义务,是指为了使食品合格,满足消费者的需求,减少食品质量事故应当为或者必须为的义务;禁止性义务,是指为了使食品合格,满足消费者的需求、减少食品质量事故而不得为的义务。

1. 生产经营者的保障性义务

第一,食品生产经营场所的法定条件。食品生产经营应当符合食品安全标准,并具有与生产经营的食品品种、数量相适应的食品原料处理和食品加工、包装、贮存等场所,保持该场所环境整洁,并与有毒、有害场所以及其他污染源保持规定的距离。库房面积应与生产经营的食品品种、数量相适应;厂房与生产产量相适应;人员操作面积、空间和设备等与生产相适应的厂房设计,要能达到防止食品污染及满足其他条件(如减小劳动强度、车辆通行等)的目的,保证食品安全。

第二,食品生产经营设备和设施的法定条件。食品生产经营应当符合食品安全标准,并具有与生产经营的食品品种、数量相适应的生产经营设备或者设施,有相应的消毒、更衣、盥洗、采光、照明、通风、防腐、防尘、防蝇、防鼠、防虫、洗涤,以及处理废水、存放垃圾和废弃物的设备或者设施。食品生产经营中应当具备相应的卫生设施。各种食品从原料、加工、生产、贮存、运输到销售的各个环节,如果有这些卫生设施,就可以形成一个有机链条,有效地防止和减少食品污染和腐败变质。

第三,食品生产经营人员的法定条件。食品生产经营应当符合食品安全标准,并有专职或者兼职的食品安全专业技术人员、食品安全管理人员和保证食品安全的规章制度。食品专业安全技术人员具有食品生产经营的专业知识,可以从专业的角度对食品进行检测、监督;管理人员通过科学管理可以有效降低各种食品安全风险。员工通过学习保证食品安全的各项规章制度,可以强化责任心,使操作符合规章要求,切实保证食品安全。食品生产经营应当有食品专

---

① 参见张守文主编:《餐饮服务安全监督管理与实务》,中国劳动社会保障出版社 2010 年版,第 1~2 页。

业安全技术人员、管理人员和保证食品安全的规章制度,与《食品卫生法》相比,该项是新增加的规定。

食品生产经营人员应当保持个人卫生,生产经营食品时,应当将手洗净,穿戴清洁的工作衣、帽等;销售无包装的直接入口食品时,应当使用无毒、清洁的容器、售货工具和设备。食品生产经营人员良好的个人卫生习惯,是防止食品污染"病从口入"的重要手段。个人卫生,是指食品生产经营人员的衣着外观整洁,指甲常剪,头发常理,勤洗澡等。操作前必须洗手,穿戴清洁的工作衣、帽;不在生产经营场所吸烟;销售无包装的直接入口食品时,应当使用无毒、清洁的售货工具。每道工序的人员相对固定,不得随意流动,未进行消毒和更换工作服的人员,不得进入工作岗位。

患有痢疾、伤寒、病毒性肝炎等消化道传染病的人员,以及患有活动性肺结核、化脓性或者渗出性皮肤病等有碍食品安全的疾病的人员,不得从事接触直接入口食品的工作,同时应当将其调整到其他不影响食品安全的工作岗位。食品生产经营人员每年应当进行健康检查,取得健康证明后方可参加工作。

第四,设备布局的法定条件。食品生产经营应当符合食品安全标准,并具有合理的设备布局和工艺流程,防止待加工食品与直接入口食品、原料与成品交叉污染,避免食品接触有毒物、不洁物。合理的设备布局和工艺流程应当做到系列化、自动化、管道化,避免前道工序的原料、半成品污染后道工序的成品,防止原料与成品、生食品与熟食品的交叉感染。每道工序的容器、工具和用具必须固定,须有各自相应的标志,防止交叉使用。使用的清洗剂、消毒剂以及杀虫剂、灭鼠剂等必须远离食品,存放于专柜,并由专人管理。对设备布局和工艺流程的卫生要求是为了防止食品在生产经营过程中受到污染。

第五,餐具等容器消毒方面的法定条件。食品生产经营应当符合食品安全标准,并且餐具、饮具和盛放直接入口食品的容器,使用前应当洗净、消毒,炊具、用具用后应当洗净,保持清洁。经营者必须保证使用者所使用的餐具、饮具都是经过消毒的,以达到消灭病原体,降低细菌数量,防止使用者互相传染,保证消费者身体健康。食具消毒方法可采用物理或化学方法。物理方法一般是指煮沸或蒸汽消毒法,这种方法无药物残留;化学方法一般使用消毒剂或洗涤剂,应采用经过卫生鉴定的、对人体无害的消毒剂或洗涤剂。

第六,存储、运输食品的法定条件。食品生产经营应当符合食品安全标准,并且贮存、运输和装卸食品的容器、工具和设备应当安全、无害,保持清洁,防止食品污染,并符合保证食品安全所需的温度、湿度等特殊要求,不得将食品与有毒、有害物品一同运输。食品贮存、运输、装卸过程中容易造成食品污染。一旦食品在此过程中因与毒物毗邻等原因造成污染,将威胁人民的生命安全,损失巨大。食品的运输、装卸卫生要求包括两个方面:一是运输、装卸食品的容器、工具、设备等必须是无毒无害材料做成,使用中必须按规定洗刷或消毒。二是食品装运的环境条件必须符合卫生要求,如散装食品装卸过程中不得毗邻有毒有害物质,不得将有毒有害物质与食品、食品与非食品、易于吸收气味的食品与有特殊气味的食品混同装运等。本项是2015年《食品安全法》所增设的规定,非食品生产经营者从事食品贮存、运输和装卸的,也应当符合法定条件。

第七,直接入口的食品的法定条件。食品生产经营应当符合食品安全标准,并且,直接入口的食品应当有小包装或者使用无毒、清洁的包装材料、餐具。食品小包装可以防止食用前的污染,且方便消费者食用。小包装必须使用无毒、清洁的包装材料,如食品包装用纸等。

第八,符合食品用水的法定条件。食品生产经营应当符合食品安全标准,并且用水应当符合国家规定的生活饮用水卫生标准。生活饮用水水质标准和卫生要求必须满足三项基本要求:(1)为防止介水传染病的发生和传播,要求生活饮用水不含病原微生物。(2)水中所含化学物质及放射性物质不得对人体健康产生危害,要求水中的化学物质及放射性物质不引起急性和慢性中毒及潜在的远期危害(致癌、致畸、致突变作用)。(3)水的感官性状是人们对饮用水的直观感觉,是评价水质的重要依据。生活饮用水必须确保口感良好,为大家所乐于饮用。

第九,洗涤剂和消毒剂的法定条件。食品生产经营者使用的洗涤剂、消毒剂应当对人体安全、无害。食品生产经营场所的一些用具、工具、容器必须采用洗涤剂和消毒剂进行清洁和消毒,以避免因工具、用具的不清洁或有毒而污染了食品。如果洗涤剂或消毒剂本身即含有毒素、病菌等,就会使污染更加严重,而且还因曾洗过或消毒过而忽视了进一步的清洗和消毒,失去补救的机会。因此,食品生产经营中使用的洗涤剂、消毒剂必须对人体安全、无害。

2. 生产经营者的禁止性义务

第一,禁止生产经营用非食品原料生产的食品或者添加食品添加剂以外的化学物质和其他可能危害人体健康的食品,或者用回收食品作为原料生产的食品。非食品原料生产的食品,是指用不能食用的工业原料生产的食品,如用工业酒精兑制的假酒等。添加食品添加剂以外的化学物质的食品,是指在食品中添加了不能食用的化学物质的食品,如添加三聚氰胺的婴儿奶粉等。用回收食品作为原料生产的食品,是指将不再符合食品要求的食品回收后再制成食品,如用地沟油再制成食品等。这些食品不符合食品标准,食用后会对人体健康造成损害,甚至导致死亡。

第二,致病性微生物、农药残留、兽药残留、生物毒素、重金属等污染物质,以及其他危害人体健康的物质含量超过食品安全标准限量的食品、食品添加剂、食品相关产品。此类食品都超过了食品安全限量标准,是法律和标准明确禁止生产的。

2005年我国就颁布实施了有关食品安全中相关物质的限量值,即国家标准《食品中污染物限量》。卫生部根据《食品安全法》及其实施条例规定,组织修订了《食品中污染物限量》(GB 2762—2012),并于2013年6月1日正式施行。食品安全限量标准,是指对食品中天然存在或由外界引入的不安全因素限定安全水平所做出的规定。一般致病性微生物、农药残留、兽药残留、生物毒素、重金属、污染物质,以及其他危害人体健康的物质含量超过食品安全标准限量,损害了身体健康,因此需要禁止生产经营。

第三,用超过保质期的食品原料、食品添加剂生产的食品、食品添加剂。产品的保质期,是指产品的最佳食用期。在保质期内,产品的生产企业对该产品质量符合有关标准或明示担保的质量条件负责,销售者可以放心销售这些产品,消费者可以安全使用。保质期应从食品加工结束当日起算,并在生产场内包装工序结束时加盖保质期限印记,不允许从发货之日和销售单位收货之日起计算。2014年国家食药监总局发布《关于进一步加强对超过保质期食品监管工作的通知》,严格规定对超过保质期食品和回收食品的处置。任何单位和个人,不得使用超过保质期食品和回收食品作为原料生产加工食品,不得使用更改生产日期、更改保质期或者改换包装等方式销售超过保质期食品和回收食品,不得将超过保质期食品销售给其他食品生产经营者。食品生产经营者要按照食品安全法等法律法规规定,对超过保质期食品和回收食品进行无害化处理或销毁(包装一并销毁),也可以通过由有资质的单位回收后转化为饲料或肥料等。需要销毁的,要根据待销毁食品的品种、数量等具体情况,自行或者委托有销毁能力的单位销毁,不得再次影响食品安全。必要时,食品生产经营者要及时通知当地食品药品监管部门监督销毁。食品生产经营者要建立超过保质期食品台账,如实记录停止经营、单独存放的超过保质期食品的名称、规格、数量、生产批号(或者生产日期)、停止经营的日期、停止经营的原因、采取的处置措施等内容,或者保留载有上述信息的单据,并要建立退货和回收食品台账。

第四,禁止超范围、超限量使用食品添加剂的食品。食品添加剂虽然有许多好处,但过量使用会对人体造成伤害。无论是天然的还是人工合成的食品添加剂,在被批准使用前,都要经过严格的食品安全性毒理学评价,证明其在一定的使用量下是安全的。实际上,任何物质超过一定摄入量时,都可能表现出毒性作用。毒性除与物质本身的化学结构和理化性质有关外,还与其有效浓度、作用时间、接触途径和部位、物质的相互作用与机体的机能状态等条件有关。因此,无论食品添加剂的毒性强弱、剂量大小,对人体均有一个剂量与效应关系的问题,即物质只有达到一定浓度或剂量水平,才显现毒害作用。

第五,禁止生产经营营养成分不符合食品安全标准的专供婴幼儿和其他特定人群的主辅食品。婴幼儿时期是人类生长发育的基础阶段,专供婴幼儿的食品应适应婴幼儿生长发育的特点。婴幼儿本身体质比较虚弱,免疫力较差,非常容易受病毒或细菌感染,而且由于受到体质限制等原因,他们不容易吸收食物的各种营养成分。所以专供婴儿的食品应根据年龄及生长发育的特点,为他们制定专项标准。其他特定人群一般指患有特殊疾病的人,如糖尿病人,或者身体有某种倾向的人,如易疲劳人群等,根据这些人体质的不同特点,应制定不同的食品标准。如果食品营养成分不符合食品安全标准,婴幼儿和其他特定人群就不能从食品中摄取足够的养分,进而影响身体健康。

第六,禁止生产经营腐败变质、油脂酸败、霉变生虫、污秽不洁、混有异物、掺假掺杂或者感官性状异常的食品和食品添加剂。食品的腐败变质指食品经过微生物作用使食品中某些成分发生变化,感官性状发生改变而丧失可食性的现象。这些食品一般含有沙门氏菌、痢疾杆菌、金黄色葡萄球菌等致病性病菌,易导致食物中毒。

油脂酸败指油脂和含油脂的食品,在贮存过程中经生物、酶、空气中的氧的作用,而发生变色、气味改变等变化,可造成不良的生理反应或食物中毒。霉变指霉菌污染繁殖,表面可见霉丝和霉变现象,可能产生毒素。污秽不洁指食物脏,不干净。混有异物,指食品中混同与之完全不同甚至有毒有害的物质。食物掺假指在食物中添加廉价或没有营养价值的物质,或从食品中抽去营养的物质或替换进此等物质。感官性状异常指上述以外的腐败变质或污染的情况。①

---

① 参见郑淑娜、刘沛、徐景和主编:《中华人民共和国食品安全法释义》,中国商业出版社2009年版,第95～96页。

第七，禁止生产经营病死、毒死或者死因不明的禽、畜、兽、水产动物肉类及其制品。病死、毒死或死因不明的禽、畜、兽、水产动物肉类体表及体内往往含有致病性微生物或寄生虫，人们在食用这类肉及其制品后会导致食物中毒，造成疾病甚至死亡。因此，病死、毒死或者死因不明的禽、畜、兽、水产动物肉类，禁止作为原料加工食品并绝对禁止销售。

第八，禁止生产经营未经动物卫生监督机构检疫或者检疫不合格的肉类，或者未经检验或者检验不合格的肉类制品。为了使群众吃上放心肉及肉制品，有必要对肉类及肉类制品进行检疫，检疫合格的，允许进入市场销售；同时检疫不合格的，说明某些指标不符合食品标准，应当坚决制止其流入市场，如针对生猪屠宰。我国《生猪屠宰管理条例》(2008年)第10条规定："生猪定点屠宰厂(场)屠宰的生猪，应当依法经动物卫生监督机构检疫合格，并附有检疫证明。经肉品品质检验合格的生猪产品，生猪定点屠宰厂(场)应当加盖肉品品质检验合格验讫印章或者附肉品品质检验合格标志。"

第九，禁止经营被包装材料、容器、运输工具等污染的食品、食品添加剂。包装材料一般指包装、盛放食品用的纸、竹、木、金属、搪瓷、天然纤维、玻璃等制品。生产后的产品要求使用符合要求的材料、容器包装，使用符合要求的运输工具运输。包装污秽、严重破损或者运输工具不洁，容易导致食品污染。食品污染后再销售给消费者，容易引起细菌感染、中毒，影响消费者健康。[①]

第十，标注虚假生产日期、保质期或者超过保质期的食品、食品添加剂。保质期是指产品在正常条件下的质量保证期限。产品的保质期由生产者提供，标注在限时使用的产品上。在保质期内，产品的生产企业对该产品质量符合有关标准或明示担保的质量条件负责，销售者可以放心销售这些产品，消费者可以安全食用。食品生产企业应当对必须标明保质期限的食品认真标出保质期。保质期应从食品加工结束当日算起，并在生产场内包装工序结束时加盖保质期限印记，不允许从发货之日和销售单位收货之日起计算。[②]

第十一，禁止销售无标签的预包装食品、食品添加剂。预包装食品，是指预先定量包装或者制作在包装材料和容器中的食品。在工商审批中原定型包装食品现修改为：预包装食品，是指可直接提供给消费者或者直接用于餐饮服务的食品。食品标签，是指预包装食品容器上的文字、图形、符号，以及一切说明

① 参见洪泽雄：《绿色食品包装材料的发展》，载《轻工科技》2015年第3期。
② 参见方甜甜：《论食品保质期》，载《粮油加工》2015年第2期。

物。预包装食品是指预先包装于容器中,以备交付给消费者的食品。食品标签的所有内容,不得以错误的、引起误解的或欺骗性的方式描述或介绍食品,也不得以直接或间接暗示性的语言、图形、符号,导致消费者将食品或食品的某一性质与另一产品混淆。此外,食品标签的所有内容,必须通俗易懂、准确、科学。食品标签是依法保护消费者合法权益的重要途径。广大消费者可以借助食品标签来选购食品。通过观察标签的整个内容,了解食品名称,了解其内容物是什么食品,是由什么原料和辅料制成的,以及生产厂家和质量情况等。同时生产者和销售者需要通过标签、品牌来扩大宣传,让广大消费者了解企业。不同生产企业可以以自己特有的标签标志来维护自己的合法权益,以防其他假冒自己食品标签的食品,这样也可以有利于加强企业间的交流。因此,法律规定禁止销售无标签的预包装食品。2015 年《食品安全法》增加了食品添加剂标签的相关规定,2015 年 5 月国家卫计委关于实施《食品添加剂使用标准》(GB 2760 — 2014) 问题的复函回答了关于食品添加剂名称修改带来的旧版标签标识问题,其中,指出在不影响食品安全的前提下,2016 年 6 月 30 日前生产的食品,允许其标签标识继续使用 GB 2760—2011 规定的食品添加剂名称,并在保质期内继续销售;2016 年 6 月 30 日起,食品生产企业必须按照 GB 2760—2014 规定的食品添加剂名称进行标签标识。[1]

第十二,禁止生产经营国家为防控疾病等特殊需要,而明令禁止生产经营的食品。该项规定是延续了《食品卫生法》的规定。对于国家明令禁止生产经营的食品,任何单位和个人不得生产经营。对于其他不符合食品安全标准或者要求的食品,禁止生产经营。

二、食品生产经营的主要法律制度研究

食品安全是一项系统工程,牵涉广大人民群众的生命健康,也关系着食品供应链上各主体的利益。企业的本质是利益的主体,生产企业经常为了节省成本,为了追求超额利润而任意降低食品安全的成本,最终造成全社会食品的安全隐患。因此,对食品生产经营环节的监管成为了食品安全监管的重要环节,为了更好地保障广大人民群众的身体健康,为了更加有效地防止食品安全事故的发生,《食品安全法》制定了食品生产经营法律制度作为监管的依据。其主要包括:食品生产许可制度、食品从业人员健康管理与培训制度、食品生产经营记

---

① 参见陶艳娟:《预包装食品标签常见问题浅析》,载《食品工业》2015 年第 1 期。

录与保存制度、食品标识标签制度、食品召回制度和食品广告制度等。

（一）食品生产经营许可制度

食品生产经营许可，是一种行政许可。行政许可，是指在法律一般禁止的情况下，行政主体根据行政相对方的申请，经依法审查，通过颁发许可证、执照等形式，赋予或确认行政相对方从事某种活动的法律资格或法律权利的一种具体行政行为。食品生产经营许可，是指有关行政机关根据公民、法人或者其他组织的申请，经依法审查，准予其从事特定食品生产经营活动的行为。食品生产经营的行政许可符合《行政许可法》第 12 条第 1 项规定："直接涉及国家安全、公共安全、经济宏观调控、生态环境保护以及直接关系人身健康、生命财产安全等特定活动，需要按照法定条件予以批准的事项。"对这类事项设定的行政许可，是指行政机关准予符合法定条件的公民、法人或者其他组织从事特定活动，其性质是确认具备行使既有权利的条件。对于涉及公民人身健康、生命财产安全的事项，主要功能是防止危险、保障安全。这种行为主要是相对人行使法定权利或者从事法律没有禁止但附有条件的活动进行准许，也就是通常所说的禁止的解除。

食品生产经营许可制度，是对食品生产经营许可进行法律规制所形成的制度。2009 年《食品安全法》第 29 条第 1 款规定："国家对食品生产经营实行许可制度。从事食品生产、食品流通、餐饮服务，应当依法取得食品生产许可、食品流通许可、餐饮服务许可。"依照 2009 年《食品安全法》的规定，我国食品生产经营行政许可制度包括食品生产许可制度、食品流通许可制度和餐饮服务许可制度三项。但根据《国务院机构改革和职能转变方案》，原来由质监部门负责的食品生产许可、工商部门负责的食品流通许可工作，统一调整为食品药品监管部门承担。地方食品药品监管机构改革完成后，由地方食品药品监管部门依法履行审核发放《食品生产许可证》、《食品流通许可证》和《餐饮服务许可证》的职责。同时，为保持食品安全许可管理工作的连续性和有效性，地方食品药品监管部门在机构改革到位后，继续按照质检和工商部门发布执行的许可证审查发放程序和条件，办理相关许可证的审查发放工作。同时，继续沿用现行版本的《食品生产许可证》、《食品流通许可证》和《餐饮服务许可证》，但许可证上的发证机关，相应调整为行政区域所在地负责发放许可证的食品药品监管局。婴幼儿配方乳粉的生产经营许可工作，除按照上述规定外，同时按照食品药品监管总局新发布的关于婴幼儿配方乳粉的规定一并执行。2015 年修订的《食品安全法》公布实施后，食品药品监管总局将按照法律规定，对食品安全许可管理工作作出统一规定。2014 年国务院印发《关于取消和调整一批行政审批项目等事项的决定》,取消和下放 58 项行政审批项目,取消 67 项职业资格许可和认定事项,取消 19 项评比达标表彰项目,将 82 项工商登记前置审批事项调整或明确为后置审批,其中包括了食品生产许可证、食品流通许可证和餐饮服务许可证。这样将实现"从'先证后照'到'先照后证',程序的变化形成了一个'时间差'"。在这个"时间差"内,市场主体可以完成创业前期的许多筹备工作。"过去拿不到照和证,前期的筹备工作都没法开展。现在可以先办照,办了照后可以去运作、筹备,同时去申请办证。这给企业带来了便利,降低了创业门槛,实现市场主体的'宽进'。"

2015 年《食品安全法》第 35 条第 1 款规定:"国家对食品生产经营实行许可制度。从事食品生产、食品销售、餐饮服务,应当依法取得许可。但是,销售食用农产品,不需要取得许可。"至此,通过国务院机构改革和《食品安全法》的修订,原先由三个部门分别审批的《食品生产许可证》、《食品流通许可证》和《餐饮服务许可证》统一由食品药品监管部门审批,且该重审批为事后审批。

2015 年 8 月 26 日为规范食品生产经营许可活动,加强食品生产经营监督管理,保障公众食品安全,国家食品药品监督管理总局局务会议审议通过《食品生产许可管理办法》和《食品经营许可管理办法》。同年 8 月 31 日,时任国家食品药品监督管理总局局长毕井泉签署第 16 号令和第 17 号令,并于 2015 年 10 月 1 日起施行。两局令将《食品流通许可》与《餐饮服务许可》两个许可整合为食品经营许可,减少许可数量;将食品添加剂生产许可纳入《食品生产许可管理办法》,规定食品添加剂生产许可申请符合条件的,颁发食品生产许可证,并标注食品添加剂;食品生产许可实行一企一证原则,即同一个食品生产者从事食品生产活动,应当取得一个食品生产许可证;食品经营许可实行一地一证原则,即食品经营者在一个经营场所从事食品经营活动,应当取得一个食品经营许可证;食品药品监督管理部门按照食品的风险程度对食品生产经营实施分类许可。

1. 食品生产许可制度

食品生产许可,是从事食品生产加工活动的主体向相应的行政机关提出申请,在符合法定的条件和履行法定程序后,主管机关准予其从事特定的食品生产活动的行政行为。通过行政许可的主体将获得食品生产行政许可,根据行政许可的范围从事食品生产活动。食品生产许可证是工业产品许可证制度的一个组成部分,是为保证食品的质量安全,由国家主管食品生产领域质量监督工作的行政部门制定,并实施的一项旨在控制食品生产加工企业生产条件的监控制度。该制度规定:从事食品生产加工的公民、法人或其他组织,必须具备保证产品质量安全的基本生产条件,按规定程序获得《食品生产许可证》,方可从事食品生产。没有取得《食品生产许可证》的企业不得生产食品,任何企业和个人不得销售无证食品。为了保障食品安全,加强食品生产监管,规范食品生产许可活动,根据《食品安全法》、《食品安全法实施条例》和《行政许可法》以及产品质量、生产许可等法律法规的规定,制定了《食品生产许可管理办法》,其规定企业从事食品生产活动以及质量技术监督部门实施食品生产许可,必须遵守《食品生产许可管理办法》。《食品生产许可管理办法》,制定了食品生产许可制度的相关规定:

（1）申请食品生产许可的具体要求。按照《食品生产许可管理办法》的具体要求,取得食品生产许可,应当符合食品安全标准及下列要求:①具有与生产的食品品种、数量相适应的食品原料处理和食品加工、包装、贮存等场所,保持该场所环境整洁,并与有毒、有害场所以及其他污染源保持规定的距离。②具有与生产的食品品种、数量相适应的生产设备或者设施,有相应的消毒、更衣、盥洗、采光、照明、通风、防腐、防尘、防蝇、防鼠、防虫、洗涤,以及处理废水、存放垃圾和废弃物的设备或者设施;保健食品生产工艺有原料提取、纯化等前处理工序的,需要具备与生产的品种、数量相适应的原料前处理设备或者设施。③有专职或者兼职的食品安全管理人员,有保证食品安全的规章制度。④具有合理的设备布局和工艺流程,防止待加工食品与直接入口食品、原料与成品交叉污染,避免食品接触有毒物、不洁物。⑤法律、法规规定的其他条件。

（2）申请食品生产许可应提交的材料。《食品生产许可管理办法》第13条规定,申请食品生产许可所提交的材料,应当真实、合法、有效。申请人应在食品生产许可申请书等材料上签字确认。拟设立食品生产企业申请食品生产许可的,应当向生产所在地食药监部门提出,并提交下列材料:①食品生产许可申请书;②申请人营业执照复印件;③食品生产加工场所及其周围环境平面图、各功能区间布局平面图、工艺设备布局图和食品生产工艺流程图;④食品生产主要设备、设施清单;⑤进货查验记录、生产过程控制、出厂检验记录、食品安全自查、从业人员健康管理、不安全食品召回、食品安全事故处置等保证食品安全的规章制度。办理过程中,申请人委托他人办理食品生产许可申请的,代理人应当提交授权委托书以及代理人的身份证明文件。

（3）食品生产许可的程序。县级以上食药监部门依照有关法律、行政法规规定审核相关资料、核查生产场所、检验相关产品;对相关资料、场所符合规定要求以及相关产品符合食品安全标准或者要求的,应当作出准予许可的决定。进行食品生产许可应遵循以下程序:第一,核对申请材料。县级以上地方食品药品监督管理部门应当对申请人提交的申请材料进行审查。申请事项依法不需要取得食品生产许可的,应当即时告知申请人不受理。申请事项依法不属于食品药品监督管理部门职权范围的,应当即时作出不予受理的决定,并告知申请人向有关行政机关申请。申请材料存在可以当场更正的错误的,应当允许申请人当场更正,由申请人在更正处签名或者盖章,注明更正日期。申请材料不齐全或者不符合法定形式的,应当当场或者在 5 个工作日内一次告知申请人需要补正的全部内容。当场告知的,应当将申请材料退回申请人;在 5 个工作日内告知的,应当收取申请材料并出具收到申请材料的凭据;逾期不告知的,自收到申请材料之日起即为受理。申请材料齐全、符合法定形式,或者申请人按照要求提交全部补正材料的,应当受理食品生产许可申请。县级以上地方食品药品监督管理部门对申请人提出的申请决定予以受理的,应当出具受理通知书;决定不予受理的,应当出具不予受理通知书,说明不予受理的理由,并告知申请人依法享有申请行政复议或者提起行政诉讼的权利。第二,现场核查。食品药品监督管理部门在食品生产许可现场核查时,可以根据食品生产工艺流程等要求,核查试制食品检验合格报告。在食品添加剂生产许可现场核查时,可以根据食品添加剂品种特点,核查试制食品添加剂检验合格报告、复配食品添加剂组成等。现场核查应当由符合要求的核查人员进行。核查人员不得少于 2 人,并且应当出示有效证件,填写食品生产许可现场核查表,制作现场核查记录,经申请人核对无误后,由核查人员和申请人在核查表和记录上签名或者盖章。申请人拒绝签名或者盖章的,核查人员应当注明情况。申请保健食品、特殊医学用途配方食品、婴幼儿配方乳粉生产许可,在产品注册时经过现场核查的,可以不再进行现场核查。食品药品监督管理部门可以委托下级食品药品监督管理部门,对受理的食品生产许可申请进行现场核查。核查人员应当自接受现场核查任务之日起 10 个工作日内,完成对生产场所的现场核查。第三,许可决定。除可以当场作出行政许可决定的以外,县级以上地方食品药品监督管理部门应当自受理申请之日起 20 个工作日内作出是否准予行政许可的决定。因特殊原因需要延长期限的,经本行政机关负责人批准,可以延长 10 个工作日,并应当将延长期限的理由告知申请人。县级以上地方食品药品监督管理部门应当根据申请材料审查和现场核查等情况,对符合条件的,作出准予生产许可的决定,并自作出决定之日起 10 个工作日内向申请人颁发食品生产许可证;对不符合条件的,应当及时作出不予许可的书面决定并说明理由,同时告知申请人依法享有申请行政复议或者提起行政诉讼的权利。食品添加剂生产许可申请符合条件的,由申请人所在地县级以上地方食品药品监督管理部门依法颁发食品生产许可证,并标注食品添加剂。① 县级以上地方食品药品监督管理部门认为食品生产许可申请涉及公共利益的重大事项,需要听证的,应当向社会公告并举行听证。食品生产许可直接涉及申请人与他人之间重大利益关系的,县级以上地方食品药品监督管理部门在作出行政许可决定前,应当告知申请人、利害关系人享有要求听证的权利。申请人、利害关系人在被告知听证权利之日起 5 个工作日内提出听证申请的,食品药品监督管理部门应当在 20 个工作日内组织听证。听证期限不计算在行政许可审查期限之内。

(4)食品生产许可证的有效期限。食品生产许可证发证日期为许可决定作出的日期,有效期为 5 年。食品经营者需要延续依法取得的食品经营许可的有效期的,应当在该食品经营许可有效期届满 30 个工作日前,向原发证的食品药品监督管理部门提出申请。原发证的食品药品监督管理部门决定准予延续的,应当向申请人颁发新的食品经营许可证,许可证编号不变,有效期自食品药品监督管理部门作出延续许可决定之日起计算。

(5)食品生产许可证的变更和注销。食品生产许可证有效期内,现有工艺设备布局和工艺流程、主要生产设备设施、食品类别等事项发生变化,需要变更食品生产许可证载明的许可事项的,食品生产者应当在变化后 10 个工作日内,向原发证的食品药品监督管理部门提出变更申请。生产场所迁出原发证的食品药品监督管理部门管辖范围的,应当重新申请食品生产许可证。食品生产许可证副本载明的同一食品类别内的事项、外设仓库地址发生变化的,食品生产者应当在变化后 10 个工作日内,向原发证的食品药品监督管理部门报告。同时,《食品生产许可管理办法》还规定食品生产者终止食品生产,食品生产许可被撤回、撤销或者食品生产许可证被吊销的,应当在 30 个工作日内,向原发证的食品药品监督管理部门申请办理注销手续。

2. 食品经营许可制度

我国《食品安全法》规定了食品流通许可制度,食品流通许可制度是我国食品生产经营许可制度中的三大许可制度之一。凡在流通环节从事食品经营的,

---

① 参见柳泉伟:《如何做好食品生产许可现场审查工作》,载《食品安全导论》2015 年第 3 期。

应当依法取得食品流通许可证。对食品经营者必须坚持先证后照,未取得前置审批文件,不得办理注册登记手续。2009 年我国开始施行《食品安全法》,同时也正式启用了食品流通许可证制度,取代已沿用了几十年的食品卫生许可证。为了规范食品流通许可行为,加强《食品流通许可证》管理,根据《食品安全法》《行政许可法》《食品安全法实施条例》等有关法律、法规的规定,制定了《食品流通许可证管理办法》。食品流通许可的申请受理、审查批准以及相关的监督检查等行为,适用《食品流通许可证管理办法》。在流通环节从事食品经营的,应当依法取得食品流通许可。2015 年 8 月 31 日国家食品药品监督管理总局令第 17 号公布《食品经营许可管理办法》。将《食品流通许可》与《餐饮服务许可》两个许可整合为食品经营许可。

(1)申请食品流通许可的要求。按照《食品经营许可管理办法》第 11 条的规定,申请领取《食品经营许可证》,应当符合食品安全标准,并符合下列要求:①具有与经营的食品品种、数量相适应的食品原料处理和食品加工、销售、贮存等场所,保持该场所环境整洁,并与有毒、有害场所以及其他污染源保持规定的距离;②具有与经营的食品品种、数量相适应的经营设备或者设施,有相应的消毒、更衣、盥洗、采光、照明、通风、防腐、防尘、防蝇、防鼠、防虫、洗涤以及处理废水、存放垃圾和废弃物的设备或者设施;③有专职或者兼职的食品安全管理人员和保证食品安全的规章制度;④具有合理的设备布局和工艺流程,防止待加工食品与直接入口食品、原料与成品交叉污染,避免食品接触有毒物、不洁物;⑤法律、法规规定的其他条件。

(2)申请食品流通许可应提交的材料。按照《食品经营许可管理办法》第 12 条的规定,申请领取《食品经营许可证》,应当提交下列材料:①食品经营许可申请书;②营业执照或者其他主体资格证明文件复印件;③与食品经营相适应的主要设备设施布局、操作流程等文件;④食品安全自查、从业人员健康管理、进货查验记录、食品安全事故处置等保证食品安全的规章制度。利用自动售货设备从事食品销售的,申请人还应当提交自动售货设备的产品合格证明、具体放置地点,经营者名称、住所、联系方式、食品经营许可证的公示方法等材料。申请人委托他人办理食品经营许可申请的,代理人应当提交授权委托书以及代理人的身份证明文件。

(3)申请食品经营许可应提交的材料。拟设立食品生产企业申请食品经营许可的,应当向生产所在地食药监部门提出,并提交下列材料:①食品经营许可申请书;②营业执照或者其他主体资格证明文件复印件;③与食品经营相适应的主要设备设施布局、操作流程等文件;④食品安全自查、从业人员健康管理、进货查验记录、食品安全事故处置等保证食品安全的规章制度。利用自动售货设备从事食品销售的,申请人还应当提交自动售货设备的产品合格证明、具体放置地点,经营者名称、住所、联系方式、食品经营许可证的公示方法等材料。

(4)食品生产许可的程序。进行食品生产许可应遵循以下程序:第一,核对申请材料。申请事项依法不需要取得食品经营许可的,应当即时告知申请人不受理。申请事项依法不属于食品药品监督管理部门职权范围的,应当即时作出不予受理的决定,并告知申请人向有关行政机关申请。申请材料存在可以当场更正的错误的,应当允许申请人当场更正,由申请人在更正处签名或者盖章,注明更正日期。申请材料不齐全或者不符合法定形式的,应当当场或者在 5 个工作日内一次告知申请人需要补正的全部内容。当场告知的,应当将申请材料退回申请人;在 5 个工作日内告知的,应当收取申请材料并出具收到申请材料的凭据;逾期不告知的,自收到申请材料之日起即为受理。申请材料齐全、符合法定形式,或者申请人按照要求提交全部补正材料的,应当受理食品经营许可申请。县级以上地方食品药品监督管理部门对申请人提出的申请决定予以受理的,应当出具受理通知书;决定不予受理的,应当出具不予受理通知书,说明不予受理的理由,并告知申请人依法享有申请行政复议或者提起行政诉讼的权利。第二,现场核查。需要对申请材料的实质内容进行核实的,应当进行现场核查。仅申请预包装食品销售(不含冷藏冷冻食品)的,以及食品经营许可变更不改变设施和布局的,可以不进行现场核查。现场核查应当由符合要求的核查人员进行。核查人员不得少于 2 人。核查人员应当出示有效证件,填写食品经营许可现场核查表,制作现场核查记录,经申请人核对无误后,由核查人员和申请人在核查表和记录上签名或者盖章。申请人拒绝签名或者盖章的,核查人员应当注明情况。食品药品监督管理部门可以委托下级食品药品监督管理部门,对受理的食品经营许可申请进行现场核查。核查人员应当自接受现场核查任务之日起 10 个工作日内,完成对经营场所的现场核查。第三,许可决定。除可当场作出行政许可决定的以外,县级以上地方食品药品监督管理部门,应当自受理申请之日起 20 个工作日内作出是否准予行政许可的决定。因特殊原因需要延长期限的,经本行政机关负责人批准,可以延长 10 个工作日,并应当将延长期限的理由告知申请人。县级以上地方食品药品监督管理部门,应当根据申请材料审查和现场核查等情况,对符合条件的,作出准予经营许可的决定,并自作出决定之日起 10 个工作日内向申请人颁发食品经营许可证;对不符合条件的,应当及时作出不予许可的书面决定并说明理由,同时告知申请人依法享有申请行政复议或者提起行政诉讼的权利。①

(5)食品生产许可证的有效期限。食品生产许可证发证日期为许可决定作出的日期,有效期为5年。食品经营者需要延续依法取得的食品经营许可的有效期的,应当在该食品经营许可有效期届满30个工作日前,向原发证的食品药品监督管理部门提出申请。原发证的食品药品监督管理部门决定准予延续的,应当向申请人颁发新的食品经营许可证,许可证编号不变,有效期自食品药品监督管理部门作出延续许可决定之日起计算。

(6)食品生产许可证的变更和注销。食品经营许可证载明的许可事项发生变化的,食品经营者应当在变化后10个工作日内,向原发证的食品药品监督管理部门申请变更经营许可。经营场所发生变化的,应当重新申请食品经营许可。外设仓库地址发生变化的,食品经营者应当在变化后10个工作日内,向原发证的食品药品监督管理部门报告。同时,《食品经营许可管理办法》还规定食品经营者终止食品经营,食品经营许可被撤回、撤销或者食品经营许可证被吊销的,应当在30个工作日内,向原发证的食品药品监督管理部门申请办理注销手续。

3.食品生产经营许可制度的特殊规定

(1)食品生产经营许可制度的特殊规定

根据《食品安全法》第35条的规定:"国家对食品生产经营实行许可制度。从事食品生产、食品销售、餐饮服务,应当依法取得许可。但是,销售食用农产品,不需要取得许可。"现阶段,从我国实际情况来看,农产品经营主体多为农民或小、散个体经营者,经营的对象是蔬菜、瓜果等鲜活农产品,很难通过实行许可进行管理。同时,食用农产品又不同于预报包装食品,无法实施标签、包装明示生产日期、保质期等要素,在这种情况下,《农产品质量安全法》也没有对食用农产品的销售规定许可制度。在2015年《食品安全法》将农产品销售纳入本法调整范围后,宜继续维持现行做法,明确销售食用农产品不需要取得许可。同时,通过增加食用农产品批发市场检验、建立进货查验记录制度等规定,进行源头控制。执法部门应当加强对食用农产品市场销售的日常监督管理,以确保食品安全。

---

① 参见张凤艳、张传增:《食品生产许可中的产品执行标准探讨》,载《中国食品药品监督》2016年第10期。

（2）对食品生产加工小作坊和食品摊贩的相关规定

目前，小作坊小摊贩在全国范围内普遍存在，遍及城乡，食品小作坊和小摊贩是食品安全的薄弱环节。由于食品小作坊和小摊贩规模小、分布散、卫生条件参差不齐、生产方式落后，监管难度大，导致"黑作坊"频现、食品安全问题突出。2015 年《食品安全法》首次提出应加强食品生产加工小作坊和食品摊贩的监督管理，其中，第 36 条规定："食品生产加工小作坊和食品摊贩等从事食品生产经营活动，应当符合本法规定的与其生产经营规模、条件相适应的食品安全要求，保证所生产经营的食品卫生、无毒、无害，食品药品监督管理部门应当对其加强监督管理。县级以上地方人民政府应当对食品生产加工小作坊、食品摊贩等进行综合治理，加强服务和统一规划，改善其生产经营环境，鼓励和支持其改进生产经营条件，进入集中交易市场、店铺等固定场所经营，或者在指定的临时经营区域、时段经营。食品生产加工小作坊和食品摊贩等的具体管理办法由省、自治区、直辖市制定。"《食品安全法》要求地方应该制定食品生产加工小作坊和食品摊贩具体的管理办法。同时，按照《立法法》的规定，明确要求国家机关对专门事项作出配套具体规定的，有关国家机关应在法律实施 1 年内作出规定。修改后的《食品安全法》2015 年 10 月 1 日起施行，因此，在 2016 年 10 月 1 日之前，各个省、自治区、直辖市都要制定对小加工作坊和小摊贩具体的管理办法。

（3）对食品相关产品的管理规定

《食品安全法》第 41 条规定："生产食品相关产品应当符合法律、法规和食品安全国家标准。对直接接触食品的包装材料等具有较高风险的食品相关产品，按照国家有关工业产品生产许可证管理的规定实施生产许可。质量监督部门应当加强对食品相关产品生产活动的监督管理。"食品相关产品，是指与食品直接接触，从而可能会影响到食品安全的各类产品。具体包括三类：一是直接接触食品的材料和制品，如食品用包装、容器、工具、加工设备以及涂料等。二是食品添加剂，如食用香精香料、食用色素、酵母等。三是食品生产加工用化工产品，如洗涤剂、消毒剂、润滑剂等。从材质上包括：塑料、纸、竹、木、金属、搪瓷、陶瓷、橡胶、天然纤维、化学纤维、玻璃等。食品相关产品对食品安全有着重大的影响，食品相关产品是食品安全不可分割的、重要的组成部分。有些食品本身没有问题，但由于与它接触的相关产品的影响而发生不安全问题。这种影响主要表现在：第一，相关产品自身在生产制造中发生问题，如设计问题、制造问题；第二，相关产品自身没有问题，但在与食品接触后发生问题，如不同材质的相关产品与不同的食品接触以及不同的保质期和保存方法等,会引发食品的酸碱的、物理的或其他方面的化学变化。这类问题大多是潜在的,随着时间的推移不断地蓄积,进而凸显出来。工业产品生产许可证是生产许可证制度的一个组成部分,是为保证产品的质量安全,由国家主管产品生产领域质量监督工作的行政部门制定并实施的、一项旨在控制产品生产加工企业生产条件的监控制度。该制度规定:从事产品生产加工的公民、法人或其他组织,必须具备保证产品质量安全的基本生产条件,按规定程序获得《工业产品生产许可证》,方可从事产品生产。没有取得《工业产品生产许可证》的企业不得生产产品,任何企业和个人不得无证销售。按照食品相关产品生产许可证目录,主要涉及的食品相关产品有食品用塑料包装容器工具等制品、食品用纸包装容器等制品、餐具洗涤剂、压力锅、工业和商用电热食品加工设备。

(4)利用新的食品原料的相关规定

申请利用新的食品原料从事食品生产或者从事食品添加剂新品种、食品相关产品新品种生产活动的单位或者个人,应当向国务院卫生行政部门提交相关产品的安全性评估材料。国务院卫生行政部门应当自收到申请之日起 60 日内对相关产品的安全性评估材料进行审查;对符合食品安全要求的,依法决定准予许可并予以公布;对不符合食品安全要求的,决定不予许可并书面说明理由。根据《食品安全法》及其实施条例规定,国家卫生行政部门负责新食品原料的安全性评估材料审查。为规范新食品原料安全性评估材料审查工作,国家卫生计生委将原卫生部依据《食品卫生法》制定的《新资源食品管理办法》修订为《新食品原料安全性审查管理办法》(2013 年国家卫生计生委主任第 1 号令),并于2013 年 10 月 1 日正式实施。《新食品原料安全性审查管理办法》规定,新食品原料,是指在我国无传统食用习惯的以下物品:动物、植物和微生物;从动物、植物和微生物中分离的成分;原有结构发生改变的食品成分;其他新研制的食品原料。属于上述情形之一的物品,如需开发用于普通食品的生产经营,应当按照《新食品原料安全性审查管理办法》的规定申报批准。国家卫生计生委根据新食品原料的安全性审查结论,对符合食品安全要求的,准予许可并予以公告;对不符合食品安全要求的,不予许可并书面说明理由。

(二)全程追溯制度

CAC 与国际标准化组织 ISO(8042:1994)把可追溯性的概念定义为"通过登记的识别码,对商品或行为的历史和使用或位置予以追踪的能力"。可追溯性是利用已记录的标记(这种标识对每一批产品都是唯一的,即标记和被追溯对象有一一对应关系。同时,这类标识已作为记录保存)追溯产品的历史(包括用于该产品的原材料、零部件的来历)、应用情况、所处场所或类似产品或活动的能力。全程追溯制度,是指通过已记录的产品标识追溯产品的历史来源,包括产品的原材料来源,加工过程,运输储存方式等信息,实现对食品生产的追本溯源。食品安全追溯体系源于欧盟,当时是为了防止"疯牛病"而制定的一种措施。随后,加拿大、美国、日本纷纷引入,之后可追溯体系作为食品质量安全风险控制的管理手段,越来越受到各国的关注。根据 CAC 指出,可追溯体系是食品风险管理的关键。食品安全可追溯包括两大层次:第一层次是企业对食品生产链的信息可追溯,包括生产链环节中以个体识别为信息载体的食品安全可追溯系统;第二层次是政府对于生产链信息的监管数据库建设,如澳大利亚国家牲畜认证 NLIS 系统、美国动物监测 NAIS 系统。第二层次的可追溯数据库通过生产链信息监测,可以推动可追溯信息与消费者和利益相关方的有效交流,实现与终端检验信息相结合的食品安全风险预警与交流,为风险管理提供更为丰富的技术支撑手段。[①]

我国《食品安全法》第 3 条规定:"食品安全工作实行预防为主、风险管理、全程控制、社会共治,建立科学、严格的监督管理制度。"第 42 条规定:"国家建立食品安全全程追溯制度。食品生产经营者应当依照本法的规定,建立食品安全追溯体系,保证食品可追溯。国家鼓励食品生产经营者采用信息化手段采集、留存生产经营信息,建立食品安全追溯体系。国务院食品药品监督管理部门会同国务院农业行政等有关部门建立食品安全全程追溯协作机制。"2016 年11 月 24 日食药监总局发布《关于食品生产经营企业建立食品安全追溯体系的指导意见(征求意见稿)》。该意见稿指出,企业食品安全信息记录与保存,是食品安全追溯体系有效运行的基础。食品生产经营企业建立食品安全追溯体系,应遵循企业建立、部门指导、分类实施、统筹协调四大原则。食品生产经营企业建立食品安全追溯体系的核心和基础是记录全程质量安全信息。该意见稿要求,食品生产经营企业是第一责任人、食品安全追溯体系建设的责任主体,要根据相关法律、法规与标准等规定,结合企业实际,建立食品安全追溯体系,履行追溯责任。食品生产经营企业要建立食品安全追溯体系,客观、有效、真实地记录和保存食品质量安全信息,实现食品质量安全顺向可追踪、逆向可溯源、风险

---

① 参见杨桐:《食品安全全程控制关键在于建立可追溯体系》,载中国医药报网:http://news. xinhuanet. com. ,最后访问日期:2015 年 5 月 15 日。

可管控。食品药品监管部门要根据有关法律、法规与标准等规定,指导和监督食品生产经营企业建立食品安全追溯体系。各相关部门要按照属地管理原则,做好统筹、协调、推进工作。食品药品监管部门要注重同农业、出入境检验检疫等部门沟通协调,促使食品、食用农产品追溯体系有效衔接。①

(三)食品安全保险责任制度

所谓食品安全责任险,是指以被保险人对食品安全事故受害人依法应负的赔偿责任为保险标的的保险,能够为食品生产、加工、销售、餐饮服务等各个环节的食品安全问题提供风险保障,有助于食品安全事故发生后及时地补偿受害消费者等。2014年8月国务院发布《关于加快发展现代保险服务业的若干意见》,明确提出在与公众利益关系密切的食品安全等领域,探索开展强制责任保险试点的要求。并将食品安全责任保险试点情况纳入地方食品安全工作考核评价体系,将企业投保情况纳入企业信用记录和分级分类管理指标体系,已投保企业可优先获得行业专项支持和政府扶持政策。2015年2月中国保监会表示,将会同国务院食品安全委员会办公室、国家食品药品监管总局联合印发《关于开展食品安全责任保险试点工作的指导意见》(以下简称《指导意见》),此举标志着中国食品安全责任保险制度初步建立,相关试点工作将在全国范围内启动。《指导意见》将食品安全责任保险试点情况纳入地方食品安全工作考核评价体系,企业投保情况也将纳入企业信用记录和分级分类管理指标体系,已投保企业可优先获得行业专项支持和政府扶持政策。首批纳入试点重点推进的食品企业有:食品生产加工环节的肉制品、食用油、酒类、保健食品、婴幼儿配方乳粉、液态奶、软饮料、糕点等企业;经营环节的集体用餐配送单位、餐饮连锁企业、学校食堂、网络食品交易第三方平台的入网食品经营单位等;当地特有的、属于食品安全事故高发的行业和领域。

(四)食品从业人员安全管理与健康培训制度

随着现代生活节奏的加快,在外就餐的人越来越多,我国大中小型餐饮业也迅猛增长,餐饮业作为食品安全的重要环节越来越被人们所重视。食品安全直接关系着人民群众的身体健康和生活质量。食品污染造成的疾病可能是当今世界影响范围最大的卫生问题,食品安全比任何时候都重要。因此,为了预防传染病的传播和由于食品污染引起的食源性疾病及食物中毒的发生,保障消

---

① 参见食药监总局:《食品生产企业建立追溯体系应坚持四原则》,载法治网:http://www.legaldaily.com.cn/.,最后访问日期:2016年11月24日。

费者的身体健康,食品生产经营者建立并执行从业人员健康管理制度是有必要的。

我国《食品安全法》第 44 条、第 45 条和第 46 条,规定了食品从业人员安全管理与健康培训制度,结合其他相关规定应包括以下几个方面:

第一,食品生产经营企业应当建立健全本单位的食品安全管理制度。不同类型的食品生产经营单位应制定相应的管理制度。如食品经营企业的食品安全管理制度,一般应包括经营食品索证索票制度、台账管理制度、库房管理制度、食品销售与展示卫生制度、从业人员健康检查制度、从业人员食品安全知识培训制度、食品用具清洗消毒制度和卫生检查制度等。通过建立相关规章制度,把法律有关规定变成食品生产经营企业的规章制度,并要求每个食品从业人员认真遵守。通过该制度的实施,有利于加强对食品生产经营过程的管理。

第二,食品生产经营企业应加强对职工食品安全知识的培训。食品生产环节肩负着相比其他流通等环节更加艰巨的任务,也承担着更重的安全风险。对食品生产环节从业人员的食品安全培训,具有十分重要的意义。企业可以从四个方面来加强对职工的培训:(1)加强对职工安全知识的培训。加强食品生产经营从业人员的安全培训,可以强化食品生产经营从业人员的安全意识,增强食品生产经营从业人员的职业素养。(2)食品生产经营企业应当组织职工学习食品安全法律、法规、规章、标准和其他食品安全知识。同时还应掌握与本单位工作密切相关的法规的内容和各项标准的具体规定。(3)食品生产企业应当通过相关安全知识的培训和学习,进一步明确安全责任。要明确生产经营是第一责任人的意识,以便更好地实现食品安全的目标。(4)食品生产经营企业应当对相关安全知识的培训及学习情况建立培训档案。培训档案的建立可以推进食品生产经营企业安全培训的系统性和连贯性,从而针对培训和学习情况,及时更新培训信息,及时改进实际生活中面临的问题。

第三,食品生产经营企业应配备食品安全管理人员,做好对所生产经营食品的检验工作。企业是食品安全的第一责任人,企业食品安全管理水平的高低,在相当程度上决定了食品是否安全。食品生产经营企业的主要负责人应当落实企业食品安全管理制度,对本企业的食品安全工作全面负责。食品生产经营企业配备专职或者兼职食品安全管理人员,应具有食品生产经营的专业知识,可以从专业的角度对食品进行监测、监督。食品安全管理人员通过有效的监测和监督可以降低各种食品安全风险。食品生产经营企业应当配备食品安全管理人员,加强对其培训和考核;经考核不具备食品安全管理能力的,不得上岗。食品药品监督管理部门应当对企业食品安全管理人员随机进行监督抽查考核并公布考核情况;监督抽查考核不得收取费用。

第四,建立食品从业人员健康管理制度。《食品安全法》第45条规定:"食品生产经营者应当建立并执行从业人员健康管理制度。患有国务院卫生行政部门规定的有碍食品安全疾病的人员,不得从事接触直接入口食品的工作。"如患有痢疾、伤寒、病毒性肝炎等消化道传染病的人员,以及患有活动性肺结核、化脓性或者渗出性皮肤病等有碍食品安全的疾病的人员,不得从事接触直接入口食品的工作。食品生产经营人员每年应当进行健康检查,取得健康证明后方可参加工作。同时,《食品安全法实施条例》第23条第1款后半部分规定:"从事接触直接入口食品工作的人员患有痢疾、伤寒、甲型病毒性肝炎、戊型病毒性肝炎等消化道传染病,以及患有活动性肺结核、化脓性或者渗出性皮肤病等有碍食品安全的疾病的,食品生产经营者应当将其调整到其他不影响食品安全的工作岗位。"食品生产经营企业应当建立并严格执行从业人员健康检查和健康档案制度。在食品生产经营过程中很容易受到病原体的污染,从而成为食源性疾病,特别是肠道传染疾病的传染媒介。食品生产经营从业人员健康检查制度是食品生产经营从业人员健康管理制度的主要内容之一,主要是为了防止食品生产经营从业人员因其所患疾病污染食品。从业人员只有取得健康证明并符合从事食品生产经营要求的状况下,才能从事食品生产经营活动。对于患有痢疾、伤寒、甲型病毒性肝炎、戊型病毒性肝炎等消化道传染病,以及患有活动性肺结核、化脓性或者渗出性皮肤病等有碍食品安全的疾病的,食品生产经营者应当将其调整到其他不影响食品安全的工作岗位。对于那些需要转岗却没有相应就业技能的从业人员,食品生产经营者应尽可能对此类职工进行转岗培训,然后再调换到其他不影响食品安全的岗位上。

(五)食品生产经营者应当建立食品安全自查制度

《食品安全法》第47条规定:"食品生产经营者应当建立食品安全自查制度,定期对食品安全状况进行检查评价。生产经营条件发生变化,不再符合食品安全要求的,食品生产经营者应当立即采取整改措施;有发生食品安全事故潜在风险的,应当立即停止食品生产经营活动,并向所在地县级人民政府食品药品监督管理部门报告。"

此条规定确立了我国食品生产企业安全自查的制度,对视频进行定期检查是企业的责任和强制性义务。食品生产企业应当建立食品出厂检验记录制度,查验出厂食品的检验合格证和安全状况,如实记录食品的名称、规格、数量、生产日期或者生产批号、保质期、检验合格证号、销售日期，以及购货者名称、地址、联系方式等内容，并保存相关凭证。食品生产企业应当建立食品出厂检验记录制度，查验出厂食品的检验合格证和安全状况，如实记录食品的名称、规格、数量、生产日期或者生产批号、保质期、检验合格证号、销售日期，以及购货者名称、地址、联系方式等内容，并保存相关凭证。食品、食品添加剂、食品相关产品的生产者，应当按照食品安全标准对所生产的食品、食品添加剂、食品相关产品进行检验，检验合格后方可出厂或者销售。食用农产品批发市场应当配备检验设备和检验人员或者委托符合本法规定的食品检验机构，对进入该批发市场销售的食用农产品进行抽样检验；发现不符合食品安全标准的，应当要求销售者立即停止销售，并向食品药品监督管理部门报告。

对通过良好生产规范、危害分析与关键控制点体系认证的食品生产经营企业，认证机构应当依法实施跟踪调查。对不再符合认证要求的企业，应当依法撤销认证，及时向县级以上人民政府食品药品监督管理部门通报，并向社会公布。认证机构实施跟踪调查，不得收取费用。HACCP 是对可能发生在食品加工环节中的危害进行评估，进而采取控制的一种预防性的食品安全控制体系。HACCP 有别于传统的质量控制方法，它是对原料、各生产工序中影响产品安全的各种因素进行分析，确定加工过程中的关键环节，建立并完善监控程序和监控标准，采取有效的纠正措施，将危害预防、消除或降低到消费者可接受水平，以确保食品加工者能为消费者提供更安全的食品。HACCP 表示危害分析的临界控制点，能确保食品在消费的生产、加工、制造、准备和食用等过程中的安全，在危害识别、评价和控制方面是一种科学、合理和系统的方法。但不代表健康方面一种不可接受的威胁。它可以识别食品生产过程中可能发生的环节并采取适当的控制措施防止危害的发生，并通过对加工过程的每一步进行监视和控制，从而降低危害发生的概率。

（六）食品生产经营信息记录制度

食品生产经营信息记录制度，是指食品生产经营者对食品、食品添加剂、食品相关产品等的来源、用法、用量、保质期等相关信息作出记录，保障食品的可追溯性的制度。追溯性的规定主要体现在记录保留方面的制度要求，因此，需要为确定可追溯性而建立并维护适当记录。可追溯性主要用以确保顺利解决严重有害人类和动物健康或攸关其存亡的威胁问题。食品生产经营信息记录制度适用于食物链内的所有食品企业，包括进口商、初级生产商、制造商、批发商、零售商、运输商、分销商、从事批量商品买卖的交易商和膳食供应商，提供相关的经营信息制度,从而有利于可追溯制度的形成和建立。我国《食品安全法》对食品生产经营信息记录制度作了全面系统的规定,食品生产经营许可制度、全程追溯制度、食品从业人员安全管理与健康培训制度、食品生产经营信息记录制度、餐饮服务环节的监管制度、食品召回制度、食品标识、标签制度、食品添加剂管理制度、特殊食品监管制度。其中,全程追溯制度、餐饮服务环节的监管制度和特殊食品监管制度为新增监管制度。

1. 农业投入品使用记录制度

农业投入品,是指在农产品生产过程中使用或添加的物质。包括种子、种苗、肥料、农药、兽药、饲料及饲料添加剂等农用生产资料产品和农膜、农机、农业工程设施设备等农用工程物资产品。农业投入品是关系农产品质量安全的重要因素,严格规范农业投入品的使用,明确相关法律责任十分必要。《食品安全法》第49条规定:"食用农产品生产者应当按照食品安全标准和国家有关规定使用农药、肥料、兽药、饲料和饲料添加剂等农业投入品,严格执行农业投入品使用安全间隔期或者休药期的规定,不得使用国家明令禁止的农业投入品。禁止将剧毒、高毒农药用于蔬菜、瓜果、茶叶和中草药材等国家规定的农作物。食用农产品的生产企业和农民专业合作经济组织应当建立农业投入品使用记录制度。县级以上人民政府农业行政部门应当加强对农业投入品使用的监督管理和指导,建立健全农业投入品安全使用制度。"同时,《农产品质量安全法》第24条规定:"农产品生产企业和农民专业合作经济组织应当建立农产品生产记录,如实记载下列事项:(一)使用农业投入品的名称、来源、用法、用量和使用、停用的日期;(二)动物疫病、植物病虫害的发生和防治情况;(三)收获、屠宰或者捕捞的日期。农产品生产记录应当保存二年。禁止伪造农产品生产记录。国家鼓励其他农产品生产者建立农产品生产记录。"

因此,食用农产品的生产企业和农民专业合作经济组织,成为食品农产品生产记录的主体,农产品的生产记录,应详细记载农业投入品的名称、来源、用法、用量和使用、停用的日期、动物疫病、植物病虫害的发生和防治情况,收获、屠宰或者捕捞的日期等情况,都是实现农产品质量追溯的依据,是规范农业生产管理过程、加强农产品质量安全措施的有效措施。农民专业合作社是在农村家庭承包经营基础上,同类农产品的生产经营者或者同类农业生产经营服务的提供者、利用者,自愿联合、民主管理的互助性经济组织。农民专业合作社以其成员为主要服务对象,提供农业生产资料的购买,农产品的销售、加工、运输、贮藏以及与农业生产经营有关的技术、信息等服务。根据《农产品质量安全法》的有关规定,国家鼓励其他农产品生产者主动创造条件建立农业投入品生产记录。

2. 食品生产企业进货查验记录制度

《食品安全法》第 50 条及《食品安全法实施条例》第 24 条,规定了食品生产企业进货查验记录制度,食品生产企业采购原料是关系食品安全的源头,因此,应当从源头上对食品生产企业的生产活动进行监管。《食品安全法》第 50 条规定:"食品生产者采购食品原料、食品添加剂、食品相关产品,应当查验供货者的许可证和产品合格证明;对无法提供合格证明的食品原料,应当按照食品安全标准进行检验;不得采购或者使用不符合食品安全标准的食品原料、食品添加剂、食品相关产品。食品生产企业应当建立食品原料、食品添加剂、食品相关产品进货查验记录制度,如实记录食品原料、食品添加剂、食品相关产品的名称、规格、数量、生产日期或者生产批号、保质期、进货日期以及供货者名称、地址、联系方式等内容,并保存相关凭证。记录和凭证保存期限不得少于产品保质期满后六个月;没有明确保质期的,保存期限不得少于二年。"

食品原料、食品添加剂、食品相关产品是食品生产的重要物质,其质量安全状况直接影响食品质量安全。为从源头上保障食品安全,需要加强食品生产企业的进货管理,杜绝不合格产品进入生产环节。食品生产者需要履行检查或者检验等义务。食品生产者采购时应当索取并查验食品生产单位或委托检测单位出具的同批次产品检验合格证明文件。食品生产企业应当建立食品原料、食品添加剂、食品相关产品进货查验记录制度。进货查验记录制度包括采购索证、进货验收和台账记录过程:其一,在采购索证方面,要查阅证件、现场检查,索取证件以便溯源。其二,在进货验收方面,应有专人负责验收,原则上要符合食品安全标准的要求。其三,在台账记录方面,应如实记录食品原料、食品添加剂、食品相关产品的名称、规格、数量、供货者名称及其联络方式、进货日期等内容。一旦发生食品安全事故,要能够确保迅速追溯到源头和具体责任人。同时,考虑到实行统一采购、配送的集团性食品生产企业的实际情况,要降低这类企业的生产经营成本。为此,《食品安全法实施条例》第 25 条规定:"实行集中统一采购原料的集团性食品生产企业,可以由企业总部统一查验供货者的许可证和产品合格证明文件,进行进货查验记录;对无法提供合格证明文件的食品原料,应当依照食品安全标准进行检验。"据此,实行统一配送经营方式的食品经营企业,可以由企业总部统一查验供货者的许可证和食品合格的证明文件,进行食品进货查验记录,不必再由各个生产经营者进行检验记录。但如果没有企业总部对其所采购原料进行统一查验时,各个生产经营者依然应当依照《食品安全法》的规定,对采购原料进行查验记录。在进货查验记录中要如实记录食品原料、食品添加剂、食品相关产品的名称、规格、数量、供货者名称及联系方式、进货日期等内容。在采购食品时也应如实记录食品的名称、规格、数量、生产批号、保质期、供货者名称及联系方式、进货日期等内容。在食品生产企业进货查验记录制度中的保存期限不得少于2年。

3. 食品生产企业出厂检验及记录制度

出厂检验是食品生产中的最后一道工序,是食品生产者能够控制的最后一道关卡。食品生产者如果不能严格把关,就有可能使不符合食品安全标准的食品流入市场。出厂查验并记录是食品召回制度的基础和前提,当发现食品出现问题时,通过查找食品出厂检验及记录,可以迅速找到是哪些购货者购买了该批食品,便于实施食品召回。食品生产者日后如果与购货者因为食品安全、质量等发生法律纠纷,食品出厂检验记录是重要证据。食品出厂检验记录应当真实,食品生产者不得凭空捏造、涂改食品出厂检验记录。所谓食品出厂检验,是指食品生产者对生产成品的食品、食品添加剂和食品相关产品按照食品安全法律、法规和标准的要求进行检验,是检验合格后出厂进行销售的食品生产的终端活动。而食品出厂检验记录,是指食品生产者如实记录出厂食品的各种信息,以确保食品安全可追溯的目的,并将记录保存一定期限备查的活动。我国《食品安全法》第51条、第38条和《食品安全法实施条例》第24条、第27条,都规定了食品生产企业出厂检验及记录制度,并提出了以下要求:

第一,关于出厂检验应当依照的标准,没有食品安全国家标准的,应当依照食品安全地方标准;企业生产的食品没有食品安全国家标准或者地方标准的,企业应当依照自己制定的企业标准进行检验。具备出厂检验能力的企业,可以按要求自行进行出厂检验。为防止具备出厂检验能力的企业怠于行使检验职能,根据有关规定,实施自行检验的企业,应当每年将样品送到质量技术监督部门指定的检验机构进行一次比对检验。不具备产品出厂检验能力的企业,必须委托有资质的检验机构进行出厂检验。

第二,食品、食品添加剂和食品相关产品的生产者,应当依照食品安全标准对所生产的食品、食品添加剂和食品相关产品进行检验,检验合格后方可出厂或者销售。食品出厂必须经过检验,未经检验或者检验不合格的,不得出厂销售。食品生产企业应当建立食品出厂检验记录制度,查验出厂食品的检验合格证和安全状况,并如实记录食品的名称、规格、数量、生产日期、生产批号、检验合格证号、购货者名称及联系方式、销售日期等内容。食品出厂检验记录应当真实,保存期限不得少于 2 年。食品、食品添加剂和食品相关产品在生产过程中,其原料、半成品及成品可能会受到生物性、化学性乃至放射性污染。建立食品生产企业出厂检验及记录制度可以促进和激发生产者根据发现的问题不断改进工艺,建立质量保证体系,健全各项管理制度,促进生产者提高管理水平,使生产者获得较好的经济效益和社会效益。

第三,食品生产企业应查验出厂食品的检验合格证和安全状况,并如实记录食品的名称、规格、数量、生产日期或者生产批号、保质期、进货日期,以及供货者名称、地址、联系方式等内容,并保存相关凭证。

第四,按照《食品安全法实施条例》的规定,食品生产企业应当就以下事项制定并控制:(1)原料采购、原料验收、投料等原料控制。食品原料的采购、原料验收、投料等原料控制是食品安全生产的关键环节。(2)生产工序、设备、贮存、包装等生产关键环节控制。在生产工序上,应当按照生产工艺的次序和产品特点,分开设置,分开操作,防止前后颠倒;生产设备要清洗消毒。(3)原料检验、半成品检验、成品出厂检验等检验控制。原料必须经过依法查验合格方可采购,成品与半成品应当分开,半成品应当检验后方可处理加工。(4)运输、交付控制。食品运输、交付时,应当根据食品种类特点进行运输作业。在食品生产过程中有不符合控制要求情形的,食品生产企业应当立即查明原因并采取整改措施。

4.食品经营者进货查验记录制度

食品经营者在采购食品时,应当严格把关,严格审查食品供应商的条件,确保所采购的食品符合标准。食品进货查验制度的主要是食品索证索票和进货台账制度,这是建立健全食品安全全程监管链条与追溯体系的一项重要基础性工作,也是严格食品市场准入的重要举措。《食品安全法》第 53 条和《食品安全法实施条例》第 29 条、第 30 条规定了食品经营者进货查验记录制度,主要包括以下内容:

第一,食品经营者采购食品,应当查验供货者的许可证和食品合格的证明文件。食品经营者根据国家有关规定和与食品生产者或其他供货者之间合同的约定,对购进的食品质量进行检查,符合规定和约定的方可予以验收,进行销售。食品经营企业应当建立食品进货查验记录制度,如实记录食品的名称、规格、数量、生产日期或者生产批号、保质期、检验合格证号、销售日期,以及购货者名称、地址、联系方式等内容,并保存相关凭证。食品生产经营企业未建立并遵守查验记录制度,出厂检验记录制度,由有关主管部门按照各自职责分工,责令改正,给予警告;拒不改正的,处两千元以上两万元以下罚款;情节严重的,责令停产停业,直至吊销许可证。实行统一配送经营方式的食品经营企业,可以由企业总部统一查验供货者的许可证和食品合格的证明文件,进行食品进货查验记录。食品进货查验记录应当真实,保存期限不得少于二年。如果出现食品安全事故,食品安全部门可以通过查验这些记录、票据,追查问题食品和食品生产经营的具体环节,并追究当事人的法律责任。

第二,国家鼓励食品生产经营者采用先进技术手段,记录食品安全事项。以先进的技术手段记录食品安全生产经营事项,是食品安全监管的主要趋势。随着食品生产行业工业化、规模化发展,食品生产经营实现了跨行业、跨区域合作,一些食品生产经营企业为保证食品口感、品质等始终如一,还建立了统一配送的经营方式。食品生产经营的新发展,对相关记录提出了新要求,为促进食品生产经营企业加快发展步伐,加强食品安全管理,国家鼓励食品生产经营者采用先进技术手段,对法律法规要求记录的事项进行科学、规范的登记管理。

5. 食品经营企业销售批发食品建立销售记录制度

食品经营企业销售批发食品应当建立销售记录制度,按照《食品安全法》和《食品安全法实施条例》第29条规定:"从事食品批发业务的经营企业销售食品,应当如实记录批发食品的名称、规格、数量、生产批号、保质期、购货者名称及联系方式、销售日期等内容,或者保留载有相关信息的销售票据。记录、票据的保存期限不得少于2年。"该制度的目的,是保证大批量售出的食品在出现食品质量安全事故时,能够迅速确定其去向并采取相应的补救措施。我国建立食品经营企业销售批发食品记录制度要求记录两类信息:(1)名称、规格、数量、生产批号、保质期以及销售日期;(2)购货者名称及联系方式等内容。

(七)餐饮服务环节的监管制度

餐饮服务是指通过即时制作加工、商业销售和服务性劳动等,向消费者提供食品和消费场所及设施的服务性活动。一般来说,餐饮服务具有两个基本特征:一是服务性,即餐饮服务提供者向消费者提供食品以及消费场所及设施;二是即时性,餐饮服务提供即时制作加工、商业销售和服务性劳动。目前,餐馆、快餐店、小吃店、饮品店、食堂等向消费者提供餐饮服务。餐饮服务是从农田到餐桌食品生产经营链条的最后一个环节,食品安全风险具有累积性、广泛性和显现性等特点。同时,餐饮服务与广大人民群众日常生活密切相关,社会关注度和期望值高,食品安全保障任务十分繁重。现阶段,最大的一个问题是如何使餐饮的监管能够做到更有针对性和有效性,《食品安全法》新增第55条、第56条、第57条、第58条,以及按照2010年5月1日施行的《餐饮服务许可管理办法》和《餐饮服务食品安全监督管理办法》作出了以下规定:

第一,监管主体。国家食品药品监督管理局主管全国餐饮服务监督管理工作,地方各级食品药品监督管理部门负责本行政区域内的餐饮服务监督管理工作。各级食品药品监督管理部门应当根据本级人民政府食品安全事故应急预案制定本部门的预案实施细则,按照职能做好餐饮服务食品安全事故的应急处置工作。食品药品监督管理部门可以根据餐饮服务经营规模,建立并实施餐饮服务食品安全监督管理量化分级、分类管理制度。食品药品监督管理部门依法开展抽样检验时,被抽样检验的餐饮服务提供者应当配合抽样检验工作,如实提供被抽检样品的货源、数量、存货地点、存货量、销售量、相关票证等信息。

第二,餐饮服务许可证制度。《餐饮服务许可证》是餐饮服务提供者从事餐饮服务活动的依据。国家对餐饮服务许可证管理的具体要求:一是载明事项。《餐饮服务许可证》载明单位名称、地址、法定代表人(负责人或者业主)、类别、备注、许可证号、发证机关(加盖公章)、发证日期、有效期限等内容。二是有效期限。《餐饮服务许可证》有效期为3年,临时从事餐饮服务活动的,《餐饮服务许可证》有效期不超过6个月。三是分别许可。同一餐饮服务提供者在不同地点或者场所从事餐饮服务活动的,应当分别办理《餐饮服务许可证》。四是悬挂摆放。餐饮服务提供者应当在消费者明显可见处悬挂或者摆放《餐饮服务许可证》。餐饮服务经营地点或者场所改变的,应当重新申请办理《餐饮服务许可证》。五是违禁行为。餐饮服务提供者取得《餐饮服务许可证》后,不得转让、涂改、出借、倒卖、出租。

第三,餐饮服务安全操作规范。餐饮服务提供者,应当严格遵守国家食品药品监督管理部门制定的餐饮服务食品安全操作规范。餐饮服务应当符合下列要求:

(1)餐饮服务提供者应当制定并实施原料控制要求,不得采购不符合食品安全标准的食品原料。倡导餐饮服务提供者公开加工过程,公示食品原料及其来源等信息。餐饮服务提供者在加工过程中应当检查待加工的食品及原料,发现有腐败变质、油脂酸败、霉变生虫、污秽不洁、混有异物、掺假掺杂或者感官性状异常的食品、食品添加剂情形的,不得加工或者使用。

(2)贮存食品原料的场所、设备应当保持清洁,禁止存放有毒、有害物品及个人生活物品,应当分类、分架、隔墙、离地存放食品原料,并定期检查、处理变质或者超过保质期限的食品。

（3）应当保持食品加工经营场所的内外环境整洁,消除老鼠、蟑螂、苍蝇和其他有害昆虫及其滋生条件。

（4）应当定期维护食品加工、贮存、陈列、消毒、保洁、保温、冷藏、冷冻等设备与设施,校验计量器具,及时清理清洗,确保正常运转和使用。

（5）操作人员应当保持良好的个人卫生。

（6）需要熟制加工的食品,应当烧熟煮透;需要冷藏的熟制品,应当在冷却后及时冷藏;应当将直接入口食品与食品原料或者半成品分开存放,半成品应当与食品原料分开存放。

（7）制作凉菜应当达到专人负责、专室制作、工具专用、消毒专用和冷藏专用的要求。

（8）用于餐饮加工操作的工具、设备必须无毒无害,标志或者区分明显,并做到分开使用,定位存放,用后洗净,保持清洁;接触直接入口食品的工具、设备应当在使用前进行消毒。

（9）应当按照要求对餐具、饮具进行清洗、消毒,并在专用保洁设施内备用,不得使用未经清洗和消毒的餐具、饮具;购置、使用集中消毒企业供应的餐具、饮具,应当查验其经营资质,索取消毒合格凭证。

（10）应当保持运输食品原料的工具与设备设施的清洁,必要时应当消毒。运输保温、冷藏（冻）食品应当有必要的且与提供的食品品种、数量相适应的保温、冷藏（冻）设备设施。

第四,与餐饮服务环节有关的规定。《食品安全法》第57条第1款后半部分和第58条第2款分别对从供餐单位订餐和餐具、饮具集中消毒服务单位作出了具体规定:"从供餐单位订餐的,应当从取得食品生产经营许可的企业订购,并按照要求对订购的食品进行查验。供餐单位应当严格遵守法律、法规和食品安全标准,当餐加工,确保食品安全。餐具、饮具集中消毒服务单位应当对消毒餐具、饮具进行逐批检验,检验合格后方可出厂,并应当随附消毒合格证明。消毒后的餐具、饮具应当在独立包装上标注单位名称、地址、联系方式、消毒日期以及使用期限等内容。"并强调了学校、托幼机构、养老机构、建筑工地等集中用餐单位的主管部门,应当加强对集中用餐单位的食品安全教育和日常管理,降低食品安全风险,及时消除食品安全隐患。

（八）许可证审查制度

《食品安全法》第61条规定了相关单位的许可证审查义务:"集中交易市场

的开办者、柜台出租者和展销会举办者,应当依法审查入场食品经营者的许可证,明确其食品安全管理责任,定期对其经营环境和条件进行检查,发现其有违反本法规定行为的,应当及时制止并立即报告所在地县级人民政府食品药品监督管理部门。"同时,为了适应网络食品交易的日渐频繁和这种新的消费平台,2015 年《食品安全法》还新增了第 62 条,对第三方平台网络食品交易进行规定:"网络食品交易第三方平台提供者应当对入网食品经营者进行实名登记,明确其食品安全管理责任;依法应当取得许可证的,还应当审查其许可证。网络食品交易第三方平台提供者发现入网食品经营者有违反本法规定行为的,应当及时制止并立即报告所在地县级人民政府食品药品监督管理部门;发现严重违法行为的,应当立即停止提供网络交易平台服务。"流通环节中的第三方平台网络食品交易是本次修订的新增内容,其吸纳了 2014 年颁布的《网络交易管理办法》和 2013 年《消费者权益保护法》关于网络交易的相关规定。在吸纳已有制度的同时,2015 年《食品安全法》规定了食品经营者在第三方网络交易平台的实名登记制度和第三方平台审查经营者许可证的义务,并规定了第三方平台提供者违反该制度的连带责任。该新增义务加重了第三方平台的审查义务,体现了在食品流通过程中更严格的经营者自我审查要求。《食品安全法》还规定,未履行审查许可证义务使消费者受到损害的,第三方交易平台应当与食品经营者承担连带责任,使该项义务在实践中更具执行力。

(九)食品召回制度

1. 食品召回制度的含义

所谓食品召回,是指食品生产者、经营者发现其生产或销售的食品不符合食品安全标准时,召回已经上市销售的食品,并采取相关措施及时消除或者减少食品安全危害的活动。食品召回是食品产品的逆向流动,属于特殊性质的逆向物流,具体是指由于已进入流通领域的产品存在一定的危害或缺陷,为避免危及人身安全健康或环境污染,生产商必须及时将产品进入流通领域的情况向国家有关部门进行报告,并提出召回申请,由此所确立的制度即为召回制度。食品召回制度,包括食品召回主体、召回程序、召回时限、召回费用负担、召回法律责任等内容。《国家食品药品安全"十一五"规划》明确提出,要建立和规范食品召回监督管理制度。这一制度为规范我国不安全食品的召回活动提供了制度保障,是加强生产加工后续监管的一种有效措施。食品召回制度与食品质量安全市场准入制度相互配合、共同作用,对于进一步强化食品生产监管,有效应对食品安全突发事件具有非常重要的作用。食品召回制度这一规定的出台,明确了食品生产者是预防和消除不安全食品的责任主体,要求其对其生产加工的不安全食品负责。这必将强化食品生产者的质量安全管理意识,提高食品加工制作水平和产品质量安全水平。

2. 我国食品召回制度的发展历史

食品召回制度源于国外的缺陷产品召回制度,是随着科学技术的进步和消费者利益保护的加强逐渐发展起来的,它是现代市场法制进步的重要标志。①食品召回制度在我国的起步与发展相对较晚,2002 年 11 月北京实行"违规食品限期追回制度",成为我国食品召回的开端。2002 年《上海市消费者保护条例》规定了"违规商品期限追回制度",使召回制度最早正式进入到食品行业。2004 年国务院《关于进一步加强食品安全工作的决定》提出:"严格实行不合格食品的退市、召回、销毁、公布制度。"2005 年国家质检总局发布的《食品生产加工企业质量安全监督管理实施细则(试行)》规定:"对不合格食品实行召回制度",但规定过于抽象,无法实施。2006 年 8 月 1 日起,上海市正式颁布实施《缺陷食品召回管理规定(试行)》在全国率先实行缺陷食品召回制度,并成立了缺陷食品鉴定组,这是我国首个较为系统、具有操作性的食品召回制度。国家质检总局于 2007 年 7 月 24 日颁布《食品召回管理规定》,这一规定的实施和推行,标志着我国建立了规章层面的食品召回法律制度。2009 年《食品安全法》的颁布实施从法律层面上真正确立了食品召回制度。2014 年为强化食品生产经营者主体责任,严格食品安全监管,保障公众食品安全,按照民主立法、科学立法的原则,国家食品药品监管总局法制司会同食监一司、食监二司、食监三司、稽查局、应急司等相关司局于 2014 年 9 月 28 日在京组织召开了《食品召回和停止经营监督管理办法》专题研讨会,与会代表对食品召回的分类、启动条件、召回时限、企业主体责任、监管部门监管职责、食品停止经营的程序、退市食品处置方式等进行了认真的研讨。2015 年 2 月 9 日国家食品药品监督管理总局局务会议审议通过《食品召回管理办法》。同年 3 月 11 日时任国家食品药品监督管理总局局长毕井泉签署第 12 号令,该局令于 2015 年 9 月 1 日起施行。

3. 食品召回制度的具体内容

《食品安全法》第 63 条规定:"国家建立食品召回制度。食品生产者发现其生产的食品不符合食品安全标准或者有证据证明可能危害人体健康的,应当立

---

① 参见徐士英主编:《产品召回制度:中国消费者的福音》,北京大学出版社 2005 年版,第 66 页。

即停止生产,召回已经上市销售的食品,通知相关生产经营者和消费者,并记录召回和通知情况。食品经营者发现其经营的食品有前款规定情形的,应当立即停止经营,通知相关生产经营者和消费者,并记录停止经营和通知情况。食品生产者认为应当召回的,应当立即召回。由于食品经营者的原因造成其经营的食品有前款规定情形的,食品经营者应当召回。食品生产经营者应当对召回的食品采取无害化处理、销毁等措施,防止其再次流入市场。但是,对因标签、标志或者说明书不符合食品安全标准而被召回的食品,食品生产者在采取补救措施且能保证食品安全的情况下可以继续销售;销售时应当向消费者明示补救措施。食品生产经营者应当将食品召回和处理情况向所在地县级人民政府食品药品监督管理部门报告;需要对召回的食品进行无害化处理、销毁的,应当提前报告时间、地点。食品药品监督管理部门认为必要的,可以实施现场监督。食品生产经营者未依照本条规定召回或者停止经营的,县级以上人民政府食品药品监督管理部门可以责令其召回或者停止经营。"因此,《食品安全法》确立了我国食品召回法律制度,结合《食品召回管理规定》,该制度应包括以下内容。

(1)食品安全召回的主体

食品召回主体是指参与食品召回活动的各类主体。食品召回法律关系的主体可以分为两种:一是食品召回的实施主体;二是食品召回的监督主体。

第一,食品召回的实施主体。食品生产者通过自检自查、公众投诉举报、经营者和监督管理部门告知等方式,知悉其生产经营的食品属于不安全食品的,应当主动召回。食品生产者应当主动召回不安全食品而没有主动召回的,县级以上食品药品监督管理部门可以责令其召回。

第二,食品召回的监管主体。根据《食品召回管理办法》规定,食品生产者应当主动召回不安全食品而没有主动召回的,县级以上食品药品监督管理部门可以责令其召回。县级以上地方食品药品监督管理部门有以下监督职责:发现不安全食品的,应当通知相关食品生产经营者停止生产经营或者召回,采取相关措施消除食品安全风险;发现食品生产经营者生产经营的食品可能属于不安全食品的,可以开展调查分析,相关食品生产经营者应当积极协助;可以对食品生产经营者停止生产经营、召回和处置不安全食品情况进行现场监督检查;可以要求食品生产经营者定期或者不定期报告不安全食品停止生产经营、召回和处置情况;可以对食品生产经营者提交的不安全食品停止生产经营、召回和处置报告进行评价;可以发布预警信息,要求相关食品生产经营者停止生产经营不安全食品,提示消费者停止食用不安全食品。同时,食品生产经营者停止生产经营、召回和处置的不安全食品存在较大风险的,应当在停止生产经营、召回和处置不安全食品结束后 5 个工作日内,向县级以上地方食品药品监督管理部门书面报告情况。

(2)食品召回的对象

食品召回的对象是不符合食品安全标准的食品。根据《食品召回管理规定》第 3 条前半部分规定:"不安全食品,是指有证据证明对人体健康已经或可能造成危害的食品。"不安全食品包括:①已经诱发食品污染、食源性疾病或对人体健康造成危害甚至死亡的食品;②可能引发食品污染、食源性疾病或对人体健康造成危害的食品;③含有对特定人群可能引发健康危害的成分而在食品标签和说明书上未予以标识,或标识不全、不明确的食品;④有关法律、法规规定的其他不安全食品。

(3)食品召回的级别

根据《食品召回管理规定》的规定,因食品安全危害的严重程度,食品召回级别分为三级:一级召回:食用后已经或者可能导致严重健康损害甚至死亡的,食品生产者应当在知悉食品安全风险后 24 小时内启动召回,并向县级以上地方食品药品监督管理部门报告召回计划。二级召回:食用后已经或者可能导致一般健康损害,食品生产者应当在知悉食品安全风险后 48 小时内启动召回,并向县级以上地方食品药品监督管理部门报告召回计划。三级召回:标签、标识存在虚假标注的食品,食品生产者应当在知悉食品安全风险后 72 小时内启动召回,并向县级以上地方食品药品监督管理部门报告召回计划。标签、标识存在瑕疵,食用后不会造成健康损害的食品,食品生产者应当改正,可以自愿召回。

(4)食品召回的方式

根据《食品安全法》和《食品召回管理规定》的规定,食品召回可以分为主动召回和强制召回。

第一,主动召回。根据《食品安全法》和《食品召回管理规定》的规定,食品生产者通过自检自查、公众投诉举报、经营者和监督管理部门告知等方式知悉其生产经营的食品属于不安全食品的,应当主动召回。不安全食品在本省、自治区、直辖市销售的,食品召回公告应当在省级食品药品监督管理部门网站和省级主要媒体上发布。省级食品药品监督管理部门网站发布的召回公告应当与国家食品药品监督管理总局网站链接。不安全食品在两个以上省、自治区、直辖市销售的,食品召回公告应当在国家食品药品监督管理总局网站和中央主要媒体上发布。

县级以上地方食品药品监督管理部门收到食品生产者的召回计划后,必要时可以组织专家对召回计划进行评估。评估结论认为召回计划应当修改的,食品生产者应当立即修改,并按照修改后的召回计划实施召回。食品召回计划应当包括下列内容:食品生产者的名称、住所、法定代表人、具体负责人、联系方式等基本情况;食品名称、商标、规格、生产日期、批次、数量以及召回的区域范围;召回原因及危害后果;召回等级、流程及时限;召回通知或者公告的内容及发布方式;相关食品生产经营者的义务和责任;召回食品的处置措施、费用承担情况;召回的预期效果。

第二,强制召回。县级以上地方食品药品监督管理部门,可以对食品生产经营者提交的不安全食品停止生产经营、召回和处置报告进行评价。评价结论认为食品生产经营者采取的措施不足以控制食品安全风险的,县级以上地方食品药品监督管理部门,应当责令食品生产经营者采取更为有效的措施停止生产经营、召回和处置不安全食品。《食品安全法》第63条第5款规定:"食品生产经营者未依照本条规定召回或者停止经营的,县级以上人民政府食品药品监督管理部门可以责令其召回或者停止经营。"食品生产者在接到责令召回通知书后,应当立即停止生产和销售不安全食品,其中责令召回的情形有:①食品生产者故意隐瞒食品安全危害,或者食品生产者应当主动召回而不采取召回行动的;②由于食品生产者的过错造成食品安全危害扩大或再度发生的;③国家监督抽查中发现食品生产者生产的食品存在安全隐患,可能对人体健康和生命安全造成损害的。

(5)食品召回后的处理

根据《食品安全法》的规定,食品生产者应当对召回的食品采取补救、无害化处理、销毁等措施,并将食品召回和处理情况向县级以上质量监督部门报告。因此,食品召回后的处理包括四方面的内容:其一,补救措施。对因标签、标识等不符合食品安全标准而被召回的食品,食品生产者可以在采取补救措施且能保证食品安全的情况下继续销售,销售时应当向消费者明示补救措施。其二,无害化处理。是指以物理、化学或生物的方法,对被污染的农产品进行适当处理,防止不符合农产品质量安全标准的农产品流入市场和消费领域,确保其对人类健康、动植物和微生物安全、环境不构成危害或潜在危险。对不安全食品进行无害化处理,能够实现资源循环利用的,食品生产经营者可以按照国家有关规定进行处理。其三,销毁。主要是指对染疫或可能染疫的食品,食品添加剂以及食品相关产品存在扩散疫情危险,不销毁将危害社会和公共利益。对违法添加非食用物质、腐败变质、病死畜禽等严重危害人体健康和生命安全的不安全食品,食品生产经营者应当立即就地销毁。不具备就地销毁条件的,可由不安全食品生产经营者集中销毁处理。食品生产经营者在集中销毁处理前,应当向县级以上地方食品药品监督管理部门报告。其四,报告机制。食品生产经营者应当将食品召回和处理情况向所在地县级人民政府食品药品监督管理部门报告;需要对召回的食品进行无害化处理、销毁的,应当提前报告时间、地点。食品药品监督管理部门认为必要的,可以实施现场监督。

(6)食品召回的时限

实施一级召回的,食品生产者应当自公告发布之日起 10 个工作日内完成召回工作。实施二级召回的,食品生产者应当自公告发布之日起 20 个工作日内完成召回工作。实施三级召回的,食品生产者应当自公告发布之日起 30 个工作日内完成召回工作。情况复杂的,经县级以上地方食品药品监督管理部门同意,食品生产者可以适当延长召回时间并公布。

(7)有关食用农产品的配套规定

食用农产品批发市场应当配备检验设备和检验人员或者委托符合本法规定的食品检验机构,对进入该批发市场销售的食用农产品进行抽样检验;发现不符合食品安全标准的,应当要求销售者立即停止销售,并向食品药品监督管理部门报告。食用农产品销售者应当建立食用农产品进货查验记录制度,如实记录食用农产品的名称、数量、进货日期,以及供货者名称、地址、联系方式等内容,并保存相关凭证,记录和凭证保存期限不得少于 6 个月。进入市场销售的食用农产品在包装、保鲜、贮存、运输中使用保鲜剂、防腐剂等食品添加剂和包装材料等食品相关产品,应当符合食品安全国家标准。

(十)食品标识、标签制度

食品标识、标签是广大消费者了解产品的重要途径,食品标识标签制度也是食品安全法律制度的重要内容。食品标识,是指粘贴、印刷、标记在食品或者其包装上,用以表示食品名称、质量等级、商品数量、食用或者使用方法、生产者或者销售者等相关信息的文字、符号、数字、图案以及其他说明的总称。食品标签,是指预包装食品容器上的文字、图形、符号,以及一切说明物。食品标签的所有内容,不得以错误的、引起误解的或欺骗性的方式描述或介绍食品,也不得以直接或间接暗示性的语言、图形、符号导致消费者将食品或食品的某一性质与另一产品相混淆。此外,食品标签的所有内容必须通俗易懂、准确、科学。食品标识、标签是依法保护消费者合法权益的重要途径。我国《食品安全法》、《食品标识管理规定》以及《预包装食品标签通则》(GB 07718—2011),都规定了我国食品标识标签制度。

1. 预包装食品标签(标识)制度

我国《食品安全法》第150条第3款规定:"预包装食品,指预先定量包装或者制作在包装材料、容器中的食品。"同时,《预包装食品标签通则》(GB 07718—2011)规定了预包装食品的含义,即预先定量包装或者制作在包装材料和容器中的食品。预包装食品标签,是指"食品包装上的文字、图形、符号及一切说明物"。预包装食品标签(标识)制度可以向消费者传递食品的有关重要信息,引导、指导消费者正确选择食品。消费者通过标签上的文字、图形、符号,了解预包装食品的质量和安全性。发生食品安全事故时,消费者、经营者和监督部门可根据食品标签信息,追溯到食品生产经营企业,这样便于进行监管。

(1)预包装食品标签的内容

预包装食品的包装上应当有标签,标签应当标明下列事项:①名称、规格、净含量、生产日期;②成分或者配料表;③生产者的名称、地址、联系方式;④保质期;⑤产品标准代号;⑥贮存条件;⑦所使用的食品添加剂在国家标准中的通用名称;⑧生产许可证编号;⑨法律、法规或者食品安全标准规定必须标明的其他事项。专供婴幼儿和其他特定人群的主辅食品,其标签还应当标明主要营养成分及其含量。

(2)预包装食品标签的基本要求

根据《预包装食品标签通则》(GB 07718—2011)的规定,预包装食品标签的基本要求如下:①客观标注。应真实、准确,不得以虚假、夸大、使消费者误解或欺骗性的文字、图形等方式介绍食品,也不得利用字号大小或色差误导消费者。同时应通俗易懂、有科学依据。②合法标注。标注的内容应符合法律、法规的规定,并符合相应食品安全标准的规定;不得标示封建迷信、色情、贬低其他食品或违背营养科学常识的内容。③真实标注。预包装食品标签不应标注或者暗示具有预防、治疗疾病作用的内容,非保健食品不得明示或者暗示具有保健作用。不应与食品或者其包装物(容器)分离。若外包装易于开启识别或透过外包装物能清晰地识别内包装物(容器)上的所有强制标示内容或部分强制标示内容,可不在外包装物上重复标示相应的内容;否则,应在外包装物上按要求标示所有强制标示内容。④清晰标注。预包装食品标签应清晰、醒目、持久,应使消费者购买时易于辨认和识读。应使用规范的汉字(商标除外)。具有装饰作用的各种艺术字,应书写正确,易于辨认。可以同时使用拼音或少数民族文字,拼音不得大于相应汉字。可以同时使用外文,但应与中文有对应关系(商标、进口食品的制造者和地址、国外经销者的名称和地址、网址除外)。所有外文不得大于相应的汉字(商标除外)。⑤显著标注。预包装食品包装物或包装容器最大表面积大于 35cm² 时,强制标示内容的文字、符号、数字的高度不得小于 1.8mm 等。

2. 散装食品标签(标识)制度

散装食品,又称"裸装"食品,是那些没有进行包装即进行零售的食品。散装食品因节省了烦琐的包装,降低了食品的价格,且买多买少、随意方便,很受消费者欢迎,无论在商场超市,还是在集贸市场,均随处可见;散装食品的市场份额占全部食品的半数以上。根据《散装食品卫生管理规范(2003)》的规定:"散装食品是指无预包装的食品、食品原料及加工半成品,但不包括新鲜果蔬,以及需清洗后加工的原粮、鲜冻畜禽产品和水产品等。"散装食品主要包括面食、肉食、腌制品、糕点等,其品种繁多。我国《食品安全法》、《散装食品卫生管理规范(2003)》和《食品表示管理规定》对我国散装食品标签(标识)制度规定如下:

(1)散装食品标签(标识)基本要求

我国《食品安全法》第 68 条规定:"食品经营者销售散装食品,应当在散装食品的容器、外包装上标明食品的名称、生产日期或者生产批号、保质期以及生产经营者名称、地址、联系方式等内容。"

(2)散装食品标签具体要求

根据《散装食品卫生管理规范(2003)》的规定,散装食品的标签标注应该按照如下具体要求进行:①经营者应按照"生熟分开"的原则设定散装食品销售区域。生、熟食品销售地点应保持一定距离,不得在同一区域内销售,防止交叉污染。②经营者销售的直接入口食品和不需清洗即可加工的散装食品,必须在盛放食品的容器的显著位置或隔离设施上标识出食品名称、配料表、生产者和地址、生产日期、保质期、保存条件、食用方法。③供消费者直接品尝的散装食品应与销售食品明显区分,并标明可品尝的字样。④经营者销售需清洗后加工的散装食品时,应在销售货架的明显位置设置标签,并标注以下内容:食品名称、配料表、生产者和地址、生产日期、保质期、保存条件、食用方法等。经营者应保证消费者能够方便地获取上述标签。⑤由经营者重新分装的食品,其标签应按原生产者的产品标识真实标注,必须标明以下内容:食品名称、配料表、生产者和地址、生产日期、保质期、保存条件、食用方法等。⑥散装食品标签标注的生产日期必须与生产者出厂时标注的生产日期相一致。由生产者和经营者预包装或分装的食品,严禁更改原有的生产日期和保质期限。已上市销售的预包装食品不得拆封后重新包装或散装销售。⑦经营者应将不同生产日期的食品区分销售,并标明生产日期。如将不同生产日期的食品混装销售,则必须在标签上标注最早的生产日期和最短的保质期限。

(十一)食品添加剂管理制度

1. 食品添加剂的含义

世界各国对食品添加剂的定义不尽相同,FAO 和 WHO 联合食品法规委员会对食品添加剂定义为:"食品添加剂是有意识地一般以少量添加于食品,以改善食品的外观、风味和组织结构或贮存性质的非营养物质。"按照这一定义,以增强食品营养成分为目的的食品强化剂,不应该包括在食品添加剂范围内。

按照《食品安全法》第 150 条第 4 款规定:"食品添加剂,指为改善食品品质和色、香、味以及为防腐、保鲜和加工工艺的需要而加入食品中的人工合成或者天然物质,包括营养强化剂。"它具有以下三个特征:一是加入到食品中的物质,因此,它一般不单独作为食品来食用;二是既包括人工合成的物质,也包括天然物质;三是加入到食品中的目的,是为改善食品品质和色、香、味,以及为防腐、保鲜和加工工艺的需要。2011 年卫生部公告发布了《食品添加剂使用标准》(GB 2760—2011),包括食品添加剂、食品用加工助剂、胶姆糖基础剂和食品用香料等 2314 个品种,涉及 16 大类食品、23 个功能类别。主要分为:第一类,为防止食品的污染、预防食品腐败变质的发生而添加的防腐剂、抗氧化剂;第二类,为改善食品外观而添加的着色剂、漂白剂、乳化剂、稳定剂;第三类,为改善食品的风味而添加的增味剂、香料等;第四类,为满足食品加工工艺的需要而采取的酶制剂、消泡剂和凝固剂等;第五类,为增加食品的营养价值使用的营养剂;第六类,其他如为满足糖尿病患者而使用的无糖的甜味剂。

2. 我国食品添加剂法律制度的发展历史

我国对食品添加剂的管理起步较晚,1977 年我国颁布《食品添加剂使用卫生标准(试行)》,随后又颁布了《食品添加剂卫生管理办法》,这也是对食品添加剂进行全面规制的开始。1986 年颁布的《食品卫生法》规定:"生产经营和使用食品添加剂,必须符合食品添加剂卫生管理办法的规定;不符合卫生管理办法食品添加剂,不得经营、使用。"该法的规定使对食品添加剂的规制第一次上升到法律层面,之后国家颁布了大量的规定来管理食品添加剂的使用。到 1985 年,国家颁布了《扩大使用范围的食品添加剂及新增食品添加剂品种》、1992 年颁布《食品营养强化剂使用卫生标准》(GB 14880—1994)、2002 年 3 月 28 日颁布《食品添加剂卫生管理办法》、同年 7 月 3 日颁布《食品添加剂生产企业卫生规范》和《食品添加剂申报与受理规定》、2008 年 6 月 1 日开始实施《食品添加剂使用卫生标准》(GB 2760—2007)、2010 年 3 月 10 日国家质量监督检验检疫总局局务会议审议通过并公布了《食品添加剂生产监督管理规定》,自 2010 年 6 月 1 日起实施。2010 年 3 月卫生部公布了《食品添加剂新品种管理规定》和《食品添加剂生产许可审查通则》,最后 2011 年国家公布了《食品添加剂使用标准》(GB 2760—2011)和《复配食品添加剂通则》(GB 26687—2011)。2013 年按照《国务院机构改革和职能转变方案》及有关要求,食品生产加工环节监管工作职能已由国家质量监督检验检疫总局划转至国家食品药品监督管理总局。

3. 我国食品添加剂法律制度的主要内容

(1)食品添加剂生产许可制度

《食品安全法》第 39 条规定:"国家对食品添加剂生产实行许可制度。从事食品添加剂生产,应当具有与所生产食品添加剂品种相适应的场所、生产设备或者设施、专业技术人员和管理制度,并依照本法第三十五条第二款规定的程序,取得食品添加剂生产许可。生产食品添加剂应当符合法律、法规和食品安全国家标准。"同时,《食品添加剂生产监督管理规定(2010)》规定了食品添加剂生产许可制度的具体内容:

第一,食品添加剂生产许可制度的监管机关。《国务院机构改革和职能转变方案》将原来由质监部门负责的食品生产许可、工商部门负责的食品流通许可工作,统一调整为食品药品监管部门承担。地方食品药品监管机构改革完成后,由地方食品药品监管部门依法履行审核发放《食品生产许可证》、《食品流通许可证》和《餐饮服务许可证》的职责。同时,为保持食品安全许可管理工作的连续性和有效性,地方食品药品监管部门在机构改革到位后,继续按照质检和工商部门发布执行的许可证审查发放程序和条件,办理相关许可证的审查发放工作。同时,继续沿用现行版本的《食品生产许可证》、《食品流通许可证》和《餐饮服务许可证》,但许可证上的发证机关,相应调整为行政区域所在地负责发放许可证的食品药品监管局。

第二,食品添加剂生产许可申请的法定条件。生产者必须在取得生产许可后,方可从事食品添加剂的生产。取得生产许可,应当具备下列条件:合法有效的营业执照;与生产食品添加剂相适应的专业技术人员;与生产食品添加剂相适应的生产场所、厂房设施;其卫生管理符合卫生安全要求;与生产食品添加剂相适应的生产设备或者设施等生产条件;与生产食品添加剂相适应的符合有关要求的技术文件和工艺文件;健全有效的质量管理和责任制度;与生产食品添加剂相适应的出厂检验能力;产品符合相关标准以及保障人体健康和人身安全的要求;符合国家产业政策的规定,不存在国家明令淘汰和禁止投资建设的工艺落后、耗能高、污染环境、浪费资源的情况;法律法规规定的其他条件。

第三,食品添加剂生产许可应提交的文件。申请食品添加剂生产许可,应当提交下列材料:食品添加剂生产许可申请书;申请人营业执照复印件;申请生产许可的食品添加剂有关生产工艺文本;与申请生产许可的食品添加剂相适应的生产场所的合法使用权证明材料,及其周围环境平面图和厂房设施、设备布局平面图复印件;与申请生产许可的食品添加剂相适应的生产设备、设施的合法使用权证明材料及清单,检验设备的合法使用权证明材料及清单;与申请生产许可的食品添加剂相适应的质量管理和责任制度文本;与申请生产许可的食品添加剂相适应的专业技术人员名单;生产所执行的食品添加剂标准文本;法律法规规定的其他材料。

第四,审批程序和许可期限。食品添加剂生产许可的审批程序与食品生产许可的审批程序相同。食品添加剂生产许可证有效期为5年。有效期届满,生产者需要继续生产的,应当在生产许可证有效期届满6个月前向原许可机关提出换证申请。逾期未申请换证或申请不予批准的,食品添加剂生产许可证自有效期届满之日起失效。

（2）食品添加剂的使用要求

《食品安全法》第40条、第59条和第60条分别规定了食品添加剂的使用要求:"食品添加剂应当在技术上确有必要且经过风险评估证明安全可靠,方可列入允许使用的范围;有关食品安全国家标准应当根据技术必要性和食品安全风险评估结果及时修订。食品生产经营者应当按照食品安全国家标准使用食品添加剂。""食品添加剂生产者应当建立食品添加剂出厂检验记录制度,查验出厂产品的检验合格证和安全状况,如实记录食品添加剂的名称、规格、数量、生产日期或者生产批号、保质期、检验合格证号、销售日期以及购货者名称、地址、联系方式等相关内容,并保存相关凭证。记录和凭证保存期限应当符合本法第五十条第二款的规定。""食品添加剂经营者采购食品添加剂,应当依法查验供货者的许可证和产品合格证明文件,如实记录食品添加剂的名称、规格、数量、生产日期或者生产批号、保质期、进货日期以及供货者名称、地址、联系方式等内容,并保存相关凭证。记录和凭证保存期限应当符合本法第五十条第二款的规定。"同时结合《食品添加剂使用标准》(GB 2760—2011)和《复配食品添加剂通则》(GB 26687—2011),对食品添加剂作更加细化的规定。

第一,食品添加剂的基本使用要求。根据《食品添加剂使用标准》(GB 2760—2011)的规定,食品添加剂使用时应符合以下基本要求:不应对人体产生任何健康危害;不应掩盖食品腐败变质;不应掩盖食品本身或加工过程中的质量缺陷,或以掺杂、掺假、伪造为目的而使用食品添加剂;不应降低食品本身的营养价值;在达到预期目的前提下,尽可能降低在食品中的使用。

第二,食品添加剂的带入原则。在下列情况下,食品添加剂可以通过食品配料(含食品添加剂)加入食品中:根据本标准,食品配料中允许使用该食品添加剂;食品配料中该添加剂的用量不应超过允许的最大使用量;应在正常生产工艺条件下使用这些配料,并且食品中该添加剂的含量不应超过由配料带入的水平;由配料带入食品中的该添加剂的含量应明显低于直接将其添加到该食品中通常所需要的水平。

4. 食品添加剂标识制度

食品添加剂应当有标签、说明书和包装。标签、说明书应当载明《食品安全法》第 67 条第 1 款第 1~6 项、第 8 项、第 9 项规定的事项,以及食品添加剂的使用范围、用量、使用方法,并在标签上载明"食品添加剂"字样。食品和食品添加剂的标签、说明书,不得含有虚假内容,不得涉及疾病预防、治疗功能。生产经营者对其提供的标签、说明书的内容负责。食品和食品添加剂的标签、说明书应当清楚、明显,生产日期、保质期等事项应当显著标注,容易辨识。食品和食品添加剂与其标签、说明书的内容不符的,不得上市销售。

食品添加剂的标签、说明书的作用,是向消费者传递有关食品添加剂特征和性能的信息,可以引导、指导消费者选购食品添加剂,促进销售。标签上展现食品添加剂的质量和安全性,可以保护消费者的利益和健康。因此,标签、说明书的内容要真实,不得有虚假、夸大的内容,不得涉及疾病预防、治疗功能等,以免误导消费者。食品生产者应对标签、说明书上的声明负责。食品添加剂标签、说明书应当载明的事项包括:名称、规格、净含量、生产日期、成分或者配料表;生产者的名称、地址、联系方式;保质期;产品标准代号;贮存条件;使用范围、用量、使用方法;生产许可证编号;并在标签上载明"食品添加剂"字样;法律、法规或者食品安全标准规定必须标明的其他事项。食品添加剂的标签、说明书要求与食品的标签、说明书的要求基本相同。

5. 食品添加剂新品种制度

按照《食品添加剂新品种管理办法》的规定,食品添加剂新品种,是指"未列入食品安全国家标准的食品添加剂品种;未列入卫生部公告允许使用的食品添加剂品种和扩大使用范围或者用量的食品添加剂品种"。

申请食品添加剂新品种生产、经营、使用或者进口的单位或者个人(以下简称申请人),应当提出食品添加剂新品种许可申请,并提交以下材料:第一,添加剂的通用名称、功能分类,用量和使用范围;第二,证明技术上确有必要和使用效果的资料或者文件;第三,食品添加剂的质量规格要求、生产工艺和检验方法,食品中该添加剂的检验方法或者相关情况说明;第四,安全性评估材料,包括生产原料或者来源、化学结构和物理特性、生产工艺、毒理学安全性评价资料或者检验报告、质量规格检验报告;第五,标签、说明书和食品添加剂产品样品;第六,其他国家(地区)、国际组织允许生产和使用有助于安全性评估的资料。申请食品添加剂品种扩大使用范围或者用量的,可以免于提交前款第4项材料,但是技术评审中要求补充提供的除外。同时申请首次进口食品添加剂新品种的,除提交第6条规定的材料外,还应当提交以下材料:第一,出口国(地区)相关部门或者机构出具的允许该添加剂在本国(地区)生产或者销售的证明材料;第二,生产企业所在国(地区)有关机构或者组织出具的对生产企业审查或者认证的证明材料。

(十二)食品广告管理制度

广告是为了某种特定的需要,通过一定形式的媒体,公开而广泛地向公众传递信息的宣传手段。食品广告是食品生产者为促销其产品,利用媒体宣传产品优点,以占有更大市场、获取更多利益的一种手段。食品广告制度,是调整食品广告活动的法律规范的总称。目前,一些食品生产经营者,违反国家有关法律法规,大肆发布虚假食品广告,欺骗、误导消费者,严重损害了消费者利益。为此,我国《食品安全法》和《广告法》对食品广告内容真实性和合法性进行了明确规定。《食品安全法》第73条规定:"食品广告的内容应当真实合法,不得含有虚假内容,不得涉及疾病预防、治疗功能。食品生产经营者对食品广告内容的真实性、合法性负责。县级以上人民政府食品药品监督管理部门和其他有关部门以及食品检验机构、食品行业协会不得以广告或者其他形式向消费者推荐食品。消费者组织不得以收取费用或者其他牟取利益的方式向消费者推荐食品。"

《食品安全法》第 140 条第 2 款、第 3 款、第 4 款、第 5 款指明："广告经营者、发布者设计、制作、发布虚假食品广告,使消费者的合法权益受到损害的,应当与食品生产经营者承担连带责任。社会团体或者其他组织、个人在虚假广告或者其他虚假宣传中向消费者推荐食品,使消费者的合法权益受到损害的,应当与食品生产经营者承担连带责任。违反本法规定,食品药品监督管理等部门、食品检验机构、食品行业协会以广告或者其他形式向消费者推荐食品,消费者组织以收取费用或者其他牟取利益的方式向消费者推荐食品的,由有关主管部门没收违法所得,依法对直接负责的主管人员和其他直接责任人员给予记大过、降级或者撤职处分;情节严重的,给予开除处分。对食品作虚假宣传且情节严重的,由省级以上人民政府食品药品监督管理部门决定暂停销售该食品,并向社会公布;仍然销售该食品的,由县级以上人民政府食品药品监督管理部门没收违法所得和违法销售的食品,并处二万元以上五万元以下罚款。"同时,《食品安全法》对于关系消费者生命健康的商品或者服务的虚假广告,采用无过错责任原则,广告经营者、广告发布者只要设计、制作、发布了虚假广告,就应当与经营者承担连带责任。广告与其他宣传方式代言人的民事责任与广告经营者、发布者一样,采用无过错责任原则,只要代言了虚假广告,就应承担连带责任。

(十三)特殊食品监管制度

近年来,我国食品工业发展迅速,同时也暴露出在以往监管中的一些问题和一些急需破解的难题,这主要突出表现在:保健食品法律法规不完善,致使保健食品市场混乱问题较为突出。特殊医学用途配方食品对于进食受限、消化吸收障碍、代谢紊乱或特定疾病状态人群的治疗、康复及机体功能维持等方面起着重要的营养支持作用,而我国此前没有相关标准,该类产品的生产、销售与管理缺乏依据,制定本标准的目的在于满足国内临床营养的需求,指导和规范我国特殊医学用途配方食品的生产和使用,保障产品适用人群的营养需求和食用安全。在"三鹿事件"后,强化企业生产许可审查,提升婴幼儿配方乳粉质量安全水平备受社会关注。为此《食品安全法》第 74 条规定:"国家对保健食品、特殊医学用途配方食品和婴幼儿配方食品等特殊食品实行严格监督管理。"

1. 保健食品管理制度

2005 年我国在施行《保健食品注册管理办法(试行)》时,将保健食品定义为:声称具有特定保健功能或者以补充维生素矿物质为目的的食品。即适宜于特定人群食用,具有调节机体功能,不以治疗疾病为目的,并且对人体不产生任何急性、亚急性或者慢性危害的食品。

(1)保健食品原料目录、功能目录的管理制度。保健食品原料目录和允许保健食品声称的保健功能目录,由国务院食品药品监督管理部门会同国务院卫生行政部门、国家中医药管理部门制定、调整并公布。保健食品原料目录应当包括原料名称、用量及其对应的功效;列入保健食品原料目录的原料只能用于保健食品生产,不得用于其他食品生产。

(2)保健食品的注册与备案。《食品安全法》明确对保健食品实行注册与备案分类管理的方式,改变了过去单一的产品注册制度。依法应当注册的保健食品,注册时应当提交保健食品的研发报告、产品配方、生产工艺、安全性和保健功能评价、标签、说明书等材料及样品,并提供相关证明文件。国务院食品药品监督管理部门经组织技术审评,对符合安全和功能声称要求的,准予注册;对不符合要求的,不予注册并书面说明理由。对使用保健食品原料目录以外原料的保健食品作出准予注册决定的,应当及时将该原料纳入保健食品原料目录。依法应当备案的保健食品,备案时应当提交产品配方、生产工艺、标签、说明书,以及表明产品安全性和保健功能的材料。

使用保健食品原料目录以外原料的保健食品和首次进口的保健食品,应当经国务院食品药品监督管理部门注册。但是,首次进口的保健食品中属于补充维生素、矿物质等营养物质的,应当报国务院食品药品监督管理部门备案。其他保健食品应当报省、自治区、直辖市人民政府食品药品监督管理部门备案。进口的保健食品应当是出口国(地区)主管部门准许上市销售的产品。

使用保健食品原料目录以外原料的保健食品和首次进口的保健食品,应当经国务院食品药品监督管理部门注册。但是,首次进口的保健食品中属于补充维生素、矿物质等营养物质的,应当报国务院食品药品监督管理部门备案。其他保健食品,应当报省、自治区、直辖市人民政府食品药品监督管理部门备案。进口的保健食品应当是出口国(地区)主管部门准许上市销售的产品。

(3)对保健食品标签的特殊规定。保健食品的标签、说明书不得涉及疾病预防、治疗功能,内容应当真实,与注册或者备案的内容相一致,载明适宜人群、不适宜人群、功效成分或者标志性成分及其含量等,并声明"本品不能代替药物"。保健食品的功能和成分应当与标签、说明书相一致。

(4)对保健食品广告的特殊规定。保健食品广告除要符合食品广告的内容应当真实合法,不得含有虚假内容,不得涉及疾病预防、治疗功能。食品生产经营者对食品广告内容的真实性、合法性负责。此外,还应当声明"本品不能代替药物";其内容应当经生产企业所在地省、自治区、直辖市人民政府食品药品监督管理部门审查批准,取得保健食品广告批准文件。省、自治区、直辖市人民政府食品药品监督管理部门应当公布并及时更新已经批准的保健食品广告目录以及批准的广告内容。

2. 特殊医学用途配方食品管理制度

特殊医学用途配方食品是为了满足进食受限、消化吸收障碍、代谢紊乱或特定疾病状态人群对营养素或膳食的特殊需要,专门加工配制而成的配方食品。该类产品必须在医生或临床营养师指导下,单独食用或与其他食品配合食用。根据不同临床需求和适用人群,《特殊医学用途配方食品通则》(GB 29922—2013)将该类产品分为三类,即全营养配方食品、特定全营养配方食品和非全营养配方食品。

《食品安全法》第80条规定:"特殊医学用途配方食品应当经国务院食品药品监督管理部门注册。注册时,应当提交产品配方、生产工艺、标签、说明书以及表明产品安全性、营养充足性和特殊医学用途临床效果的材料。特殊医学用途配方食品广告适用《中华人民共和国广告法》和其他法律、行政法规关于药品广告管理的规定。"

3. 婴幼儿配方食品管理制度

《食品安全法》回应了近年来对于婴幼儿配方乳粉的一系列新规定,包括食品药品监督总局于2013年年底颁布的《关于禁止以委托、贴牌、分装等方式生产婴幼儿配方乳粉的公告》、《关于进一步加强婴幼儿配方乳粉销售监督管理工作的通知》,以及2014年颁布的《婴幼儿配方乳粉生产许可审查要求》中的相关规定。婴幼儿乳粉的配方在上述文件中实行的是备案制,但2015年《食品安全法》将这一制度变更为注册制,这意味着食品药品监督管理部门将会对企业提交的乳粉配方进行审查,且企业在申请注册时必须提交能够表明配方的科学性、安全性的相关材料。这表明国家对婴幼儿乳粉的配方将采取更为严格的管控,企业在设计配方时也应当对其科学性和安全性更加注意。

(1)建立并严格执行进货查验和查验记录制度。《食品安全法》规定婴幼儿配方食品生产企业,应当实施从原料进厂到成品出厂的全过程质量控制,对出厂的婴幼儿配方食品实施逐批检验,保证食品安全。经营者购进婴幼儿配方乳粉应建立并严格执行进货查验和查验记录制度:一是要比照名录。经营者购进婴幼儿配方乳粉,应与食品药品监管等部门公布的生产企业和产品名录等信息进行比照、核查。二是要查验供货商的经营资格文件。购进婴幼儿配方乳粉前,经营者要对供货商的许可证、营业执照原件进行查验,并对查验情况进行记录。三是要索取票证。经营者应要求供货商提供加盖生产企业或供货商印章的生产企业食品生产许可证和营业执照复印件、加盖供货商印章的供货商食品生产经营许可证和营业执照复印件、供货商供货发票等票据、食品批次检验报告等文件资料。四是要查验食品标签标识。经营者应对标签中标注的食品名称、生产企业名称、经销企业名称、保质期等信息进行查验。五是要如实记录。经营者应当建立完备的婴幼儿配方乳粉进货查验记录,进货查验记录必须如实记载婴幼儿配方乳粉的名称、适用的年龄段、生产企业名称(进口婴幼儿配方乳粉为进口商或进口代理商名称)、商标、规格、批号、生产日期、保质期、供货者名称及联系方式、数量、价格、进货日期、检验报告编号及出具单位等内容。六是要自觉抵制不合规产品。经营者对在比照名录、查验文件资料以及食品标签标识时发现下列情况之一的婴幼儿配方乳粉,应予以拒收或退货,不得购入和销售,并同时向当地食品安全监管部门报告:不在监管部门批准的生产企业名录之内的企业生产的;企业以委托、贴牌、分装方式生产的;无相应批次全项目检验报告(包括法定食品检验机构的检验报告和企业自检机构出具的检验报告)或进口无中文标识的;同一生产企业用同一配方生产的不同品牌的;牛、羊乳及其乳粉、乳成分制品以外的其他动物乳和乳制品生产的。

(2)婴幼儿配方乳粉的产品配方注册制。婴幼儿配方乳粉的产品配方,应当经国务院食品药品监督管理部门注册。注册时,应当提交配方研发报告和其他表明配方科学性、安全性的材料。不得以分装方式生产婴幼儿配方乳粉,同一企业不得用同一配方生产不同品牌的婴幼儿配方乳粉。婴幼儿配方食品生产企业应当将食品原料、食品添加剂、产品配方及标签等事项,向省、自治区、直辖市人民政府食品药品监督管理部门备案。

4.特殊食品监管的配套制度

《食品安全法》第82条、第83条还规定了相应的配套制度:保健食品、特殊医学用途配方食品、婴幼儿配方乳粉的注册人或者备案人应当对其提交材料的真实性负责。省级以上人民政府食品药品监督管理部门应当及时公布注册或者备案的保健食品、特殊医学用途配方食品、婴幼儿配方乳粉目录,并对注册或者备案中获知的企业商业秘密予以保密。保健食品、特殊医学用途配方食品、婴幼儿配方乳粉生产企业应当按照注册或者备案的产品配方、生产工艺等技术要求组织生产。生产保健食品,特殊医学用途配方食品、婴幼儿配方食品和其他专供特定人群的主辅食品的企业,应当按照良好生产规范的要求建立与所生产食品相适应的生产质量管理体系,定期对该体系的运行情况进行自查,保证其有效运行,并向所在地县级人民政府食品药品监督管理部门提交自查报告。

第八章　食品检验法律制度研究

　　近几年食品安全事故频发,给消费者造成了巨大的人身、财产危害。这与食品检验工作的覆盖面不全、检验者不具备检验资格、检验人对检验结果不负责任有密切关系。食品检验是保证食品安全、加强食品安全监管的重要技术支撑,是防止不安全食品危害人体健康的主要手段,是保障食品安全的一系列制度中不可或缺的环节。《食品安全法》规定的食品出厂检验记录制度、进货查验记录制度、食品安全风险评估制度,都是建立在食品检验的基础上的。食品检验是依法取得检验资质的食品检验机构,根据法律法规、食品安全标准和技术规范的有关规定,运用科学的检验技术和方法,对食品安全质量作出评定的活动。食品检验的任务主要是根据制定的技术标准,运用现代科学技术和监测分析手段,对食品工业生产的原料、辅助材料、半成品、包装材料及成品进行监测和检验,从而对产品的品质、营养、安全与卫生等方面作出评定。[1] 因此,食品检验对保证食品的营养与卫生,防止食品中毒及食源性疾病,确保食品的品质和安全以及研究食品化学性污染的来源、途径及控制等都有十分重要的意义。

---

　　[1] 参见徐金瑞等:《〈食品检验〉实验教学改革的几点建议》,载《教育医学探索》2008 年第 7 期。

一、食品检验概述

（一）食品检验的含义

食品检验是由食品检验机构根据有关国家标准，对食品原料、辅助材料、成品的质量和安全性进行的检验，包括对食品理化指标、卫生指标、外观特性，以及外包装、内包装、标志等进行的检验。食品检验是检验的一种，它通常有广义和狭义之分。广义的食品检验，是指研究和评定食品质量及其变化的一门学科，它依据物理、化学、生物化学的一些基本理论和各种技术，按照制定的技术标准，对原料、辅助材料、成品的质量进行检验。狭义的食品检验，通常是指食品检验机构依据《食品安全法》规定的卫生标准，对食品质量所进行的检验，包括对食品的外包装、内包装、标志、唛头和商品外观的特性、理化指标，以及其他一些卫生指标所进行的检验。检验方法主要有感官检验法和理化检验法。食品检验内容十分丰富，包括食品营养成分分析，食品中污染物质分析，食品辅助材料及食品添加剂分析、食品感官鉴定等。

（二）食品检验的意义

食品检验工作对规范食品生产经营者的食品生产经营活动，保证食品安全，保障消费者合法权益，对形成有序的食品流通市场有重要的意义。

1. 食品检验是食品安全监管的技术支撑

食品检验是食品安全监督管理的基础，为食品安全监督提供科学的管理依据，为防止食品污染，杜绝食物中毒和食源性疾病的发生起着积极作用。食品安全监管机关可以通过定期和不定期的食品抽检来检验市场流通食品的安全状况，根据食品检验报告可以对食品企业采取一定的行政处罚等措施，促使食品企业改善食品质量。

2. 食品检验对保证食品安全具有重要意义

食品是直接供人们食用的产品，其安全性直接关系到人们的身体健康和生命安全，需要受到严格的审查和检验。通过对食品的原料、辅助材料、成分的质量和安全性进行检验，根据检验的结果认定食品是否符合质量标准，剔除市场中不符合食品质量标准的产品，这样能够保证流入市场、流向消费者餐桌的食品是安全无毒的。《食品安全法》规定，食品生产者在食品投入流通之前，必须委托相关机构和自行对食品进行检验，以保证出厂的食品符合食品安全法规和标准的规定。

3. 食品检验对促进贸易发展有重要意义

国家出入境检验检疫部门应当收集、汇总进出口食品安全信息，并及时通报相关部门、机构和企业。国家出入境检验检疫部门应当建立进出口食品的进口商、出口商和出口食品生产企业的信誉记录，并予以公布。对有不良记录的进口商、出口商和出口食品生产企业，应当加强对其进出口食品的检验检疫。出口的食品由出入境检验检疫机构进行监督、抽检，海关凭出入境检验检疫机构签发的通关证明放行。出口食品生产企业和出口食品原料种植、养殖场应当向国家出入境检验检疫部门备案。向我国境内出口食品的出口商或者代理商应当向国家出入境检验检疫部门备案。向我国境内出口食品的境外食品生产企业应当经国家出入境检验检疫部门注册。

二、食品检验主体

食品检验主体涉及食品安全监督管理部门、食品生产经营企业、食品检验机构、食品行业协会组织和消费者。而在不同种类的食品检验中，食品检验的机构不尽相同。广义上的食品检验主体包括食品检验机构及其人员、工商行政管理部门、食品药品监督管理部门、食品行业协会，以及食品生产经营企业等都是可以进行一定的食品检验行为的个人和组织；狭义的食品检验主体则是我国《食品安全法》所规定的按照国家有关认证认可，取得了资质认定的食品检验机构及其检验人员或具备出厂检验能力的食品生产经营企业。根据《食品安全法》的规定，食品检验主体包括食品检验主体和食品检验委托主体。食品检验机构是具备出厂检验能力的食品生产经营企业，是依法享有检查权利的主体，食品安全监督管理部门、食品行业协会以及消费者等是享有食品检验委托权利的主体。

（一）食品检验机构

食品检验机构，是落实监管技术的重要组织保证，其工作质量直接影响到食品质量安全监管制度的落实。因此，对检验机构设置资格管理制度，是保障食品质量安全的基础性制度。食品检验机构的检验资格，是指具备食品检验的相应能力，按照国家有关认证认可的规定依法取得资质认定后，方可从事食品检验活动。食品检验机构在一定程度上参与了政府部门对食品质量安全的监管工作，为了更好地保护企业、消费者的合法权益，有必要对承检机构实施检验资格管理。

1. 食品检验机构的资质认定

食品检验机构资质认定，是指依法对食品检验机构的基本条件和能力，是否符合食品安全法律法规的规定以及相关标准或者技术规范要求实施的评价和认定活动。食品检验机构资质认定工作,应当遵循客观公正、科学准确、公开透明、高效便利的原则。①

第一,认证主管机关。按照《食品检验机构资质认定管理办法》(总局令第165号)第4条规定:"国家质量监督检验检疫总局统一管理食品检验机构资质认定工作。国家认证认可监督管理委员会负责食品检验机构资质认定实施、监督管理和综合协调工作。各省级质量技术监督部门按照职责分工,负责所辖区域内食品检验机构资质认定实施和监督检查工作。"同时,《认证认可条例》规定:"国务院有关主管部门所属和经其批准设立的食品检验机构资质认定,由国家认监委负责实施;除上述机构外的食品检疫机构资质认定,由省级质量监管部门负责实施。"

因此,国家质检总局是中央层面管理全国食品检验机构资质认定工作,国家认证认可监督管理委员会是国务院组建并授权统一管理、监督和综合协调全国认证认可工作的主管机构,而各省级质量技术监督部门是实施资质认定和监督检查工作的主体。国家认证认可监督管理委员会的工作职能有:(1)研究起草并贯彻执行国家认证认可、安全质量许可、卫生注册和合格评定方面的法律、法规和规章,制定、发布并组织实施认证认可和合格评定的监督管理制度、规定。(2)研究提出并组织实施国家认证认可和合格评定工作的方针政策、制度和工作规则,协调并指导全国认证认可工作,监督管理相关的认可机构和人员注册机构。(3)研究拟定国家实施强制性认证与安全质量许可制度的产品目录,制定并发布认证标志(标识)、合格评定程序和技术规则,组织实施强制性认证与安全质量许可工作。(4)负责进出口食品和化妆品生产、加工单位卫生注册登记的评审和注册等工作,办理注册通报和向国外推荐事宜。(5)依法监督和规范认证市场,监督管理自愿性认证、认证咨询与培训等中介服务和技术评价行为;根据有关规定,负责认证、认证咨询、培训机构和从事认证业务的检验机构(包括中外合资、合作机构和外商独资机构)的资质审批和监督;依法监督管理外国(地区)相关机构在境内的活动;受理有关认证认可的投诉和申诉,并组织查处;依法规范和监督市场认证行为,指导和推动认证中介服务组织的改革。(6)管理相关校准、检测、检验实验室技术能力的评审和资格认定工作,组织实施对出入境检验检疫实验室和产品质量监督检验实验室的评审、计量认证、注册和资格认定工作;负责对承担强制性认证和安全质量许可的认证机构

---

① 参见《食品检验机构资质认定管理办法》第2条。

和承担相关认证检测业务的实验室、检验机构的审批;负责对从事相关校准、检测、检定、检查、检验检疫和鉴定等机构(包括中外合资、合作机构和外商独资机构)技术能力的资质审核。(7)管理和协调以政府名义参加的认证认可和合格评定的国际合作活动,代表国家参加国际认可论坛(International Accreditation Forum,IAF)、太平洋认可合作组织(Pacific Accreditation Cooperation,PAC)、国际人员认证协会(International Personnel Certification Association,IPC)、国际实验室认可合作组织(International Laboratory Accreditation Cooperation,ILAC)、亚太实验室认可合作组织(Asia Pacific Laboratory Accreditation Cooperation,APLAC)等国际或区域性组织以及国际标准化组织(International Organization for Standardization,ISO)和国际电工委员会(International Electrotechnical Commission,IEC)的合格评定活动,签署与合格评定有关的协议、协定和议定书;归口协调和监督以非政府组织名义参加的国际或区域性合格评定组织的活动;负责 ISO 和 IEC 中国国家委员会的合格评定工作。负责认证认可、合格评定等国际活动的外事审批。(8)负责与认证认可有关的国际准则、指南和标准的研究和宣传贯彻工作;管理认证认可与相关的合格评定的信息统计,承办世界贸易组织/技术性贸易壁垒协定、实施卫生与植物卫生措施协定中有关认证认可的通报和咨询工作。①

第二,资质认证的条件。《食品安全法》第 84 条规定:"食品检验机构按照国家有关认证认可的规定取得资质认定后,方可从事食品检验活动。但是,法律另有规定的除外。食品检验机构的资质认定条件和检验规范,由国务院食品药品监督管理部门规定。"2015 年《食品安全法》将原先由国务院卫生行政部门承担的食品检验机构的资质认定条件和检验规范的制定工作,交由国务院食品药品监督管理部门规定。

根据《食品安全法》第 84 条的有关规定,国家食品药品监督管理总局和国家认证认可监督管理委员会组织制定了《食品检验机构资质认定条件》(以下简称《资质认定条件》),于 2016 年 8 月 8 日发布并予以实施。食品安全检验机构的资质认证条件,主要包括在组织、管理体系、检验能力、人员、环境和设施、设备和标准物质等方面的具体要求。资质认定部门在实施食品检验机构资质认定评审时,应当将《资质认定条件》作为食品检验机构资质认定评审的补充

---

① 参见国家认监委:《中国国家认证认可监督管理委员会工作职能》,载中国国家认证认可监督管理委员会官网:http://www.cnca.gov.cn/xxgk/zfxxgk/201603/t20160323_50779.shtml.,最后访问日期:2016 年 3 月 23 日。

要求,与国家认监委制定印发的《检验检测机构资质认定评审准则》结合使用。

(1)食品检验组织机构设立相关规定

①检验机构应当是依法成立并能够承担相应法律责任的法人或者其他组织。②食品检验由检验机构指定的检验人独立进行。检验机构应当具备与所开展的检验活动相适应的管理人员。管理人员应当具有检验机构管理知识,并熟悉食品相关的法律法规和标准。检验人员应当为正式聘用人员,并且只能在本检验机构中从业。检验机构不得聘用相关法律法规规定禁止从事食品检验工作的人员。

(2)食品检验机构检验能力的相关规定

食品检验机构应当具备下列一项或多项检验能力:①能对某类或多类食品标准所规定的检验项目进行检验;②能对某类或多类食品添加剂标准所规定的检验项目进行检验;③能对某类或多类食品相关产品的食品安全标准所规定的检验项目进行检验;④能对食品中污染物、农药残留、兽药残留、真菌毒素等通用类标准或相关规定要求的检验项目进行检验;⑤能对食品安全事故致病因子进行鉴定;⑥能进行食品毒理学、功能性评价;⑦能开展《食品安全法》及其实施条例规定的其他检验活动。

(3)食品检验机构质量管理的相关规定

①检验机构应当制定完善的管理体系文件,包括政策、计划、程序文件、作业指导书、应急检验预案、档案管理制度、安全规章制度、检验责任追究制度,以及相关法律法规要求的其他文件等,并确保其有效实施和受控。②检验机构应当采用内部审核、管理评审、质量监督、内部质控、能力验证等有效内外部措施定期审查和完善管理体系,保证其基本条件和技术能力能够持续符合资质认定条件和要求,并确保管理体系有效运行。在首次资质认定前,管理体系应当已经连续运行至少6个月,并实施了完整的内部审核和管理评审。③检验机构应当规范工作流程,强化对抽(采)样、检验、结果报告等关键环节质量控制,有效监控检验结果的稳定性和准确性,加强原始记录和检验报告管理,确保检验结果准确、完整、可溯源。④食品检验实行检验机构与检验人负责制。检验机构和检验人对出具的食品检验报告负责。检验机构和检验人出具虚假检验报告的,按照相关法律法规的规定承担相应责任。⑤检验机构在运用计算机与信息技术或自动设备系统对检验数据和相关信息进行管理时,应当有保障其安全性、完整性的措施,并验证有效。

（4）对相关工作人员的要求

①食品检验机构应当具备与其所开展的检验活动相适应的检验人员和技术管理人员。②技术人员应当熟悉《食品安全法》及其相关法律法规以及有关食品标准和检验方法的原理，掌握检验操作技能、标准操作规程、质量控制要求、实验室安全与防护知识、计量和数据处理知识等，并应当经过食品相关法律法规、质量管理和有关专业技术的培训和考核。③技术负责人、授权签字人应当熟悉业务，具有食品、生物、化学等相关专业的中级及以上技术职称或者同等能力。食品、生物、化学等相关专业博士研究生毕业，从事食品检验工作1年及以上；食品、生物、化学等相关专业硕士研究生毕业，从事食品检验工作3年及以上；食品、生物、化学等相关专业大学本科毕业，从事食品检验工作5年及以上；食品、生物、化学等相关专业大学专科毕业，从事食品检验工作8年及以上，可视为具有同等能力。④检验人员应当具有食品、生物、化学等相关专业专科及以上学历并具有1年及以上食品检测工作经历，或者具有5年及以上食品检测工作经历。⑤从事国家规定的特定检验活动的人员应当取得相关法律法规所规定的资格。⑥检验人员应当为正式聘用人员，并且只能在本检验机构中从业。检验机构不得聘用相关法律法规规定禁止从事食品检验工作的人员。具有中级及以上技术职称或同等能力的人员数量应当不少于从事食品检验活动的人员总数的30％。①

（5）对食品检验机构设备和标准物质

①检验机构应当配备开展检验活动所必需的且能够独立调配使用的仪器设备、样品前处理装置以及标准物质或标准菌（毒）种等。②检验机构的仪器设备及其软件、标准物质或标准菌（毒）种等应当由专人管理，仪器设备应当经量值溯源或核查以满足使用要求。③检验机构应当建立和保存对检验结果有影响的仪器设备的档案，包括操作规程、量值溯源的计划和证明、使用和维护维修记录等。

（6）对食品检验机构环境和设施的要求

①检验机构应当具备开展食品检验活动所必需的且能够独立调配使用的固定工作场所，工作环境应当满足食品检验的功能要求。检验机构的工作环境和基本设施应当满足检验方法、仪器设备正常运转、技术档案贮存、样品制备和贮存、废弃物贮存和处理、信息传输与数据处理、保障人身安全和环境保护等要

---

① 参见《食品检验机构资质认定管理办法》第13～18条。

求。检验机构应当具备开展食品检验活动所必需的实验场地,并进行合理分区。实验区应当与非实验区分离,互相有影响的相邻区域应当实施有效隔离,防止交叉污染及干扰,明确需要控制的区域范围和有关危害的明显警示。②检验机构应当制定并实施有关实验室安全和保障人身安全的制度。检验机构应当具有与检验活动相适应的、便于使用的安全防护装备及设施,并定期检查其功能的有效性。③开展动物实验活动的检验机构应当满足以下条件:具有温度、湿度、通风、空气净化、照明等环境控制和监控设施;具有独立的实验动物检疫室,布局合理,并且避免交叉污染;具有与开展动物实验项目相适应的消毒灭菌设施,净化区和非净化区分开;具有收集和放置动物排泄物及其他废弃物的卫生设施;具有用于分离饲养不同种系及不同实验项目动物、隔离患病动物等所需的独立空间;开展挥发性物质、放射性物质或微生物等特殊动物实验的检验机构应当配备特殊动物实验室,并配备相应的防护设施(包括换气及排污系统),并与常规动物实验室完全分隔。开展动物功能性评价的检验机构,其动物实验室环境应当相对独立,并具备满足不同功能实验要求的实验空间和技术设备条件。④毒理实验室应当配备用于阳性对照物贮存和处理的设施,开展体外毒理学检验的实验室应当具有足够的独立空间分别进行微生物和细胞的遗传毒性实验。⑤微生物实验室面积应当满足检验工作的需求,总体布局应当减少潜在的污染和避免生物危害,并防止交叉污染。涉及病原微生物的检验活动应当按照相关规定在相应级别的生物安全实验室中进行。⑥开展感官检验的检验机构应当按照食品标准及相关规定的要求设置必要的感官分析区域。⑦开展人体功能性评价的检验机构应当具备相对独立的评测空间以及能够满足人体试食试验功能评价需要的设施条件。

第三,食品检验机构资质认证程序。《食品检验机构资质认定管理办法》第10条规定了食品检验机构资质的认证程序为:①申请资质认定的食品检验机构(以下简称申请人),应当向国家认监委或者省级质量监督部门(以下简称资质认定部门)提出书面申请,并提交符合本办法第8条规定的相关证明材料,申请材料应当真实有效;②资质认定部门应当对申请人提交的申请材料进行书面审查,并自收到材料之日起5个工作日内作出受理或者不予受理的书面决定;申请材料不齐全或者不符合法定形式的,应当一次性告知申请人需要补正的全部内容;③资质认定部门应当自受理申请之日起45个工作日内,对申请人完成技术评审工作,评审时间不计算在作出批准的期限内;④资质认定部门应当自技术评审完结之日起20个工作日内,对技术评审结果进行审查,并作出是否批准的决定。决定批准的,自批准之日起 10 个工作日内,向申请人颁发资质认定证书,并准许其使用资质认定标志;不予批准的,应当书面告知申请人,并说明理由。

第四,食品检验机构的其他相关规定。①国家认监委和省级质量监督部门,应当定期公布依法取得资质认定的食品检验机构名录及其检验范围、技术能力等信息,并向公众提供查询渠道。②食品检验机构资质认定证书有效期为 6 年。食品检验机构需要延续依法取得的资质认定的有效期的,应当在资质认定证书有效期届满前 3 个月内,向资质认定部门提出复查换证申请。③因发生重大食品安全事故或者其他食品安全紧急情况,需要食品检验机构临时增加检验项目的,资质认定部门应当及时启动应急预案,并向社会公布符合资质要求的食品检验机构名录。④食品检验机构应当依法向资质认定部门申请办理相关变更手续情形的:一是食品检验机构变更资质认定检验项目、检验方法的;二是食品检验机构名称、地址、法定代表人、授权签字人,以及技术管理者发生变化的;三是食品检验机构发生其他重大事项变化的。食品检验机构申请增加资质认定检验项目的,资质认定部门应当参照《食品检验机构资质认定管理办法》第 10 条的规定予以办理。

2. 食品检验机构和检验人的权利及责任分担

《食品安全法》第 85 条和第 86 条,规定了食品检验机构和检验人的权利及责任分担原则,即食品检验由食品检验机构指定的检验人独立进行。检验人应当依照有关法律、法规的规定,并依照食品安全标准和检验规范对食品进行检验,尊重科学,恪守职业道德,保证出具的检验数据和结论客观、公正,不得出具虚假的检验报告。同时规定,食品检验实行食品检验机构与检验人负责制。食品检验报告应当加盖食品检验机构公章,并有检验人的签名或者盖章。食品检验机构和检验人对出具的食品检验报告负责。

第一,检验人独立负责制。根据《食品安全法》的规定,检验机构可以指定具体的检验人员承担某项检验工作。检验人在进行检验工作时,具有依据相关法律、法规的规定,并根据自己的知识和经验独立进行操作,并独立得出检验结论的权力。《食品安全法》在此强调,检验人从事检验时在技术上具有的独立身份。这种独立性与检验工作的特点是相符的,食品检验是技术性、科学性很强的事务,很多都需要独立完成,多人操作容易产生误差。独立检验权也是实行检验人责任制的基础,有了独立检验权才能明确责任承担。检验人在从事检验工作时应依照食品安全标准和检验规范对食品进行检验,应尊重科学,恪守职业道德,出具客观、公正的检验数据和结论。如果检验人出具虚假的检验报告,应承担相应的法律责任。根据《食品安全法》第138条的规定,检验人出具虚假检验报告的,依法承担刑事处罚、撤职或者开除处分、10年内不得从事食品检验工作等。

在以往的法律法规中,将确保食品检验报告客观、公正的责任主要给了食品检验机构,对检验人是否有责任确保食品检验报告客观、公正方面往往缺少明确规定,仅规定伪造检验结果或者出具虚假证明的,检验人作为其他直接责任人也要承担相应法律责任。在《食品安全法》中,为了强化检验人的责任意识,平衡检验机构与检验人之间的权利义务,理顺责任分担机制,明确规定了食品检验实行食品检验机构与检验人员共同负责制。

第二,食品检验机构与检验人员共同负责制。食品检验实行食品检验机构与检验人员共同负责制,食品检验机构与检验人员对出具的食品检验报告负责,食品检验机构在食品检验报告上加盖公章,检验人签名或者盖章。将食品检验机构与检验人相并列,是第85条中赋予检验人独立检验权的延续,改变了过去检验人完全隶属于食品检验机构的做法,加重了检验人责任,同时有利于提升检验人员的职业地位,有利于发挥检验人的主观能动性,有利于在食品检验机构与检验人员之间形成制约机制,这必将促进我国食品检验水平的提高,最大限度地保证我国的食品安全。

(二)食品检验的委托主体

1.食品生产经营企业

《食品安全法》第89条第1款规定:"食品生产企业可以自行对所生产的食品进行检验,也可以委托符合本法规定的食品检验机构进行检验。"因此,食品生产经营企业既可以是食品自行检验的主体,也可以是食品检验委托主体之一。同时,2005年8月31日国家质量监督检验检疫总局局务会议审议通过的《食品生产加工企业质量安全监督管理实施细则(试行)》第38条规定:"食品出厂必须经过检验,未经检验或者检验不合格的,不得出厂销售。具备出厂检验能力的企业,可以按要求自行进行出厂检验。不具备产品出厂检验能力的企业,必须委托有资质的检验机构进行出厂检验。实施食品质量安全市场准入制度管理的食品,按审查细则的规定执行。实施自行检验的企业,应当每年将样品送到质量技术监督部门指定的检验机构进行一次比对检验。"为从源头上保障食品安全,使生产者树立食品安全意识,《食品安全法》肯定了食品强制出厂检验制度。《食品安全法》第51条也作了食品出厂强制检验的相关规定:"食品生产企业应当建立食品出厂检验记录制度,查验出厂食品的检验合格证和安全状况,并如实记录食品的名称、规格、数量、生产日期或者生产批号、检验合格证号、销售日期以及购货者名称、地址、联系方式等内容,并保存相关凭证。记录和凭证保存期限应当符合本法第五十条第二款的规定。"该规定有利于规范食品生产企业的行为,提高食品生产企业的安全意识,更好地保障人民群众的身体健康和生命安全。

2. 食品行业协会和消费者协会等组织、消费者委托检验的规定

《食品安全法》第 89 条第 2 款规定:"食品行业协会和消费者协会等组织、消费者需要委托食品检验机构对食品进行检验的,应当委托符合本法规定的食品检验机构进行。"食品行业协会进行行业自律,主动对所属企业生产的食品进行检验,或者在对监管部门进行的食品检验结果存有异议,由食品行业协会协助企业进行检验的,应当委托符合本法规定的食品检验机构进行检验。消费者协会和消费者对市场中流通的食品感到不安全时,也可以委托符合本法规定的食品检验机构进行检验。如果发现食品存在问题,可向有关监管部门反映。①

三、食品安全检验机制

《食品安全法》第 87 条规定:"县级以上人民政府食品药品监督管理部门应当对食品进行定期或者不定期的抽样检验,并依据有关规定公布检验结果,不得免检。进行抽样检验,应当购买抽取的样品,委托符合本法规定的食品检验机构进行检验,并支付相关费用;不得向食品生产经营者收取检验费和其他费用。"该法第 88 条规定:"对依照本法规定实施的检验结论有异议的,食品生产经营者可以自收到检验结论之日起七个工作日内向实施抽样检验的食品药品监督管理部门或者其上一级食品药品监督管理部门提出复检申请,由受理复检申请的食品药品监督管理部门在公布的复检机构名录中随机确定复检机构进行复检。复检机构出具的复检结论为最终检验结论。复检机构与初检机构不得为同一机构。复检机构名录由国务院认证认可监督管理、食品药品监督管理、卫生行政、农业行政等部门共同公布。采用国家规定的快速检测方法对食用农产品进行抽查检测,被抽查人对检测结果有异议的,可以自收到检测结果时起四小时内申请复检。复检不得采用快速检测方法。"同时,《食品安全法实施条例》规定:"复检机构名录由国务院认证认可监督管理、卫生行政、农业行政

---

① 参见张志勋:《系统论视角下的食品安全法律治理研究》,载《法学论坛》2015 年第 1 期。

等部门共同公布。"

鉴于目前负责食品安全监管的卫生、农业、质检、工商、商务、食品药品监督等部门,都有所属的食品检验检测机构、食品检验检测实验室或流动检测车,对食品检验机构的认定条件和办法并不完全一致,各食品检验机构水平参差不齐。为了统一资质认定条件和检验规范,《食品安全法》第 84 条第 2 款规定:"食品检验机构资质认定的条件和检验规范,由国务院食品药品监督管理部门规定。"统一资质认定条件,有利于规范食品检验机构的硬件和软件设施条件,提高食品检验机构的整体水平,也有利于防止有关行政主管部门对食品检验机构的设立监管不严的现象发生。资质认定条件主要包括对机构设置、组织管理、质量体系、人员、仪器设备、环境设施、检测工作等方面的要求。检验规范是食品检验工作的重要内容和保障,食品检验方法与规程属于食品安全标准,通过对检验仪器设备、检验操作、检验记录和检验报告等规范化管理,有利于提高检验质量,保证检验结果的科学性和客观性。

(一)食品抽查制度

由于食品原料的质量难以保持长期稳定不变,再加上生产过程中可能掺杂的其他因素,使食品生产的质量带有许多不确定性。生产者从前生产的产品质量不能与以后生产产品的质量画等号,以前生产的食品质量好,不代表其今后生产的食品质量必然一样好,这就决定了对食品生产过程进行逐次严格检验的必要性。因此,不应对食品生产予以免检,否则,就可能危害人民群众的身体健康和生命安全。正是考虑到这个原因,《食品安全法》取消了此前已经实行了 10 余年的食品免检制度,并进一步明确了对食品的检验采取定期或者不定期的抽样检验制度。《食品安全法》第 87 条规定:"县级以上人民政府食品药品监督管理部门应当对食品进行定期或者不定期的抽样检验,并依据有关规定公布检验结果,不得免检。进行抽样检验,应当购买抽取的样品,委托符合本法规定的食品检验机构进行检验,并支付相关费用;不得向食品生产经营者收取检验费和其他费用。"同时,2015 年国家食品药品监督管理总局发布《食品安全抽样检验管理办法》,并于 2015 年 2 月 1 日起实施。

1. 食品抽检的种类

食品抽检按照相关法律规定,可以分为两类:一类是日常的定期或不定期的抽查检验,这种检验是出于食品日常监管的需要而采取的措施,食品安全的日常抽检应该列入年度监督管理计划。另一类是执法抽检,即食品安全监管机关在食品安全行政执法过程中,对于食品的质量安全状况是否符合有关的法规和标准而进行的抽检。

2. 食品抽检的主体

国家食品药品监督管理总局负责组织开展全国性食品安全抽样检验工作,指导地方食品药品监督管理部门组织实施食品安全抽样检验工作。县级以上地方食品药品监督管理部门负责组织本级食品安全抽样检验工作,并按照规定实施上级食品药品监督管理部门组织的食品安全抽样检验工作。

3. 食品抽样检验计划

食品药品监督管理部门应当按照科学性、代表性的要求,制订覆盖食品生产经营活动全过程的食品安全抽样检验计划,实现监督抽检与风险监测的有效衔接。国家食品药品监督管理总局根据食品安全监管工作的需要,制订全国性食品安全抽样检验年度计划。县级以上地方食品药品监督管理部门应当根据上级食品药品监督管理部门制订的抽样检验年度工作计划并结合实际情况,制订本行政区域的食品安全年度抽样检验工作方案,报上一级食品药品监督管理部门备案。食品药品监督管理部门在日常监督管理工作中,可以根据工作需要不定期开展食品安全抽样检验工作。① 食品安全抽样检验工作计划应当包括下列内容:抽样检验的食品品种、抽样环节、抽样方法、抽样数量等抽样工作要求、检验项目、检验方法、判定依据等检验工作要求、检验结果的汇总分析及报送方式、时限和法律、法规、规章规定的其他要求。

4. 食品抽检的费用

进行抽样检验,应当购买抽取的样品,委托符合《食品安全法》规定的食品检验机构进行检验,并支付相关费用;不得向食品生产经营者收取检验费和其他费用。

5. 对食品复检的规定

对检验结论有异议的,食品生产经营者可以自收到检验结论之日起7个工作日内,向实施抽样检验的食品药品监督管理部门或者其上一级食品药品监督管理部门提出复检申请,由受理复检申请的食品药品监督管理部门在公布的复检机构名录中随机确定复检机构进行复检。复检机构出具的复检结论为最终检验结论。复检机构与初检机构不得为同一机构。复检机构名录由国务院认证认可监督管理、食品药品监督管理、卫生行政、农业行政等部门共同公布。采用国家规定的快速检测方法对食用农产品进行抽查检测,被抽查人对检测结果

---

① 参见《食品安全抽样检验管理办法》第11条。

有异议的，可以自收到检测结果时起 4 小时内申请复检，复检不得采用快速检测方法。

（二）食品检验的方法

食品检验内容十分丰富，包括食品营养成分分析、食品中污染物质分析、食品辅助材料及食品添加剂分析等。

1. 食品检验的具体方法

第一，感官检验法。食品感官检验，就是凭借人体自身的感觉器官，对食品的质量状况作出客观的评价。即通过用眼睛看、鼻子嗅、耳朵听、用口品尝和用手触摸等方式，对食品的色、香、味和外观形态进行综合性的鉴别和评价。

食品质量的优劣最直接地表现在它的感官性状上，通过感官指标来鉴别食品的优劣和真伪，简便易行，非常实用。与使用各种理化、微生物的仪器进行分析相比，有很多优点，因而它也是食品的生产、销售、管理人员所必须掌握的一门技能。从维护广大消费者自身权益角度来讲，掌握这种方法也是十分必要的。应用感官手段来鉴别食品的质量，有着非常重要的现实意义。

食品感官检验能否真实、准确地反映客观事物的本质，除了与人体感觉器官的健全程度和灵敏程度有关外，还与人们对客观事物的认识能力有直接的关系。只有当人体的感觉器官正常，又熟悉有关食品质量的基本常识时，才能比较准确地鉴别出食品质量的优劣。因此，通晓各类食品感官检验方法，为人们在日常生活中选购食品或食品原料、依法保护自己的合法权益不受侵犯提供了必要的客观依据。

《食品安全法》第 34 条第 6 项规定："禁止生产经营腐败变质、油脂酸败、霉变生虫、污秽不洁、混有异物、掺假掺杂或者感官性状异常的食品、食品添加剂。"这里所说的"感官性状异常"指食品失去了正常的感官性状，而出现的理化性质异常或者微生物污染等在感官方面的体现，或者说是食品发生不良改变或污染的外在警示。

感官鉴别不仅能直接发现食品感官性状在宏观上出现的异常现象，而且当食品感官性状发生微观变化时也能很敏锐地察觉到。例如，食品中混有杂质、异物、发生霉变、沉淀等不良变化时，人们能够直观地鉴别出来并作出相应的决策和处理，而不需要再进行其他的检验分析。尤其重要的是，当食品的感官性状只发生微小变化，甚至这种变化轻微到有些仪器都难以准确发现时，通过人的感觉器官，如嗅觉等都能给予应有的鉴别。可见，食品的感官质量鉴别有着理化和微生物检验方法所不能替代的优越性。在食品的质量标准和卫生标准中,第1项内容一般都是感官指标,通过这些指标不仅能够直接对食品的感官性状做出判断,而且还能够据此提出必要的理化和微生物检验项目,以便进一步证实感官鉴别的准确性。

第二,理化检验法。食品理化检验,是指应用物理的、化学的检测法来检测食品的组成成分及含量。目的是对食品的某些物理常数(密度、折射率、旋光度等)、食品的一般成分分析(水分、灰分、酸度、脂类、碳水化合物、蛋白质、维生素)、食品添加剂、食品中矿物质、食品中功能性成分,及食品中有毒有害物质进行检测。

理化检验法具有其独有的特点:它的检验结果精确,可用数字定量表示;检验的结果客观,它不受检验人员的主观意志的影响,从而使对商品质量的评价具有客观而科学的依据;它能深入地分析食品成分内部结构和性质,能反映食品的内在质量。但同时理化检验法也存在一定的局限性:它需要一定仪器设备和场所,成本较高,要求条件严格;往往需要破坏一定数量的食品,消耗一定数量的试剂,费用较大;检验需要的时间较长;要求检验人员具备扎实的基础理论知识和熟练的操作技术。因此,理化检验法在商业企业直接采用较少,多作为感官检验之后,必要时进行补充检验的方法、或委托商检机构做理化检验。

第三,微生物检验法。食品微生物检验,是指应用微生物学的理论和方法,研究外界环境和食品中微生物的种类、数量、性质、活动规律,及其对人和动物健康的影响。它与食品微生物学、医学微生物学、兽医微生物学、农业微生物学、卫生学等关系甚为密切,与传染病学、免疫学、病理学、组织学、解剖学等也有一定的联系。食品无论在产前还是加工前后,均可能遭受微生物的污染。污染的机会和原因很多,一般有:食品生产环境的污染、食品原料的污染、食品加工过程的污染等。食品微生物检验的范围包括:生产环境的检验,主要包括车间用水、空气、地面、墙壁等;原辅料检验,包括食用动物、谷物、添加剂等一切原辅材料;食品加工、储蓄、销售诸环节的检验,包括食品从业人员的卫生状况检验、加工工具;食品的检验,主要是对出厂食品、可疑食品及食物中毒食品的检验。《食品安全法》第34条规定的食品生产经营场所应当符合食品安全标准的相关要求,都涉及微生物的检验。

食品微生物检验方法,为食品检验必不可少的重要组成部分。它是衡量食品安全的重要指标,也是判定被检食品能否食用的科学依据之一。通过食品微生物检验,可以判断食品加工环境及食品卫生情况,能够对食品被细菌污染的程度作出正确的评估,为卫生管理工作提供科学依据。食品微生物检验贯彻

"预防为主"的食品安全方针,可以有效地防止或者减少食物中毒和人畜共患病的发生,保障人民的身体健康。

2. 食品检验方法的发展方向

第一,新兴的大型仪器设备的使用。随着现代科学仪器的发展,大型分析仪器得到越来越广泛的使用,如有机质谱仪、无机质谱仪和 X 射线荧光光谱仪等的使用。其中,X 射线荧光光谱法由于是一种因非破坏性分析法而得到迅速发展。

第二,分析方法的联用技术。联用技术的采用,完成了以前单一分析手段根本不能达到的检验效果。例如,气相色谱和原子吸收联用、气相色谱和质谱联用等。

第三,仪器便携,检测现场化。这一方向主要是从紫外可见分光光度法中派生出来的,如蔬菜中农药残留量检测方法就有根本性的变化。以前这方面的检验,通常要用气相色谱或高效液相色谱法测定。一次检验从抽取样品到出具数据,一般要一天甚至数天且检验成本昂贵。近期科研人员研制了农药残留检测仪,根据农药对胆碱酯酶的抑制原理,测定蔬菜中有机磷类及氨基甲酸酯类农药的残留量。可以在蔬菜生产、流通、市场等环节用于蔬菜中农药残留量的现场监测。该类检验以分光光度法为基础,仪器便携,甚至可以做到如手机大小,连同所有附属设备总重量只有几公斤,外出携带十分方便。该类仪器由电池供电,可以在室内外随时随地现场操作。从取样开始,约在半小时左右即可取得测定结果。这类方法在保证了高准确度的同时,还具有检验方法固定、对人员操作要求不高的优点。

第九章　食品进出口法律制度研究

一、食品进口法律制度

随着我国国民经济持续增长,人均收入不断增加,城市化进程的加快,普通百姓越来越追求高品质的生活质量,各种进口食品受到大众的青睐。进口食品,是指非本国品牌的食品,通俗地讲就是国外食品,包含在国外生产并在国内分包装的食品。在进口食品中,不乏健康营养、历史悠久的大品牌食品。现阶段进口食品在我国一、二线城市十分流行,有很多三线小城市,甚至乡镇都出现了进口食品专卖店。2015 年全国检验检疫机构共计检验进口食品接触产品 108,007 批、货值 67,167.2 万美元。批次较 2014 年增加 35.7%、货值下降 9.8%,主要包括陶瓷制品、塑料制品、金属制品、纸制品、家电类,及其他材料制品,其中,其他材料类制品以玻璃制品为主。2015 年度全国检验检疫机构检出不合格进口食品接触产品 8331 批,检验批不合格率(检验不合格批次÷进口总批次)为 7.71%,其中标识标签不合格 7751 批,安全卫生项目检测不合格 204 批,其他项目检验不合格 376 批。2015 年度全国进口食品接触产品检验批不合格率达 5 年来最高,且近 5 年呈逐年升高的趋势;实验室检测 12,308 批,检测不合格 273 批,检测批不合格率(检测不合格批次÷检测总批次)为 2.22%,处于近 5 年平均水平。在 2015 年检出的进口食品接触产品不合格情况中,标识标签不合格主要表现为无中文标识标签或标识、标签内容与规定不符;安全卫生项目不合格主要表现为陶瓷制品铅、镉溶出量超标,塑料制品脱色、蒸发残渣,及丙烯腈单体超标,金属制品重金属溶出量、涂层蒸发残渣超标,纸制品荧光物质和铅含量超标,家电类重金属超标等;其他项目不合格主要表现为货证不符、品质缺陷等。①

2009 年《食品安全法》的颁布,为食品进出口设置了更为严格的法律规定,国民可以享受到更多更美更安全的食品。2015 年《食品安全法》对进出口食品管理制度的修改主要是通过吸收《进出口食品安全管理办法》和《进口食品进出口商备案管理规定》及《食品进口记录和销售记录管理规定》中的条款,如进口商备案、进口食品收货人的进口记录和销售记录要求等进行细化,并增加了一些新的内容。我国进口食品安全的法律规制主要体现在:《食品安全法》及其实施条例,《进出口食品检验法》《进出境动植物检疫法》《国家卫生检疫法》三大检验检疫法,以及《认证认可条例》《进口食品国外生产企业注册管理规定》《进出口食品添加剂检验检疫监督管理工作规范》《进出口水产品检验检疫监督管理办法》《进出口食品安全管理办法》等法律法规和现行有效的部门规章,形成了基本适应行政执法需要的质量监督检验检疫法规体系。同时为了适应法律上的变化,更好地落实对进出口食品的有效监管,2001 年国务院决定将原国家质量监督检验检疫总局与国家出入境检验检疫局合并,成立国家质量监督检验检疫总局。国家质量监督检验检疫总局组织实施进出口食品和化妆品的安全、卫生、质量监督检验和监督管理;管理进出口食品和化妆品生产、加工单位的卫生注册登记,管理出口企业对外卫生注册工作。国家质量监督检验检疫总局在全国 31 省(自治区、直辖市)共设有 35 个直属出入境检验检疫局,海陆空口岸和货物集散地设有近 300 个分支局和 200 多个办事处,共有检验检疫人员 3 万余人。国家质量监督检验检疫总局对出入境检验检疫机构实施垂直管理。《食品安全法》第 91 条规定:"国家出入境检验检疫部门对进出口食品安全实施监督管理。"

(一)食品进口风险管理制度

1. 进口食品标准化管理制度

《食品安全法》第 92 条第 1 款规定:"进口的食品、食品添加剂以及食品相关产品应当符合我国食品安全国家标准。"我国食品进出口的监管是建立在科学的风险管理基础之上的,要求进口的食品要符合我国的食品安全标准。如果

---

① 参见羽飞:《2015 年全国检出 8331 批不合格进口食品接触产品》,载食品安全报网:http://www.cqn.com.cn/zj/content/2016 - 05/17/content_2932329.htm.,最后访问日期:2016 年 5 月 17日。

我国还没有制定该产品的国家安全标准,出口商应当向国务院卫生行政部门提出申请并提交相关的安全性评估材料,进行食品安全风险评估。经安全性评估证明是安全的,方可进口。①《食品安全法》的立法肯定了我国多年来实施的进口食品安全标准管理制度,对从境外进口的食品、食品添加剂及食品相关产品实行强制性食品安全标准,这也是国际上的通行做法,目的是保障进口国的食品安全。

2. 进口食品安全性评估制度

对进口的尚无食品安全国家标准的食品,或者首次进口食品添加剂新品种、食品相关产品新品种进行安全性评估是保障进口食品安全的需要。如果进口环节上不严格把关,让那些不合格的食品添加剂和食品相关产品进入我国,将会对我国的食品安全造成严重危害,因此,《食品安全法》确立了对以上进口产品进行安全性评估的法律制度。

第一,尚无食品安全国家标准的食品进口管理制度。《食品安全法》第93条明确规定:"进口尚无食品安全国家标准的食品,由境外出口商、境外生产企业或者其委托的进口商向国务院卫生行政部门提交所执行的相关国家(地区)标准或者国际标准。国务院卫生行政部门对相关标准进行审查,认为符合食品安全要求的,决定暂予适用,并及时制定相应的食品安全国家标准。进口利用新的食品原料生产的食品或者进口食品添加剂新品种、食品相关产品新品种,依照本法第三十七条的规定办理。"国务院卫生行政部门依照《食品安全法》第129条的规定作出是否准予许可的决定:(1)尚无食品安全国家标准的食品根据《食品安全法》及其实施条例以及《进口无食品安全国家标准食品许可管理规定》定义,是指由境外生产经营的,尚未进口且我国未制定公布相应食品安全国家标准的食品。对于这类食品应当进行安全性评估。(2)食品添加剂新品种,是指我国食品安全国家标准规定的食品添加剂品种以外的食品添加剂。食品安全国家标准对食品添加剂的品种、使用范围和用量都有严格的规定,同时严格禁止在食品生产中使用规定的食品添加剂品种以外的化学物质或者其他危害人体健康的物质。(3)食品相关产品新品种,是指我国的食品安全标准规定的食品相关产品种类以外的物质。食品相关产品,是指用于食品的包装材料、容器、洗涤剂、消毒剂,以及用于食品生产经营的工具、设备。

---

① 参见信春鹰主编,全国人大常委会法制工作委员会行政法室编著:《中华人民共和国食品安全法解读》,中国法制出版社2009年版,第175页。

对尚无食品安全国家标准的食品,国务院卫生行政部门应根据风险评估结果,及时制定科学、统一的食品安全国家标准,为食品安全管理和未来食品进出口管理提供依据。

第二,负责进口食品安全性评估的主管机关。负责进口食品安全性评估的主管机关,是国务院卫生行政部门。国务院卫生行政部门承担食品安全综合协调职责,负责食品安全风险评估、食品安全标准制定。对进口商品是否符合食品安全标准的要求,也由国务院卫生行政部门统一负责管理。对进口尚无食品安全国家标准的食品或进口食品添加剂新品种、食品相关产品新品种,进口商需向国务院卫生行政部门提出食品安全性评估申请,并提交相关的安全性评估材料。进口商应当向审评机构提出申请并提交以下材料:(1)申请表;(2)配方或成分;(3)生产工艺;(4)企业标准及检验方法;(5)附有标签的最小销售包装的食品样品;(6)境外允许生产经营的证明材料;(7)其他有助于评估的资料。国务院卫生行政部门受理申请后,应当自收到申请之日起60内组织由医学、农业、食品、营养等方面的技术专家组成的食品安全风险评估专家委员会,对相关产品的安全性评估材料进行审查,参照国际食品法典委员会制定的标准和我国的实际情况,确定尚无食品安全国家标准的进口食品或进口食品添加剂新品种、食品相关产品新品种是否符合食品安全要求。对符合食品安全要求的,准予许可进口并予以公布;对不符合食品安全要求的,不予许可进口,但要书面说明理由。卫生部应当及时组织对已取得许可证明文件的进口无食品安全国家标准食品进行重新评估:(1)有证据表明进口无食品安全国家标准食品安全性可能存在问题的;(2)随着科学技术的发展,对进口无食品安全国家标准食品的安全性产生质疑的。对经重新评价认为不符合食品安全要求的,卫生部有权废除原公告并禁止其经营和使用。

(二)食品进口预警制度

进口食品风险预警制度,是指为了减少或避免国家和消费者受到进口食品可能存在的风险或潜在危害的影响,或为了应对境外食品安全事件所采取的预防性的食品安全保障措施,从法律法规或标准上对食品进口预警进行规制的制度。《食品安全法》第95条规定:"境外发生的食品安全事件可能对我国境内造成影响,或者在进口食品、食品添加剂、食品相关产品中发现严重食品安全问题的,国家出入境检验检疫部门应当及时采取风险预警或者控制措施,并向国务院食品药品监督管理、卫生行政、农业行政部门通报。接到通报的部门应当及时采取相应措施。县级以上人民政府食品药品监督管理部门对国内市场上销售的进口食品、食品添加剂实施监督管理。发现存在严重食品安全问题的,国务院食品药品监督管理部门应当及时向国家出入境检验检疫部门通报。国家出入境检验检疫部门应当及时采取相应措施。"第100条规定:"国家出入境检验检疫应当收集、汇总下列进出口食品安全信息,并及时通报相关部门、机构和企业:(一)出入境检验检疫机构对进出口食品实施检验检疫发现的食品安全信息;(二)行业协会、消费者反映的进口食品安全信息;(三)国际组织、境外政府机构发布的食品安全信息、风险预警信息,以及境外行业协会等组织、消费者反映的食品安全信息;(四)其他食品安全信息。"由此,我国建立了进口食品风险预警和快速反应机制,2012年9月国家质量监督检验检疫总局公布《进出口食品安全管理办法》,并于2012年3月1日起施行,进一步加强了进口食品预警制度。

1. 预警启动的条件

《进出口食品安全管理办法》第41条第2款规定:"进出口食品中发现严重食品安全问题或者疫情的,以及境内外发生食品安全事件或者疫情可能影响到进出口食品安全的,国家质检总局和检验检疫机构应当及时采取风险预警及控制措施。"因此,进口食品风险预警启动可来源于三方面原因:第一,发现进口食品中有我国食品安全国家标准没有规定却可能危害人体健康的物质;第二,风险食品中有严重的食品安全问题;第三,存在境外发生的食品安全事件。

2. 报检材料

进口食品的进口商或者其代理人应当按照规定,持下列材料向海关报关地的检验检疫机构报检:第一,合同、发票、装箱单、提单等必要的凭证。第二,相关批准文件。第三,法律法规、双边协定、议定书,以及其他规定要求提交的输出国家(地区)官方检疫(卫生)证书。第四,首次进口预包装食品,应当提供进口食品标签样张和翻译件。第五,首次进口尚无食品安全国家标准的食品,应当提供《进出口食品安全管理办法》第8条规定的许可证明文件。第六,进口食品应当随附的其他证书或者证明文件。报检时,进口商或者其代理人应当将所进口的食品按照品名、品牌、原产国(地区)、规格、数/重量、总值、生产日期(批号),及国家质检总局规定的其他内容逐一申报。

3. 风险预警的具体措施

国家质量监督检验检疫总局和直属检验检疫局,按照相关规定对收集到的食品安全信息进行风险分析研判,确定风险信息级别。国家质量监督检验检疫总局和直属检验检疫局应当根据食品安全风险信息的级别发布风险预警通报,并采取以下控制措施:第一,有条件地限制进口,包括严密监控、严格检验、责令召回等;第二,禁止进口,就地销毁或者作退运处理;第三,启动进口食品安全应急处置预案,检验检疫机构负责组织实施风险预警及控制措施。

(三)食品进口检验检疫法律制度

《食品安全法》第 92 条第 2 款规定:"进口的食品、食品添加剂应当经出入境检验检疫机构依照进出口商品检验相关法律、行政法规的规定检验合格。"第 100 条第 2 款规定:"国家出入境检验检疫部门应当对进出口食品的进口商、出口商和出口食品生产企业实施信用管理,建立信用记录,并依法向社会公布。对有不良记录的进口商、出口商和出口食品生产企业,应当加强对其进出口食品的检验检疫。"同时,《食品安全法实施条例》第 36 条规定:"进口食品的进口商应当持合同、发票、装箱单、提单等必要的凭证和相关批准文件,向海关报关地的出入境检验检疫机构报检。进口食品应当经出入境检验检疫机构检验合格。海关凭出入境检验检疫机构签发的通关证明放行。"第 37 条规定:"进口尚无食品安全国家标准的食品,或者首次进口食品添加剂新品种、食品相关产品新品种,进口商应当向出入境检验检疫机构提交依照食品安全法第六十三条规定取得的许可证明文件,出入境检验检疫机构应当按照国务院卫生行政部门的要求进行检验。"第 41 条规定:"出入境检验检疫机构依照食品安全法第六十二条规定对进口食品实施检验,依照食品安全法第六十八条规定对出口食品实施监督、抽检,具体办法由国家出入境检验检疫部门制定。"以上 5 条规定建立了食品进口检验检疫法律制度:对未经出入境检验检疫机构检验检疫的食品,海关不得签发通关证明放行,不得允许食品流入或流出;对于有不良记录的进口商,出入境检验检疫机构应当加强对其的检验检疫,如发现有质量安全和卫生问题,应当立即依法采取相应的处理措施,对其销毁、退货、改作他用或重新加工复验合格后再做使用。①

(四)食品进口备案和注册制度

为保障进口食品的安全,方便追溯进口食品的来源,《食品安全法》规定了备案与注册制度。《食品安全法》第 96 条规定:"向我国境内出口食品的境外出口商或者代理商、进口食品的进口商应当向国家出入境检验检疫部门备案。向我国境内出口食品的境外食品生产企业应当经国家出入境检验检疫部门注册。

---

① 参见洪雷主编:《中国进出境食品检验检疫实务大全》,中国海关出版社 2004 年版,第 9 ~ 10 页。

已经注册的境外食品生产企业提供虚假材料，或者因其自身的原因致使进口食品发生重大食品安全事故的，国家出入境检验检疫部门应当撤销注册并公告。国家出入境检验检疫部门应当定期公布已经备案的境外出口商、代理商、进口商和已经注册的境外食品生产企业名单。"

　　备案与注册是两种性质不同的制度，备案是一种事后的告知行为，不属于行政许可；注册则是一种事前的审查行为，属于行政许可。换言之，不经国家出入境检验检疫部门注册，境外的食品生产企业不得向我国出口食品。之所以对向我国境内出口食品的出口商、代理商和境外食品生产企业实行不同的管理制度，主要是考虑到生产企业是进口食品的生产者，为了确保进口食品的安全，国家出入境检验检疫部门需要对这些境外企业的资质、信誉情况进行考察，确认这些企业是信誉良好的合法生产企业后，才能让其注册，允许其生产的食品进口到我国境内；而对出口商、代理商而言，他们不是进口食品的直接生产者，不需要主管部门进行事前的审查，只需要事后备案，使主管部门掌握他们的相关信息。

　　通过备案和注册制度，如果发现进口的食品出现不安全问题，国家出入境检验检疫部门，可以通知有关的进口商或者进口食品生产企业召回其产品；如果进口商或者进口食品生产企业拒不召回的，国家出入境检验检疫部门可以责令其召回，以确保进口食品的安全。《食品安全法实施条例》第 39 条规定："向我国境内出口食品的境外食品生产企业依照食品安全法第六十五条规定进行注册，其注册有效期为 4 年。已经注册的境外食品生产企业提供虚假材料，或者因境外食品生产企业的原因致使相关进口食品发生重大食品安全事故的，国家出入境检验检疫部门应当撤销注册，并予以公告。"

　　1. 食品进口备案制度

　　凡是向我国境内出口食品的出口商或者代理商，应当向国家出入境检验检疫部门备案。向我国境内出口食品的出口商，是指在境外向我国境内出口食品的出口企业，包括外国企业、港澳台企业。向我国境内出口食品的代理商是指接受境外向境内出口食品企业的委托、代理其进口食品的企业。2009 年国家为进一步落实《食品安全法》，于 9 月 10 日发布《关于做好进口食品境外出口商或代理商备案中被工作的通知》，并对出口商、代理商或收货人备案工作作了详细规定：第一，为循序推进此项工作，首先以乳制品、肉类产品和食用植物油三类产品为重点，布置进口相关食品的境内进口商或收货人提供有关备案信息。第二，要求按照《进口食品境外出口商或者代理商备案信息表》所列项目，提供其境外贸易伙伴的相关信息,并保证其填写内容真实、准确、完整。第三,各出入境检验检疫机构在确认备案信息完整准确后,应按照国家代码 3 位、检验检疫机构代码 6 位、流水号 5 位对备案信息表进行编号,并由受理人签字。对向我国境内出口食品的出口商或者代理商实行备案制度,有利于加强对出口商和代理商的监督,在发生食品安全事件时,及时找出原因、解决问题。

2. 食品进口注册制度

根据《食品安全法》规定,向我国境内出口食品的境外食品生产企业,应当经国家出入境检验检疫部门注册,未获得注册的国外生产企业的食品,不得进口。向我国境内出口食品的境外食品生产企业,是指向中国输出食品、食品添加剂和食品相关产品的国外生产、加工、存放企业。注册制度包括以下内容:

第一,注册条件。进口食品境外生产企业注册条件包括:(1)企业所在国家(地区)与注册相关的兽医服务体系、植物保护体系、公共卫生管理体系等要经过评估,最终结果合格;(2)向我国出口的食品所用动植物原料应当来自非疫区;向我国出口的食品可能存在动植物疫病传播风险的,企业所在国家(地区)主管当局应当提供风险消除或者可控的证明文件和相关科学材料;(3)企业应当经所在国家(地区)相关主管当局批准并在其有效监管下,其卫生条件应当符合中国法律法规和标准规范的有关规定。①

第二,注册应提交的材料。进口食品境外生产企业申请注册,应通过其所在国家(地区)主管当局或其他规定的方式向国家认监委推荐,并提交《进出口食品安全管理办法》第 6 条规定的证明性文件以及下列材料,提交的有关材料应当为中文或者英文文本:(1)所在国(地区)相关的动植物疫情、兽医卫生、公共卫生、植物保护、农药兽药残留、食品生产企业注册管理和卫生要求等方面的法律法规,所在国(地区)主管当局机构设置和人员情况及法律法规执行等方面的书面资料;(2)申请注册的境外食品生产企业名单;(3)所在国家(地区)主管当局对其推荐企业的检疫、卫生控制实际情况的评估答卷;(4)所在国家(地区)主管当局对其推荐的企业符合中国法律、法规要求的声明;(5)企业注册申请书,必要时提供厂区、车间、冷库的平面图,工艺流程图等。

第三,评审活动。国家认监委应当组织相关专家或指定机构,对境外食品生产企业所在国家(地区)主管当局或其他规定方式提交的资料进行审查,并根据工作需要,组成评审组进行实地评审,评审组成员应当为 2 人以上。从事评

① 参见《进口食品境外生产企业注册管理规定》第 7 条。

审的人员,应当经国家认监委考核合格。

第四,评审结果。评审组应当按照《进口食品境外生产企业注册实施目录》中不同产品类别的评审程序和要求完成评审工作,并向国家认监委提交评审报告。国家认监委应当按照工作程序对评审报告进行审查,作出是否注册的决定。符合注册要求的,予以注册,并书面通告境外食品生产企业所在国家(地区)的主管当局;不予注册的,应当书面通告境外食品生产企业所在国家(地区)的主管当局,并说明理由。国家认监委应当定期统一公布获得注册的境外食品生产企业名单,并报国家质量监督检验检疫总局。

第五,期限规定。注册有效期为 4 年。境外食品生产企业需要延续注册的,应当在注册有效期届满前 1 年,通过其所在国家(地区)主管当局或其他规定的方式向国家认监委提出延续注册申请。逾期未提出延续注册申请的,国家认监委注销对其注册,并予以公告。

第六,监管规定。国家认监委依法对《进口食品境外生产企业注册实施目录》内食品的境外生产企业进行监督管理,必要时组织相关专家或指定机构进行复查。经复查发现已获得注册的境外食品生产企业不能持续符合注册要求的,国家认监委应当暂停其注册资格并报国家质检总局暂停进口相关产品,同时向其所在国家(地区)主管当局通报,并予以公告。境外食品生产企业所在国家(地区)主管当局,应当监督需要整改的企业在规定期限内完成整改,并向国家认监委提交书面整改报告和符合中国法律法规要求的书面声明。经国家认监委审查合格后,方可继续向我国出口食品。①

第七,注册撤销。已获得注册的境外食品生产企业有下列情形之一的,国家认监委应当撤销其注册并报国家质量监督检验检疫总局,同时向其所在国家(地区)主管当局通报,予以公告:(1)因境外食品生产企业的原因造成相关进口食品发生重大食品安全事故的;(2)其产品进境检验检疫中发现不合格情况,情节严重的;(3)经查发现食品安全卫生管理存在重大问题,不能保证其产品安全卫生的;(4)整改后仍不符合注册要求的;(5)提供虚假材料或者隐瞒有关情况的;(6)出租、出借、转让、倒卖、涂改注册编号的。②

(五)食品进口标签制度

《食品安全法》第 97 条对进口食品的标签进行了规范,主要包括三项内容:

---

① 参见《进口食品境外生产企业注册管理规定》第 9 条。
② 参见《进口食品境外生产企业注册管理规定》第 15 条。

第一,进口的预包装食品应当有中文标签、中文说明书。通过标签和说明的描述,一方面,便于消费者选购食品;另一方面,如果食品食用后出现问题,消费者也可据此投诉,便于追查责任。因此,法律上规定了食品包装必须按照规定印有或者贴有标签并附有说明书,该规定属于强制性规定。对于进口的食品还必须标注中文标签或中文说明书,目的是方便国内公民在购买进口食品时了解其主要成分、保质期限、食用方法等。

第二,标签、说明书应当符合《食品安全法》以及我国其他有关法律、行政法规的规定和食品安全国家标准的要求,载明食品的原产地以及境内代理商的名称、地址、联系方式。按照国际惯例,各国对进口食品等涉及人民生命健康的特殊产品,都要求遵守本国的有关法律规范及强制性标准。除《食品安全法》规定外,涉及食品标签管理的法律、法规还有:《产品质量法》《消费者权益保护法》《标准化法实施条例》《食品标识管理规定》《进出口食品标签管理办法》《预包装食品标签通则》《产品标识标准规定》《特殊营养食品标签标准》《饮料酒标签标准》等。《食品安全法》还要求标明食品的原产地以及境内代理商的名称、地址、联系方式。这些事项之所以由法律列出,是因为它们与食品质量、安全、明确责任、监督管理等紧密联系,应当准确注明,不能有遗漏,否则,就要影响该标签或者说明书在法律上的合法性、有效性,进而直接影响食品的食用。

第三,标签、说明书不合格的不得进口。《食品安全法》规定预包装食品没有中文标签、说明书或者标签、说明书不符合《食品安全法》规定的不得进口。根据国家质量监督检验检疫总局 2000 年 19 号令规定,进出口预包装食品必须事先经过标签审核,并取得中文标签审核证书后,方可进出口。出入境检验检疫机构依据《食品安全法》和《进出口食品标签管理办法》的规定,对进出口预包装食品进行标签审核和标签检验,对不符合要求的不得进口。①

(六)食品进口销售记录制度

建立食品购销记录是从事食品生产经营活动的企业必须履行的法定义务。因此,建立食品进口购销记录,也是进口商必须履行的法定义务。实行这一措施,有利于加强食品购销人员的责任心;有利于加强对进口食品经营活动的监督管理;为处理进口食品质量查询、投诉提供依据;一旦发生进口食品事故时,及时采取处理措施;有利于分清和妥善处理进口食品购销中的事故责任。食品进口和销售记录应载明:食品的名称、规格、数量、生产日期、生产或者进口批

---

① 李彤:《我国食品标签规制与美国、日本对比研究》,载《食品安全导论》2015 年第 12 期。

号、保质期,出口商和购货者名称及联系方式、交货日期等内容。食品进口和销售记录的内容必须做到真实、完整,如实反映经营企业购销食品的情况,不得弄虚作假、伪造进口和销售记录。对进口和销售的记录保存期限不得少于 2 年。

(七)境外出口商、境外生产企业审核制度

《食品安全法》要求进口商建立审核体系,着重审核进口食品、食品添加剂、食品产品符合《食品安全法》、食品安全国家标准,以及标签和说明书的合规性。在审核上述内容方面,对食品进口企业提出新要求。《食品安全法》第 94 条规定:"境外出口商、境外生产企业应当保证向我国出口的食品、食品添加剂、食品相关产品符合本法以及我国其他有关法律、行政法规的规定和食品安全国家标准的要求,并对标签、说明书的内容负责。进口商应当建立境外出口商、境外生产企业审核制度,重点审核前款规定的内容;审核不合格的,不得进口。发现进口食品不符合我国食品安全国家标准或者有证据证明可能危害人体健康的,进口商应当立即停止进口,并依照《食品安全法》第 63 条的规定召回。"

二、食品出口法律制度

出口食品的质量不仅关系到进口国国民的生命安全,更加代表了出口国食品企业的国际声誉和形象。出口食品的好坏将对我国整个食品行业的国际形象和国际声誉产生重大影响。近些年,不断频发的食品安全事故不仅使我国国民对国内市场的食品安全状况产生忧虑,也使国外市场对中国食品市场的整体信心有所下降。目前,食品安全壁垒已经成为发达国家保护国内食品产业最主要、最有效的手段。以食品安全为理由设置的技术标准,因其与人的生命健康的密切联系而被世界贸易组织认可。美国、日本、欧盟等发达国家和地区是中国食品出口的主要市场,这些国家和地区对进口食品的安全要求很高,大都建立了完善的食品安全管理体系和技术标准体系,掌握先进的食品检验检测技术,利用其经济和技术条件的优势对发展中国家的食品出口进行限制。因此,对于我国的出口食品实施食品安全检查和监督十分重要。

(一)出口食品产地检验制度

《食品安全法》第 99 条第 1 款规定:"出口食品生产企业应当保证其出口食品符合进口国(地区)的标准或者合同要求。"同时《食品安全法实施条例》第 41 条规定:"出入境检验检疫机构依照食品安全法第六十二条规定对进口食品实施检验,依照食品安全法第六十八条规定对出口食品实施监督、抽检,具体办法由国家出入境检验检疫部门制定。"

对出口食品的监管,我国实行出入境检验检疫机构产地检验制度,即出口食品的发货人或其代理人,应当按照出入境检验检疫机构规定的地点和期限,持出口食品有关的外贸合同、发票、装货单、信用证等必要的证明向生产企业所在地的检验检疫机构报检。需要进行实验室检测的,应当按照规定抽样并将样品送至符合资质条件的食品检验机构检验。检验机构应该按要求检验,并出具检验报告。出口食品经检验合格的,由出入境检验检疫机构按照规定出具通关证书。进口国或者地区对检验检疫证书有要求的,应当按照要求同时出具有关检验检疫证明。如果产地和出境口岸不一致时,产地出入境检验检疫机构对出口食品检验合格后,由产地检验机构按照规定出具检验换证凭单,发货人或其代理人应当在规定的期限内持检验换证凭单和必要的凭证,向口岸检验机构申请查验,口岸检验机构经查验符合有关规定的,换发"出境货物通关单"。海关凭出入境检验检疫机构签发的出境货物通关单,为出口食品办理通关手续。对于经检验不合格的食品,由出入境检验检疫机构出具不合格证明。不合格食品依法可以进行技术处理,应当在出入境检验机构的监督下进行技术处理,经重新检验合格后,方可准许出口。

(二)出口食品备案制度

《食品安全法》第 99 条第 2 款规定:"出口食品生产企业和出口食品原料种植、养殖场应当向国家出入境检验检疫部门备案。"为了进一步落实《食品安全法》和《食品安全法实施条例》的相关规定,国家质量监督检验检疫总局于 2011 年颁布了《出口食品生产企业备案管理规定》。

1. 监管机关

国家质量监督检验检疫总局,统一管理全国出口食品生产企业备案工作。国家认证认可监督管理委员会,组织实施全国出口食品生产企业备案管理工作。国家质量监督检验检疫总局设在各地的出入境检验检疫机构,具体实施所辖区域内出口食品生产企业备案和监督检查工作。

2. 对出口企业的基本要求

出口食品生产企业,应当建立和实施以危害分析和预防控制措施为核心的食品安全卫生控制体系,并保证体系有效运行,确保出口食品生产、加工、储存过程,持续符合我国有关法定要求和相关进口国(地区)的法律法规要求以及出口食品生产企业安全卫生要求。①

---

① 参见《出口食品生产企业备案管理规定》第 5 条。

3. 备案提供的材料

出口食品生产企业备案时,应当提交书面申请和以下相关文件、证明性材料,并对其备案材料的真实性负责:第一,营业执照、组织机构代码证、法定代表人或者授权负责人的身份证明;第二,企业承诺符合出口食品生产企业卫生要求和进口国(地区)要求的自我声明和自查报告;第三,企业生产条件(厂区平面图、车间平面图)、产品生产加工工艺、关键加工环节等信息、食品原辅料和食品添加剂使用,以及企业卫生质量管理人员和专业技术人员资质等基本情况;第四,建立和实施食品安全卫生控制体系的基本情况;第五,依法应当取得食品生产许可以及其他行政许可的,提供相关许可证照;第六,其他通过认证以及企业内部实验室资质等有关情况。①

4. 备案的程序

第一,直属检验检疫机构应当自出口食品生产企业申请备案之日起5日内,对出口食品生产企业提交的备案材料进行初步审查,材料齐全并符合法定形式的,予以受理;材料不齐全或者不符合法定形式的,应当一次告知出口食品生产企业需要补正的全部内容。为便利企业出口,直属检验检疫机构可以根据工作需要,委托其分支机构受理备案申请并组织实施评审工作。

第二,直属检验检疫机构自受理备案申请之日起10日内,组成评审组,对出口食品生产企业提交的备案材料的符合性情况进行文件审核。需要对出口食品生产企业实施现场检查的,应当在30日内完成。因企业自身原因导致无法按时完成文件审核和现场检查的,延长时间不计算在规定时限内。从事评审的人员应当经国家认监委或者直属检验检疫机构考核合格。②

第三,有下列情形之一的,直属检验检疫机构应当对出口食品生产企业实施现场检查:(1)进口国(地区)有特殊注册要求的;(2)必须实施危害分析与HACCP体系验证的;(3)未纳入食品生产许可管理的;(4)根据出口食品风险程度和实际工作情况需要实施现场检查的。国家认监委制定、调整并公布必须实施危害分析与HACCP体系验证的出口食品生产企业范围。

第四,评审组应当在完成出口食品生产企业评审工作5日内完成评审报告,并提交直属检验检疫机构。直属检验检疫机构应当自收到评审报告之日起10日内对评审报告进行审查,并作出是否备案的决定。符合备案要求的,颁发

---

① 参见《出口食品生产企业备案管理规定》第7条。
② 参见《出口食品生产企业备案管理规定》第11条。

《出口食品生产企业备案证明》(以下简称《备案证明》)。直属检验检疫机构按照出口食品生产企业备案编号规则对予以备案的出口食品生产企业进行编号管理。不予备案的应当书面告知出口食品生产企业,并说明理由。直属检验检疫机构应当及时将出口食品生产企业备案名录报国家认监委,国家认监委统一汇总公布,并报国家质量监督检验检疫总局。

5. 备案期限、续备和变更

《备案证明》有效期为 4 年。出口食品生产企业需要延续依法取得的《备案证明》有效期的,应当至少在《备案证明》有效期届满前 3 个月,向其所在地直属检验检疫机构提出延续备案申请。直属检验检疫机构应当对提出延续备案申请的出口食品生产企业进行复查,经复查符合备案要求的,予以换发《备案证明》。出口食品生产企业的企业名称、法定代表人、营业执照等备案事项发生变更的,应当自发生变更之日起 15 日内,向所在地直属检验检疫机构办理备案变更手续。出口食品生产企业生产地址搬迁、新建或者改建生产车间,以及食品安全卫生控制体系发生重大变更等情况的,应当在变更前向所在地直属检验检疫机构报告,并重新办理相关备案事项。①

6. 备案企业的管理

第一,国家认监委对直属检验检疫机构实施的出口食品生产企业备案工作进行指导、监督。直属检验检疫机构应当依法对辖区内的出口食品生产企业进行监督检查,发现违法违规行为的,应当及时查处,并将处理结果上报国家认监委。

第二,直属检验检疫机构应当根据有关规定和出口食品风险程度,制订相应备案监管工作方案和年度计划,确定对不同类型产品的出口食品生产企业的监督检查频次,并报国家认监委。对仅通过文件审核予以备案的出口食品生产企业,直属检验检疫机构应当结合出口食品的抽检情况,根据需要进行现场检查。

第三,出口食品企业应当建立食品安全卫生控制体系运行及出口食品生产记录档案,保存期限不得少于 2 年。出口食品生产企业应当于每年 1 月底前,向其所在地直属检验检疫机构提交上一年度报告。

第四,直属检验检疫机构应当建立出口食品生产企业备案管理档案,及时汇总信息并纳入企业信誉记录,审查出口食品生产企业年度报告,对存在相关

① 参见《出口食品生产企业备案管理规定》第 8 条。

问题的出口食品生产企业,应当加强监督、检查。直属检验检疫机构,应当将有关出口食品生产企业备案工作情况向所在地人民政府通报。

第五,出口食品生产企业发生食品安全卫生问题的,应当及时向所在地直属检验检疫机构报告,并提交相关材料、原因分析和整改计划。直属检验检疫机构应当对出口食品生产企业的整改情况进行现场监督检查。①

(三)出口食品信息通报制度

《食品安全法》第 100 条规定:"国家出入境检验检疫部门应当收集、汇总下列进出口食品安全信息,并及时通报相关部门、机构和企业:(一)出入境检验检疫机构对进出口食品实施检验检疫发现的食品安全信息;(二)食品行业协会和消费者协会等组织、消费者反映的进口食品安全信息;(三)国际组织、境外政府机构发布的风险预警信息及其他食品安全信息,以及境外食品行业协会等组织、消费者反映的食品安全信息;(四)其他食品安全信息。国家出入境检验检疫部门应当对进出口食品的进口商、出口商和出口食品生产企业实施信用管理,建立信用记录,并依法向社会公布。对有不良记录的进口商、出口商和出口食品生产企业,应当加强对其进出口食品的检验检疫。"

按照《食品安全法》的规定,国家出入境检验检疫部门负责建立信息收集网络。食品安全信息是建立现代食品安全保障体系的重要内容,也是制定食品安全法律法规、食品安全国家标准的基础,并为国家食品安全监管部门对食品实行监督管理提供参考依据。国家建立食品安全信息网络,有利于企业实现食品安全控制,有利于实现对食品安全问题的早发现、早预防、早整治和早解决。国家出入境检疫部门将收集、汇总的食品安全信息向食品安全监管部门通报,食品安全监管部门在接到通报时应当采取相应处理措施。食品安全监督管理部门应当将获知的涉及进出口食品安全的信息,及时向国家出入境检验检疫部门通报,确保国家出入境检验检疫部门能及时发现问题,及时处理。

---

① 参见《出口食品生产企业备案管理规定》第 16 条。

第十章　食品安全事故处置制度

一、食品安全事故概述

随着经济的迅速发展和人们生活水平的不断提高，食品产业获得了空前的发展。各种新型食品层出不穷，食品产业已经在国家众多产业中占支柱地位。在食品的三要素中（安全、营养、食欲），安全是消费者选择食品的首要标准。食品是人类赖以生存和发展的基本物质，是人们生活中最基本的必需品。近年来，在世界范围内不断出现食品安全事件，如英国"疯牛病"和"口蹄疫"事件、比利时"二噁英"事件，国内的"苏丹红""吊白块""毒米""毒油""孔雀石绿""瘦肉精""三聚氰胺"等事件，使我国乃至全球的食品安全问题形势变得十分严峻。日益加剧的环境污染和频繁发生的食品安全事件，对人们的健康和生命造成了巨大的威胁，食品安全问题已成为人们关注的热点问题。[①] 现阶段我国在一定程度上还存在导致食品安全事故的潜在客观因素主要有：食品安全法律保障体系还不健全，配套标准和技术支撑体系比较落后；食品安全管控措施和力度还不尽如人意；分散的农业生产方式使源头污染问题比较突出；大量中小型加工企业生产规模小，分散经营，现代化程度低，硬件差以及企业家缺乏责任意识、漠视诚信等原因也造成了食品安全事故的频繁发生。食品安全事故的

---

① 参见胡睿：《食品安全可追溯、检测的现状及几点建议》，载《食品安全导刊》2015 年第 33 期。

发生直接危害人民群众生命健康,如果不能及时有效处置,会导致严重后果和社会影响,因此,我们需要不断完善食品安全事故处置制度。

(一)食品安全事故的含义

根据《食品安全法》的界定,食品安全事故,是指食物中毒、食源性疾病、食品污染等源于食品,对人体健康有危害或者可能有危害的事故。食物中毒通常指吃了含有有毒物质或变质的肉类、水产品、蔬菜、植物或化学品后,感觉肠胃不舒服,出现恶心、呕吐、腹痛、腹泻等症状,共同进餐的人常常出现相同的症状。可分为细菌性食物中毒、真菌性食物中毒、化学性食物中毒。食源性疾病,是指通过摄食而进入人体的有毒有害物质(包括生物性病原体)等致病因子所造成的疾病。一般可分为感染性和中毒性,包括常见的食物中毒、肠道传染病、人畜共患传染病、寄生虫病,以及化学性有毒有害物质所引起的疾病。[1] 食源性疾病的发病率居各类疾病总发病率的前列,是当前世界上最突出的卫生问题。食品污染,是指食品及其原料在生产和加工过程中,因农药、废水、污水各种食品添加剂及病虫害和家畜疫病所引起的污染,以及霉菌毒素引起的食品霉变,运输、包装材料中有毒物质和多氯联苯、苯并芘所造成的污染的总称。根据《食品安全法》及其相关规定,以及《国家重大食品安全事故应急预案》的规定,食品安全事故可被理解为:

第一,食品安全事故所指的食品包括了所有种类,也即各种供人食用或者饮用的成品和原料,以及按照传统既是食品又是中药材的物品,但不包括以治疗为目的的物品。虽然法律对乳品、转基因食品、生猪屠宰、酒类和食盐的食品安全管理还有其他规定;铁路运营中食品、军队专用食品和自供食品的食品安全管理也有专门规定;供食用的源于农业的初级产品的质量安全管理,要遵守《农产品质量安全法》的规定,但这些特殊种类的食品监管与食品安全、食品安全事故的概念并不冲突,一旦混入有毒有害物质或者含有致命因素,都会对食品安全造成威胁,导致食品安全事故的发生,因此,"食品"安全事故的外延应是涵盖所有食品种类的。

第二,食品安全事故的发生环境涵盖了种植、养殖、生产加工、包装、仓储、运输、流通、消费等诸多环节,每一个环节都可能出现不安全食品,每一个环节都可能使安全食品变为不安全食品。正因如此,《食品安全法》没有逐个列出影响食品安全的环节,而是统一规定:只要食品对人体健康有危害或者可能有危

---

① 参见何伟:《我国食品安全现状及对策》,载《食品安全导刊》2017 年第 9 期。

害,就构成食品安全事故。至于是哪一个环节发生的问题,在所不论,责任追究部分留待监管部门和司法机关负责。

第三,食品安全事故本身属于陈述性概念,不以发生实际危害为要件,对人体健康可能有危害即可构成食品安全事故。这就要求食品安全事故处置主体法定义务的进一步明确,否则,如果食用者仅仅出于非专业的怀疑,即要求启动食品安全事故处置程序,可能造成行政资源的浪费,不利于真正食品安全事故的处理;如果食用者发现了问题,但没有专业的手段或证据证明某类、某批食品对人体健康可能有危害,没有实际损害发生,监管部门没有给予足够的重视,责任主体可能拒绝承担召回、赔偿等责任,造成损失的不断扩大。此外,这一法定义务的明确,需要有进一步的技术保障,即要求科学技术先进发达,能够及时发现新的危害因素和致病原因。同时有足够快速的检测仪器和方法,能及时鉴定某种食品是否可能造成危害、某食用者的健康是否已经受到损害。

(二)各国应对食品安全事故的发展趋势

2011年年初,一向以严谨著称的德国,因为相继在鸡蛋、猪肉和鸡肉等食品内发现致癌的二噁英。尽管在这起食品安全事件中并没有出现受害者,但依然在德国引发一场严重的食品安全"地震",激发了民愤,震荡了默克尔政府。同时也让外界对德国的食品监管体系产生了质疑。为了表达愤怒,数万德国民众走上街头,举行大规模示威,要求政府采取措施,严格食品安全监管。由二噁英引发的德国食品安全事件尚未完全平息,2011年5月又爆发了由肠出血性大肠杆菌引发的食品安全危机。肠出血性大肠杆菌不仅造成德国北部医院人满为患,德国人谈蔬菜色变,而且殃及池鱼,导致欧洲农产品出口国的重大损失和相关国家的贸易纠葛。肠出血性大肠杆菌传染病首先在德国北部地区爆发,仅汉堡医院就有3496名病人被诊断为感染肠出血性大肠杆菌,其中852人发展为血溶性尿毒症,肾脏受到损害。这场疫情最终导致德国范围内50人死亡,在德国以外的欧洲地区也发现了76名患者。罗伯特—考赫学院确定传染病菌型号为O104:H4。最初该病菌被认为来源于西班牙生产的黄瓜,后经严密调查最终锁定传染源为下萨克森一家工厂生产的豆芽。德国政府有关部门追踪溯源之后,发现该工厂从埃及进口的葫芦巴种子遭受污染。目前,德国除禁止进口埃及葫芦巴种子之外,仍未取消对食用豆芽的警告。①

在美国,食品安全事件近年来也频频发生,如2006年"毒菠菜事件"、2008

---

① 参见梁国栋:《国外重大食品安全事故催生立法回顾》,载《中国人大》2009年第5期。

年"沙门氏菌事件"、2009 年的"花生酱事件"和 2010 年的"沙门氏菌污染鸡蛋事件"。据统计,美国平均每年发生的食品安全事件达 350 宗之多,比 20 世纪 90 年代初增加了 100 多宗。据环保组织报告称,美国蔬菜、水果农药残留现象普遍。美国疾病和预防控制中心发表的研究报告称,美国每年约有 5000 万人因为进食了被污染的食品而染病,这相当于每 6 个美国人中约有 1 人受被污染食物之害。此外,美国每年因食品中毒而住院的人数大约有 12.8 万人,其中 3000 人死亡。在过去 15 年里,因沙门氏菌而造成的食品污染事件上升了 10%。这些数字表明,美国食品污染现象仍然十分普遍,尚需下大力气监管和治理。①

食品安全问题频发再次成为全球关注的焦点,食品安全问题也越来越国际化。这也推动了美国等世界上主要进口国的安全法案改革,目前他们纷纷采用技术和法律的手段提高进口食品安全管理水平。

1. 严把源头质量关

美国的食品安全监管机制一直比较分散,按照联邦、州和地区分为 3 个层面监管。三级监管机构大多聘请相关领域的专家,采取进驻饲养场、食品生产企业等方式:从原料采集、生产、流通、销售和售后等各个环节进行全方位监管,从而构成覆盖全国的立体监管网络。

消除食品安全隐患,同样是英国食品标准署的基本职能之一。英国食品标准署不仅监测市场上的各种食品,还将触角延伸到了食品产地,并且这种工作还往往是长期持续的。如 1986 年的切尔诺贝利核事故使大量放射性物质飘散到欧洲上空,有不少放射性物质在英国养殖绵羊的一些高地地区沉降,20 多年过去了,食品标准署还一直监控着当地绵羊的情况,2009 年发布的公告表明还有 369 家农场的绵羊产品受到限制。

从食品供应的源头开始,法国当局实行严格的监控措施。供食用的牲畜如牛、羊、猪都会挂有识别标签,并由网络计算机系统追踪监测。屠宰场还要保留这些牲畜的详细资料,并标定被宰杀牲畜的来源。肉制品上市要携带"身份证",标明其来源和去向。在具体分工上,法国农业部下属的食品总局主要负责保证动植物及其产品的卫生安全、监督质量体系管理等。竞争、消费和打击舞弊总局负责检查包括食品标签、添加剂在内的各项指标。进入流通环节后,法国有两种模式的认证和标识制度,分别是政府统一管理形式和各大超市自我管理形式。政府统一管理的食品认证标识主要是农业部负责,统一管理的认证标

---

① 参见张琼文:《近几年重大食品安全事故回顾》,载《经济》2009 年第 4 期。

识包括原产地冠名保护标签,生态食品标签,红色标签,特殊工艺证书产品认证4种,其他统一管理的认证标识还有企业认证、特点证明、地理保护标志、营养食品等。

原产地保护认证和标识由法国原产地研究院签发,法国农业部监管。原产地保护标识使用最多的是葡萄酒,法国出产的葡萄酒80%以上都有原产地标识。奶酪也有相关的原产地标识。贴有生态食品标签的食品,说明它至少有95%以上的原料经过授权认证机构的检验,是精耕细作或精细饲养而成,没有使用杀虫剂、化肥等。如果一项产品贴有红色标签认证,说明它与同类产品相比,经过更严格的生产控制流程并拥有更高的质量,法国现有450种产品获得这一认证。特殊工艺证书产品认证则从2000年才开始实行,要获得这一认证,农产品或食品的生产和加工必须按照规定的程序进行,并设有全面和完善的监控。法国各大超市也建立了自我管理的认证和标识,如家乐福的食品质量认证标识已成功实施超过15年。在家乐福超市的销售柜里,有食品质量认证标识的食品占30%以上。①

2. 重视流通环节

日本米面、果蔬、肉制品和乳制品等农产品的生产者、农田所在地、使用的农药和肥料、使用次数、收获和出售日期等信息都要记录在案。农协收集这些信息,为每种农产品分配一个"身份证"号码,供消费者查询。日本的食品监管还重视企业的召回责任。日本报纸上经常有主动召回食品的广告。日本采用以消费者为中心的农业和食品政策。食品只有通过"重重关卡"才能登上百姓的餐桌。在食品加工环节,原则上除厚生劳动省指定的食品添加剂外,食品生产企业一律不得制造、进口、销售和使用其他添加剂。面对不断出现的食品安全危机,欧盟于2002年首次对食品生产提出了"可溯性"概念,以法规形式对食品、饲料等关系公众健康的产品强制实行从生产、加工到流通等各阶段的溯源制度。2006年欧盟推行从"农场到餐桌"的全程控制管理,对各个生产环节提出了更为具体、明确的要求。

在德国,食品的食物链原则和可追溯性原则得到了很好的贯彻。以消费者在超市里见到鸡蛋为例,每一枚鸡蛋上,都有一行红色的数字。如2-DE-0356352,第一位数字用来表示产蛋母鸡的饲养方式,"2"表示是圈养母鸡生产,

---

① 参见雷勋平、陈兆荣、王亮:《国外食品安全监管经验与借鉴》,载《合作经济与科技》2014年第10期。

DE 表示出产国是德国,第三部分的数字则代表着产蛋母鸡所在的养鸡场或鸡笼的编号。消费者可以根据红色数字传递的信息视情况选购。

如果出现食品安全危机,也可以根据编码迅速找到原因。2010 年 12 月底,德国安全食品管理机构在一些鸡蛋中发现超标的致癌物质二噁英,引起德国上下的极大关注。通过对有毒鸡蛋的追查,有关机构顺藤摸瓜将焦点快速锁定在了石勒苏益格——荷尔施泰因州的一家饲料原料提供企业身上。这家公司将受到工业原料污染的脂肪酸提供给生产饲料的企业,导致其下游产业产品二噁英超标。随后德国政府迅速隔离了 4700 个受波及的养猪场和家禽饲养场,强制宰杀超过 8000 只鸡。

英国食品标准署对食品的追溯能力,也在 2009 年的克隆牛风波中得到展示。2009 年有媒体披露,一些英国农场主饲养了克隆牛及其后代,并将其牛奶和牛肉制品拿到市场上销售。由于公众对克隆动物食品还存在一些不同看法,特别是在食用安全问题上存有疑虑。食品标准署很快查明报道中的牛是一头从美国进口的克隆牛的后代,并以此确认了其后代 8 头牛所在的农场,以及是否有相关奶制品或肉制品进入市场。这些结果公布后,公众掌握了相关事实,一场风波逐渐消散。①

3. 食品造假要重罚

在食品安全制度相对先进的发达国家,食品安全事故也时有发生,各国为此都加大了惩罚力度,其中的许多做法值得我们借鉴。(1)德国:刑事诉讼外加巨额赔偿。2010 年年底,德国西部北威州的养鸡场首次发现饲料遭致癌物质二噁英污染。2011 年 1 月 6 日德国警方立即调查位于石荷州的饲料制造商"哈勒斯和延奇"公司。同年 1 月 7 日,德国农业部宣布临时关闭 4700 多家农场,禁止受污染农场生产的肉类和蛋类产品出售。对于这次二噁英事件中的肇事者,德国检察部门提起刑事诉讼,同时受损农场则提出民事赔偿,数额可能高达每周 4000 万 ~ 6000 万欧元,完全可能让肇事者破产。(2)韩国:造毒食品企业 10 年内禁止营业。2004 年 6 月韩国曝出了"垃圾饺子"风波。事件曝光后,韩国《食品卫生法》随之修改,规定故意制造、销售劣质食品的人员将被处以 1 年以上有期徒刑;对国民健康产生严重影响的,有关责任人将被处以 3 年以上有期徒刑。而一旦因制造或销售有害食品被判刑者,10 年内将被禁止在韩国《食品卫生法》所管辖的领域从事经营活动。另外,还附以高额罚款。(3)法国:卖过

---

① 参见张贤平:《食品安全抓源头 监管不可忽视》,载《当代畜牧》2015 年第 17 期。

期食品立刻关门。巴黎超市的工作人员每天晚上关门前,都会把第二天将要过期的食品扔掉。判断食品是否过期的唯一标准就是看标签上的保质期,而一旦店内有过期食品被检查部门发现,商店就要关门。①

4. 食品召回构筑最后屏障

问题食品召回制度,是发现食品质量存在缺陷之后采取的补救措施,是防止问题食品流向餐桌的最后一道屏障。美国食品和药品管理局推出了食品召回官方信息发布的搜索引擎,以提高食品安全信息披露的及时性和完整性。通过搜索消费者可以获得自 2009 年以来所有官方召回食品的详细动态信息。在英国食品标准署网站上,可以查询到问题食品的召回信息,包括食品生产厂家、包装规格和召回原因。例如,在 2003 年 3 月 22 日的一条公告中,写明召回纳天柯公司生产的 400 克装鹰嘴豆,原因是未在标签中注明其含有芥末,可能会引起对芥末过敏人群的不适。即便问题不大也能得到监管,那么对那些大的食品安全问题公众也就更放心。对于不合格食品召回,德国食品安全局和联邦消费者协会等部门联合成立了一个"食品召回委员会",专门负责问题食品召回事宜。2004 年在"食品召回委员会"监督下,经调查发现,亨特格尔公司生产的孕产妇奶粉和婴儿豆粉中有"坂歧氏肠杆菌",威胁消费者尤其是婴儿健康。事件发生后,亨特格尔公司以最快速度召回了产品,另外还向消费者支付了 1000 万欧元的赔偿金。②

5. 用法律来保障食品安全

1906 年美国国会通过了《食品药品法》和《肉类制品监督法》,美国食品安全开始纳入法制化轨道。20 世纪 50 年代至 60 年代,随着经济的高速发展,美国在食品加工和农业方面出现了滥用食品添加剂、农药、杀虫剂和除草剂等化学合成制剂的情况。为规范食品添加剂和农药的使用标准,美国政府先后出台了《食品添加剂修正案》《色素添加剂修正案》《联邦杀虫剂、杀真菌剂和灭鼠剂法》等多部法律。近年来,美国多次发生食品污染事件,政府又及时调整食品监管体系,赋予美国食品和药物管理局更大的权力。2010 年 1 月美国出台了《食品安全现代化法案》,美国食品安全监管体系迎来一次大变革。这次改革是根据不断变化的现实,对美国食品安全体系进行的一次调整。100 多年来,美国的

---

① 参见卓秀英、李大圣:《国外食品法规中食品安全责任归属研究》,载《中国公共安全》2014年第 1 期。
② 参见李雪石、王蒲生、张猛:《中国食品安全问题的国外社究评述》,载《甘肃行政学院学报》2017 年第 2 期。

食品安全法律和监管体系在不断改进中日趋完善。

英国和德国食品监管体系的建立同样经过了几十年,甚至上百年的积累和发展。英国食品安全监管机构食品标准署成立于 2000 年,此前英国在 1990 年颁布《食品安全法》,对食品质量和标准等方面进行了详细规定。而《食品安全法》又是在 1984 年的英国《食品法》基础上修改而成的。再往前追溯,还可以找到一些与食品安全相关的法律。而德国《食品法》的历史则最早可追溯到 1879年。迄今德国关于食品安全的各种法律法规多达 200 多个,涵盖了原材料采购、生产加工、运输、贮藏和销售所有环节。由此可见发达国家对食品安全的重视,而且相关法律和监管体系在与时俱进地修订完善。①

(三)食品安全事故的立法过程

我国在食品安全事故应急制度立法方面表现出一定的滞后性,直到 2003年"非典"事件的爆发,才推动国家进一步明确了重大食品安全事故相应机制,修订了国家食品安全事故应急预案,随后建立了部门协调、信息通报、事故善后处理、整改督查回访等食品安全事故处置机制;不断健全重大食品安全事故报告、事故调查、事故处理和流行病学调查等制度。2003 年国务院颁布《突发公共卫生事件应急条例》、2006 年颁布《国家突发公共事件总体应急预案》、2006 年颁布《国家突发公共卫生事件应急预案》、2007 年颁布《突发事件应对法》,到2009 年《食品安全法》的颁布,最终形成了食品安全事故处置制度体系,该制度体系对食品安全事故应急预案、处置方案、程序措施、食品事故报告、通报及责任查处做了具体而明确的规定。2011 年国务院公布《食品安全重点工作安排》明确指出,要提高食品安全应急能力,修订《国家重大食品安全事故应急预案》,完善应对食品安全事故的快速反应机制和程序。卫生部还拟组建食品安全事故调查处理专家委员会,承担重大食品安全事故责任调查等技术工作。全国各省市地区也开始修订或者出台本地的食品安全事故处置预案、方案,以完善本地区的食品安全事故处置制度。2011 年 10 月 5 日《国家食品安全事故应急预案》经修订后发布,具体分为总则,组织机构及职责,应急保障,监测预警、报告与评估,应急响应,后期处置,附则 7 部分,自发布之日起施行。2015 年食品安全重点工作安排的通知要求,提高应急能力。强化跨区域、跨部门应急协作与信息通报机制,加快建立覆盖全国的突发事件信息直报网和舆情监测网,建立健全上下贯通、高效运转的国家食品安全应急体系。加强应急队伍及装备建设,开展多种形式的应急演练和应急管理培训。督促指导食品生产经营企业特别是大型企业建立事故防范、处置、报告等工作制度。从我国《食品安全法》颁布开始,从国家到地方,从制度到机构,我国食品安全事故处置的制度、机制、体制正在逐步形成。①

二、食品安全事故应急处置机制

(一)食品安全事故监测制度

国家建立统一的重大食品安全事故监测、报告网络体系,加强食品安全信息管理和综合利用,构建各部门间信息沟通平台,实现互联互通和资源共享。建立畅通的信息监测和通报网络体系,及时了解、分析食品安全形势。设立全国统一的举报电话。任何单位和个人有权向国务院及地方有关部门举报重大食品安全事故和隐患,以加强对食品安全事故的预防和处置工作。

(二)食品安全事故的报告与通报制度

按照法律规定,发生食品安全事故时,有关部门单位有义务和责任向主管机关报告和通报。

1. 发生食品安全事故的单位和接收病人治疗的单位的通报义务

事故单位和接收病人进行治疗的单位,应当及时向事故发生地县级人民政府食品药品监督管理、卫生行政部门报告;并且发生食品安全事故的单位对导致或者可能导致食品安全事故的食品及原料、工具、设备等,应当立即采取封存等控制措施。食品安全事故报告义务主体有两类:一类是发生食品安全事故的单位,如某企业发现产品不合格,造成安全事故;另一类是接收病人治疗的单位,即某种医疗机构,如某医院接收食品安全事故的病人,则该医院就是食品安全事件的法定报告人。法定报告人不得以任何借口瞒报、漏报、拒报、迟报。

2. 有关监管部门应当履行的食品安全事故通报义务

及时、准确地报告食品安全事故,对于有效应急、妥善处置事故具有重要意义。法律规定,县级以上人民政府质量监督、农业行政等部门,在日常监督管理中发现食品安全事故或者接到事故举报,应当立即向同级食品药品监督管理部门通报。发生食品安全事故,接到报告的县级人民政府食品药品监督管理部门,应当按照应急预案的规定向本级人民政府和上级人民政府食品药品监督管

---

① 参见徐鹏飞:《食品安全监管者法律责任体系创建》,载《人民论坛》2015 年第 2 期。

理部门报告。县级人民政府和上级人民政府食品药品监督管理部门,应当按照
应急预案的规定上报。《国家食品安全重大事故应急预案》要求:地方人民政府
和食品安全综合监管部门接到重大食品安全事故报告后,应当立即向上级人民
政府和上级食品安全综合监管部门报告,并在 2 小时内报告至省(区市)政府。
涉及港、澳、台地区人员或者外国公民,或者事故可能影响到境外,按规定及时
向我国香港特别行政区、澳门特别行政区、台湾地区有关机构或者有关国家通
报。《食品安全法》第 103 条第 4 款规定:"任何单位和个人不得对食品安全事
故隐瞒、谎报、缓报,不得隐匿、伪造、毁灭有关证据。"

(三)启动食品安全事故的应急处置预案

发生食品安全事故需要启动应急预案的,县级以上人民政府应当立即成立
事故处置指挥机构,启动应急预案,在上级应急指挥机构的指导和本级人民政
府的领导下,开展应急处置工作。县级以上人民政府食品药品监督管理部门接
到食品安全事故的报告后,应当立即会同同级卫生行政、质量监督、农业行政等
部门进行调查处理,并采取下列措施,防止或者减轻社会危害:开展应急救援工
作,组织救治因食品安全事故导致人身伤害的人员;封存可能导致食品安全事
故的食品及其原料,并立即进行检验;对确认属于被污染的食品及其原料,责令
食品生产经营者依照我国《食品安全法》第 63 条的规定召回或者停止经营;封
存被污染的食品相关产品,并责令进行清洗消毒;做好信息发布工作,依法对食
品安全事故及其处理情况进行发布,并对可能产生的危害加以解释、说明。发
生食品安全事故,县级以上疾病预防控制机构应当对事故现场进行卫生处理,
并对与事故有关的因素开展流行病学调查,有关部门应当予以协助。县级以上
疾病预防控制机构应当向同级食品药品监督管理、卫生行政部门提交流行病学
调查报告。应急指挥部应由本级政府食品安全监管各部门组成,其日常办事机
构设在食品安全综合监督部门。超出本级预案救援处置能力时,要及时报请上
一级政府有关部门启动相应的应急预案。启动应急预案包括:开展应急救援和
组织救治,减轻事故危害;组织专家评定事故等级,为处置工作提供依据;对可
能导致食品安全事故的食品及其原料采取控制措施,保存事故证据;依法发布
食品安全事故信息,减少社会恐慌等。

(四)食品安全事故责任调查与处理

发生食品安全事故,设区的市级以上人民政府食品药品监督管理部门,应
当立即会同有关部门进行事故责任调查,督促有关部门履行职责,向本级人民
政府和上一级人民政府食品药品监督管理部门提出事故责任调查处理报告。

涉及两个以上省、自治区、直辖市的重大食品安全事故由国务院食品药品监督管理部门依照前款规定组织事故责任调查。

1. 食品安全事故行政调查与处理

第一，卫生行政部门会同有关部门进行事故责任调查。事故责任调查是对重大食品安全事故的发生原因、人员伤亡情况和财产损失的情况、违反法律法规的事实、依法应当追究的责任，以及责任承担者等所进行的调查。根据本条规定，发生重大食品安全事故后，设区的市级以上的人民政府卫生行政部门应当立即会同农业、质检、工商、食品药品等监管部门进行事故责任调查，行使综合监督组织协调的职责，督促有关部门履行职责，调查活动结束后，应当向本级人民政府提交事故责任调查处理报告。

第二，国务院卫生行政部门组织进行事故责任调查。当重大食品安全事故涉及两个以上省、自治区、直辖市的，超出一个省处置范围和能力的，由国务院卫生行政部门会同有关部门进行责任调查，并向国务院提出责任调查和处理意见报告。《食品安全法实施条例》第45条规定："参与食品安全事故调查的部门有权向有关单位和个人了解与事故有关的情况，并要求提供相关资料和样品。有关单位和个人应当配合食品安全事故调查处理工作，按照要求提供相关资料和样品，不得拒绝。"第46条规定："任何单位或个人不得阻挠、干涉食品安全事故的调查处理。"

2. 食品安全事故行政调查与追究

食品安全事故发生后，应当按照食品安全责任体系的要求，全面调查食品安全事故各类相关责任主体的法律责任。不仅要查明食品生产经营企业的法律责任，而且要查明食品安全监管机构和承担食品安全监管相关职责的机构工作人员责任。

负有食品安全监督管理和认证职责的部门、机构主要包括卫生行政、农业行政、质量监督、工商行政管理、食品药品监督管理部门以及认证机构。这些部门和机构的工作人员承担着保障食品安全的重任。这些人员的失职、渎职，将会给人民群众的生命健康带来危害。因此，对于不履行法定职责、玩忽职守、徇私舞弊导致食品安全事故发生的有关监管部门和机构的工作人员，应当进行责任调查，严格追究其法律责任。政府部门在食品安全事故中应该履行相应的职责。

（五）食品安全事故的善后工作

食品安全事故发生后，事发地人民政府及有关部门要积极稳妥、深入细致地做好善后处置工作,消除事故影响,恢复正常秩序。完善相关政策,促进行业健康发展。食品安全事故发生后,保险机构应当及时开展应急救援人员保险受理和受灾人员保险理赔工作。造成食品安全事故的责任单位和责任人应当按照有关规定对受害人给予赔偿,承担受害人后续治疗及保障等相关费用。

三、食品安全事故应急预案

(一)食品安全事故应急预案的含义

我国依据《突发事件应对法》、《食品安全法》、《农产品质量安全法》、《食品安全法实施条例》、《突发公共卫生事件应急条例》和《国家突发公共事件总体应急预案》,制定食品安全事故应急预案。食品安全事故应急预案是指为了预防和快速应对食品安全事故,根据国家的《食品安全法》由有关部门和机构负责制定并实施的技术措施和管理措施的总称。建立健全食品安全事故应急预案,可以有效预防和积极应对食品安全事故,高效组织应急处置工作,最大限度地减少食品安全事故的危害,保障公众健康与生命安全,维护正常的社会经济秩序。2011 年 10 月 5 日国家颁布《国家食品安全事故应急预案》,分总则,组织机构及职责,应急保障,监测预警、报告与评估,应急响应,后期处置,附则 7 部分,自发布之日起施行。

(二)食品安全事故应急预案的级别

《食品安全法》第 102 条规定:"国务院组织制定国家食品安全事故应急预案。县级以上地方人民政府应当根据有关法律、法规的规定和上级人民政府的食品安全事故应急预案以及本行政区域的实际情况,制定本行政区域的食品安全事故应急预案,并报上一级人民政府备案。食品安全事故应急预案应当对食品安全事故分级、事故处置组织指挥体系与职责、预防预警机制、处置程序、应急保障措施等作出规定。食品生产经营企业应当制定食品安全事故处置方案,定期检查本企业各项食品安全防范措施的落实情况,及时消除事故隐患。"因此,我国食品安全事故应急预案,可以分为三个层次:

第一个是国家层次。这一级的食品安全事故应急预案,由国务院组织制定,按照我国应急预案体系建设的要求,此类预案应该由国务院食品安全综合协调机构即卫生部负责制定,卫生部会同其他部委共同实施。第二个是地方层次。主要是县级以上地方人民政府结合本区域实际情况,制定本行政区域的食品安全事故应急预案,并报上一级人民政府备案。第三个是企业层次。按照法律规定,食品生产经营企业应当制定食品安全事故处置方案。食品安全处置方案,是指食品生产经营企业依据有关法律、法规的规定和本企业的实际情况,针对本企业生产经营的食品可能发生的安全事故的性质、特点以及可能造成的社会危害,具体确定应急处置工作的组织指挥、预防与处置措施等内容的预案。食品企业应当按照事故处置方案的要求,切实加强食品安全管理工作,建立有效工作机制,定期检查食品安全防范措施的落实情况。对于检查中发现的问题,应及时解决,消除安全隐患,防止食品安全事故发生。

(三)食品安全事故应急预案的启动和事故处置原则

1. 食品安全事故应急预案的启动

根据《国家重大食品安全事故应急预案》的规定,按照食品安全事故的性质和危害,食品安全事故共分四级,即特别重大食品安全事故(Ⅰ级)、重大食品安全事故(Ⅱ级)、较大食品安全事故(Ⅲ级)和一般食品安全事故(Ⅳ级)。事故等级的评估核定,由卫生行政部门会同有关部门确定。当食品安全事故发生后,卫生行政部门依法组织对事故进行分析评估,核定事故级别。特别重大食品安全事故,由卫生部会同食品安全办向国务院提出启动Ⅰ级响应的建议,经国务院批准后,成立国家特别重大食品安全事故应急处置指挥部(以下简称指挥部),统一领导和指挥事故应急处置工作;重大、较大、一般食品安全事故,分别由事故所在地省、市、县级人民政府组织成立相应应急处置指挥机构,统一组织开展本行政区域事故应急处置工作。

2. 食品安全事故应急预案事故处置原则

调查食品安全事故,应当坚持实事求是、尊重科学的原则,及时、准确查清事故性质和原因,认定事故责任,提出整改措施。调查食品安全事故,除了查明事故单位的责任,还应当查明有关监督管理部门、食品检验机构、认证机构及其工作人员的责任。食品安全事故调查部门有权向有关单位和个人了解与事故有关的情况,并要求提供相关资料和样品。有关单位和个人应当予以配合,按照要求提供相关资料和样品,不得拒绝。任何单位和个人不得阻挠、干涉食品安全事故的调查处理。食品安全事故应急预案事故处置原则是指预案所规定和确定的,在进行食品安全事故的预警、报告和处置时应该遵守的基本原则和基本精神,它是对食品安全法的精神和灵魂的体现,它体现着食品安全法的根本价值,反映着食品安全法的本质,并对食品安全事故应急预案的贯彻执行起着普遍的指导作用。其主要内容为:第一,以人为本,减少危害。把保障公众健康和生命安全作为应急处置的首要任务,最大限度减少食品安全事故造成的人员伤亡和健康损害。第二,统一领导,分级负责。按照"统一领导、综合协调、分类管理、分级负责、属地管理为主"的应急管理体制,建立快速反应、协同应对的食品安全事故应急机制。第三,科学评估,依法处置。有效使用食品安全风险监测、评估和预警等科学手段;充分发挥专业队伍的作用,提高应对食品安全事故的水平和能力。第四,居安思危,预防为主。坚持预防与应急相结合,常态与非常态相结合,做好应急准备,落实各项防范措施,防患于未然。建立健全日常管理制度,加强食品安全风险监测、评估和预警;加强宣教培训,提高公众自我防范和应对食品安全事故的意识和能力。①

(四)食品安全事故应急预案的组织机构和工作职责

1.国家食品安全事故应急预案的组织机构和工作职责

第一,国家重大食品安全事故应急指挥部。在特别重大食品安全事故发生后,根据需要应成立国家重大食品安全事故应急指挥部。指挥部负责统一领导事故应急处置工作;研究重大应急决策和部署;组织发布事故的重要信息;审议批准指挥部办公室提交的应急处置工作报告;应急处置的其他工作。指挥部办公室承担指挥部的日常工作,主要负责贯彻落实指挥部的各项部署,组织实施事故应急处置工作;检查督促相关地区和部门做好各项应急处置工作,及时、有效地控制事故,防止事态蔓延扩大;研究协调解决事故应急处理工作中的具体问题;向国务院、指挥部及其成员单位报告、通报事故应急处置的工作情况;组织信息发布。指挥部办公室建立会商、发文、信息发布和督查等制度,确保快速反应、高效处置。②

第二,地方各级应急指挥部。重大食品安全事故发生后,事故发生地县级以上地方人民政府,应当按事故级别成立重大食品安全事故应急指挥部,在上级应急指挥机构的指导和本级人民政府的领导下,组织和指挥本地区的重大食品安全事故应急救援工作。重大食品安全事故应急指挥部由本级政府有关部门组成,其日常办事机构设在食品安全综合监管部门。

第三,重大食品安全事故日常管理机构。食品药品监管局负责国家重大食品安全事故的日常监管工作。地方各级食品安全综合监管部门,要结合本地实际,负责本行政区域内重大食品安全事故应急救援的组织、协调以及管理工作。

第四,专家咨询委员会。各级食品安全综合监管部门应建立重大食品安全事故专家库,在重大食品安全事故发生后,从专家库中确定相关专业专家,组建

① 参见牛佳:《食品安全现状分析及对策建议》,载《食品安全导论》2015年第33期。

② 参见《国家重大食品安全事故应急预案》。

重大食品安全事故专家咨询委员会,对重大食品安全事故应急工作提出咨询和建议,进行技术指导。

2.地方食品安全事故应急预案的组织机构和工作职责

地方预案应根据国家食品安全事故应急预案的组织机构和工作职责的要求,配套设置地方食品安全事故应急预案的组织机构和工作职责,其应包括应急指挥部、日常管理部门和专家咨询机构。

(五)安全事故应急预案的分级响应和处置机制

1.食品安全事故应急预案的分级响应

根据食品安全事故的等级不同,应急响应的级别也不同,主要分为四个级别:

第一,特别重大食品安全事故的应急响应(Ⅰ级)。主要处置步骤包括:(1)疑似特别重大食品安全事故发生后,国家应急指挥部办公室应当及时向国家应急指挥部报告基本情况、事态发展和救援进展等。(2)向指挥部成员单位通报事故情况,组织有关成员单位立即进行调查确认,对事故进行评估,根据评估确认的结果,启动国家重大食品安全事故应急预案,Ⅰ级应急响应由国家应急指挥部或办公室组织实施。其中,重大食物中毒的应急响应与处置按《国家突发公共卫生事件应急预案》实施。(3)组织指挥部成员单位迅速到位,立即启动事故处理机构的工作;迅速开展应急救援和组织新闻发布工作,并部署省(区、市)相关部门开展应急救援工作。(4)开通与事故发生地的省级应急救援指挥机构、现场应急救援指挥部、相关专业应急救援指挥机构的通信联系,随时掌握事故发展动态。(5)根据有关部门和专家的建议,通知有关应急救援机构随时待命,为地方或专业应急救援指挥机构提供技术支持。(6)派出有关人员和专家赶赴现场参加、指导现场应急救援,必要时协调专业应急力量救援。(7)组织协调事故应急救援工作,必要时召集国家应急指挥部有关成员和专家一同协调指挥。①

第二,重大食品安全事故的应急响应(Ⅱ级)。疑似重大食品安全事故发生时,在接到重大食品安全事故报告后,省级食品安全综合监管部门应当立即进行调查确认,对事故进行评估,根据评估确认的结果,按规定向上级报告事故情况;提出启动省级重大食品安全事故应急指挥部工作程序,提出应急处理工作建议;及时向其他有关部门、毗邻或可能涉及的省(区、市)相关部门通报情况;

---

① 参见《国家重大食品安全事故应急预案》。

有关工作小组立即启动,组织、协调、落实各项应急措施;指导、部署市(地)相关部门开展应急救援工作。省级人民政府根据省级食品安全综合监管部门的建议和食品安全事故应急处理的需要,成立食品安全事故应急处理指挥部,负责行政区域内重大食品安全事故应急处理的统一领导和指挥;决定启动重大食品安全事故应急处置工作。重大食品安全事故发生地人民政府及有关部门在省级人民政府或者省级应急指挥部的统一指挥下,按照要求认真履行职责,落实有关工作。

第三,较大食品安全事故的应急响应(Ⅲ级)。接到较大食品安全事故报告后,市(地)级食品安全综合监管部门应当立即进行调查确认,对事故进行评估,根据评估确认的结果,按规定向上级报告事故情况;提出启动市(地)级较大食品安全事故应急救援工作,提出应急处理工作建议,及时向其他有关部门、毗邻或可能涉及的市(地)相关部门通报有关情况;相应工作小组立即启动工作,组织、协调、落实各项应急措施;指导、部署相关部门开展应急救援工作。市(地)级人民政府负责组织发生在本行政区域内的较大食品安全事故的统一领导和指挥,根据食品安全综合监管部门的报告和建议,决定启动较大食品安全事故的应急处置工作。省级食品安全综合监管部门加强对市(地)级食品安全综合监管部门应急救援工作的指导、监督,协助解决应急救援工作中的困难。

第四,一般食品安全事故的应急响应(Ⅳ级)。县级食品安全综合监管部门接到疑似一般食品安全事故报告后,应当立即组织调查、确认和评估,及时采取措施控制事态发展;按规定向同级人民政府报告,提出是否启动应急救援预案,有关事故情况应当立即向相关部门报告、通报。县级人民政府负责组织有关部门开展应急救援工作。市(地)级食品安全综合监管部门应当对事故应急处理工作给予指导、监督和有关方面的支持。

2. 应急响应的级别调整和终止

第一,级别提升。当事故进一步加重,影响和危害扩大,并有蔓延趋势,情况复杂难以控制时,应当及时提升响应级别。当学校或托幼机构、全国性或区域性重要活动期间发生食品安全事故时,可相应提高响应级别,加大应急处置力度,确保迅速、有效控制食品安全事故,维护社会稳定。

第二,级别降低。事故危害得到有效控制,且经研判认为事故危害降低到原级别评估标准以下或无进一步扩散趋势的,可降低应急响应级别。

第三,响应终止。当食品安全事故得到控制,并达到以下两项要求,经分析评估认为可解除响应的,应当及时终止响应:(1)食品安全事故伤病员全部得到救治,原患者病情稳定24小时以上,且无新的急性病症患者出现,食源性感染性疾病在末例患者后经过最长潜伏期无新病例出现;(2)现场、受污染食品得以有效控制,食品与环境污染得到有效清理并符合相关标准,次生、衍生事故隐患消除。

第四,应级别调整及终止程序。指挥部组织对事故进行分析评估论证,评估认为符合级别调整条件的,指挥部提出调整应急响应级别建议,报同级人民政府批准后实施。应急响应级别调整后,事故相关地区人民政府应当结合调整后级别采取相应措施。评估认为符合响应终止条件时,指挥部提出终止响应的建议,报同级人民政府批准后实施。

第十一章　我国食品安全监管措施研究

一、食品安全年度监督管理计划

2015 年《食品安全法》的立法目的就在于实现全程监管、实时监管、技术监管。该法在立法之初就在强调了食品安全监督管理要解决食品安全涉及监管部门较多，容易出现监管职能"重叠"和监管"缝隙"的问题。正因如此，2015 年《食品安全法》规定县级以上地方人民政府负责组织本级监督管理部门制订、实施本行政区域的食品安全年度监督管理计划。体现了地方人民政府对食品安全的综合监督责任，是地方各级人民政府对本行政区域食品安全监督管理进行统一负责、领导、组织、协调的表现。年度监督管理计划主要内容，包括食品安全工作的组织领导、工作重点、工作目标和措施落实等事项，是监管部门年度监管的重要依据，是建立健全食品安全监督管理责任制的重要体现，也为食品安全监督管理部门年度评议、年度考核提供了重要参考。同时，《食品安全法实施条例》第 47 条还对监督管理计划内容作出了详细规定，如要求县级以上地方人民政府依照《食品安全法》第 109 条制订食品安全年度监督管理计划，该计划应当向社会公布并组织实施。《食品安全法》在第 109 条第 3 款中强调："食品安全年度监督管理计划应当将下列事项作为监督管理的重点：（一）专供婴幼儿和其他特定人群的主辅食品；（二）保健食品生产过程中的添加行为和按照注册或者备案的技术要求组织生产的情况,保健食品标签、说明书以及宣传材料中有关功能宣传的情况;(三)发生食品安全事故风险较高的食品生产经营者;(四)食品安全风险监测结果表明可能存在食品安全隐患的事项。"县级以上农业行政、质量监督、工商行政管理、食品药品监督管理部门应当按照食品安全年度监督管理计划进行抽样检验,抽样检验购买样品所需费用和检验费等由同级财政列支。

二、食品安全监督管理措施

食品安全监督管理措施,是依法享有食品安全监督管理权的有关部门为履行法定监督管理职责,依法采取的食品安全监督管理行为、手段及方法。①

1. 食品安全监督管理措施的实施主体

食品安全监督管理主体,是指根据《食品安全法》明确规定,以国家名义从事食品安全监管的各级机关。食品安全监督管理措施的实施主体是国家法律规定的行政机关,不包括其他组织;他们以国家名义在各自的职权范围内实施监管措施。《食品安全法》第110条前半部分规定:"县级以上食品药品监督管理、质量监督部门履行各自食品安全监督管理职责,有权采取监督管理措施。"按照《食品安全法》规定,有权采取食品安全监管措施的主体是县级以上食品药品监督管理和质量监督部门。县级以上食品药品监督管理质和量监督部门,虽然都有权采取该条规定的监督管理措施,但各自对应的监督管理对象却是不同的。其中,质量监督管理部门只能对食品包装材料、容器、食品生产经营工具等食品相关产品生产加工活动进行监督管理,而食品药品监督管理部门在进行机构改革后负责对食品生产经营活动进行全程监管。

2. 食品安全监督管理措施的实施主体的法律特征

第一,主体资格取得的法定性。在我国食品安全监督管理措施的实施主体的行政机关,是根据《宪法》《国务院组织法》《地方各级人民代表大会和地方各级人民政府组织法》成立的,其组织机构的设置、负责人的任免,也均由这些法律直接规定。

第二,权限来源和内容的法定性。食品安全监督管理措施的实施主体的权限来自《宪法》、《政府组织法》和《食品安全法》的直接规定。同时,《食品安全法》对食品安全监督管理措施的实施主体所要实施的具体措施也做了明文规定。

---

① 参见于华江主编:《食品安全法》,对外经贸大学出版社2010年版,第7~8页。

第三,意志的单方性。食品安全监督管理措施的实施主体是代表国家从事食品安全管理活动的,其所行使的权利来自法律的明确授权。因此,食品安全监督管理主体拥有法律赋予的权力,作为被监管对象的食品生产经营企业对食品安全监督管理措施的实施主体的意志有服从的义务。

第四,权责的一致性。食品安全监督管理措施的实施主体,享有管理食品生产经营者的职权,但同时,这也是他们必须依法履行的责任;他们放弃享有的管理食品安全事务的权利,也就是懈怠于其应承担的管理食品安全事务的职责。这样,食品安全管理职权与食品安全管理职责,不仅在主体上而且在内容上也达成了统一。

3. 食品安全监督管理具体措施

监管部门可以采取的保全性措施具体有以下几个方面的规定:

第一,现场检查。县级以上食品药品监督管理和质量监督部门,有权进入食品生产经营场所实施现场检查,检查食品生产经营者是否按照《食品安全法》要求进行生产经营活动。如可检查是否具有相应的生产经营设备设施,是否生产经营法律法规禁止的食品以及食品原料、添加剂的使用情况等。同时法律明确规定,县级以上食品药品监督管理和质量监督部门进入食品生产经营场所进行检查,被检查单位不得拒绝、阻挠。否则,可以依照《治安管理法》的有关规定给予治安处罚;构成犯罪的,可以依照《刑法》的有关规定追究刑事责任。但食品安全监督管理部门进入食品生产经营场所,也应当遵循一定的程序,避免影响生产经营者合法、正常的生产经营活动。①

第二,抽样检验。抽样检验,是指借助数理统计和概率论的基本原理,从成批的食品中随机地抽取部分食品作为样本进行检验,根据对样本的检验结果,判断食品质量合格与否的方法。抽样检验,是食品安全监管部门对食品安全进行动态跟踪监管的主要方式之一。县级以上食品药品监督管理和质量监督部门有权对生产经营的食品、食品添加剂、食品相关产品进行抽样检验。为了应对食品添加剂使用中暴露的问题以及食品工业的不断发展,2015 年《食品安全法》新增了对食品添加剂、食品相关产品的抽检。② 对食品、食品添加剂、食品相关产品进行抽样检验是食品安全监督管理部门对食品安全进行监督检查的重要措施。由于食品安全监管部门人力、物力和财力的限制,以及食品安全监管

① 参见王超:《食品安全与质量控制》,中国农业大学出版社 2014 年版,第 145～178 页。
② 参见王红霞:《产品质量抽样检查方法研究》,载《科技风》2015 年第 22 期。

范围的广泛性,要求食品安全监管部门对食品进行全面检查是不可能的事情。因此,把抽样检验作为一种经常性监管行为,也是从提高行政管理效率、最大限度保障食品安全的角度考虑。从实际来看,抽样检验也是对食品安全进行监督检查的最理想、最现实的方式。

第三,查阅、复制有关资料。依照《食品安全法》规定,县级以上食品药品监督管理和质量监督部门进行食品安全监督管理,有权查阅、复制与食品安全有关的合同、票据、账簿以及其他有关资料。如食品生产经营者的生产、流通或者餐饮服务许可,食品生产经营人员的健康证明,食品生产企业的进货查验记录、出厂检验记录等。查阅、复制有关资料,是保证食品安全监督管理部门依法履行食品安全监督检查职责,查清违法事实,获取书证的重要手段,被检查的单位或者个人必须如实提供,不得拒绝、转移、销毁有关文件和资料,不得提供虚假的文件和资料。同时,执行该项措施的食品安全监管部门,不得滥用该项权力,查阅、复制与食品安全监督检查无关的信息,并且应当依法对因此获知的信息进行保密,非因法定原因不得泄露。①

第四,查封、扣押有关物品。2015 年《食品安全法》第 110 条第 4 项规定:"相关单位有权查封、扣押有证据证明不符合食品安全标准或者有证据证明存在安全隐患以及用于违法生产经营的食品、食品添加剂、食品相关产品。"其中,新增了关于"有证据证明存在安全隐患"的条件。"查封",是指食品安全监管部门以张贴封条或其他必要措施,将不符合食品安全标准的食品,违法使用的食品原料、食品添加剂、食品相关产品以及用于违法生产经营或者被污染的工具、设备封存起来,未经查封部门许可,任何单位和个人不得启封、动用。"扣押",是指食品安全监管部门将上述物品等运到另外的场所予以扣留。规定此项强制措施的目的,首先是可以防止这些不安全食品流入市场,危害公众安全;其次是可以为进一步查处违法生产经营不安全食品行为保留证据。

第五,查封有关场所。县级以上质量监督、工商行政管理、食品药品监督管理部门进行食品安全监督检查时,有权对违法从事食品生产经营活动的场所进行查封。查封、扣押是对食品生产经营者财产权的限制,对食品生产经营者的权利影响较大。因此,采取查封、扣押措施要遵循更为严格的要求:首先,只能对有证据证明不符合食品安全标准的食品,违法使用食品原料、食品添加剂、食

---

① 参见罗小刚:《食品安全监督管理与实务》,中国劳动社会保障出版社 2010 年版,第 236~238 页。

品相关产品以及用于违法生产经营或者被污染的工具、设备进行查封、扣押,对违法从事食品生产经营活动的场所进行查封。即使是有违法行为的食品生产经营企业,对其合法经营场所,合法使用的物品,也不能进行查封、扣押。其次,县级以上质量监督、工商行政管理、食品药品监督管理部门在采取查封、扣押措施时,要依法进行,遵守法定程序,如出示有关证件,通知被执行人到场,告知有关事项,列出查封、扣押物品的清单,由被执行人签字等。再次,对查封、扣押的物品、场所应当尽快进行进一步检验,经检验确认不符合食品安全标准或者存在其他违法事项的,应依照《食品安全法》的规定予以处理,构成犯罪的,应将查封、扣押的物品移送司法机关;对经检验符合食品安全标准,且不存在其他违法事项的,应当立即解除查封、扣押。最后,应当告知当事人享有的相应权利。如对有关监督管理部门采取的查封、扣押的强制措施有异议的,可以依照行政复议法、行政诉讼法的规定提出行政复议、行政诉讼。

三、食品安全信用档案公开和通报制度

建立食品生产经营者食品安全信用档案,是贯彻党的十七大报告提出的健全社会信用体系要求的重要体现,也是加快形成统一开放竞争有序的现代市场体系,完善我国社会主义市场经济体制的客观要求。建立食品生产经营者食品安全信用档案制度,有利于强化生产经营者作为保证食品安全第一责任人的责任,引导生产经营者在食品生产经营活动中重质量、重服务、重信誉、重自律,以形成确保食品安全的长效机制。2015 年《食品安全法》第 112 条规定:"县级以上人民政府食品药品监督管理部门应当建立食品生产经营者食品安全信用档案,记录许可颁发、日常监督检查结果、违法行为查处等情况,依法向社会公布并实时更新;对有不良信用记录的食品生产经营者增加监督检查频次,对违法行为情节严重的食品生产经营者,可以通报投资主管部门、证券监督管理机构和有关的金融机构。"新法统一了信用用档案的设立主体,由食品药品监督管理部门同意设立,使信用档案制度更加规范,更方便管理,同时建立了对违法行为情节严重的食品生产经营者在金融领域的通报制度,形成了更大的威慑力。现阶段,食品安全信用档案的内容主要包括食品生产经营者的许可颁发、日常监督检查结果、违法行为查处等情况。食品安全信用档案的内容,还可以包括行业协会的评价、新闻媒体舆论监督信息、认证机构的认证情况、消费者的投诉情况等有关食品生产经营者食品安全情况的信息。食品安全信用档案是食品安全信用制度的基础,食品安全监督管理部门在建立食品安全信用档案的基础

上,还要建立相应的征信制度、评价制度、披露制度、服务制度、奖惩制度等,确保整个安全信用制度有序运转,发挥食品安全信用档案对食品安全工作的规范、引导和督促的作用。

四、责任约谈制度

约谈制度,是指上级组织部门对未履行或未全面正确履行职责,或未按时完成重要工作任务的下级组织部门所进行的问责谈话制度,其目的是防患于未然。为督促履行有关方面食品安全监管责任,2015年《食品安全法》增设了责任约谈制度,该制度从两个层面作出具体规定:第一个层面是县级以上人民政府食品药品监督管理部门对食品生产经营者的法定代表人或者主要负责人进行的责任约谈机制。食品生产经营过程中存在食品安全隐患,未及时采取措施消除的,县级以上人民政府食品药品监督管理部门可以对食品生产经营者的法定代表人或者主要负责人进行责任约谈。食品生产经营者应当立即采取措施,进行整改,消除隐患。责任约谈情况和整改情况应当纳入食品生产经营者食品安全信用档案。食品药品监管部门可以对未及时采取措施消除隐患的食品生产经营者的主要负责人进行责任约谈。第二个层面是上级人民政府和本级人民政府的约谈机制。县级以上人民政府食品药品监督管理等部门未及时发现食品安全系统性风险,未及时消除监督管理区域内的食品安全隐患的,本级人民政府可以对其主要负责人进行责任约谈。地方人民政府未履行食品安全职责,未及时消除区域性重大食品安全隐患的,上级人民政府可以对其主要负责人进行责任约谈。被约谈的食品药品监督管理等部门、地方人民政府应当立即采取措施,对食品安全监督管理工作进行整改。责任约谈情况和整改情况应当纳入地方人民政府和有关部门食品安全监督管理工作评议、考核记录。政府可以对未及时发现系统性风险、未及时消除监管区域内的食品安全隐患的监管部门主要负责人和下级人民政府主要负责人进行责任约谈。约谈是一种低成本、灵活的行政手段,重在防患于未然,消除隐患,可以督促和监督责任者更好地履行义务和职责。约谈制度有利于关口前移,更好地提升生产经营者和监管者的素质和责任意识,从源头防范食品安全事件发生。

五、食品安全监督管理中的咨询、投诉与举报制度

县级以上人民政府食品药品监督管理、质量监督等部门,应当公布本部门的电子邮件地址或者电话,接受咨询、投诉、举报。接到咨询、投诉、举报,对属

于本部门职责的,应当受理并在法定期限内及时答复、核实、处理;对不属于本部门职责的,应当移交有权处理的部门并书面通知咨询、投诉、举报人。有权处理的部门应当在法定期限内及时处理,不得推诿。《食品安全法》第115条第2款规定:"对查证属实的举报,给予举报人奖励。有关部门应当对举报人的信息予以保密,保护举报人的合法权益。举报人举报所在企业的,该企业不得以解除、变更劳动合同或者其他方式对举报人进行打击报复。"该条在法律上明确了对举报人的保护,共同的是希望有更多人参与到食品安全社会共治中,这也是食品安全法基本原则的具体体现。同时,《食品安全法》第116条第2款规定:"食品生产经营者、食品行业协会、消费者协会等发现食品安全执法人员在执法过程中有违反法律、法规规定的行为以及不规范执法行为的,可以向本级或者上级人民政府食品药品监督管理、质量监督等部门或者监察机关投诉、举报。接到投诉、举报的部门或者机关应当进行核实,并将经核实的情况向食品安全执法人员所在部门通报;涉嫌违法违纪的,按照本法和有关规定处理。"该条赋予了社会主体对食品安全执法人员的投诉和举报权,也是依法治国的一种体现。

属于食品安全事故的,应当依照《食品安全法》第七章有关规定进行处置。发生食品安全事故的单位,应当立即采取措施,防止事故扩大。事故单位和接收病人进行治疗的单位,应当及时向事故发生地县级人民政府食品药品监督管理、卫生行政部门报告。县级以上人民政府质量监督、农业行政等部门,在日常监督管理中发现食品安全事故或者接到事故举报,应当立即向同级食品药品监督管理部门通报。发生食品安全事故,接到报告的县级人民政府食品药品监督管理部门应当按照应急预案的规定向本级人民政府和上级人民政府食品药品监督管理部门报告。县级人民政府和上级人民政府食品药品监督管理部门应当按照应急预案的规定上报。任何单位和个人不得对食品安全事故隐瞒、谎报、缓报,不得隐匿、伪造、毁灭有关证据。县级以上人民政府食品药品监督管理部门接到食品安全事故的报告后,应当立即会同同级卫生行政、质量监督、农业行政等部门进行调查处理,并采取下列措施,防止或者减轻社会危害。

六、执法人员培训考核制度

2015年《食品安全法》增加了县级以上人民政府食品药品监督管理、质量监督等部门,应当加强对执法人员食品安全法律、法规、标准和专业知识与执法能力等的培训,并组织考核。不具备相应知识和能力的,不得从事食品安全执法工作的考核制度。为了应对食品工业的发展以及现阶段我国食品安全事故频发的状况,我国需要一支具有高素质、专业化的食品药品监管执法队伍,而形成这样的执法队伍的前提是培训。只有经过培训达到上岗标准,才能更好地保障广大人民群众的生命安全,更好地履行法律赋予的职责。2015年食品药品监管总局下发《关于加强食品药品监管教育培训工作的指导意见》,提出今后一个时期全系统教育培训工作的目标、任务和要求。首先,明确了全系统教育培训工作的总体要求,并做出统一部署:未来几年,教育培训工作要紧紧围绕食品药品监管职责和任务,分层次、分类型、全覆盖开展教育培训;建立健全教育培训工作体系,提高教育培训工作的科学化、制度化和规范化水平;创新教育培训方式方法,增强统筹性、针对性和实效性。其次,提出培训数量指标,处级以上干部人均年脱产培训学时数不低于110学时,科级及以下干部不低于90学时,专业技术人员不低于90学时,乡镇(街道)食品药品安全工作人员、协管员、监督员和信息员不低于40学时。最后,总局还配套制定了《国家食品药品监督管理总局机关干部教育培训管理办法》《国家食品药品监督管理总局培训质量评估管理办法》《国家食品药品监督管理总局领导干部上讲台管理办法(试行)》等相关制度。现阶段,我国正在逐步建立起了食品药品监管执法干部教育培训制度体系,以落实食品安全法对执法人员的要求,更好地实现食品安全科学监管、依法监管。

七、食品安全信息统一公布制度

食品安全信息,主要包括食品安全总体情况、标准、监测、监督检查(含抽检)、风险评估、风险警示、事故及其处理信息和其他食品安全相关信息。食品安全监督管理部门公布信息,应当做到准确、及时、客观。我国实行食品安全信息统一发布制度,机构改革后由国务院食品药品监督管理部门统一公布。根据食品安全信息的内容及其重要程度、影响范围的不同,公布信息的部门主要有:其一,食品药品监督管理部门。食品药品监督管理部门负责公布国家食品安全总体情况、食品安全风险警示信息、重大食品安全事故及其调查处理信息和国务院确定需要统一公布的其他信息由国务院食品药品监督管理部门统一公布。这些信息与公众日常生活以及食品生产经营关系紧密,且影响范围大、力度强、涉及面广,为保证食品安全信息公布的规范性、严肃性,必须由食品药品监督管理部门统一公布。其二,省、自治区、直辖市人民政府食品药品监督管理部门经授权可以公布食品安全风险警示信息和重大食品安全事故及其调查处理信息,但只能是影响限于特定区域且未经授权不得发布上述信息。其三,县级以上人民政府食品药品监督管理、质量监督、农业行政部门,依据各自职责公布食品安全日常监督管理信息,如批准、变更、吊销有关食品生产经营行政许可的情况,对食品生产经营者进行现场检查、抽样检验的结果,对违法生产经营者的查处情况等。按照《食品安全法实施条例》第 51 条和《食品安全法》第 118 条第 2 款规定的食品安全日常监督管理信息包括:(1)依照《食品安全法》实施行政许可的情况;(2)责令停止生产经营的食品、食品添加剂、食品相关产品的名录;(3)查处食品生产经营违法行为的情况;(4)专项检查整治工作情况;(5)法律、法规规定的其他食品安全日常监督管理信息。前款规定的信息,涉及两个以上食品安全监督管理部门职责的,由相关部门联合公布。

2015 年国务院办公厅印发《2015 年食品安全重点工作安排》,要求:"加快信息化建设步伐。建设统一高效、资源共享的国家食品安全信息平台,加快食品安全监管信息化工程、食品安全风险评估预警系统、重要食品安全追溯系统、农产品质量安全追溯管理信息平台等项目实施进度,推进进出口食品安全风险预警信息平台建设,加快建设'农田到餐桌'全程可追溯体系。加强食品安全标准、风险监测、风险评估、日常监管统计数据的采集和分析利用,提升科学监管水平和监管效能。"[1]

八、食品安全信息报告、通报制度

向有关部门报告的食品安全信息,是指由食品药品监督管理部门统一公布国家食品安全总体情况、食品安全风险评估信息和食品安全风险警示信息、重大食品安全事故及其处理信息,以及其他重要的食品安全信息和国务院确定的需要统一公布的信息。

县级以上地方人民政府食品药品监督管理、卫生行政、质量监督、农业行政部门获知本法规定需要统一公布的信息,应当向上级主管部门报告,根据报告程序的不同,主要有两种方式:一是县级以上地方人民政府食品药品监督管理、卫生行政、质量监督、农业行政部门获知本法规定需要统一公布的信息,应当向上级主管部门报告,由上级主管部门立即报告国务院食品药品监督管理部门。二是必要时,可以直接向国务院食品药品监督管理部门报告。县级以上人民政

---

① 国务院办公厅:《2015 年食品安全重点工作安排的通知》,载国务院网:http://www. gov. cn/guowuyuan/,最后访问日期:2015 年 3 月 2 日。

府食品药品监督管理、卫生行政、质量监督、农业行政部门应当相互通报获知的食品安全信息。

同时,任何单位和个人不得编造、散布虚假食品安全信息。县级以上人民政府食品药品监督管理部门发现可能误导消费者和社会舆论的食品安全信息,应当立即组织有关部门、专业机构、相关食品生产经营者等进行核实、分析,并及时公布结果。

九、食品安全监督检查规定

1. 做好监督检查记录

"监督检查记录",主要是指县级以上质量监督、食品药品监督管理部门对食品生产经营者进行监督检查时,对检查情况以及处理结果所作的记录。监督检查记录的内容,主要包括食品安全监督检查的情况以及发现的问题及处理结果。还应当记录执行监督检查任务的人员姓名、单位、职务,以及监督检查的时间、地点、场所名称、检查事项等。监督检查记录一般以书面形式为主,必要时可以辅以录音、录像等形式。[①] 监督检查记录由监督检查人员签名,并经食品生产经营者签字确认。被检查的食品生产经营者拒绝签字的,监督检查人员应当在记录书中注明情况。监督检查记录中的"签字",即监督检查人员和食品生产经营者的签名有三个作用:一是表明监督检查人员和食品生产经营者双方的身份;二是表明确认,监督检查人员的签字,表明对履行职责的确认;食品生产经营者的签字,表明对检查记录内容的确认;三是在发生争议纠纷时作为证据。

监督检查记录经监督检查人员和食品生产经营者签字后,食品安全监督管理部门应当进行归档。归档有两方面的意义:一方面,可以作为食品安全信用档案的重要资料,与许可证颁发、消费者举报投诉等其他信息相结合,进行汇总分析,便于对食品生产经营者实行信用分类监管。依据信用情况,加强对辖区内有不良信用记录的食品生产经营者的重点监管,对有多次违法行为记录的食品生产经营者,依法从重处罚。另一方面,便于信息交流。各食品安全监督管理部门可以利用确认的信息资料,实现与其他监督管理部门监督检查记录的互相交流。食品安全监督管理部门还可以依据《政府信息公开条例》等有关法律法规的规定,将食品安全监督检查记录向公众公开,为公众查阅提供便利。

---

① 参见全国人大常委会法制工作委员会编:《中华人民共和国安全法释义》,法律出版社 2015年版。

2. 一事不二罚

行政处罚,是指行政机关对公民、法人或者其他组织违反行政管理秩序的行为给予的处罚,包括警告、罚款、没收违法所得、没收非法财物、责令停产停业、暂扣或者吊销许可证、暂扣或者吊销执照、行政拘留,以及法律、行政法规规定的其他行政处罚。罚款是行政机关强制违法者承担一定的金钱给付义务的处罚方式,是一种经济上的处罚。由于罚款既不影响被处罚人的人身自由及其合法的活动,又能起到对违法行为的惩戒作用,因此罚款是行政处罚中应用最为广泛的一种处罚方式。由于同一违法行为可能同时违反两个以上的行政管理规定,依法都应当给予行政处罚。但如果规定可以重复进行行政处罚,则可能出现处罚大于过错,影响处罚的合理性。为了有效地制止乱罚款、滥罚款,避免重复处罚、过罚不当,《行政处罚法》明确规定对当事人的同一个违法行为,不得给予两次以上罚款的行政处罚。因此,《食品安全法》规定,县级以上卫生行政、质量监督、食品药品监督管理部门履行食品安全监督管理职责,对生产经营者的同一违法行为,不得给予二次以上罚款的行政处罚。需要注意的是,对生产经营者的同一违法行为,给予的行政处罚中不得出现二次以上罚款,但可以由不同部门给予不同种类的行政处罚,例如,同时给予罚款、没收违法所得、吊销许可证等行政处罚,其中罚款处罚只能由先处罚的部门给予一次罚款的处罚。①

3. 犯罪移送

县级以上人民政府食品药品监督管理、质量监督等部门发现涉嫌食品安全犯罪的,应当按照有关规定及时将案件移送公安机关。对移送的案件,公安机关应当及时审查;认为有犯罪事实需要追究刑事责任的,应当立案侦查,不得以罚代刑。这是关于行政处罚和刑事处罚衔接的规定。行政处罚与刑事处罚都属于公法责任,但又是两种性质不同的法律制裁方法,《行政处罚法》第22条规定,违法行为构成犯罪的,行政机关必须将案件移送司法机关,依法追究刑事责任。

公安机关在食品安全犯罪案件侦查过程中,认为没有犯罪事实,或者犯罪事实显著轻微,不需要追究刑事责任,但依法应当追究行政责任的,应当及时将案件移送食品药品监督管理、质量监督等部门和监察机关,有关部门应当依法

---

① 参见杨振宇:《食品安全行政处罚自由裁量权的规范探讨》,载《法制与经济》2015年第20期。

处理。食品安全监督管理部门移送涉嫌犯罪案件,应当接受人民检察院和监察机关依法实施的监督。任何单位和个人对食品安全监督管理部门违反规定,应当向公安机关移送涉嫌犯罪案件而不移送的,有权向人民检察院、监察机关或者上级主管部门举报。食品安全监督管理部门违反规定,对应当向公安机关移送的案件不移送,或者以行政处罚代替移送的,由本级或者上级人民政府,或者实行垂直管理的上级主管部门,责令改正,给予通报;拒不改正的,对其正职负责人或者主持工作的负责人给予记过以上的行政处分;构成犯罪的,依法追究刑事责任。依照《行政处罚法》的规定,食品安全监督管理部门向公安机关移送涉嫌犯罪案件前,已经依法给予当事人罚款的,人民法院判处罚金时,依法折抵相应罚金。①

食品安全监督管理部门在依法查处违法行为过程中,发现贪污贿赂、国家工作人员渎职或者国家机关工作人员利用职权侵犯公民人身权利和民主权利等违法行为,涉嫌构成犯罪的,应当依法及时将案件移送人民检察院。同时,《食品安全法》规定公安机关商请食品药品监督管理、质量监督、环境保护等部门提供检验结论、认定意见以及对涉案物品进行无害化处理等协助的,有关部门应当及时提供,予以协助。

---

① 参见顾永景:《新食品安全法的刑事责任优先》,载《学术探索》2015 年第 12 期。

第三篇

陕西省农村地区食品安全现状研究

第十二章 陕西省农村地区食品安全发展状况总体评价

一、陕西省农村地区总体发展状况

陕西省总面积 20.58 万平方公里。截至 2016 年年底,常住人口 3812.62 万人,比上年增加 19.75 万人①,下辖 1 个副省级城市、9 个地级市和杨凌农业高新技术产业示范区,其中西安、宝鸡两个城市人口已过百万。从地势看,陕西总体南北高,中部低,由西向东倾斜的特点也很明显。北山和秦岭把陕西分为三大自然区域:北部是陕北高原,中部是关中平原,南部是秦巴山区,其中陕北地区包括延安、榆林市,下辖延长、延川、子长、志丹、吴起、甘泉、富县、洛川、宜川、黄龙、黄陵、神木、府谷、靖边、定边、绥德、米脂、佳县、吴堡、清涧、子洲等县;关中地区包括西安、宝鸡、咸阳、铜川、渭南 5 市及杨凌高新技术产业示范区,下辖蓝田、周至、户县、凤翔、岐山、扶风、眉县、陇县、千阳、麟游、凤县、太白、三原、泾阳、武功、乾县、礼泉、永寿、彬县、长武、旬邑、淳化、宜君、蒲城、富平、潼关、大荔、合阳、澄城、白水等县;陕南地区包括汉中、安康、商洛 3 市,下辖南郑、城固、洋县、西乡、勉县、宁强、略阳、镇巴、留坝、佛坪、旬阳、石泉、平利、汉阴、宁陕、紫阳、岚皋、镇坪、白河、洛南、丹凤、商南、山阳、镇安、柞水等县。2016 年陕西省生产总值

---

① 参见陕西省统计局主编:《陕西区域统计年鉴 2016》,中国统计出版社 2017 年版,第 12～17 页。

（GDP）达到 19,165.39 亿元；全省人均 GDP 为 50,399 元，略低于全国平均水平。从各地级市来看，西安、榆林和咸阳 GDP 总量领先，分别为 6257.18 亿元、2773.05 亿元和 2396.07 亿元。从人均 GDP 来看，榆林、西安和宝鸡位列前三。榆林市人均 GDP 为 11,613 美元；西安市人均 GDP 为 10,057 美元；宝鸡市人均 GDP 为 7717 美元。渭南市人均 GDP 最低，为 4177 美元。[①]

（一）陕西省经济总体发展状况

2016 年陕西全省三大区域经济均面临较大下行压力，基本呈现缓中趋稳、逐步回升态势，全年主要指标增速普遍好于 2015 年，关中继续发挥支撑全省经济发展的关键作用，陕北经济发展处于相对低落的状态，陕南经济发展成为全省最突出的亮点区域。2016 年陕北完成生产总值 3855.96 亿元，占全省比重为 20.2%，比重较 2015 年低 0.6 个百分点。生产总值增长 4.8%，增速较 2015 年高 1.5 个百分点，较全省同期水平低 2.8 个百分点。三次产业结构为 7.3:58.4:34.3，比重较 2015 年分别高 0.4、低 2.5、高 2.1 个百分点。三次产业增加值分别增长 4.8%、2.1%、9.8%，增速比 2015 年高 0.3、低 0.6、高 5.6 个百分点，较全省同期水平高 0.8、低 5.2、高 1.1 个百分点。非公有制经济增加值占陕北地区生产总值比重为 37.5%，比重较 2015 年高 2.1 个百分点，非公有制经济比重偏低，拉低了全省非公有制经济比重，同时也表明提升的空间非常大。2016 年陕南完成生产总值 2707.64 亿元，占全省比重为 14.2%，比重较 2015 年高 0.4 个百分点。增长 10%，增速较 2015 年低 0.6 个百分点，较全省同期水平高 2.4 个百分点。三次产业结构为 14.7:49.3:36。第一、二产业比重较 2015 年分别低 0.7、高 0.7 个百分点，第三产业比重持平。三次产业增加值分别增长 4.2%、12.5%、9%，增速比 2015 年低 0.7、0.2、1.7 个百分点，较全省同期水平高 0.2、5.2、0.3 个百分点。非公有制经济增加值占生产总值比重为 53.5%，较 2015 年高 0.7 个百分点。陕南完成生产总值 2707.64 亿元，占全省比重为 14.2%，比重较 2015 年高 0.4 个百分点。增长 10%，增速较 2015 年低 0.6 个百分点，较全省同期水平高 2.4 个百分点。三次产业结构为 14.7:49.3:36。第一、二产业比重较 2015 年分别低 0.7、高 0.7 个百分点，第三产业比重持平。三次产业增加值分别增长 4.2%、12.5%、9%，增速比 2015 年低 0.7、0.2、1.7 个百分点，较全省同期水平高 0.2、5.2、0.3 个百分点。非公有制经济增加值占生

---

① 参见肖明:《2015 年各省经济总量排名大出炉 陕西增速 8% 排十五》,载南方财富网: http://www.southmoney.com/shuju/hysj/201602/500317.html.,最后访问日期:2016 年 2 月 12 日。

产总值比重为 53.5%，较 2015 年高 0.7 个百分点。

2016 年全省社会消费品零售总额 7302.57 亿元，比上年增长 11.0%。按经营地划分，城镇消费品零售额 6428.70 亿元，增长 10.9%；乡村消费品零售额 873.86 亿元，增长 11.6%。按消费形态划分，商品零售额 6546.83 亿元，增长 10.9%；餐饮收入 755.74 亿元，增长 12.2%。关中社会消费品零售总额实现 5837.15 亿元，占全省比重为 79.9%，比重较 2015 年高 0.2 个百分点。社会消费品零售总额增长 11.3%，增速比 2015 年低 0.1 个百分点，较全省同期水平高 0.3 个百分点，其中，铜川、宝鸡、咸阳、渭南、杨凌消费增速均超过关中和全省平均水平，对关中乃至全省消费增长具有决定性的带动作用。2016 年陕北社会消费品零售总额实现 5837.15 亿元，占全省比重为 79.9%，比重较 2015 年高 0.2 个百分点。社会消费品零售总额增长 11.3%，增速比 2015 年低 0.1 个百分点，较全省同期水平高 0.3 个百分点，其中，铜川、宝鸡、咸阳、渭南、杨凌消费增速均超过关中和全省平均水平，对关中乃至全省消费增长具有决定性的带动作用。2016 年陕南社会消费品零售总额为 788.91 亿元，占全省比重为 10.8%，比 2015 年高 0.2 个百分点。社会消费品零售总额增长 13.9%，增速比 2015 年高 0.6 个百分点，较全省同期水平高 2.9 个百分点。

2016 年全省完成地方财政收入 1833.93 亿元，同比增长 6.01%，增速比上年回落 6.1 个百分点，但较一季度、上半年和三季度分别提高 1、0.4 和 0.7 个百分点，高于同期全国增速 1.8 个百分点，增速排名全国第 21 位。全省财政支出完成 4390.57 亿元，比上年增长 6.51%，增速较 2015 年回落 3.9 个百分点。从统计局公布的报表中的增速看，10 市 1 区中，榆林和延安 2 市增速低于全省平均水平，其余 8 个区市增速均高于全省平均水平，其中，安康以 12.1% 的增速排名第一，汉中和西安分别增长 11.3% 和 11.1%，分别排第二、三位；榆林、延安和铜川排全省后三位，增速分别为 0.4%、4.5% 和 10%。与 2015 年同期相比，10 市 1 区增速全部回落，其中，延安和榆林增速回落幅度高于全省平均水平，分别回落了 11.6 个和 9.3 个百分点，其余 9 个区市增速回落幅度均低于全省平均水平，其中回落幅度最小的是安康，回落 1.1 个百分点。与三季度相比，十市一区中，咸阳、延安和渭南 3 市增速回落，其中，回落幅度最大的是咸阳，回落了 8 个百分点；西安、汉中、商洛三市持平；榆林、安康、铜川、宝鸡和杨凌 5 个区市增速提高，其中，提高幅度最大的是榆林，提高了 20.1 个百分点。从绝对值看，西安、榆林和延安 3 市继续排名前三位，分别为 641.03 亿元、232.68 亿元和 130.52 亿元。

2016 年陕西农村居民人均纯收入 9396 元,比上年增长 8.1%,城镇居民人均可支配收入 28,440 元,比上年增长 7.6%。从各地市情况来看,农村居民人均纯收入和城镇居民人均可支配收入也跟全省城乡居民收入趋势保持一致,均呈现出继续增长态势,但增速同比放缓。农村居民方面,从绝对值来看,西安市率先突破 15,000 元大关,杨凌示范区排在第二位,继续领先于其他各市(区),达到人均 15,191 元和 14,959 元。从增速方面来看,安康市继续领先于其他各市,增速达 8.6%,较全省平均水平高 1.0 个百分点。在城镇居民方面,从绝对值来看,西安市和杨凌示范区齐头并进,迈上 35,000 元台阶,领先于其他各市,达到人均 35,630 元和 35,510 元的较高水平。宝鸡、咸阳和延安市城镇居民人均可支配收入,均迈上 30,000 元台阶。从增速方面来看,商洛市和汉中市最高,增速达到 8.3%,较全省平均水平高 0.7 个百分点(见表 12 – 1)。[①]

表 12 – 1　2015 年陕西省各市(区)居民收入调查数据

单位	城镇居民人均可支配收入		农村居民人均可支配收入	
	2016 年(元)	增幅(%)	2016(元)	增幅(%)
全省	28,440	7.6	9396	8.1
西安市	35,630	7.4	15,191	8.0
铜川市	27,594	8.0	9478	8.5
宝鸡市	31,730	7.7	10,287	8.2
咸阳市	31,662	7.6	10,481	8.2
渭南市	27,485	7.9	9415	8.2
延安市	30,693	7.4	10,568	8.0
汉中市	25,595	8.3	8855	8.5
榆林市	29,781	7.3	10,582	8.0
安康市	25,962	8.2	8590	8.6
商洛市	25,468	8.3	8358	8.5
杨凌示范区	35,510	7.3	14,959	8.5

①　参见陕西省统计局主编:《陕西区域统计年鉴 2016》,中国统计出版社 2017 年版,第 133 ~ 134 页。

(二)陕西省消费品市场总体发展状况

2016 年面对国内外经济下行的复杂形势,随着供给侧结构性改革的不断推进,国家及省委省政府采取了一系列稳增长、促改革、调结构的政策措施,经济运行出现更多积极变化。2016 年陕西消费品市场保持稳步增长,流通行业表现趋好。

1. 基本经济状况

2016 年全省实现社会消费品零售总额 7302.57 亿元,增长 11%,增速同比回落 0.1 个百分点。其中,限额以上企业(单位)实现消费品零售额 4560.31 亿元,增长 9.9%,增速同比提高 2.2 个百分点。

(1)乡村市场发展较快

从城乡来看,乡村消费市场发展活跃,乡村市场增速高于城镇市场 0.7 个百分点。2016 年全省城镇市场实现零售额 6428.7 亿元,增长 10.9%,增速同比提高 0.2 个百分点;乡村实现零售额 873.86 亿元,增长 11.6%,增速同比回落 2.7 个百分点。

(2)商品零售后来居上

2016 年全省实现餐饮收入 755.74 亿元,同比增长 12.2%,增速同比回落 3.5 个百分点。其中,限额以上企业(单位)实现餐饮收入 222.28 亿元,增长 9.7%,增速同比提高 4 个百分点。

2016 年全省实现商品零售 6546.83 亿元,同比增长 10.9%,增速同比回落 0.3 个百分点。其中,限额以上企业(单位)实现商品零售 4338.03 亿元,增长 9.9%,增速同比提高 2.1 个百分点。

(3)吃类商品保持高速

吃、穿、用类商品中,除穿类商品增速回落,吃类和用类商品增速均同比提高,吃类商品增速居高不下。2016 年吃类商品实现零售额 577.7 亿元,增长 20.6%,同比提高 3.8 个百分点;穿类商品实现零售额 587.21 亿元,增长 6.9%,同比回落 2.8 个百分点;用类商品实现零售额 3173.12 亿元,增长 8.8%,同比提高 2.6 个百分点。

(4)汽车、石油类带动作用增强

汽车和石油类大宗商品回升较快,带动全省消费市场增长。2016 年全省限额以上企业(单位)汽车类商品实现零售额 1003.65 亿元,占到限额以上消费品零售额的 22%,增长 6.8%,同比提高 8.8 个百分点;全省限额以上企业(单位)石油及制品类商品实现零售额 638.46 亿元,占到限额以上消费品零售额的

14%,增长 4.1%,同比提高 0.9 个百分点。

（5）网上零售表现突出

网上零售持续高速增长。2016 年全省限额以上企业（单位）实现网上零售额 192.95 亿元,增长 63.3%,占全省限额以上企业（单位）消费品零售额的 4.2%,占比较 2015 年提高 1.6 个百分点。

（6）升级类商品快速增长

生活改善类商品增长快速。2016 年电子出版物及音像制品类实现零售额 9.33 亿元,增长 57.8%,同比提高 18.5 个百分点;文化办公用品类实现零售额 86.34 亿元,增长 27.4%,同比提高 4.7 个百分点;金银珠宝类实现零售额 76.4 亿元,增长 4.7%,增速同比提高 2.8 个百分点;化妆品类实现零售额 64.96 亿元,增长 10.4%,增速同比提高 0.8 个百分点。

2. 流通领域基本情况

综观整个商贸流通行业,总体来说明显回暖,批发、零售和住宿业同比回升,仅餐饮业同比略有回落,但仍保持了平稳增长态势。

（1）批发业回升速度较快

2016 年全省限额以上批发业销售额增速三季度开始转正,年底增速达到 9.6%,同比提高 15.8 个百分点。批发业回暖,主要得益于大宗商品批发的回升。2016 年,矿产品、建材及化工产品批发销售额占到全部批发业销售额的 64.1%,为批发业增长贡献了 83.4%。尤其是煤炭及制品批发、石油及制品批发和金属及金属矿批发三个行业,是全省批发业回升的直接动力,这三个行业商品销售额占全部限上批发业比例高达 61.2%,其商品销售额同比增速分别提高 39.6、31 和 27.8 个百分点。

（2）零售业稳中有升

2016 年全省限额以上零售业销售额增长 13.3%,同比提高 1.5 个百分点。

零售业多数商品销售增速回升。2016 年,综合零售,汽车、摩托车、燃料及零配件专门零售增速,同比分别提高 3.9、5.3 个百分点,两个行业占全省零售业销售额 59.8%,拉动全省零售业销售额增速提高 6.4 个百分点。文化、体育用品及器材专门零售和医药及医疗器材专门零售增速同比分别提高 11.1 和 12.4 个百分点。

（3）住宿业增长平稳

2016 年全省限额以上住宿业营业额增长 5.7%,增速同比提高 5 个百分点。旅游饭店、一般旅馆和其他住宿业均有回升。2016 年全省住宿业中旅游饭店营业额增长 3.7%,同比提高 5.2 个百分点;一般旅馆营业额增长 14.1%,同比提高 3.8 个百分点;其他住宿业营业额增长 -0.9%,同比提高 4.7 个百分点。

（4）餐饮业稳中趋缓

2016 年全省限额以上餐饮业营业额增长 12.3%,增速同比回落 1 个百分点。正餐服务业是带动餐饮业回落的主因,快餐服务增幅较大。2016 年全省餐饮业中正餐服务营业额增长 12.1%,同比回落 1.7 个百分点;快餐服务营业额增长 12.7%,同比提高 17.6 个百分点。

（5）监测重点企业基本情况

通过对陕西前 50 家批发、零售、住宿、餐饮行业重点企业监测,200 家企业经营情况显示:批发业、餐饮业总体经营情况好于全省,零售业、住宿业总体经营情况略差于全省。

2016 年前 50 家批发业企业销售额增长 19.7%,高于全省平均增速 10.1 个百分点;前 50 家零售业企业销售额增长 11.0%,低于全省平均增速 2.3 个百分点;前 50 家住宿业企业营业额增速增长 5.0%,低于全省平均增速 0.7 个百分点;前 50 家餐饮业企业营业额增速提高 17.8%,高于全省平均增速 5.5 个百分点。①

（三）陕西省农村地区食品市场总体发展状况

1. 农村食品商业网点情况布局欠佳,主要消费渠道以本地实体店消费和农贸集市为主

当前,陕西农村地区食品消费市场与城镇相比,依然存在基础设施落后、商业网点布局不尽合理、农村商店规模较小等情况,集贸市场、夫妻店、小商铺仍是农村食品流通的主渠道。根据陕西省统计局调查显示,有 40.8% 的受访农村住户认为周边小商品网点分布较多,有 65.8% 的受访住户以本地实体店消费为主,26.6% 的受访农村住户以农贸集市消费为主。②

2. 农村居民食品消费依然占主要部分,服务消费比重有所提高

随着农村居民收入的不断提高,用于服务消费③的支出不断增加,医疗保健、交通通信、文教娱乐等服务消费支出,在消费支出中的比重也在不断增加。

---

①　参见陕西省统计局:《大宗商品助力消费市场》,载陕西省统计局网:http://www.shaanxitj.gov.cn/site/1/html/126/131/138/14780.htm.,最后访问日期:2017 年 2 月 6 日。

②　参见陕西省统计局主编:《陕西区域统计年鉴 2016》,中国统计出版社 2017 年版,第 111 ~ 112 页。

③　服务消费指教育、医疗、通信、水电等费用。

2014 年据陕西统计年鉴数据显示:陕西省农村居民服务消费支出占消费总支出的比重仅为 36% 左右。2016 年根据陕西省统计局调查显示,受访农村住户服务消费占总消费支出五成以上的占到 54.9% ,可见,农村居民服务型消费比重较之以往在不断提高,但现阶段依旧以食品消费为主。

3. 消费渠道单一,网上消费以衣着类商品为主

据 2015 年统计数据,陕西共有食品加工小作坊 18,072 家、小餐饮 32,329 家、食品摊贩 9253 家。这些作坊式生产在近 10 年的生产经营活动中,极大地满足了广大农村居民的生活需要,丰富了农村市场,也成为农村居民增收的主要途径。这些小作坊大多分布在城乡结合部、集贸市场、乡镇和偏远农村地区,生产经营条件简陋、设备设施简单,隐蔽性、分散性和流动性强以及从业人员专业素质低和食品安全意识弱。正是由于这些问题,现阶段这些小作坊已成为农村地区食品安全问题多发地甚至是重灾区。同时,伴随着网络经济的发展,人们对于网上购物的积极性不断提高,网上购物吸引着越来越多的年轻人群,农村地区年轻人也成为其中的一部分。2016 年根据陕西省统计局调查显示,31.8% 的受访住户网上购物次数是一个季度 1 ~ 2 次,其中 35 岁以下年龄段的人占 36.9% ;36.4% 的受访住户网上购物次数是一个月 1 ~ 2 次,其中 35 岁以下年龄段的人占 47.2% ;14% 的受访农村住户网上购物次数是一周 1 ~ 2 次,其中 35 岁以下年龄段的人占 56.5% 。但当前农村居民通过网络购买的主要商品是衣着类商品,占到 82.8% 。①

4. 假冒伪劣和山寨产品较多,大量存在违规使用添加剂

长期以来,由于长期受到消费习惯和消费能力的制约,农村食品市场突出问题仍多发、高发,这主要表现为制售假冒伪劣食品行为和"五无"食品②、"傍名牌"、"山寨食品"在农村食品市场屡禁不绝。特别是在城乡接合部、校园及周边、批发市场、集贸市场、农村庙会、农村中小食品生产企业和小作坊、食杂店、小餐饮中侵权仿冒、"五无"食品行为突出。超范围、超限量使用食品添加剂和非法添加非食用物质的违法行为,以及使用劣质原料生产或加工制作食品、经营腐败变质或超过保质期的食品等违法行为较为普遍。

---

① 参见陕西省统计局主编:《陕西区域统计年鉴 2016》,中国统计出版社 2017 年版,第 99 ~ 105 页。

② "五无"食品指无生产厂家、无生产日期、无保质期、无食品生产许可、无食品标签。

二、食品安全监管制度在陕西农村地区落实情况

1. 实行财政投入优先保障机制

陕西省将食品安全工作纳入当地国民经济和社会发展规划,食品安全财政投入优先保障,足额到位。确保检验经费每年 4 份/千人(不含快速检测),食品安全监管经费按辖区常住人口每人 3 元/年。参与创建食品安全的城市人均食品安全监管工作经费应当高于全国同类城市平均水平。

2. 率先完成县级食药机制改革

试点市中涉及机构改革的市区,要缩短改革过渡期,防止机构改革与食品安全监管断档脱节。市场监管局必须加挂"食品药品监管局"的牌子,在职能定位、人员编制、股室设置、检测资源配置上,都要体现"综合执法的首要责任是确保食品安全"的要求,将原工商、质监、食药从事食品监管、稽查的骨干充实到食品监管岗位,确保食品监管资源在整合中得到强化。

3. 确保乡镇食药监管机构得到加强

基层监管所原则上为县级派出机构,若已下划,必须加挂"食品药品监管所"的牌子,必须明确乡镇党委政府领导责任,按照副科级设置选拔食品药品业务骨干任所长。新成立的市场管理办公室(所),按照"十个一"①的标准,只能更好,不能削弱。特别是专门从事食品药品监管工作的人员不少于乡镇总人口的 0.03% ,其中专业人员数量不少于60% 。

4. 县镇两级必须做到落实"两责"

县镇"两责"包括日常监管责任和日常抽查责任。日常监管责任包括必须完善制度,细化到人,针对风险关键点,设计标准化表格,使检查"表格化",执法车辆、调查取证等设备齐全。日常抽检责任包括基层抽检经费足额保障,快检设备符合要求,检测人员配备到位。大型农产品批发市场及超市应设立快检室,在涉农区县设立农产品质量安全检验检测中心。

5. 健全网格化管理

加强市、区、镇、村四级监管网络,定区域、定人员、定职责、定任务、定奖惩,网格边界清晰、责任主体明确、目标任务具体,并向社会公开网格信息。一村一名食品安全协管员,采用"片警"管理经验,建立起由乡镇监管员和村专职协管

---

① "十个一"指每人一套办公桌、一人一台电脑、一台扫描打印复印机、一台摄像机、一支录音笔、一部执法记录仪、一部投诉电话、一套影像投影设备、一套快速检测设备、一台统一标志的执法车辆。

员组成的监管网,人大政协委员和老干部组成监督网,广大的食品药品消费者和食品药品生产经营者组成信息反馈网。

6. 建设标准化示范点

全面推进农产品安全县、食品安全示范区、食品药品基层示范所的创建。创建食品安全城市,基层是基础。各试点市必须与农产品安全县、食品安全示范区、食品药品基层示范所的创建进行"四个创建"并行联动。注重基层,夯实基层,率先创建食品安全集贸市场、食品安全街道、食品安全社区、食品安全乡镇、食品安全县区等,为试点城市创建打下坚实基础。试点城市创建工作中,所辖的每个县区、每个基层所必须达到省级示范标准。

7. 全面完成国、省、市、县四级抽检任务

严格按照陕西省抽检计划,制定并完成市县抽检任务。抽检要覆盖辖区内大型农贸市场、食品批发市场销售的蔬菜、水果、畜禽肉、水产品,以及本地小作坊生产加工的食品和餐饮单位自制食品。对蔬菜、畜禽肉类、水产品等涉及重大民生的品种每月抽检,较高风险的产品每季度抽检。关注群众热点,开展"你点我检"。要将涉及本辖区企业的不合格产品、问题样品报告及时送达,依法核查处置,按规范要求和时间节点完成上报前期处置、行政处罚、整改复查情况,及时公布后处置结果。

8. 抓好"三小"治理

严格落实《陕西省食品小作坊小餐饮及摊贩管理条例》。食药、工商、规划、卫生、城管等部门按照各自职责,负责本行政区域"三小"①的监督管理与服务工作,坚决取缔无证经营。

9. 严格规范生鲜肉监管

加强畜禽屠宰管理规范,严格执行生猪定点屠宰制度并严格落实生鲜肉销售规定。经营猪肉必须有两章两证,经营其他生鲜肉必须有检疫合格证。市场中不得出现未经检疫合格的食用动物及其产品等违法行为。

10. 完善食品安全可追溯制度

食品生产经营者应依法建立信用档案,完善食品生产、销售记录制度,农业投入品的安全使用制度,食品原料、食品添加剂、食品相关产品进货查验记录、食品出厂检验记录制度,食品经营者(包括统一配送食品经营企业)依法建立并执行食品进货查验记录制度、销售记录制度等,如实、准确记录相关信息,记录

---

① "三小"指食品小作坊、小餐饮和摊贩。

和凭证保存期限不得少于两年。确保根据某一环节的记录准确追溯上下游;确保市场上销售的预包装食品,能够根据上述各环节记录,准确追溯到生产源头。鼓励食品生产经营者采用信息化手段采集、留存生产经营信息,实行电子追溯,婴幼儿配方乳粉生产经营全面实现电子追溯。鼓励食品生产企业制定严于国家食品安全标准的企业标准。

11. 及时依法召回问题食品

辖区内食品生产者应依法严格执行食品召回制度。不符合食品安全标准的、有证据证明可能危害人体健康的和生产者认为应当召回的已经上市销售的食品,食品生产者应当立即停止生产、经营,并向社会发布召回公告,生产经营和召回情况应纪录完整,有据可查。被召回的食品依法采取无害化处理和销毁,杜绝召回食品流入市场。

12. 加强辖区内直接管理人的管理责任

食品经营者应当证照齐全,经营环境和条件符合食品安全标准和《食用农产品市场销售质量安全监督管理办法》的要求,建立必需的规章制度,严格落实食品安全管理责任。辖区内因集中交易市场的开办者、柜台出租者和展销会举办者不履行法定职责导致食品安全事故发生的,必须依法追究其连带责任并作出相应的处罚。

13. 积极推行食品安全保险制度

在食品安全高风险品种和领域推行食品安全责任保险制度。例如,在婴幼儿配方乳粉、肉制品、食用油、保健食品等高风险品种,集体用餐配送单位、餐饮连锁企业等高风险领域先行试点。

14. 依法惩处违法犯罪行为

严格落实《食品安全法》有关规定和陕西省《行刑衔接十大机制》要求,将农兽药残留超标和违禁使用、添加剂滥用、假冒伪劣等作为查处重点,违法犯罪案件得到及时查处,无"有案不罚""重案轻罚""有案不移"现象。完善跨部门、跨区域的案件协查联动机制。涉及辖区内多部门、跨区域食品安全违法案件的查处率100%,执法办案协查、核查完成率100%。加强行政执法与刑事司法衔接,公安食品药品侦查支队应派驻食品药品监管局,立案侦查率不低于90%,起诉案件及时得到判决,同时处罚等监管执法信息应全公开。

15. 应急处置及时高效

市、县(区)两级政府修订完善食品安全应急预案,健全应急处置机制。健全食品安全应急处置领导指挥体系,成立专门的食品安全应急队伍,设立食品安全应急处置专家库,备足应急装备物资储备。食品安全事故(事件)信息及时报送率、应急处置率100%,无瞒报、谎报、误报现象。

三、陕西省落实食品安全监管制度的具体措施

1. 加强网格化与信息化的深度融合

完善信息监管平台,将市、县、镇投诉举报平台、电子追溯平台、检验检测平台、重点适时监控平台、稽查执法平台联网,做到食品安全信息互联互通、资源共享,上下高度融合,部门密切合作。基层网格执法人员移动终端化,使基层网格成为既是一线执法者,又是信息源,各级执法部门依据实时报送违法犯罪线索,及时出动,精准办案,实现群众放心、企业用心、监管省心的目标。

2. 严查源头实现食用农产品追溯全覆盖

抓好农产品投入品闭环管理,严格农业投入品使用记录制度;严格执行农业投入品使用安全间隔期或者休药期的规定,不得使用国家明令禁止的农业投入品;高毒、剧毒农兽药实名制;农资的生产、销售、使用情况可追溯;农产品准出管理全覆盖;农业标准化程度较高。

3. 健全农贸批发市场监管

严格执行《食用农产品市场销售质量安全监督管理办法》,落实开办者的责任。实施"市场准入制度",通过检验、查验等手段严把入市关口;实施严格的"退市制度",及时将供应不合格产品的供货方、出现违法销售行为的摊户退出市场;建立实施"信息通报制度",及时将不合格产品、违法销售行为信息向社会公示,并向监管部门报告;探索实施市场质量保证金制度、入市"一票通"制度、不合格农产品销毁制度。

4. 尝试小作坊园区化、小摊贩集中化

通过奖励、资金资助和场地租金优惠等措施,鼓励和支持"三小"规范管理,改善生产经营条件和工艺技术。统筹规划、建设适宜小作坊生产的集中场所,园区化管理,逐步实现集约化生产;小摊贩集中连片经营,实行统一标识、统一采购、统一配送、统一消毒、统一回收餐厨垃圾等。

5. 实行餐厨废弃物无害化治理

建立餐厨废弃物集中收集、资源化利用和无害化处理体系,实施餐厨废弃物集中收运、资源化利用、无害化处理,防止"地沟油"等形式的废弃物回流餐桌。80%以上餐饮服务单位安装油水分离装置,主城区餐饮服务单位每日产生的餐厨废弃物80%以上进入集中收集处置体系,餐厨废弃物收集处置量定期向

社会公示,杜绝餐厨废弃物回流餐桌的事件。

6.严格落实各类食品生产经营企业相应良好行为规范

规模以上食品生产企业通过 HACCP、ISO 22000(食品安全管理体系)80%以上,婴幼儿配方乳粉生产企业全部具有自建或自控奶源。食品安全示范企业达到当地生产流通企业 1/3。鼓励食品规模化生产和连锁经营、统一配送。

7.建立消费者产品查询信息平台

建立二维码追溯系统,大型超市、农贸市场都有终端平台,方便顾客了解商户的基本信息。探索运用"互联网+",实现生产者、经营者、监管者、消费者信息共享。

8.落实党政同责

建立一把手挂帅,相关部门共同参与的领导体制,充分发挥领导小组宏观决策、统筹协调作用,把创建工作列入党委和政府重要议事日程,做到与其他重要工作同谋划、同安排、同调研、同督导、同考核。党委和政府应至少半年听取一次创建工作专题汇报,党委和政府负责同志至少半年进行一次专题调研。各级政府是创建工作的主体,建立市长、副市区长分片包抓或分部门包抓机制,推进食品安全城市创建。

9.夯实"四有"责任

市区镇三级政府都是落实"四有"责任的主体。即"有责":明确食品监管为首要责任,明确日常现场检查责任和市场产品抽检责任;"有人":确保县级监管机构有足够力量有效履行职责;"有岗":每个监管人员都有明确食品监管岗位;"有手段":工作经费足额保障,现场快检、执法车辆、调查取证等设备齐全。

10.充分发挥创建办作用

创建办是领导小组的日常办事机构,由食药、宣传、农业、公安、卫生等部门组成,承担着牵头抓总、督促指导作用,是贯彻落实领导小组重大决策的重要保证。完善创建办机构,扩大参与部门范围,抽调骨干固定办公,专职创建工作。

11.强化创建考核

将创建全国食品安全城市工作纳入各级党委和政府领导班子综合目标考核,所占权重不低于 3%,重大食品安全事故实行"一票否决",创建工作实行单月考核、双月通报。

12.开展群众满意度测评

各试点市要高度重视群众对创建工作的评价,把"社会认可、群众满意"作为判定食品安全城市的根本标准。通过满意度调查,掌握最真实的创建效果,及时调整创建思路,群众满意度应在70%以上。

四、陕西省各地区农村食品安全状况差异分析

在研究陕西省及各地区食品安全状况和评估食品市场的时候,笔者发现,最困难的是,无法通过建立一个专门的数学模型去评估一个地区食品状况的优劣,查询以往的研究成果也没有更成熟的模型可供借鉴。同时,在数据采集方面,也很难采集到农村地区小超市、小作坊、食品加工企业,以及流动性经营者的数量来用以证明食品市场的发展状况。同时,一个地区的食品安全状况和食品市场发展状况,又受到当地政府监管能力、保障机制以及一定程度上消费市场发达程度等因素的制约。因此,笔者在评价食品安全状况和评估食品市场时,通过选取一个地区经济、社会总体发展水平情况以及落实《食品安全法》具体措施的效果,来集中反映这个地区的基础条件、消费能力和监管保障措施。在这个指标体系下,经济较好、社会制度较完善以及食品安全监管措施较完备的地区,食品安全状况相对较好,食品市场也较为发达。总体来看,陕西省各地市农村地区食品安全状况面对的问题高度相似,表现出了极大的共性,食品市场发展状况也差异不大,只是在监管措施上各有侧重,方法不同。笔者选取了三个层面12个项目(见表12-2)作为考察对象,通过大量数据的采集以及预先设定公示的计算,来测算出陕西农村地区食品安全状况,进而对陕西省83个县(市)农村食品发展状况进行等级划分和评价。

表12-2 城乡一体化评价体系指标的构成

		农村居民人均年收入 C1
陕西农村地区食品安全状况分析 A	经济发展状况分析 B1	农村居民人均固定资产投资 C2
		农村居民人均生活消费支出 C3
		农村人均 GDP C4
	社会保障发展状况分析 B2	农村教育条件 C5
		农村医疗水平 C6
		农村社会保障 C7
		农村生活环境 C8
	食品安全监管措施分析 B3	落实《食品安全法》的状况 C9
		特有的监管措施 C10
		监管主体的完备情况 C11
		监管技术手段的配置状况 C12

一般在进行农村食品安全地区的评价过程中,因权重的微小变化会对整个评价结果产生很大的差异。即便在指标选定时比较合理,但若权重设计的不合理,评价结果就会偏离正确的指数。因此,权重对分析农村地区食品安全状况来说具有重要的意义。在确定权重时,我们选择的是均方差决策法。均方差是方差的算术平方根,它能反映一个数据集的离散程度,即使平均数相同的,结果标准差未必相同,在概率统计中最常使用作为统计分布程度上的测量。

（一）数据来源及计算公式

笔者研究的是陕西农村地区 2015 年食品市场发展状况,其中包括陕西省 83 个县(市),原始数据来源于《陕西区域区域年鉴》(2016)和陕西省统计局发布的《陕西县域经济监测排行榜 2016》以及《2016 中国城乡发展一体化水平评估报告》[①],所得数据均在相关统计的基础上计算而得。

标准计算公式:

假设有一组数值 $X_1, X_2, X_3, \cdots, Xn$(皆为实数),其平均值为 μ,公式为:

$$\mu = \frac{1}{N} \sum_{i=1}^{N} x_i$$

均方差也被称为标准偏差,或者实验标准差,公式为:

$$\sigma = \sqrt{\frac{1}{N} \sum_{i=1}^{N} (x_i - \mu)^2}$$

我们选择均方差分析法是希望避免在复杂体系中使用层次分析法造成主观臆断,特别是当同一层次的元素很多时,判断矩阵容易产生不一致性,从而降低结果的可信度。

（二）计算结果及评价

1. 陕西省农村地区经济发展状况评价

通过对陕西省农村地区 83 个县(市)的农村居民人均年收入、农村居民人均固定资产投资、农村居民人均生活消费支出和农村人均 GDP 的数据进行计算,得出各县(市)农村地区经济发展状况的排名,以反映现阶段陕西省各地区农村经济发展状况,其中,农村经济的发达程度直接决定着当地食品市场的发展状况(见表 12 - 3)。从表 12 - 3 可见,陕西省 83 个县(市)农村地区经济发展状况排名第一的是神木,排名最后的是黄龙。从地域来看,排名前 10 位的,

---

① 参见中国统计出版社出版的《中国城市统计年鉴》(2009),以及 31 个省、市、自治区 2009 年统计年鉴。

陕北占7个,关中占3个;排名后10位的,陕北占3个,陕南占4个,关中占3个。总体来看,陕西83个县(市)经济呈现"关中陕北经济发展水平较高,陕南整体偏下"的特征。

表12-3 2016年陕西省各县(市)经济发展状况排名

排名	地名	属地	得分	排名	地名	属地	得分	排名	地名	属地	得分
1	神木	榆林	2.64	29	镇安	商洛	0.95	57	佳县	榆林	0.80
2	府谷	榆林	2.34	30	西乡	汉中	0.94	58	蒲城	渭南	0.80
3	凤县	宝鸡	2.29	31	三原	咸阳	0.93	59	潼关	渭南	0.80
4	高陵	西安	2.03	32	华县	渭南	0.93	60	陇县	宝鸡	0.79
5	吴起	延安	1.99	33	汉阴	安康	0.91	61	子长	延安	0.78
6	洛川	延安	1.93	34	石泉	安康	0.91	62	山阳	商洛	0.78
7	黄陵	延安	1.85	35	旬邑	咸阳	0.90	63	旬阳	安康	0.77
8	志丹	延安	1.67	36	礼泉	咸阳	0.90	64	岚皋	安康	0.76
9	靖边	榆林	1.63	37	千阳	宝鸡	0.89	65	宜川	延安	0.76
10	韩城	渭南	1.62	38	横山	榆林	0.89	66	镇坪	安康	0.76
11	定边	榆林	1.50	39	吴堡	榆林	0.89	67	留坝	汉中	0.75
12	略阳	汉中	1.31	40	南郑	汉中	0.89	68	宁强	汉中	0.75
13	佛坪	汉中	1.16	41	商南	商洛	0.89	69	清涧	榆林	0.74
14	麟游	宝鸡	1.12	42	甘泉	延安	0.87	70	永寿	咸阳	0.73
15	凤翔	宝鸡	1.11	43	武功	咸阳	0.86	71	富平	渭南	0.73
16	安塞	延安	1.08	44	平利	安康	0.85	72	宜君	铜川	0.71
17	长武	咸阳	1.05	45	富县	渭南	0.84	73	子洲	榆林	0.71
18	宁陕	安康	1.04	46	蓝田	西安	0.84	74	洋县	汉中	0.71
19	眉县	宝鸡	1.04	47	延川	延安	0.83	75	绥德	榆林	0.70
20	泾阳	咸阳	1.03	48	周至	西安	0.83	76	大荔	渭南	0.68
21	户县	西安	1.03	49	华阴	渭南	0.83	77	延长	延安	0.65
22	城固	汉中	1.01	50	乾县	咸阳	0.82	78	澄城	渭南	0.65
23	柞水	商洛	1.01	51	白水	渭南	0.82	79	镇巴	汉中	0.63
24	扶风	宝鸡	1.00	52	米脂	榆林	0.82	80	合阳	渭南	0.62

续表

排名	地名	属地	得分	排名	地名	属地	得分	排名	地名	属地	得分
25	彬县	咸阳	1.00	53	紫阳	安康	0.82	81	洛南	商洛	0.61
26	兴平	咸阳	0.97	54	勉县	汉中	0.82	82	丹凤	商洛	0.59
27	岐山	宝鸡	0.97	55	太白	宝鸡	0.81	83	黄龙	延安	0.56
28	太白	宝鸡	0.81	56	淳化	咸阳	0.80				

2. 陕西省农村地区社会发展状况评价

通过对陕西省农村地区83个县(市)的农村居民教育水平、医疗条件、社会保障机制和生活环境的相关数据进行计算,得出各县(市)农村地区社会发展状况的排名,以反映现阶段陕西省各地区农村社会发展状况,其中,农村社会发展状况的完善程度是决定一个地区居民有没有意愿、有没有能力以及有没有条件将更多的收入用于食品消费,特别是更加多样化的食品消费(见表12-4)。从表12-4看,陕西省83个县(市)农村地区社会发展状况排名第一的是绥德,最后一位的是延长。从地域来看,排名前10位的,陕北占4个,关中占6个;排名后10位的,陕北占4个,关中占2个,陕南占4个。总体来看,陕西83个县(市)经济呈现"关中整体偏好,陕北水平居中,陕南中等偏后"的特征。

表12-4 2016年陕西省各县(市)社会发展状况排名

排名	地名	属地	得分	排名	地名	属地	得分	排名	地名	属地	得分
1	绥德	榆林	1.27	29	吴堡	榆林	1.02	57	定边	榆林	0.94
2	泾阳	咸阳	1.18	30	子洲	榆林	1.01	58	山阳	商洛	0.94
3	宜君	铜川	1.18	31	米脂	榆林	1.01	59	岚皋	安康	0.93
4	清涧	榆林	1.17	32	华阴	渭南	1.00	60	扶风	宝鸡	0.93
5	三原	咸阳	1.14	33	潼关	渭南	1.00	61	靖边	榆林	0.93
6	长武	咸阳	1.13	34	勉县	汉中	1.00	62	华县	渭南	0.93
7	韩城	渭南	1.12	35	岐山	宝鸡	1.00	63	旬阳	安康	0.93
8	兴平	咸阳	1.11	36	略阳	汉中	0.99	64	城固	汉中	0.93
9	麟游	宝鸡	1.11	37	商南	商洛	0.98	65	横山	榆林	0.92
10	府谷	榆林	1.10	38	高陵	西安	0.98	66	富平	渭南	0.92
11	旬邑	咸阳	1.09	39	陇县	宝鸡	0.98	67	澄城	渭南	0.92

排名	地名	属地	得分	排名	地名	属地	得分	排名	地名	属地	得分
12	永寿	咸阳	1.09	40	宁陕	安康	0.97	68	平利	安康	0.92
13	淳化	咸阳	1.08	41	宁强	汉中	0.97	69	吴起	延安	0.92
14	佛坪	汉中	1.08	42	柞水	商洛	0.97	70	安塞	延安	0.91
15	黄陵	延安	1.08	43	合阳	渭南	0.96	71	白水	渭南	0.91
16	神木	榆林	1.08	44	大荔	渭南	0.96	72	汉阴	安康	0.9
17	佳县	榆林	1.07	45	西乡	汉中	0.96	73	白河	安康	0.9
18	眉县	宝鸡	1.07	46	洋县	汉中	0.96	74	洛川	延安	0.89
19	太白	宝鸡	1.06	47	洛南	商洛	0.96	75	南郑	汉中	0.89
20	彬县	咸阳	1.04	48	石泉	安康	0.96	76	丹凤	商洛	0.88
21	千阳	宝鸡	1.04	49	凤翔	宝鸡	0.96	77	周至	西安	0.87
22	武功	咸阳	1.04	50	镇安	商洛	0.95	78	紫阳	安康	0.87
23	镇坪	安康	1.03	51	志丹	延安	0.95	79	镇巴	汉中	0.87
24	凤县	宝鸡	1.03	52	子长	延安	0.95	80	宜川	延安	0.86
25	留坝	汉中	1.03	53	甘泉	延安	0.95	81	延川	延安	0.85
26	礼泉	咸阳	1.02	54	蒲城	渭南	0.95	82	蓝田	西安	0.83
27	黄龙	延安	1.02	55	富县	渭南	0.95	83	延长	延安	0.48
28	户县	西安	1.02	56	乾县	咸阳	0.94				

3. 陕西省农村地区食品安全发展状况评价

笔者根据陕西省各县(市)2016年经济、社会总体发展状况以及各县(市)落实《食品安全法》的状况、举措、监管主体的完备情况和监管技术设施配置情况,对陕西省83个县(市)农村地区食品安全发展状况进行了评估。总体来看,笔者将陕西省农村地区食品安全状况分为较好、良好和合格三个层次,各地市中都有不同层次的县(市)。从表12-5可见,处在较好的县市有12个,良好的县市有31个,合格的县市有40个。陕西省农村地区食品安全状况,整体处在中等发展水平,这与陕西省经济社会在全国的发展水平基本相同。从10地市整体效果看,较好的是西安市,其次是榆林、延安、宝鸡、汉中、咸阳、渭南、安康、商洛和铜川。西安市情况最好主要因为其是省会城市,各方面软硬件设施较为齐全,保障机制相对完善。铜川排名最后主要是因为其只有一个县,且该县仅处在合格的层次。

表 12 - 5　2016 年陕西省各地市食品安全发展状况分析

地级市	评级	所辖县域
西安	较好	高陵
	良好	户县、周至
	合格	蓝田
榆林	较好	神木、府谷、靖边、定边
	良好	吴堡、横山
	合格	绥德、米脂、佳县、清涧、子洲
延安	较好	吴起、黄陵、洛川、志丹
	良好	延川、宜川、富县、安塞
	合格	子长、甘泉、延长、黄龙
宝鸡	较好	凤县
	良好	麟游、凤翔、岐山、扶风、眉县、太白、千阳
	合格	陇县
汉中	较好	略阳
	良好	城固、西乡、勉县、佛坪
	合格	南郑、洋县、宁强、镇巴、留坝
咸阳	良好	泾阳、武功、彬县、长武、兴平
	合格	三原、乾县、礼泉、永寿、旬邑、淳化
渭南	较好	韩城
	良好	华县、潼关、白水
	合格	富平、大荔、华阴、蒲城、合阳、澄城
安康	良好	宁陕、石泉、白河
	合格	旬阳、平利、汉阴、紫阳、岚皋、镇坪
商洛	良好	柞水
	合格	商南、山阳、镇安、洛南、丹凤
铜川	合格	宜君

第十三章　陕西省各地市所辖农村地区
食品安全发展状况评价

一、西安市农村地区食品安全状况评价

　　西安古称长安,是陕西省省会,地处关中平原中部,是国家重要的科研、教育和工业基地,是我国西部地区重要的中心城市,世界历史文化名城。西安现辖新城、碑林、莲湖、雁塔、灞桥、未央、阎良、临潼、长安、高陵10个区,蓝田、周至、户县①3个县(共有109个街道、67个镇、782个社区和2991个行政村)。有国家级西安高新技术产业开发区、国家级西安经济技术开发区、西安曲江新区、西安浐灞生态区、西安阎良国家航空高技术产业基地、西安国家民用航天产业基地、西安国际港务区和西安沣东新城(以下简称五区一港两基地)。总面积10,108平方公里,市区规划面积865平方公里,城市建成区面积449平方公里,常住人口883.21万人。2009年6月国务院批复的《关中—天水经济区发展规划》明确提出:着力打造西安国际化大都市,到2020年都市区人口发展到1000万人以上,主城区面积达到800平方公里。②

---

　　①　2016年11月28日《陕西省人民政府关于同意西安市调整部分行政区划的批复》显示,根据《国务院关于同意陕西省调整西安市部分行政区划的批复》,同意撤销户县,设立西安市鄠邑区。

　　②　参见西安市统计局:《西安概况》,载西安市人民政府网:http://www.xa.gov.cn.,最后访问日期:2017年3月10日。

(一)西安市经济总体发展状况

2016 年西安市全年地区生产总值(GDP)6257.18 亿元,比上年增长 8.5%。其中,第一产业增加值 232.01 亿元,增长 3.8%;第二产业增加值 2197.81 亿元,增长 8.6%;第三产业增加值 3827.36 亿元,增长 8.8%。第一产业增加值占地区生产总值的比重为 3.7%,第二产业增加值比重为 35.1%,第三产业增加值比重为 61.2%。全年人均生产总值 71,357 元,比上年增长 6.5%。

2016 年西安市全年社会消费品零售总额 3730.70 亿元,比上年增长 9.6%,扣除价格因素,实际增长 9.5%。其中,限额以上企业(单位)消费品零售额 2469.51 亿元,增长 4.5%。按经营地统计,城镇消费品零售额 3598.73 亿元,增长 9.3%;乡村消费品零售额 131.97 亿元,增长 17.3%。按消费形态统计,商品零售额 3440.92 亿元,增长 9.4%;餐饮收入 289.78 亿元,增长 11.9%。在限额以上企业(单位)消费品零售额中,通过公共网络实现的商品零售额 155.50 亿元,占限额以上消费品零售额的 6.3%,较上年提高 2.3 个百分点,同比增长 65.9%,高于限额以上消费品零售额 61.4 个百分点。在商品零售额中,粮油、食品类零售额比上年增长 14.8%,服装、鞋帽、针、纺织品类增长 2.4%,化妆品类增长 5.5%,金银珠宝类下降 4.3%,日用品类增长 16.8%,体育、娱乐用品类增长 36.0%,电子出版物及音像制品类增长 68.7%,家用电器和音像器材类增长 13.4%,通信器材类增长 19.1%,家具类增长 0.2%,石油及制品类下降 0.8%,建筑及装潢材料类增长 0.3%,汽车类增长 2.6%。

2016 年西安市全市居民人均可支配收入 30,032 元,比上年增长 7.9%。其中,城镇常住居民人均可支配收入 35,630 元,比上年增长 7.4%;农村常住居民人均可支配收入 15,191 元,比上年增长 8.0%。

2016 年西安市全年居民消费价格(Consumer Price Index,CPI)比上年上涨 0.9%。八大类商品"六升二降",食品烟酒上涨 2.8%,衣着上涨 2.1%,医疗保健和个人用品上涨 2.3%,居住上涨 0.6%,娱乐教育文化下降 0.8%,生活用品及服务下降 0.9%,交通和通信下降 2.7%。[①]

(二)西安市农村地区食品市场发展和监管状况

近年来,西安市未发生较大规模以上食品药品安全事故。从近两年西安市食品检验检测统计结果来看,食品安全总体形势平稳可控、稳中向好。2014 年

---

① 参见西安市统计局:《西安市 2016 年经济发展书记分析报告》,载西安市统计局网:http://www.xatj.gov.cn/ptl/index.html.,最后访问日期:2017 年 3 月 10 日。

西安市共完成食品实验室检验4412批次,食品检验合格率为95.56%。2015年共完成实验室检验5755批次,食品检验合格率为96.82%,合格率均高于全国平均水平。2015年西安市食品原辅料、餐饮具、农产品(水产品)等各类快速检测186,929批次,总体合格率98%。2015年年底,在陕西省食安办委托第三方测评机构进行的陕西省食品安全群众满意度调查中,西安市满意度达到了71.34%,高于创建国家食品安全城市考核指标。① 相较城市而言,西安市现阶段农村地区食品市场发展和监管工作中存在的问题主要表现为:

1. 农村地区食品安全风险日益复杂

西安市身处中西部地区,经济欠发达,尤其是农村地区食品产业基础相对薄弱,标准化、规模化、组织化程度普遍不高,小作坊、小餐饮、小摊贩比较多,小、散、乱等问题较为突出。部分企业主体责任不落实,唯利是图,守法经营意识较差,往往为追求经济利益,在食品中掺杂掺假,非法添加等违法犯罪行为时有发生,而且伴随着视频技术的发展违法手段也不断翻新。

2. 专门针对农村地区的配套法规制度不健全

对食品网络销售、网上订餐、私房菜等缺乏切实可行的监管依据和办法,特别是针对保健食品会议营销、学生校外托管班、月子会所、婚丧嫁娶、规模性聚餐等食品安全监管问题还缺乏有效的监管手段和办法,这也给当前食品药品安全监管工作带来了巨大的挑战。

3. 诚信环境不够理想

我国社会信用体系建设处在刚刚起步阶段,信用数据库建立滞后,征信数据采集较困难,信用信息往往也难以共享,失信行为还没有得到有效惩治。农村食品从业人员水平参差不齐,行业协会由于种种原因并没有充分发挥其应有的作用。

4. 农村地区监管能力仍需提高

基层监管存在点多、线长、面广、任务繁重,特别是基层偏远监管队伍还暴露出能力不足、专业化水平低、执法经验不足,以及技术手段相对落后等问题,这些都成为制约监管效能提高的制约因素。

(三)西安市落实食品安全监管制度已采取的具体措施

1. 进一步完善监管体系,积极探索创新监管方式

基层监管所标准化建设不断加强,全市166个基层食品药品监管所达到了

---

① 参见雷莹:《我市食品安全群众满意度达71.34% 年底前全市农贸市场食用农产品检测实现全覆盖》,载西安新闻网:http://news.xiancn.com/content/2016 - 07/21/content_3127582.html.,最后访问日期:2016年7月21日。

省级"十个一"的建设标准,确保了一线监管"有责、有岗、有人、有手段"。专业技术队伍得到充实,为全市监管所增配监管人员735名,公开招录了474名食品药品专业和法律专业的大学生。快检人员及协管员队伍得到了补充,为西安市大型农产品(水产品)批发市场公开招聘食品快检人员96名,在社区(行政村)选聘协管员3760名,统一实行"六个一"管理,增强了基层监管力量。①

创新"两图两档一承诺"监管模式,西安市在全国率先创立了"两图两档一承诺"的食品药品监管模式,以镇(街)为单位,统一建立辖区食品药品生产经营企业分布图和监管责任图、食品药品生产经营企业食品药品安全管理档案和食品药品监管部门监管信用档案、食品药品生产经营企业诚信经营承诺书,实现了监管区域明确、责任明晰、监管全覆盖、痕迹可查询,夯实了食品药监部门的监管责任和企业的主体责任。全面实施"网格化"监管,初步建立起市、区(县)、镇(街)、社区(行政村)四级食品药品安全监管网络,细化监管责任,延伸监管触角,织密监管网络,增强了发现、排查、报告和快速处置安全隐患的能力,食品药品监管效能有所提升。规范执法流程,细化自由裁量权限,编印了《西安市食品药品监督管理行政处罚自由裁量权规定》和《举案说法——食品药品典型处罚案件及疑难问题评析》,明确了"四品一械"的执法依据及自由裁量权标准,建立了典型案例分析、案件办理监督、行政执法考核等制度,精准指导一线执法办案。

2. 加强基础设施建设

西安市食品安全保障经费投入逐年增长,财政每年均投入大量经费保障食品安全,且逐年增长。2015年预算食品安全相关经费6200.37万元,至2016年预算经费达7040.4万元。② 市、区(县)、镇(街)三级食品安全检验检测体系初步建成,基本达到了快检筛查不出镇(街),基本检测不出区(县),特殊检测不出市的要求。新建的市级食品药品检验检测中心项目被列为省、市重点建设项目,投资1.78亿元,建筑面积2.3万 m^2,目前已正式开工建设。市食品药品检验所全面扩项,检验能力得到加强。阎良区、蓝田县、户县和高陵区等远郊区县食品检验检测中心相继建成并投入使用。全市166个基层监管所和12个大型农产品(水产品)批发市场以及部分超市建立的食品快速检验室,检验检测工作

① 参见郭红文、王洋:《为品质西安提供满意的食药安全保障》,载陕西日报:http://esb. sxdaily. com. cn/sxrb/20160606/html/page_06_content_000. htm. ,最后访问日期:2016年6月6日。
② 参见西安市食药监局:《西安市2016年上半年食品药品安全工作总体向好》,载西安新闻网:http://news. xiancity. cn. ,最后访问日期:2016年7月22日。

已步入常态化、规范化轨道。在市食品药监局政务网站上开通了群众食品"点检台",鼓励群众对所关注的食品申请专项检验,定期公开检验结果。目前,正在全市66个规模较大、主体资格合法的农贸市场筹建快速检测室,同时对69个农贸市场采取委托检测或定期快检等方式,到2016年年底前实现对全市农贸市场食用农产品检测的全覆盖。

3. 实行日常监管与专项整治相结合

西安市全面实施分类分级管理,按照年度综合监督检查结果对监管对象进行信用等级评价,根据信用等级对其实行量化分级管理。不断加强抽检监测工作,每年年初制订检验检测计划,采取定期抽检和随机抽查相结合的方式,深入开展蔬菜、猪牛羊肉及肉制品、水产品、乳制品等食品的抽样检验检测工作。积极推动追溯体系建设,在全市婴幼儿配方乳粉、白酒和食用植物油生产企业建立了食品质量安全追溯体系,实现全过程信息可记录、可追溯、可管控、可召回、可查询。2015年修订完善了《西安市食品安全应急预案》,加强应急队伍建设,市区(县)一体化食品安全应急体系基本形成,有效提升了食品药品安全应急能力。2015年上半年,有效处置了6起食品安全事件,下半年组织实施了一次Ⅳ级药品安全事故应急演练。市、区(县)食品药品监管局门户网站、政务内网及"12331"投诉举报系统全面建成,并日趋完善。2016年上半年,共受理群众投诉举报5400件,做到了"事事有回音,件件有答复",食品安全投诉举报和应急处置率达到100%。①

同时,针对群众关注的食品药品安全热点、难点和焦点问题,每年开展各类专项整治活动,严厉打击食品药品领域违法犯罪行为。2015年陕西省统一开展为期8个月的"飓风行动",查办"四品一械"行政案件4820件,比上一年同期增加30.7%,移送刑事案件337件,刑拘301人,批捕52人。食药监局与市公安局联合制定了《关于健全食品药品联动执法机制的意见》,建立了食品药品安全行政执法与刑事司法衔接机制。市食品药品犯罪侦查支队成立以来,食品药品案件立案625起,刑事拘留526人,批准逮捕130人,移送起诉85人,涉案金额3.3亿元,侦破公安部督办案件13起,省公安厅督办案件24起,案件移送率和

---

① 参见杨明:《上半年西安未发生较大以上食安事故》,载中国食品安全报网:http://paper.cfsn.cn/content/2016－08/06/content_41162.html.,最后访问日期:2016年8月6日。

落实率均达到100%。① 陕西省于2017年2月印发《落实"四有两责"切实加强食品安全监管的实施意见》，要求要进一步健全完善市、县公安机关打击食品安全犯罪机构，没有机构的必须于2017年3月底前设立或明确专门负责打击食品安全犯罪的机构。加快推进创建省级"基层食品药品监管示范所"工作，到2017年年底，基层食品药品监管所"十个一"标准化要求全部达标，示范所达50%以上。该意见指出，各级政府要根据食品监管执法工作需要，通过人员调配、招录招聘等方式，每年都要增加一批食品药品工程、检验检测、法律等专业人才充实进监管队伍，提高食品安全监管执法专业化水平。确保专业化力量逐年加强，力争在2017年年底，市级达到70%，县级达到50%，基层所达到30%。②

4. 全面开展综合治理

建立食品药品安全诚信体系，企业诚信承诺、警示约谈机制、"红黑名单"及退出机制，按信用等级对企业实行分类分级管理，及时公布监管中发现的问题和行政处罚信息，督促企业诚信经营。建立了食品安全专家指导组，聘请了21名科研机构、大专院校的食品安全专家，组成西安市食品安全专家组，为全市食品安全工作献计献策。认真办理人大建议和政协提案，建立了社会监督员队伍，在社会各界聘请了60名特邀监督员，对食品药品监管工作进行监督，充分调动了公众参与食品药品安全监管的积极性。建立了有奖举报制度，每年在市、区(县)两级设立投诉举报奖励基金500余万元，对提供具有重要价值线索的人员进行奖励。广泛开展宣传教育活动，通过多种载体全方位展示食品药品监管工作进展及亮点，多层次进行食品安全知识科普宣教。2016年上半年，组织宣讲员深入全市3760个行政村(社区)，扎实开展食品安全知识宣讲，发放宣传资料50余万份，受教育群众达到15万余人(次)。③

---

① 参见西安市食药监局:《西安市十大举措强力推进国家食品安全城市创建工作》，载陕西省食药监局网:http://www.sxfda.gov.cn/sxfda/CL0036/4bb43bc8－5b4a－4c7e－b6d7－a343e7dc38c2.htmll.，最后访问日期:2015年8月5日。

② 参见张亮:《我省强力落实"四有两责"加强食品安全监管》，载三秦网:http://epaper.sanqin.com/sqdsb/20170216/html/page_12_content_001.html.，最后访问日期:2017年2月16日。

③ 参见西安市食药监局:《西安市十大举措强力推进国家食品安全城市创建工作》，载陕西省食药监局网:http://www.sxfda.gov.cn/sxfda/CL0036/4bb43bc8－5b4a－4c7e－b6d7－a343e7dc38c2.htmll.，最后访问日期:2015年8月5日。

二、咸阳市农村地区食品安全状况评价

咸阳市位于陕西省八百里秦川腹地,渭水穿南,峻山亘北,山水俱阳,故称咸阳。它东邻省会西安,西接杨凌国家农业高新技术产业示范区,西北与甘肃接壤,全市辖下辖秦都区、渭城区、兴平市、武功县、乾县、礼泉县、泾阳县、三原县、永寿县、彬县、长武县、旬邑县、淳化县,共 2 区 1 市 10 县,126 个建制镇、25 个街道办事处,汉、回、蒙、藏等 41 个民族,其中汉族约占 99.8%,总面积 10,189.4 平方公里。2016 年年末,全市常住人口 498.66 万人,比上年末增加 1.42 万人。全年出生人口 5.2 万人,人口出生率 10.43‰;死亡人口 3.05 万人,人口死亡率 6.12‰;人口增长率 4.31‰,比上年提高 0.36 个千分点。从城乡结构看,城镇常住人口 253.52 万人,比上年末增加 9.38 万人;乡村常住人口 245.14 万人,减少 7.96 万人;城镇人口占总人口比重为 50.84%,比上年提高 1.74 个百分点。①

(一)咸阳市经济总体发展状况

2016 年咸阳市全年生产总值 2396.07 亿元,按可比价格计算,比上年增长 7.7%。其中,第一产业增加值 345.32 亿元,增长 3.8%,占生产总值的比重为 14.4%;第二产业增加值 1396.24 亿元,增长 8.3%,占 58.3%;第三产业增加值 654.52 亿元,增长 8.4%,占 27.3%。按常住人口计算,人均生产总值 48,119 元,按年平均汇率约合 7244 美元。全市县域经济平均规模 139.27 亿元,比上年增加 12.57 亿元;县域经济占生产总值比重达到 63.9%。全市非公有制经济增加值 1269.27 亿元,占生产总值的 53.0%,比上年提高 0.9 个百分点。

2016 年咸阳市全年社会消费品零售总额 688.55 亿元,比上年增长 14.5%。其中,限额以上企业(单位)消费品零售额 464.72 亿元,增长 17.5%。按经营单位所在地划分,城镇消费品零售额 527.93 亿元,增长 16.6%;乡村消费品零售额 160.61 亿元,增长 8.0%。按消费形态划分,餐饮收入 123.75 亿元,增长 11.8%;商品零售 564.8 亿元,增长 15.0%。在限额以上企业(单位)消费品零售额中,餐饮收入 47.3 亿元,比上年增长 25.4%;商品零售 417.4 亿元,增长 16.6%。其中,吃类商品 78.74 亿元,增长 33.7%;穿类商品 32.01 亿元,增长 23.5%;用类商品 197.4 亿元,增长 21.9%。全市限额以上企业(单位)网上零

---

① 参见咸阳市统计局:《咸阳市 2016 年国民经济和社会发展统计》,载咸阳市统计局网:[2017 – 03 – 30]. http://tjj. xys. gov. cn/tjgb/ndgb/437010. html. ,最后访问日期:2017 年 3 月 30 日。

售额 17.13 亿元,比上年增长 96.7%。全年居民消费价格总水平上涨 1.5%。其中,城市上涨 1.5%,农村上涨 1.4%。

2016 年咸阳市全体居民人均可支配收入 20,006 元,比上年增加 1576 元,名义增长 8.6%,扣除价格因素实际增长 6.6%。按常住地划分,城镇常住居民人均可支配收入 31,662 元,比上年增加 2237 元,名义增长 7.6%;农村常住居民人均可支配收入 10,481 元,比上年增加 791 元,名义增长 8.2%。全市城乡居民收入倍差 3.02 个百分点,比上年缩小 0.02 个百分点。①

(二)咸阳市农村地区食品市场发展及监管状况

现阶段,咸阳市实现了市、县、镇、村四级食品药品监管网络"全覆盖",其中 151 个食药所的机构全部设立,860 多名镇办监管人员、2868 名村级信息员队伍已基本到位,永寿、旬邑、长武、乾县、泾阳 5 个县的 37 个基层所已通过陕西省验收。2016 年突出重点区域、重点品种、重点环节,先后开展了食品安全风险大排查百日专项行动、食品药品"十大整治"、农村食品安全"四打击四规范",以及食品安全源头治理、婴幼儿配方乳粉、肉制品、食用油安全等专项整治。全市共查处违法违规食品生产经营户 6173 个,责令整改食品生产经营户 5115 家,快速稳妥处置了几起舆论关注的食品安全事件,破获食品药品案件 189 起,抓获违法犯罪分子 283 人,涉案金额达 2300 余万元,办案数量和抓获犯罪分子均比去年上升了 1 倍。2015 年咸阳市制定出台了《咸阳市"小摊点、小餐饮、小加工作坊"管理办法》《咸阳市农村义务教育学校食堂设置标准(试行)》等 7 个规范性文件,社会共治格局初步形成。现阶段咸阳市农村地区食品市场发展和监管工作中存在的问题,主要表现为:

1. 监管保障措施有待加强

基层乡镇食品药品监管机构缺少业务用房,执法工作人员长期存在缺少执法装备、交通工具和快检设备的情况。还有一些县、乡未能达到国家食品检验检测机构仪器装备的标准,无法满足日常检验检测需要。同时,一些县、乡未配齐必要的执法装备,按照新建机构、人员、职能调整情况和国家食品药品监管机构执法基本装备标准及相关规定,应进一步完善监管和执法执勤用车、食品快速检验车、办公设备、执法服装等基本装备,迅速改善执法装备落后的局面。尚未形成"网格化"管理,分区划片,定人定责,消除监管盲区,落实监管责任。尚

---

① 参见咸阳市统计局:《咸阳市 2016 年经济发展分析报告》,载咸阳市统计局网:http://tjj. xys. gov. cn. ,最后访问日期:2017 年 7 月 30 日。

未实现日常监管规范化、制度化。应加大监督检查、暗访抽查、市场巡查、执法抽检的频次和范围,定期组织开展食品安全风险监测评估工作,发现问题及时监督整改,规范食品生产经营秩序。

应统筹建设市级"一干四支"①食品药品安全检验检测机构,满足 5 ~ 15 年内全市及周边地区食品、药品、化妆品、医疗器械监督检验和进口检验的需要。进一步加强食品药品安全信息平台建设,按照国家统一的技术要求设计和行政事权划分,分级建设食品药品平台系统,实现平台之间互通互联、数据共享。重点建设食品药品动态监管信息系统、应急指挥系统、举报投诉服务系统、电子追溯信息系统、行业征信等业务系统,实现"智慧食药"目标。建立健全食品安全经费保障机制,科学划分监管事权与支出责任,研究制订保障体系建设的投入分担比例和具体办法,及时落实配套资金;建立安全投入稳定增长机制,重点加强食品药品监管能力项目建设,并将食品药品专项整治、风险监测、监督抽检、应急处置、宣教培训等专项经费纳入同级财政预算,足额落实到位;严格建设资金使用情况审计、监管,确保资金使用高效、合规。

2. 食品安全消费环境有待加强

注重集中整治,缺乏长效机制,存在"一整就好,一停就乱"的怪圈。应加强对重点食品、重点区域、重点问题,以及小摊贩、小作坊、小餐饮的日常监管,严格落实日常监管深入开展专项整治工作。重点加强对乳制品、食用油、肉制品、白酒、饮料、儿童食品、调味品、牛羊屠宰加工、水产品养殖加工、谷物加工、香油产品加工、粉条加工等抽检力度,加大对农村、城乡结合部、学校及周边、食品生产聚集区的排查力度,消除一批食品安全隐患。

3. 相关部门协调不够

相关部门还需要充分发挥职能作用,细化落实措施,不断加大工作力度,做到既各司其职、各负其责,又密切配合、通力合作,确保领导到位、组织到位、整治到位、打击到位。

4. 社会共治有待加强

要抓好《食品安全法》的宣传,大力普及食品安全知识,不断提高消费者的防范意识、维权意识和识假辨假能力。调动社会公众参与食品药品安全管理的积极性,切实解决关注的多,关心的少;要求的多、理解的少;群众期望值高,但

---

① "一干四支"垂直管理,是指跨县区、跨层级打破原来 11 个县的食品检验机构行政隶属关系,将其合并上划为由市级垂直管理的 4 个区域性分中心,形成以市食品药品检验检测中心为龙头,4 个区域性分中心为分支的布局。

参与融入管理的程度低;社会的呼声高,但给予的支持帮助低的"二多二少、二高二低"问题。抓好舆论宣传及引导,牢牢掌握舆论引导的主动权,及时消除消费者疑虑。依靠媒体加大正能量的宣传力度,同时要善于曝光监管不到位、企业不诚信等食品安全问题。加强部门联合监管,进一步完善部门之间、区域之间协调联动机制,加强食品安全信息通报、风险监测、源头追溯、联合执法、打击犯罪等方面的沟通配合,提高食品监管工作的系统性和协同性。要推进社会参与监管,进一步完善有奖举报制度,落实举报奖励专项资金。充分发挥全市食品安全志愿者队伍作用,动员消费者参与到食品安全监管中来,不断壮大监管力量,扩大监管参与面,全民参与、保障"舌尖"安全,让"盘中餐"令人放心,让生活质量不断提高。

(三)咸阳市落实食品安全监管制度已采取的具体措施

1.健全基层责任监管网络

针对"三合一"综合市场监管模式,①加强基层食品安全监管能力建设,加大镇办食品药品监管所规范化建设力度。非独立设置的机构,不仅要加挂食品药品监管部门牌子,更要保证有足够的力量履行食品监管职能。依据省市县镇各级职责和事权划分,进一步落实食品安全属地管理责任,强化市县镇三级监管职责,使品种与环节相结合的专业化全过程监管模式落到实处,真正实现"从地头到餐桌"的无缝隙监管。

构建从市到乡镇街道的食品安全综合协调机构,发挥食品安全办综合协调作用,为社会共治搭建平台,凝聚起齐抓共管的合力。充分发挥市县两级食品安全委员会成员单位作用,健全部门间、区域间信息通报、形势会商、联合执法、行刑衔接、事故处置等方面的协调联动机制。健全食品安全专家委员会工作机制,充实队伍,完善职能,充分发挥专家们在政策咨询、政府决策、监督管理、应急处置、宣传教育等方面作用,研究解决食品安全方面的社会热点、难点问题。

2.推进法规制度体系建设

加强监管制度建设,研究制定农产品产地管理、质量安全追溯、诚信体系等方面的制度,加快形成最严格的覆盖全过程的监管制度体系。整合、取消、下放部分行政审批项目和行政许可,优化审批程序,提高行政效能。完善行政执法行为标准,规范行政执法程序和行为,全面推进行政执法责任制追究工作。制

---

①　"三合一"的市场监管模式是指在县区一级实行工商、质监、食药设立新的统一的市场监督管理局。

定行政监督和技术监督机构信息目录并公开,提升监管透明度。

3. 推进技术支撑体系建设

着力抓好检验检测资源整合项目建设。建成市级食品药品检验检测中心综合实验楼,每个县市区建成 1 个信息化食品安全快速检测实验室,为群众提供方便快捷的检测服务。

4. 加强信息化建设

积极建设食品安全在线监管服务平台,实现食品企业信息、日常检查、稽查执法、检验报告、信用管理、应急处置等在线监管服务,省、市、县三级互通共享。依托市级食品安全信息平台,建成食品安全舆情监测系统、投诉举报协同处置系统、应急处置指挥信息系统、可追溯体系系统和公共信息服务网站,实现信息互联互通和资源共享,逐步建立覆盖生产经营、行政监管、社会评价全过程的信息化体系。探索推广食品、农畜产品生产、加工、流通、销售环节全过程电子监管系统。

三、宝鸡市农村地区食品安全状况评价

宝鸡古称"陈仓",是典故"明修栈道,暗度陈仓"发源地,嘉陵江源,建城于公元前 762 年,公元 757 年因"石鸡啼鸣"之祥瑞改称宝鸡,是关天经济区副中心城市、陕西省第二大城市。宝鸡市位于陕西省关中西部,处于西安、成都、兰州、银川四省会城市的几何中心,东连西安市、咸阳市,南接汉中市西、西北分别与甘肃省天水市和平凉市毗邻,东西长 156.6 公里,南北宽 160.6 公里,全市行政区划面积 18,116.93 平方公里,其中,城市建成区面积 97.78 平方公里。宝鸡是陇海铁路、宝成铁路、宝中铁路交会点,是中国内陆地区通往西南、西北的重要节点交通枢纽,是欧亚大陆桥中国境内第三个大十字枢纽(前两个为郑州、徐州)。截至 2015 年年底,宝鸡市辖 3 区 9 县和 1 个国家级高新技术开发区、1 个省级经济技术开发区,105 个镇,15 个街道办事处,1729 个村,168 个居民委员会。2015 年宝鸡市居住在城镇的人口为 184.58 万人,占 49.07%;居住在乡村的人口为 191.58 万人,占 50.93%,农村人口与城镇人口基本持平。2016 年全市常住人口 377.50 万人,城镇人口比重为 50.76%。①

(一)宝鸡市经济总体发展状况

2016 年宝鸡市实现地区生产总值 1932.14 亿元,比上年增长 9.3%。其

---

① 参见宝鸡市统计局:《宝鸡市政府:走进宝鸡》,载宝鸡市人民政府网:http://www. baoji. gov. cn.,最后访问日期:2017 年 3 月 23 日。

中,第一产业增加值 171.46 亿元,增长 3.7%;第二产业增加值 1227.06 亿元,增长 10.1%;第三产业增加值 533.62 亿元,增长 9.1%。三次产业结构比为 8.9∶63.5∶27.6,第三产业增加值占地区生产总值的比重较上年提高 1.2 个百分点。按常住人口计算,全市人均生产总值 51,262 元,折合 7390 美元(汇率为 1 美元兑 6.9370 元人民币)。非公有制经济增加值 974.52 亿元,占全市经济总量的比重为 50.4%。

2016 年宝鸡市财政总收入 177.48 亿元,比上年下降 9.2%,其中,地方财政收入 75.16 亿元,同口径增长 11.0%。国税收入 108.55 亿元,增长 0.1%;地税收入 43.16 亿元,下降 15.2%。两税合计 151.71 亿元,下降 4.8%。全年财政支出 283.06 亿元,比上年增长 7.2%。其中,社会保障和就业支出 44.99 亿元,增长 14.0%;医疗卫生与计划生育支出 28.25 亿元,增长 6.0%;城乡社区事务支出 18.57 亿元,增长 1.1%;节能环保支出 9.80 亿元,增长 14.8%;住房保障支出 16.77 亿元,下降 18.3%;农林水事务支出 39.45 亿元,增长 7.3%;教育支出 60.88 亿元,增长 6.9%。全年居民消费价格比上年上涨 2.4%;商品零售价格上涨 0.4%;工业生产者出厂价格下降 0.9%;工业生产者购进价格下降 1.8%;农业生产资料价格与上年持平。

2016 年宝鸡市社会消费品零售总额 702.16 亿元,比上年增长 14.6%。按销售单位所在地划分,城镇消费品零售额 635.10 亿元,增长 15.0%;乡村消费品零售额 67.06 亿元,增长 10.8%。按消费形态划分,商品零售额 625.11 亿元,增长 14.8%;餐饮收入 77.05 亿元,增长 13.0%。

2016 年宝鸡市农村居民人均可支配收入 10,287 元,比上年增加 776 元,比上年增长 8.2%。农村居民人均生活消费支出 8522 元,比上年增加 596 元,增长 7.5%。农村居民年末人均住房建筑面积 35.9 平方米。全年农村居民人均可支配收入 10,287 元,比上年增加 776 元,比上年增长 8.2%。农村居民人均生活消费支出 8522 元,比上年增加 596 元,增长 7.5%。农村居民年末人均住房建筑面积 35.9 平方米。①

(二)宝鸡市农村地区食品市场发展及监管状况

宝鸡市食品药品安全工作以国家食品安全城市创建为中心,创新工作方式;以专项整治为抓手,切实解决影响食品安全的突出问题;以加强监管能力建

---

① 参见宝鸡市统计局:《宝鸡市 2015 年经济发展分析报告》,载宝鸡市统计局网:http://www.bjtjj.gov.cn.,最后访问日期:2017 年 3 月 29 日。

设为目标,进一步夯实食品安全监管基础;以加强诚信体系建设为重点,切实落实食品生产经营者主体责任;以深入开展宣传教育活动为载体,积极推进社会共治。宝鸡市作为陕西省第一个全国卫生城市、首批食品安全国家城市,在食品安全监管方面有很多好的经验。

1. 形成了较为完备的监管体系

目前,宝鸡市的 117 个镇街(含陇县关山景区)都设立了食品药品监督管理所,1729 个村、164 个社区配备了协管员。截至 2015 年年底,67 个镇街监管所通过省级食品药品监管示范所,镇街监管示范所达到总数的 57%,宝鸡市镇街食品药品监管所能力稳步提升。同时,农产品监管机构日趋完善,市、县两级在农业部门都设立了农产品质量安全监管工作机构,成立了农产品质量安全检验检测站,10 个县区完成了建设任务,4 个县区检测项目通过省级验收并开始试运行。105 个镇和 8 个涉农街道办均设立了农产品质量安全监管站,开展日常监管工作。全市形成集监管、检测、执法为一体的农产品质量安全监管工作体系。另外,宝鸡市全面配备打击危害食品安全违法犯罪专业机构。宝鸡市各县公安(分)局成立打击食品药品犯罪侦查大(中)队 14 个,人员增加至 42 人,人员、经费保障到位,全面履行打击食品药品违法犯罪工作职责,逐步完善的监管体系强化了基层监管基础。①

2. 构建科学的监测体系实现部分农产品可追溯

按照"西部领先、全省一流"的建设目标,宝鸡市已建成 1 个市级食品药品检验检测中心,11 个县(区)检验中心,镇(街)监管所全面开展食品快速检测,形成了三级互补的食品检验检测体系。市食品药品检验检测中心不断加大仪器设备的投入力度,拥有一批高、精、尖设备,通过了国家食品、药品检验机构的资质认证,具有食品中农药残留、兽药残留、重金属污染、真菌毒素、微生物污染,以及药品等 1214 项检验参数。2015 年完成覆盖宝鸡市地域、企业和主要食品品种的市级抽检 5870 批次、县级抽检 8000 多批次。并充分运用检测结果,做到食品安全问题早发现、早研判、早预警、早防控。撰写抽检质量分析报告,为有重点地做好监管提供了坚强的技术支撑。2015 年以来,宝鸡市加快农产品质量安全追溯体系建设,并选取获得无公害农产品、绿色食品、有机农产品和农产

---

① 参见王玲:《2015 年食品药品安全工作亮点扫描》,载《宝鸡日报》2016 年 1 月 21 日,第 6 版。

品地理标志认证的农产品生产主体先行试点。①

3.规范"四小"防风险

小作坊、小餐饮、小摊贩和小食品店这"四小"的监管,一直是食品安全监管的重点和难点。2015年宝鸡市对近5000户"四小"进行摸底排查、建立档案,并出台小作坊、小餐饮、小摊贩、学生小饭桌、农村集体聚餐管理办法,填补监管空白。在市区选择小餐饮、小作坊较为集中的街道、区域,进行升级改造,彻底解决小餐饮、小作坊脏乱差的问题。市政府安排以奖代补资金,对小作坊、小餐饮提升改造工作予以奖励。积极建设食品小作坊集中园区和小餐饮聚集区,实行"五统一"(统一规划、统一生产、统一排污、统一管理、统一检测)管理,引导食品加工小作坊、小餐饮向集约化、规模化、规范化发展。

4.应急演练抓防范

应急管理考验的是主管部门处置突发食品安全事件的能力。2015年宝鸡市食药监局制定下发了《关于加强食品药品安全应急管理工作的指导意见》《关于印发食品药品安全事件防范应对规程(试行)的通知》《关于加强食品药品安全重大信息报送工作的通知》,建立健全了食品安全应急管理制度、应急处置程序、信息报告制度。同时,开展应急演练,强化了应急处置的操作性、针对性,确保一旦发生食品安全事故,能够在第一时间妥善处置,把损失降到最低。另外,加强企业内部应急管理。加大员工教育培训,全面建立质量缺陷产品召回、损害赔偿、责任追究和事故预防机制。针对农村聚餐事故多发的实际,宝鸡市各县区、镇街对农村集体聚餐掌勺厨师进行培训、体检上岗,建立红白喜事申报备案制度,坚持每周到农家乐经营户查验进货记录,严把食品安全关口,将食品安全突发事件概率降到最低点。近3年来,全市食品安全状况良好,区域内未发生Ⅳ级以上食品安全事故。

(三)宝鸡市落实食品安全监管制度已采取的具体措施

1.强化基层建设和制度建设

强化过程监管,打好基层基础工作。在基层要实现定人、定点、定责,片清、户清、职责清的"三定三清",全面推进网格化监管模式,实行监管一线责任制。

同时,按照食品药品诚信体系建设方案,全面推进诚信制度建设,逐步建立覆盖食品药品安全全过程的信用体系。建立专家库动态管理系统,科学考核评

---

① 参见王玲:《2015年食品药品安全工作亮点扫描》,载《宝鸡日报》2016年1月21日,第6版。

价食品药品认证、审评、许可检查专家履职情况,执行惩戒和退出机制。加强与相关部门联系沟通,建立信用信息共享机制。

2. 建立企业信用档案,实施分级管理

完善红黑榜名单生成机制和公示公告机制,加大对红黑榜的宣传力度。依法依职责推进政府信息公开工作,积极推进行政审批事项公开、行政处罚公开、日常监督检查记录公开,自觉接受社会监督。完善"12331"投诉举报平台建设,落实举报奖励制度,积极提高投诉举报案件的办结率。开展食品生产经营企业和单位质量信用等级评定工作。发挥媒体和行业协会作用,鼓励公众广泛参与监督。落实企业主体责任,提高企业维护质量安全的自觉性。

3. 强化食品日常监管,注重推进电子监管工作

贯彻落实食品生产经营市场准入改革,积极推进流通许可和餐饮许可二证合一实施工作。尽快完善许可审查相关技术规范,进一步明确事项、简化流程、统一标准、提高效率,提升审查质量、缩减审批时限,实现为民务实、严格统一的监管理念。加强对审批事项的督导检查力度,推行审批岗位风险防控体系,规范审批行为。探索按风险程度实施分类监管办法,研究各品种行业风险和针对性监管措施,为提升基层监管靶向性和可操作性奠定基础。积极实行"一票通"的监管模式,切实加强流通环节监管,针对部分产品实现可追溯管理。推行规范化食品生产经营示范企业制度,督促食品生产经营企业落实各项自律制度。加大对生鲜肉及肉制品、乳制品及婴幼儿乳粉、食用油、水产品、白酒、添加剂和保健食品等重点品种的监管力度。加强学校食堂监管和重大活动餐饮保障工作。抓好制度落实,强化源头治理,提升保健食品监管水平,推进保健食品电子监管系统的应用。组织开展过期许可证清理注销工作,加大对严重食品违法行为处罚力度,吊销许可证的实行信息共享,推行禁业人员管理制度,实现不良食品生产经营者淘汰退出机制。不断加强电子监管工作,对命名的示范企业要全部实行电子监管。提高信息化执法水平,加大基层执法装备投入力度,提高基层监管执法手段。配备移动执法装备,推进电子监管与移动执法平台的相互衔接,良性互动,将监督执法情况实时在电子监管系统公开,实现执法过程透明化,提高监管队伍的科学化、信息化管理水平。

4. 强化抽检监测工作

突出"四品一械"领域的重点品种和高风险产品,坚持突出问题导向,科学制订食品药品监督抽检计划,加大监督抽检和风险监测力度,强化监测数据的分析运用,提高抽检工作靶向性,提高问题发现率,重视问题上报率,落实问题

处置率。探索检验机构数据共享机制,实现对所有类型的检验不合格数据监管处理机制,提升监管的有效性和针对性,加大抽检结果和后处理公告力度。科学运用抽检监测结果,有针对性地进行治理。加强食品药品广告监管,严格措施,净化市场。

5. 强化应急事件处理

完善突发事件监测预警工作,建立食品重大信息直报制度。建立应急管理合作机制,重点抓好先期处置、协调配合、信息发布、总结评估和服务保障等。修订完善食品突发事件应急预案,组织开展好全市应急模拟演练,以练代训,提升各级应急水平。加强舆情监测,妥善处置相关问题。

四、渭南市农村地区食品安全状况评价

渭南地处关中平原东部,总面积1.3万平方公里,总人口560万人,辖2区(临渭、华州)2市(韩城、华阴)7县(潼关、大荔、澄城、合阳、蒲城、富平、白水)和国家级高新区、省级经济技术开发区、卤阳湖现代产业综合开发区、华山风景名胜区。渭南东襟黄河与山西运城、河南三门峡毗邻,西与西安、咸阳相接,南倚秦岭与商洛为界,北靠桥山与延安、铜川接壤。距古城西安60公里,距咸阳国际空港80公里。郑西、大西2条高铁在此并站交汇,陇海、西南等6条铁路与连霍、京昆等3条高速公路和9条国道省道纵横贯穿,是中东部地区进入西北门户的交通要道。县县通铁路、通高速,乡乡通油路,村村通公路,公路密度、高速公路总里程居全省各市之首。①

(一)渭南市经济总体发展状况

2016年渭南市实现生产总值1488.62亿元,同比增长7.5%,增速较第一季度提高了1.9个百分点,较上半年提高1个百分点,与前三季度持平,高于全国0.8个百分点。其中,第一产业增加值224.81亿元,增长4.1%;第二产业增加值690.18亿元,增长7.5%;第三产业增加值573.63亿元,增长8.7%。

2016年渭南市社会消费品零售总额完成574.01亿元,增长14.1%。限额以上社会消费品零售额完成369.75亿元,增长20.8%。按经营地划分,城镇消费品零售额431.6亿元,比上年增长14.2%;乡村消费品零售额142.4亿元,增长13.8%。按消费形态划分,商品零售额707.91亿元,增长18.2%;餐饮收入

---

① 参见渭南市统计局:《渭南市政府.走进渭南》,载宝鸡市人民政府网:http://www.weinan.gov.cn.,最后访问日期:2017年4月23日。

85.04 亿元,增长 18.7%。

2016 年渭南市居民消费价格总指数为 101.1%。在八大类商品价格指数中,食品烟酒类价格上涨 2.5%,衣着类上涨 0.3%,居住类上涨 0.1%,生活用品及服务类价格下降 0.4%,医疗保健类上涨 1.1%,交通和通信类与上年持平,教育文化和娱乐类上涨 1.4%,其他用品和服务类上涨 1.7%。商品零售价格总指数 100.5%,生产资料价格指数 101.7%。

2016 年城镇居民人均可支配收入 27,485 元,比上年增加 2013 元,增长 7.9%。其中,工资性收入 18,375 元,增长 8.5%,占收入的 66.85%;经营净收入 1276 元,下降 1.4%,占 4.64%;财产净收入 2488 元,下降 0.9%,占 9.05%;转移净收入 5347 元,增长 12.9%,占 19.45%。

2016 年农村居民人均可支配收入达到 9415 元,比上年增加 710 元,增长 8.2%。其中,工资性收入 4036 元,增长 8.8%,占收入的 42.87%;经营净收入 3598 元,增长 6.1%,占 38.21%;财产净收入 170 元,增长 17.5%,占 1.81%;转移净收入 1612 元,增长 11.6%,占 17.12%。①

(二)渭南市农村地区食品市场发展及监管状况

1. 监管能力不足

基层食药监管示范所存在基础设施建设落后、监管人员配备不全、监管经费保障不足、办公场所标识不统一、隐患排查整治不深入,个别基层所不能专职从事食药监管工作等问题。

2. 小作坊环境差,缺乏规范

面皮、饸饹、石子馍、豆腐等食品生产加工小作坊,卫生状况差,各类证照不全,工作人员存在不持健康证和培训合格证上岗,存在使用过期、变质原料,以及违规滥用食品添加剂等违法生产加工行为。

3. 索证索票不规范

一些食品生产经营者落实索证索票、购进验收、台账登记等制度落实情况差,一些食品进货渠道不明。

4. 经营者存在生产加工不规范行为

一些乡镇存在餐具清洗消毒不到位,违规使用非食用物质和滥用食品添加剂行为,食品留样制度执行情况不佳。

---

① 参见渭南市统计局:《2016 年渭南市国民经济和社会发展统计公报》,载渭南市人民政府网:http://www.weinan.gov.cn.,最后访问日期:2017 年 4 月 5 日。

（三）渭南市落实食品安全监管制度已采取的具体措施

1. 完善食品药品监管工作体系

推进县局专业化建设,逐步建立健全技术支撑体系,"三合一"的县局内部机构设置上要与市局对应,职能定位上把食品药品监管放在中心地位,保证有足够力量履行监管职能。按照省局《乡镇站建设指导标准》,积极帮扶指导乡镇（街办）食品药品监管站专业化、规范化、标准化建设。加强规范化管理,建立完善内部管理制度并严格执行;加强教育培训,提升基层监管能力。落实"四化"监管要求,及时确定经营户监管等级,按照格式化检查表,进行全项目、全过程的定期监督检查,按照"一户一档"要求,建立健全食品销售者信用监管档案,落实日常监管责任。做好在线监管系统与省局信息化监管平台的对接,按要求将食品经营者的许可、监管等信息及时录入省局平台,督促专营婴幼儿配方乳粉的经营者做到电子化的流通链条梳理,实现实时监控。同时,应充实监管人员,全面提升队伍整体素质和业务能力。

2. 加强监管信息化建设

推动省市县应用系统数据互联、信息共享,提升信息化效率。以行政监督管理、企业全过程质量控制追溯、公众查询服务三条主线,按照统一的信息化标准规范、建设监管信息化平台和业务应用系统。启用 OA 办公平台,完善"四化合一"综合执法系统和"四品一械"行政相对人基础数据库。建立健全信息安全防护体系,建设 VPN 虚拟专网,采用 CA 认证、数据库审计等方式,提升信息安全保护等级并加强信息化设备管理维护。

3. 努力提高检验检测能力加强应急体系建设

积极推进市级食品安全检测中心项目建设,根据本地产业特点,加快完成重点品种的主要安全参数扩项认证。加强检验人员技术培训,不断提高食品检验能力。积极推进县级检验检测机构人员、场所、设施设备到位。努力提高食品快检设备的利用率和快筛能力。应对现有预案进行自查,及时修订相关预案。组建市级食品应急队,配备应急装备,组织应急培训。组织开展食品安全应急演练,提升突发事件应急处置能力。

4. 推动分级分类管理和信用体系建设

实施网格化监管、格式化检查、痕迹化记载、信息化管理的"四化"管理模式,将县乡监管人员全部划入监管网格,督促从业单位在醒目位置悬挂监督信息公示牌,将监管责任人、"12331"投诉举报电话等信息上墙公示。以分类分级管理为重点的信用管理和风险管理,提升食品药品安全管控能力。严格执行

《食品药品信用档案工作制度》和《食品药品安全"黑名单"管理制度》,分级建立健全食品药品生产经营企业信用档案,选择基础较好、规模较大、信誉度较高的企业,先行开展信用体系建设示范试点工作。

5. 引导和推动形成社会共治格局

以实现管理向治理转变为目标,加强对社会力量的组织和引导。把食品药品安全纳入社会综合治理。充分发挥食安办综合协调牵头抓总作用,进一步加强与有关部门的协作配合,形成工作合力。与新闻媒体建立良好的舆论引导工作机制。充分发挥"12331"投诉举报中心作用,及时受理核查群众投诉举报,落实举报奖励制度,加强协管员队伍建设。发挥行业组织作用,鼓励支持各类学会、协会等社会团体组织发挥行业引导和监督作用,促进企业提高质量管理水平和自律能力。

五、延安市农村地区食品安全状况评价

延安位于陕西省北部,地处黄河中游,黄土高原的中南地区,西安以北 371 公里。北连榆林,南接关中咸阳、铜川、渭南三市,东隔黄河与山西临汾、吕梁相望,西邻甘肃庆阳。全市总面积 3.7 万平方公里。延安市辖 1 区 12 县、16 个街道办事处、84 个镇、12 个乡,2016 年年末全市常住人口 225.28 万人,城镇化率 57.32%。①

(一)延安市经济总体发展状况

2016 年延安市实现生产总值 1082.91 亿元,按可比价计算(下同)增长 1.3%。其中,第一产业增加值 117.62 亿元,增长 4.8%,占生产总值的比重为 10.9%;第二产业增加值 574.20 亿元,下降 2.1%,占 53.0%;第三产业增加值 391.09 亿元,增长 7.0%,占 36.1%。人均生产总值为 48,300 元。非公有制经济增加值 282.99 亿元,占生产总值比重为 26.1%,较上年提高 2.7 个百分点。

2016 年延安市实现社会消费品零售总额 256.45 亿元,增长 6.4%。其中,限额以上单位零售额 125.39 亿元,增长 0.4%。从城乡来看,城镇消费品零售额 201.53 亿元,增长 6.0%;乡村消费品零售额 54.92 亿元,增长 7.8%。从消费形态来看,商品零售 230.24 亿元,增长 6.2%;餐饮收入 26.21 亿元,增长 8.3%。

---

① 参见延安市统计局:《延安市政府:走进延安》,载延安市人民政府网:http://www.yanan.gov.cn.,最后访问日期:2017 年 3 月 3 日。

全市居民消费价格比上年上涨 1.3%，其中，食品价格上涨 1.8%，医疗保健上涨 4.6%。城市上涨 1.4%，农村上涨 1.0%。

2016 年全市居民人均可支配收入 21,122 元，增长 8.4%。其中，城镇居民人均可支配收入 30,693 元，增长 7.4%；农村居民人均可支配收入为 10,568 元，增长 8.0%。①

（二）延安市农村地区食品市场发展及监管状况

1. 城乡结合部食品违法行为突出

城乡结合部、乡（村）镇、农村旅游景区景点食品违法行为突出，集中表现为销售假冒、仿冒食品等违法行为较多。无证无照经营食品，销售假冒伪劣食品，仿冒知名食品特有的名称、包装、装潢的"傍名牌"，以及印制食品假包装、假标识、假商标等违法行为较为普遍。

2. 农村食品批发市场、集贸市场不规范

农村食品批发市场、集贸市场等集中交易市场开办者和食品经营者存在落实内部食品质量管理制度不佳，食品质量市场准入行为不规范，食品质量进货关不严。集贸市场、食品店等食品经营者，履行食品进货查验和查验记录制度不规范。

3. 农村商场、超市和食品（杂）店问题突出

农村商场、超市和食品（杂）店存在不落实自律制度的行为，缺乏经营者自律机制。缺乏监督食品经营者落实查验和查验记录制度，依法建立健全食品质量管理体系和食品经营者长效自律机制。食品经营者存在"进、存、销"假冒伪劣和不符合食品安全标准的食品，法定责任意识不强。

4. 农村食品市场存在销售不合格食品和过期食品的违法行为

节日性、季节性食品和地方特色食品存在不符合食品安全标准、存在过度包装、搭售商品、虚假宣传及欺诈消费者等问题。食品药品监管部门存在对地方特色食品的监管力度弱，食品经营者未按照食品标签标注的条件贮存食品、未及时清理变质或者超过保质期的食品。

5. 违法添加非食用物质和滥用食品添加剂

农村食品经营者存在违法销售食品添加剂，以及农村市场食品经营者在食品中添加非食用物质和滥用食品添加剂的行为。

---

① 参见延安市统计局：《2016 年延安市国民经济和社会发展统计公报》，载延安市统计局网：http://www.yanan.gov.cn.，最后访问日期：2017 年 4 月 5 日。

(三)延安市落实食品安全监管制度已采取的具体措施

1. 加强食品日常监管

严格落实各项制度,把好市场准入关。落实对生产经营企业的日常监管,加大生鲜肉及肉制品、婴幼儿配方乳粉、婴幼儿辅助食品、调味面制品、食用油、白酒、乳制品和食品添加剂监管力度,加强"一非两超"、食品塑化剂、食品标签标识等问题治理,组织配制酒等酒类产品专项监督抽检。加强农村食品安全、学校食堂监管和重大活动餐饮保障工作。组织创建一批规范化食用农产品批发市场。

2. 强化对"四小"的监管

贯彻落实《陕西省食品小作坊小餐饮及摊贩管理条例》,开展"四小"的综合整治。建立小作坊、小餐饮的监管信息管理平台,实现小作坊、小餐饮许可管理、许可信息查询、日常监督检查、监督抽检、违法查处的信息化管理,实现省、市、县、乡四级联动,数据实时生成更新、互通共享,逐步实现对小作坊、小餐饮的全程信息化监管,坚决落实对小作坊、小餐饮许可和小摊贩备案管理三项制度。

3. 加大飞行检查力度

强化风险防控,日常监管全覆盖,监督检查双随机。在加强日常监管的同时,广泛组织开展飞行检查,加强与稽查办案的衔接,突出重点领域,明确目标和措施,加大事中事后监督检查力度,及时向社会公布飞行检查结果,必要时让媒体一同参与,通过飞行检查督促县乡落实日常监管责任和企业主体责任。针对飞行检查中发现的共性问题和群众反映强烈的突出问题,持续深入开展专项整治,形成从严从重打击食品药品违法犯罪行为的常态化。

4. 推进信息化建设

加强信息化监管平台建设,通过信息化平台实现行政审批、日常监督检查、案件查处、监督抽检、信用监管等监管业务全覆盖,市、县(区)、乡镇(街道)三级监管部门互联互通、信息共享。

六、榆林市农村地区食品安全状况评价

榆林市位于陕西省最北部,东临黄河与山西相望,西连宁夏、甘肃,北邻内蒙古,南接本省延安市。辖2区10县、156个乡镇、16个街道办事处、2974个行政村,总人口370万人。地域东西长385公里,南北宽263公里,总土地面积43,578平方公里。地貌大体以长城为界,北部为风沙草滩区,占总面积的42%,南部为黄土丘陵沟壑区,占总面积的58%。2015年年末,榆林市常住人

口 340.11 万人,城镇人口 187.06 万人,占 55.0%;乡村人口 153.05 万人,占 45.0%。①

（一）榆林市经济总体发展状况

2016 年榆林市生产总值累计实现 2773.05 亿元,比上年增长 6.5%,较前三季度提升 1.5 个百分点。从产业看,第一产业增加值 162.44 亿元,比上年增长 4.8%;第二产业增加值 1680.70 亿元,增长 4.1%;第三产业增加值 929.91 亿元,增长 11.1%。第一产业和第三产业增速都跃居全省第一。

2016 年榆林市社会消费品零售总额 420.05 亿元,比上年增长 6.0%,较前三季度提升 2.1 个百分点。其中,限额以上消费品零售额 194.91 亿元,增长 5.2%,较前三季度提升 11 个百分点。限额以上批、零、住、餐四个行业销售额（营业额）均呈增长态势,累计增速分别达到 63.8%、7.8%、0.1%、1.9%。

2016 年榆林市城镇常住居民人均可支配收入 29,781 元,比上年增长 7.3%,农村常住居民人均可支配收入 10,582 元,增长 8.0%。②

（二）榆林市农村地区食品市场发展及监管状况

1. 食品监管人员少,监管能力普遍不足

榆林市食品生产、经营户点多且比较分散,食品安全监管人员和经费明显不足,食品生产加工小作坊、集贸市场为重点场所,以农村地区、城乡结合部、学校周边、小作坊聚集村食品安全隐患较大。同时,榆林市基层监管部门还存在文化水平普遍较低,平均年龄较小的问题。

2. 食品销售加工场所简陋,工作人员食品安全意识淡薄

榆林市农村食品生产加工小企业、小作坊绝大多数以家庭作坊的形式进行生产,并且分散,一般人员少、生产规模较小,生产条件差,标准执行不到位,产品无检验,销售无记录,很难达到生产许可要求。农村食品经营户经营场地和经营设施往往比较简陋,食品陈列和储藏条件往往达不到要求。一些商家存在销售过期变质、假冒仿冒问题食品的行为,市场上长期存在无证食品生产加工企业、存在严重食品安全隐患的"黑窝点""黑工厂""黑作坊"。

3. 批发零售环节较为混乱

存在一些小摊贩或小店,销售质量安全无保证的散装豆制品、糕点、熟食、

①　参见榆林市统计局:《榆林市政府:走进榆林》,载榆林市人民政府网:http://www.yl.gov.cn.,最后访问日期:2016 年 4 月 15 日。

②　参见榆林市统计局:《2016 年榆林市全年经济运行情况》,载榆林市统计局网:http://www.yl.gov.cn.,最后访问日期:2017 年 2 月 3 日。

散装酒、酱油、醋等情况大量存在,且商贩进货渠道非常混乱。一些商店食品摆放生熟不分,与其他非食品、杂物甚至有毒有害物品混杂堆放,在食品批发零售环节混乱无序。

4. 食品安全监管保障机制明显不足

榆林市食品药品安全监管机构、检验检测机构的人员和行政管理经费明显不足,无法满足食品药品安全日常监管、监督抽检、稽查打假、专项整治、风险监测、新闻和科普宣传、重大活动保障、信息化建设等监管活动的顺利进行。大多基层监督机构没有足够的监管手段,缺乏交通通信、现场检测、取证等专用执法工具,没有能够满足工作需要的实验室,无法作出科学准确的食品卫生质量评价,仅凭肉眼和监督文书来实施,缺乏基本的技术性和权威,从而导致食品安全隐患众多,监督执法力度削弱。

(三)榆林市落实食品安全监管制度已采取的具体措施

1. 加强基层基础建设

贯彻"四有两责"和党政同责要求,落实属地监管责任,不断完善网格化监管模式,以加强一线监管能力建设为主要目标,着力抓好基层监管所示范建设。进一步改善乡镇所执法条件,充实监管力量,统一配备高效准确方便的快检设备,确保基层食品药品安全监管"有机构、有岗、有人、有手段"。

2. 强化日常监管工作大力推行行政执法规范化

严格落实各项制度,把好市场准入关。落实对生产经营企业的日常监管,加大生鲜肉及肉制品、婴幼儿配方乳粉、婴幼儿辅助食品、调味面制品、食用油、白酒、乳制品和食品添加剂监管力度,加强"一非两超"、食品塑化剂、食品标签标识等问题治理。贯彻落实《食用农产品市场销售质量安全监督管理办法》,做好准出与准入的有效衔接,抓好入市后的日常监管,规范销售行为。强化农村集体聚餐食品安全风险防控,建立并落实农村自办宴席申报备案制度、农村流动厨师体检等措施,着力预防食源性疾病和群体性食物中毒事件发生。继续做好《食品安全法》和《陕西省食品小作坊小餐饮及摊贩管理条例》等食品药械法规的宣贯、政策解读相关工作。组织开展依法行政创先争优活动,重视行政复议,提高依法行政、依法监管意识和能力,加强行政执法监督检查,规范监管部门执法行为。

3. 强化对"三小"的监管并突出重点

贯彻落实《陕西省食品小作坊小餐饮及摊贩管理条例》,开展"三小"的综合整治。落实重点品种小作坊加工操作规范和操作指引,形成比较完备的小作坊操作监管技术规范体系。配合省局市局部署小作坊、小餐饮的监管信息管理平台,实现小作坊、小餐饮许可管理、许可信息查询、日常监督检查、监督抽检、违法查处的信息化管理,实现市、县、乡三级联动,数据实时生成更新、互通共享,探索对小作坊、小餐饮的全程信息化监管,实现小作坊和小餐饮许可、小摊贩备案管理三个100%。推广小作坊管理"一票通"制度,积极推行小作坊报告制度。抓好学校食堂和旅游景区餐饮服务食品安全整治,深入开展小餐饮业提升改造、量化分级管理和"明厨亮灶"工作,着力解决小餐饮脏乱差等突出问题。加大事中事后监督检查力度,督促乡村落实日常监管责任和企业主体责任。巩固"飓风行动"成果,针对检查中发现的共性问题和群众反映强烈的突出问题,持续深入开展专项整治,形成从严从重打击食品药品违法犯罪行为的常态化。

4. 加大整治力度

针对人民群众关心的热点问题和行业潜规则,突出"四品一械"领域的重点品种和高风险产品整治。在全市范围内开展以"大排查、大整治、强规范、保安全"为主题的食品药品安全"亮剑行动",保持高压打击台式,精准打击违法违规行为,震慑不法分子,守住安全底线。加大食品药品相关广告监管,切实净化市场。

七、汉中市农村地区食品安全状况评价

汉中市位于陕西省西南部,北依秦岭,南屏巴山,与甘肃、四川毗邻,中部为盆地,中国古代称为"江淮河汉"四大河流之一的汉江,流经汉中、安康和荆襄大地,汇入长江,成为长江最长、最大支流。市域总面积 2.72 万平方公里,其中盆地占6%,浅山丘陵占36%,中高山区占58%,自古以来,就是连接西北与西南、东南的通道和辐射川陕甘鄂的主要物资、信息集散地之一。全市户籍总人口384.14万人,城镇人口110.05万人,常住人口344.63万人,常住人口城镇化率为47.80%。①

(一)汉中市经济总体发展状况

2016 年汉中市实现生产总值 1156.49 亿元,按可比价格计算,增长 9.0%;其中,第一产业增加值 205.74 亿元,增长 4.5%;第二产业增加值 495.03 亿元,增长 10.7%;第三产业增加值 455.72 亿元,增长 9.1%。人均生产总值 33,597

---

① 参见汉中市统计局:《汉中市政府:走进汉中》,载汉中市人民政府网:http://www.hanzhong.gov.cn.,最后访问日期:2017年7月13日。

元。非公有制经济增加值占生产总值比重为51.5%;战略性新兴产业增加值增长12.5%。地区生产总值中,第一、第二和第三产业增加值占比分别为17.8%、42.8%和39.4%。与2015年相比,第一产业占比下降0.2个百分点,第二产业占比下降1.2个百分点,第三产业占比提高1.4个百分点。

2016年汉中市实现社会消费品零售总额364.17亿元,比上年增长14.2%。按经营单位所在地划分,城镇消费品零售额297.28亿元,增长13.9%;乡村消费品零售额66.89亿元,增长15.3%;按消费形态划分,商品零售额320.97亿元,增长13.8%,餐饮收入43.20亿元,增长16.5%。居民消费价格上涨2.0%;其中,城市上涨1.9%,农村上涨2.3%。八大类消费品中,食品烟酒类上涨4.4%,衣着类上涨2.8%,教育文化和娱乐类上涨1.4%,居住类、医疗保健类均上涨1.1%,其他用品和服务类上涨2.3%,生活用品及服务类下降0.9%,交通通信类下降0.2%。商品零售价格上涨0.5%,农业生产资料价格上涨1.2%。

2016年汉中市城镇常住居民人均可支配收入25,595元,增长8.3%;农村常住居民人均可支配收入8855元,增长8.5%。①

(二)汉中市农村地区食品市场发展及监管状况

1. 餐饮服务缺乏资质

旅游市场餐饮服务单位,存在经营资质不合法、擅自改变备注项目和超范围经营的问题,存在季节性开办餐馆和临时聘用员工不持证的情况。新开办或换证的中型以上涉旅餐饮服务单位,存在设计布局不合理、设施设备不具备、自备水源及二次供水不符合要求的问题。

2. 索证索票、购进验收、台账登记等制度落实情况不佳

食品经营单位进货渠道把关不严,对食品及原料、食品添加剂及食品相关产品验收简单,原料采购控制要求较低,进货台账和内容不全,一些米、面、食用油、鲜肉及肉制品、食品添加剂、酒类和预包装食品,存在使用国家禁止使用或来源不明食品的问题。

3. 卫生环境不达标

单位食品加工经营场所的内外环境不达标,一些经营单位存在老鼠、蟑螂、苍蝇和其他有害昆虫及其滋生的条件;贮存食品原料的场所、设备不清洁,存在分类、分架、隔墙、离地存放食品原料不规范的情况,处理变质或者超过保质期

---

① 参见汉中市统计局:《汉中市2016年经济发展分析报告》,载汉中市统计局网:http://www.hanzhong.gov.cn.,最后访问日期:2017年3月13日。

的食品不规范。

4.从业人员健康体检和培训档案制度不全

从业人员卫生、健康状况不佳,一些从业人员不穿白色工作衣帽、衣帽卫生状况差。存在经营场所吸烟、吐痰,工作时佩戴首饰、涂指甲油的状况。一些从业人员不具有健康体检证,没有经过食品安全知识培训教育,一些单位未建立从业人员健康体检和培训档案。

5.餐具清洗消毒不到位

一些餐饮服务单位不配备消毒设施且运转不正常;消毒池存在与其他水池混用;消毒人员未掌握基本知识;接触直接入口食品的工具、设备存在使用前未进行消毒的问题;存在未按照要求对餐具、饮具进行清洗、消毒的情况。一些单位使用未经清洗和消毒的餐具、饮具;购置、使用由消毒企业供应的餐具、饮具,消毒合格凭证缺失。

6.加工管理制度落实不严

原料清洗不彻底,粗加工未达到要求;加工过程存在生熟不分开,一些单位存在交叉污染,在制作加工过程中还存在加工的食品及原料有食品安全隐患的野菜、野果等情况;存在未按规定维护食品加工、贮存、陈列、消毒、保洁、保温、冷藏、冷冻的设备设施;存在清洗、消毒记录不全,不能完全做到无毒无害,标志或者区分不够明显等问题。

7.存在使用非食用物质和滥用食品添加剂行为

一些经营者存在超范围、超剂量使用食品添加剂、未按照规定落实食品添加剂"五专"①管理制度。使用的食品添加剂未在醒目位置公示等问题。

8.餐厨废弃物处置情况不规范

存在未按规定建立餐厨废弃物处置管理制度、餐厨废弃物处置流向登记台账;存在未与处置方签订协议,设置不符合标准的餐厨废弃物收集容器,不能做到日产日清;一些单位食品留样制度执行情况差,存在未有专人负责留样、未按规定留样、留样设备未按规定正常运转、留样的量未达标、留样时间不符合规定、缺乏留样记录等问题。

（三）汉中市落实食品安全监管制度已采取的具体措施

1.提升基层监管能力实施有针对性的监管措施

截至 2015 年年底,累计建成省级规范化示范所 66 个,到位省级以奖代补

---

① "五专"指专人采购、专人保管、专人领用、专人登记、专柜保存。

资金 3300 万元,其余 109 个基层食品药品监管所均已达到市县两级规范所建设要求。监管队伍不断充实加强,汉中市食品药品监管系统基层人员到位超过 80%。有计划、分层次地组织食品药品安全法律法规及专业知识培训,相继开展了镇(街办)食品药品监管所长培训、基层食品药品安全稽查执法、快速检测技术轮训以及食品药品监管业务培训。以县区为责任主体,构建食品药品网格化监管模式。按照定区域、定人员、定职责、定任务、定奖惩的"五定"要求,对食品药品单位实行分片监管、分级负责,健全完善食品药品安全监管网格员队伍,形成由市、县、镇(街办)食药监管人员以及村(社区)协管员组成的四级监管网络,建立统一、规范、高效的工作运行机制。严格行政许可,把好行业准入关。

全市"三小"经营户实现监管全覆盖,备案登记规范率已超过 80%。市区两级共同推动开展了小餐饮改造工程,争取专项拨款 100 万元用于补助奖励,已建成"食品生产经营规范提升示范户"463 家,有效落实各项农村集体聚餐食品安全制度。对全市 3724 名乡村厨师进行健康体检和岗前食品安全培训,保障农村集体聚餐安全。积极做好全面深化改革牵头重点工作任务落实,稳步推进食品流通许可和餐饮服务许可"两证合一"工作,自 2016 年 1 月 1 日开始发放《过渡期准予食品经营许可通知书》,持续抓好食品药品企业量化分级管理。

2. 开展专项整治

开展打击食品药品违法犯罪"飓风行动",以市政府名义印发《开展严厉打击食品药品违法犯罪行为飓风行动实施方案》和汉中市人民政府《关于开展严厉打击食品药品违法犯罪行为"飓风行动"的通告》,实现精准打击。结合汉中市实际,围绕"三个遵循,五个切入,九大战役,三个配合",确立了"战役式查案,排浪式推进"的行动方案,打击范围涵盖"四品一械"全领域,打击重点直指社会舆论关注、群众反映强烈的问题以及行业潜规则。相继开展严厉打击无证非法制售食品行为、冷冻冷藏食品违法行为、以健康讲座等形式违法违规销售保健食品行为、美容美发及化妆品经营户违法违规经营和使用化妆品行为、中药材中药饮片制假售假违法犯罪行为、违法违规生产经营使用药械行为、乳品及酒类食品生产经营违法违规行为、校园及其周边非法生产经营食品行为、制售问题猪肉违法行为等 9 大战役,及餐饮服务行业专项整治。

3. 加大食用农产品监管

汉中市以重点品种、重点环节规范整治,健全完善从生产源头到百姓餐桌的全过程监管体系。其一,加强部门协同监管。与市农业、水利等部门建立联席会议机制,联合市农业部门制定下发《关于加强食用农产品产地准出和市场准入衔接工作的意见》,共同推动食用农产品无缝监管。其二,狠抓重点品种质量安全。充分运用监督抽检和快速检测等技术手段,定期对时令性、高风险性食用农产品开展质量安全检测。先后就加强生鲜肉、水产品、豆芽等食用农产品监管工作下发指导意见,规范经营过程中关于场地卫生、健康管理、索证索票等项安全制度,促进食用农产品质量安全水平和行业竞争力实现"双提升"。其三,推动食用农产品批发市场规范提升。结合汉中市市场70%以上食用农产品消费量集中在汉台区过街楼蔬菜批发市场的实际,打造"过街楼蔬菜批发市场"品牌,创建"食用农产品质量安全规范化市场"的监管思路。在过街楼蔬菜批发市场探索建立《食用农产品批发市场管理办法》、《食用农产品市场准入与市场准出制度》和《不合格食用农产品退市制度》等大宗食用农产品可溯源制度,设立驻场食品药品监管所,立项建立综合检测室、大型电子信息公示系统,实现食用农产品风险可控。

4. 监督抽检有计划实施检验检测体系逐步健全

运用监督抽检、风险评估、问题分析、信息公开等手段,切实提高监管的针对性和有效性。其一,加强食品药品监督抽检。全面改进抽检方法,以问题发现率取代抽样合格率。2017年将对全市本行政区域内粮食加工品、食用油、肉制品、调味品、饮料、方便食品、食用农产品等24大类食品、56个食品品种、2420个批次的食品进行监督抽检。监督抽检结果将依法在市食品药品监管局政务网站、政务微博和政务微信公示。对监督抽检不合格食品及其生产经营者,将依法核查处置,核查处置情况将及时向公众公开。核查处置过程中发现涉嫌犯罪或涉及其他部门职责的,将依法移送移交。其二,针对汉中市食品产业特点和消费热点开展了大米、粽子、月饼、水产品、肉制品、时令水果等重点品种食品安全风险监测工作。其三,建立问题清单制度。对食品药品抽检结果、案件信息进行汇总分析,主动查找当前重要风险隐患,制定发布《汉中市食品药品安全监管问题清单》。其四,着力构建以市级检测中心为龙头,县级区域性检验检测为重点,镇(街办)监管所快速检测为基础的食品药品检验检测体系。

八、安康市农村地区食品安全状况评价

安康市地处祖国内陆腹地,陕西省东南部,居川、陕、鄂、渝交接部,南依巴

山北坡,北靠秦岭主脊,东与湖北省的郧县、郧西县接壤,东南与湖北省的竹溪县、竹山县毗邻,南接重庆市的巫溪县,西南与重庆市的城口县、四川省的万源市相接,西与汉中市的镇巴县、西乡县、洋县相连,西北与汉中市的佛坪县、西安市的周至县为邻,北与西安市的户县、长安区接壤,东北与商洛市的柞水县、镇安县毗连。安康市辖汉滨区、汉阴县、石泉县、宁陕县、紫阳县、岚皋县、平利县、镇坪县、旬阳县、白河县1区9县。全市有4个街道办事处,157个镇,共161个乡镇;设165个居民委员会、2406个村民委员会、16,386个村民小组。安康市总面积23,529平方公里,辖区东西最大距离250.1公里,南北最大距离236.2公里,其中,陆地23,130.44平方公里,占98.0%,水域398.6平方公里,占1.7%。人口密度为每平方公里115人。2016年年末,全市常住人口265.6万人,较上年增加0.6万人,城镇化率为45.6%,较上年提高1.28个百分点。公安户籍人口304.4万人,户籍城镇化率为34.8%。[①]

(一)安康市经济总体发展状况

2016年安康市全年生产总值(GDP)851.85亿元,增长11.3%。其中,第一产业增加值100.12亿元,增长4.1%;第二产业增加值467.11亿元,增长14.2%;第三产业增加值284.62亿元,增长9.3%。第一、二、三产业增加值占GDP的比重为11.8:54.8:33.4。人均生产总值32,109元,比上年增长11.0%。全年非公有制经济增加值473.13亿元,占GDP的比重达55.5%,比上年提高1.3个百分点。

2016年安康市城区居民消费价格比上年上涨1.3%,其中商品零售价格比上年上涨0.9%。

2016年安康市全年全市居民人均可支配收入15,226元,比上年增加1250元,增长8.9%。按常住地划分,城镇居民人均可支配收入25,962元,比上年增加1977元,增长8.2%;农村居民人均可支配收入8590元,比上年增加677元,增长8.6%。全市城乡居民收入比为3.02:1,较上年缩小0.01。[②]

(二)安康市农村地区食品市场发展及监管状况

1. 存在私屠滥宰窝点和畜禽肉类注水等违法行为。

2. 农村食品市场存在的商标假冒、侵权、仿冒知名商品名称、包装装潢、厂

---

① 参见安康市统计局:《安康市政府:走进安康》,载安康市人民政府网:http://www.ak.gov.cn/Node-3112.html.,最后访问日期:2017年3月21日。

② 参见安康市统计局:《安康市2016年经济发展分析报告》,载安康市统计局网:http://tjj.ankang.gov.cn/.,最后访问日期:2017年3月21日。

名、厂址、伪造或冒用认证标志等质量标志、虚假表示等类型食品,以及"假农药""假化肥"等问题。

3.农村食品生产经营者存在主体资格缺失,"黑工厂""黑窝点""黑作坊"现象较为普遍。

4.卫生设施、设备的正常使用率偏低,消毒设施常常无法使用。存在农村经营户长期生熟食品不分,就餐卫生环境差的问题。

5.基层监管单位意识不强、落实不到位。各镇食品药品监管所监管人员存在不是专人而是兼职的现象。

(三)安康市落实食品安全监管制度已采取的具体措施

1.健全基层监管网络

明确市、县、镇三级监管职责,落实食品安全管理属地责任。继续加强基层监管能力建设,建立重心下移、保障下倾的工作机制,健全基层食品安全网格化管理体系和责任体系,打通监管"最后一公里"。

2.推进食品源头治理

探索建立农产品产地准出和市场准入管理衔接机制,深入开展治土、治水、治药、治肥、治添加剂行动,着力解决农兽药残留、有害物质超标、非法添加剂、假劣农资和土壤重金属污染、农业用水污染等问题。在种植业领域重点治理蔬菜使用高毒农药问题,采取大力推广病虫害绿色防控技术;在畜牧业领域重点治理使用"瘦肉精"问题,狠抓病死畜禽无害化处理,切实加强生鲜乳监管;在水产品生产领域重点治理违法使用孔雀石绿、硝基呋喃等添加剂问题。切实加强原粮质量、卫生监管,开展收储粮质量安全监测,重点抓好政府储备粮油、应急成品粮油、军供粮等政策性粮油和"放心粮油"示范网点粮油质量监督检查,确保质量安全。

3.开展专项治理和重点品种监管

集中开展索证索票、进货查验、采购登记专项检查,组织开展"四小"规范管理、餐厨油处置等专项整治。组织开展打击食品安全违法犯罪行为专项行动,重点打击涉盐产品制假售假、添加非食用物质、食品销售欺诈、互联网售假、制售"地沟油"、加工销售病死畜禽等违法行为。对肉类及肉制品、乳制品、保健食品、白酒、饮料、桶装水、食品添加剂等重点品种,加大监管力度,对清真食品组织开展联合检查。对食品生产聚集区、旅游景点餐饮区等食品安全问题多发区,以及大宗食品生产企业、跨区域流通食品企业、大型餐饮配送企业、大型聚餐场所等,严格进行日常巡查和执法检查,组织开展婴幼儿乳粉企业质量安全审计。①

4. 严格风险防控并整合检验检测资源

健全食品质量安全追溯体系,严把市场准入关,防范不合格食品流入市场。指导风险隐患较大的企业建立内部风险管控制度,落实企业主体责任,防范安全事故发生。加大对易发问题品种的抽检频次,确保入市产品质量安全。加快实施餐饮企业"明厨亮灶"工程,接受公众监督,降低风险隐患。围绕重点食品检验检测中心建设,统筹规划,合理布局,加大投入,加快整合市、县食品安全检验检测资源,加强农产品质量安全检测体系建设,提升县、镇食品和农产品检测能力。加强检测机构监督管理和资质认定工作,加快发展第三方食品安全检验机构。②

5. 加强应急能力建设

完善跨区域、跨部门应急协作与信息通报机制,建立健全上下贯通、高效运转的食品安全应急体系。推进市、县两级应急队伍和装备建设,组织开展多种形式的应急演练,提高快速反应、协调处置能力。

九、商洛市农村地区食品安全状况评价

商洛因境内有商山、洛水而得名。位于陕西省东南部,秦岭南麓,与鄂豫两省交界。东与河南省的灵宝、卢氏、西峡、淅川县市接壤;南与湖北省的郧县、郧西县相邻;西、西南与陕西省安康市的安康、宁陕、旬阳和西安市的长安、蓝田县毗邻;北与陕西省渭南市的潼关、华阴、华县相连。商洛地区辖商州、洛南、丹凤、商南、山阳、镇安、柞水1区6县。东西长227.5公里,南北宽150公里,面积19,292平方公里,占陕西省总面积的9.36%,在陕西10个地市中面积居第五位。2016年年末,全市总户数82.33万户,户籍人口252.95万人,其中,城镇人口116.3万人。在总人口中,男性有133.79万人。据1%人口抽样调查结果显示,2016年年末全市常住人口237.17万人。③

---

① 参见安康市人民政府办公室:《安康市人民政府办公室关于印发2015年食品安全重点工作安排的通知》,载安康市人民政府网:http://www.ankang.gov.cn/Content - 84817.html.,最后访问日期:2015年6月4日。

② 同上。

③ 参见商洛市统计局:《商洛市政府:走进商洛》,载商洛市人民政府网:http://www.shangluo.gov.cn.,最后访问日期:2017年3月2日。

（一）商洛市经济总体发展状况

2016 年商洛市全年全市生产总值 699.3 亿元,比上年增长 10%。其中,第一产业增加值 96.65 亿元,增长 3.7%,占生产总值的比重为 13.8%;第二产业增加值 371.79 亿元,增长 12.9%,占 53.2%;第三产业增加值 230.86 亿元,增长 8.4%,占 33%。按常住人口计算,全市人均生产总值 29,574 元,比上年增长 12%。非公有制经济实现增加值 379.27 亿元,占全市生产总值比重为 54.24%。①

2016 年商洛市全年实现全社会消费品零售总额 174.93 亿元,增长 13.1%。按经营单位所在地划分,城镇消费品零售额 131.28 亿元,增长 11.8%;乡村消费品零售额 43.65 亿元,增长 17.1%。按消费形态划分,餐饮收入 18.52 亿元,增长 13.5%;商品零售 156.41 亿元,增长 13.1%。居民消费价格总指数上涨 1.8%,其中,食品价格上涨 3.5%,居住价格上涨 1%。②

2016 年商洛市根据城乡一体化住户调查,全年全市居民人均可支配收入 13,693 元,比上年增长 9%。按常住地划分,全年城镇居民人均可支配收入 25,468 元,比上年增长 8.3%。从城镇居民可支配收入来源看,工资性收入 17,140 元,增长 9.7%;经营净收入 3189 元,增长 7.6%;财产净收入 1518 元,下降 1.7%;转移净收入 3621 元,增长 7.1%。城镇居民人均生活消费支出 17,859 元,增长 9.8%。全年农村居民人均可支配收入 8358 元,增长 8.5%。其中,工资性收入 4632 元,增长 6.6%;经营净收入 1952 元,增长 8.2%;财产净收入 88 元,增长 14.3%;转移净收入 1686 元,增长 13.9%。农村居民人均生活消费支出 7045 元,增长 10.7%。③

（二）商洛市农村地区食品市场发展及监管状况

（1）农民消费能力普遍较低,消费食品考虑价格因素多,习惯于低价消费,使一些"傍名牌""山寨货"等假冒伪劣食品有了可乘之机,一些偏远山区甚至到了泛滥的程度。

（2）农村食品市场中的小作坊、小食品店、小摊贩、小餐饮等,不同程度存在证照不全、假冒伪劣、滥用食品添加剂、销售过期食品等突出问题。

---

① 参见商洛市统计局:《商洛市政府:走进商洛》,载商洛市人民政府网:http://www.shangluo.gov.cn.,最后访问日期:2017 年 3 月 2 日。

② 同上。

③ 参见商洛市统计局:《商洛市 2016 年经济发展分析报告》,载商洛市统计局网:http://www.sei.gov.cn/,最后访问日期:2017 年 3 月 2 日。

（3）新一代知识农民大量流入城市打工发展，使农村有维权意识和能力的群体严重萎缩，许多农民被消费侵权后不知道维权，或者不知道通过何种渠道维权，助长了假劣食品的泛滥。

（4）农村地域广阔，现有的监管力量难以有效地做到监管全覆盖，社会共治格局尚未形成。同时还存在监管责任不明确、执法不严、监管人员不作为、一些群众反映的问题长时间得不到解决的问题。

（三）商洛市落实食品安全监管制度的具体措施

1.健全完善食品监管机构

进一步加强和完善市、县区、镇办三级食品监管体系，保持食品药品监管机构的技术性、专业性和统一性，确保有足够的力量履行监管职能；继续抓好基层农产品质量和食品安全监管队伍能力建设，使基层监管力量得到切实加强，农村食品、"四小"食品安全得到有效保障；充实基层食品监管协管员、信息员队伍，织密监管网络；进一步加强市、县、区公安食品安全犯罪侦查专职队伍建设，持续保持打击食品安全违法犯罪高压态势。夯实"地方政府负总责、监管部门各负其责、企业是第一责任人"的责任体系。制定目标任务，逐级分解落实，推行网格化监管，确保横向到边、纵向到底，实现监管全覆盖。①

2.加强综合协调能力建设

充分发挥市县（区）食品安全委员会及其办公室的统一领导、组织协调作用，加强统筹协调、监督指导职能，督促落实地方政府属地管理责任和部门监管责任，强化督查考评，健全部门间、县区间的信息通报、联合执法、行政执法与刑事司法衔接、事故处置等协调联动机制。②

3.加快食品安全检验检测机构建设

根据全市食品产业布局和现有基础，加快市、县（区）食品安全检验检测资源整合进度，力争年底前完成市、县（区）两级整合任务。做好市、县（区）食品安全和农产品安全检验检测能力建设，建立完善强有力的技术支撑体系。加强对检测机构监督管理和资质认定，积极创造有利于第三方食品安全检验机构发展的环境，指导食品生产企业加强质量安全检测能力建设。③

---

① 参见商洛市人民办公室：《商洛市人民办公室关于印发 2015 商洛市食品安全重点工作安排的通知》，载商洛市人民政府网：http://www.luonan.gov.cn/gk/gk24/gk2401/43052.html.，最后访问日期：2015 年 5 月 14 日。

② 同上。

③ 同上。

4. 强化食品监管法规、制度建设

制定食用农产品可追溯制度,加大推行条形码、二维码的应用。探索农产品市场准入制度,推行产地证明、检验检疫证明随货通行,确保农产品质量安全。为加强"四小"食品加工经营者监管,2015 年制定出台《商洛市食品加工小作坊和食品流动摊贩管理办法》,制定并实行全市食品生产经营"一票通"制度,建立覆盖生产源头、加工、流通、消费全过程的质量追溯机制,简化进货台账登记手续,提升管理效率。在餐饮服务环节推行"明厨亮灶"工程,打造商洛餐饮"阳光厨房"新形象。为提升食品经营规范化水平,第二季度启动商洛市中心城市小餐饮和食品摊贩整规试点。为简政放权,2015 年全面推行《食品流通许可证》《餐饮服务许可证》《保健食品经营许可证》"三证合一",实行"一个窗口受理、一次性审核、核发一个证",减少重复审批,方便群众办事。①

5. 加强重点区域风险防控和高风险品种监管力度

加大对农产品主产区、食品加工业集聚区、农产品和食品批发市场、农村集贸市场、城乡结合部等重点区域的监管力度。加强对学校食堂、旅游景区、餐饮市场等就餐人员密集场所的食品安全监管。加强对农村集体聚餐进行指导,防范食物中毒事故的发生。重点做好肉制品、豆制品、调味品、酒类、火锅食品、蜂产品、水产品、桶装饮用水等高风险食品监管力度,加大对违法添加及超范围、超剂量使用食品添加剂和使用不合格食品原料加工食品等违法行为的查处力度。②

6. 加强风险隐患排查治理

开展食品生产经营主体基本情况调查统计,摸清底数、排查风险。制定并实施农产品和食品安全风险监测和监督抽检计划,加大监测抽检力度,加强结果分析研判,及时发现问题、消除隐患。进一步规范问题食品信息报告和核查处置,完善抽检信息公布方式,依法公布抽检信息。严格监督食品经营者持证合法经营,督促其履行进货查验和如实记录查验情况等法定义务。③

十、铜川市农村地区食品安全状况评价

铜川市位于陕西省中部,地处关中平原向陕北黄土高原过渡地带。东和东

---

① 参见商洛市人民办公室:《商洛市人民办公室关于印发 2015 商洛市食品安全重点工作安排的通知》,载商洛市人民政府网:http://www.luonan.gov.cn/gk/gk24/gk2401/43052.html.,最后访问日期:2015 年 5 月 14 日。

② 同上。

③ 同上。

南与渭南市的蒲城、白水、富平接壤,西和西南与咸阳市的旬邑、淳化、三原毗邻,北部同延安市的黄陵、洛川相连。铜川交通便利,是通往人文初祖黄帝陵及革命圣地延安的必经之地,距西安市区 68 公里、距西安咸阳国际机场 72 公里,西安至黄陵高速公路穿境而过,"咸铜""梅七"两条支线铁路与陇海大动脉相连,是关中经济带的重要组成部分。铜川市现辖 3 区 1 县 1 个经济技术开发区,20 个镇、1 个乡、17 个街道办事处、359 个行政村、73 个社区,面积 3882 平方公里。2016 年年末,铜川市常住人口 84.72 万人,比上年年末增加 0.1 万人。全市常住人口中,居住在城镇的人口为 53.39 万人,占 63.11%;居住在乡村的人口为 31.21 万人,占 36.89%。①

(一)铜川市经济总体发展状况

2016 年铜川市全年实现生产总值 311.61 亿元,剔除价格因素,比上年增长 7%。其中,第一产业增加值 23.91 亿元,增长 4.3%;第二产业 161.73 亿元,增长 6.3%;第三产业 125.97 亿元,增长 8.5%。按常住人口计算,人均生产总值 36,803 元。②

2016 年铜川市全年居民消费价格累计上涨 1.3%,涨幅比上年提高 0.1 个百分点。其中,八大类消费价格指数"七升一降":食品烟酒上涨 3.7%、衣着涨 1.1%、居住涨 1.2%、生活用品及服务涨 1.8%、教育文化和娱乐涨 0.3%、医疗保健涨 2.1%、其他用品和服务涨 1.5%,交通和通信下降 4.6%。工业生产者出厂价格累计上涨 0.5%,较上年提高 9.1 个百分点;工业生产者购进价格累计下降 0.2%,降幅较上年收窄 4.8 个百分点。③

2016 年分区域看,城镇实现零售额 93.34 亿元,比上年增长 12.7%;乡村实现零售额 31.63 亿元,增长 16.2%。分行业看,批发业销售额 78.52 亿元,增长 13%;零售业销售额 141.11 亿元,增长 17.3%;住宿业营业额 7.94 亿元,增长 17.5%;餐饮业营业额 21.35 亿元,增长 18.1%。④

2016 年铜川市居民收入平稳增长,全年全体居民人均可支配收入 20,630 元,比上年增长 8.7%;城镇常住居民人均可支配收入 27,594 元,增长 8%;农村

---

① 参见铜川市统计局:《铜川市政府:走进铜川》,载铜川市人民政府网:http://www.tongchuan.gov.cn.,最后访问日期:2017 年 3 月 2 日。

② 参见铜川市统计局:《铜川市 2016 年经济发展分析报告》,载铜川市人民政府网:http://www.tcrbs.com.,最后访问日期:2017 年 3 月 2 日。

③ 同上。

④ 同上。

常住居民人均可支配收入 9478 元,增长 8.5%。①

(二)铜川市农村地区食品市场发展及监管状况

1. 存在大量不法行为

一些农产品种养殖基地、畜禽屠宰场、农资销售单位、农副产品批发市场违规使用高度禁限用农药,违规存在私屠滥宰窝点和畜禽肉类注水的行为。

2. "三无食品"和假冒伪劣食品较多

一些地区制售假冒伪劣食品和假农资行动行为较为普遍,农村市场商标假冒、侵权、仿冒知名商品名称、伪造或冒用认证标志等质量标志、虚假标识等类型食品普遍存在。

3. 卫生条件不规范,规章制度不健全

食品加工小作坊、批发市场、乡镇集贸市场、农村中小学校园及其周边食品经营者和学校食堂、农村集体聚餐等,长期存在卫生条件不规范,规章制度不健全的问题。一些农村地区存在农村食品生产经营者的主体资格不合格,责任意识不强的问题。

4. 违规使用添加剂

一些食品企业使用超过保质期的食品添加剂,违规使用添加剂,农贸市场、农村集贸市场中的小作坊情况较为严重。

5. 保障能力不足

缺乏执勤必备车辆,缺少执法检测装备,乡镇食品药品监管所缺乏必要的办公条件,食品检验检测、食品药品执法监察经费保障经费不足。

(三)铜川市落实食品安全监管制度已采取的具体措施

1. 推进食品源头治理

探索建立农产品产地准出和市场准入管理衔接机制,深入开展治土、治水、治药、治肥、治添加剂行动,着力解决农兽药残留、有害物质超标、非法添加剂、假劣农资和土壤重金属污染、农业用水污染等问题。在种植业领域重点治理高毒农药违规经营、违法使用问题;在畜牧业领域重点治理使用"瘦肉精"问题,狠抓病死畜禽无害化处理,切实加强生鲜乳监管;在水产品生产领域重点治理违法使用孔雀石绿、硝基呋喃等添加剂问题。开展收储粮质量安全监测,确保市级储备粮油和军供粮油质量安全。

---

① 参见铜川市统计局:《铜川市 2016 年经济发展分析报告》,载铜川市人民政府网:http://www.tcrbs.com.,最后访问日期:2017 年 3 月 2 日。

2. 加强重点品种监管

对肉类及肉制品、乳制品、保健食品、白酒、饮料、桶装水、食品添加剂等重点品种,要加大监管力度,对清真食品组织开展联合检查。对食品生产聚集区、旅游景点餐饮区等食品安全问题多发区,以及大宗食品生产企业、跨区域流通食品企业、餐饮配送企业、大型聚餐场所等,要严格进行日常巡查和执法检查,组织开展婴幼儿乳粉企业质量安全审计。

3. 严格风险防控

健全食品质量安全追溯体系,严把市场准入关,防范不合格食品流入市场。指导风险隐患较大的企业建立内部风险管控制度,落实企业主体责任,防范安全事故发生。加大对易发问题品种的抽检频次,确保入市产品质量安全。加快实施餐饮企业"明厨亮灶"工程,接受公众监督,降低风险隐患。

4. 开展专项治理

扎实开展严厉打击食品违法犯罪行为的"飓风行动",重点打击涉盐产品制假售假、添加非食用物质、食品销售欺诈、互联网售假、制售"地沟油"、加工销售病死畜禽等违法行为。集中开展索证索票、进货查验、采购登记专项检查,组织开展"四小"规范管理、餐厨油处置等专项整治。

5. 加强应急能力建设

完善跨区域、跨部门应急协作与信息通报机制,建立健全上下贯通、高效运转的食品安全应急体系。推进市、县两级应急队伍和装备建设,组织开展多种形式的应急演练,提高快速反应、协调处置能力。①

6. 健全基层监管网络

加快食品安全监管机构改革,抓紧完成职能调整、人员划转、技术资源整合等工作,充实专业技术力量。设置综合市场监管机构的要加挂食品药品监管部门牌子,相应设置内设机构、配备专业人员,确保各项工作承接好、不断档。明确市、县、镇三级监管职责,落实食品安全管理属地责任。继续加强基层监管能力建设,推进乡镇(街办)食品药品监管所建设,认真落实全省标准化乡镇食品药品监管所建设验收标准,以考核验收推动和促进基层建设,使更多乡镇(街办)监管所通过验收,建立起重心下移、保障下倾的工作机制,打通监管"最后一公里"。②

---

① 参见铜川市统计局:《铜川市 2016 年经济发展分析报告》,载铜川市人民政府网:http://www.tcrbs.com.,最后访问日期:2017 年 3 月 2 日。

② 同上。

第四篇

完善我国农村地区食品
安全监管配套制度研究

第十四章 完善我国农村地区食品安全监管配套制度法律对策研究

自 2009 年《食品安全法》颁布至今,我国农村地区的食品安全事件依旧频发,《食品安全法》在农村地区的实施效果远不如城市。造成这种状况的原因,除长期以来存在的城乡二元结构和农村居民自身生活习惯等问题外,更主要的是《食品安全法》作为一部在全国范围内统一实施的法律,其缺乏专门针对农村食品经营主体的监管配套制度,从而使该法在广大农村地区实施的过程中监管能力明显不足。据此,提出构建食品安全监管在农村地区的配套制度,加强技术监管和信息化管理以及充分发挥社会共治等建议。

一、现阶段我国农村食品市场的发展状况

"三农"问题,一直是党和国家高度关注的问题。经过 40 年的改革开放,我国农村地区得到了巨大的发展,农村居民的经济和生活得到了明显改善。但从经济和社会领域的发展速度相比,农村居民的生活水平和经济增长速度依然明显落后于城市的发展速度。[①] 在食品市场领域,我国农村人口众多,农村食品市场巨大,但却因长期存在的城乡分离以及受制于农民生活方式、交

---

① 参见倪楠:《后改革时代城乡经济社会一体化:提出、内涵及其现实依据》,载《西北大学学报》(社会科学版)2013 年第 2 期。

易习惯和生活环境等问题,致使农村食品市场长期存在市场规范不健全,食品安全事件频发,以及《食品安全法》在农村地区落实效果不佳的现状。现阶段,造成这种现状的主要原因有:

(一)食品生产、加工环节条件简陋、质量差

作坊式生产,自产自销一直是我国广大农村地区食品生产和加工的代表,其形式主要包括小作坊、家庭作坊以及一些制售一体、制售分离或分离不清的初级农产品加工作坊。[①] 按照 2009 年国家质量监督检疫总局和标准化管理委员会发布的《食品生产加工小作坊质量安全控制基本要求》的相关规定,"小作坊"是指"从事食品生产,有固定生产场所,从业人员较少,生产加工规模小,无预包装或简易包装,销售范围固定的食品生产加工(不含现做现卖)的单位和个人。"这种作坊式的生产模式,在改革开放前 20 年,一直是农民就业增收,丰富农村食品市场以及农村食品来源的主要途径,同时它也是我国长期小农经济的一个缩影。但随着经济的增长,我国已从生存型社会进入到了发展型社会,已经从吃得饱不饱进入到吃的健康不健康的阶段,农村食品小作坊已无法满足现今农村经济社会的发展需求。特别是近些年来,农村小作坊集中表现出从业人员素质较低,卫生条件脏乱差,生熟区难以区分,缺乏必要的消毒设施,没有明确的操作规范以及存在违规使用添加剂的现象,这些问题已经严重危及农村消费者的食品安全。同时,近年来,农村地区的小食品工厂也呈现增长势头,这些小工厂绝大多数是以假冒仿冒为主,极大地扰乱了食品市场,对食品安全也缺乏必要的保障。

(二)食品流通环节三无产品多,证照不齐

长期以来,对农村食品市场流通环节的监管一直是一个难题,在农村食品市场中经营主体数量巨大,规模较小,分布较广,这也致使对农村食品流通环节的监管表现出一定的混乱。首先,农村食品市场大量存在制售假货,"五无"食品[②]以及变质过期食品较多的状况。由于农村居民长期受到生活习惯和消费能力的局限,价格因素一直是农村居民选购食品的主要考虑因素,这在一定程度上造成农村市场假冒伪劣泛滥,山寨食品"上山下乡"。加之农村居民辨别能力不强,小商户进货途径不规范,这也为假货生产经营者提供了进入农村市场的条件和渠道。其次,缺乏必要的进货检查,长期存在索证索票和进货台账不全。

---

① 参见吴春梅、朱靖:《农村食品安全监管中的基层政府职能分析》,载《消费经济》2011 年第 3 期。

② 五无食品,是指"无生产厂家、无生产日期、无保质期、无食品生产许可、无食品标签"。

经营者是保障食品安全权的第一道关卡，但农村经营者常常存在进货把关不严，只注重价格，不注重质量，更加没有完备的进货检查制度，其货品存放、储藏更是存在极大的随意性。同时，这些食品经营者由于规模较小，往往都是作坊和家庭式经营，再加上自身文化程度不高又怕麻烦，很少有经营户做到票证齐全、台账规范。最后，散装食品规模巨大，市场混乱。散装食品一直是农村食品市场消费的重要产品，在不同区域的农村其销售的散装食品又带有明显的地域特色，深受广大农村居民的青睐。但在实际制作过程中，散装食品大量存在生产加工工艺简单、违规使用添加剂、操作人员流动性强无法保障其健康状况以及卫生条件根本无法达标的问题。

（三）食品消费环节渠道单一、食品安全意识差

在市场经济条件下，企业的逐利性成为经营者追求的主要目标，由于我国农村地区在食品领域的基础设施、产供销体系，以及交通条件上都远远落后于城市，甚至在很多领域还存在空白，这直接导致大型商店和正规销售门店很少在县级以下地区设立。这些问题成为制约农村食品市场走向规模化和正规化的重要因素。首先，从农村销售主体来看，小作坊、小摊点、小商店、小超市和集市贸易是农村食品经营主体的全貌。由于长期缺乏必要的基础设施，一般在县级以下地区很难见到正规的大型超市，加之农村居民粗放的选购方式、先尝后买的交易习惯也往往造成大型超市不愿进入农村市场。其次，销售渠道单一，可选择的途径不多。商务部公布的数据显示，2015 年 1～9 月，我国电子商务网络零售交易额接近 2.6 万亿元，其中，农村网购规模约为 1830 亿元，但其中主要消费品多为大件家用电器并主要集中在县级以上地区。① 据相关数据统计，刚刚过去的"双十一"，购物的大多是城市居民，这主要是因为我国大部分村镇还没有快递集散中心，这就决定了今后在很长时间内，小经营者、集市贸易依旧是农村食品消费的主要渠道，生存型消费依旧是农村消费的主要内容。最后，农村居民自我保护意识差，鉴别能力不强，维权意识不足。近 10 年我国食品工业迅猛发展，大量造成食品危害的因素，已不简单是依靠农村消费者肉眼观察能够发现的。广大农村居民由于存在严重的信息不对称，这导致农村居民自身鉴别能力明显不足，当出现食品安全问题后也往往意识不到自己已经受到侵害，自身的维权诉求也明显没有城市居民强烈，这从一定程度也上加剧了假货泛滥

---

① 参见车丽、孙喜增：《"双十一"城市网购狂欢，农村网购快递送不到》，载央广网：http://news.cntv.cn/2015/11/10/ARTI1447122771712241.shtml.，最后访问日期：2015 年 11 月 10 日。

和食品事件频繁发生的状况。

二、食品安全监管制度在农村地区实施中存在的不足

(一) 监管人员设置不合理，缺乏技术支撑，很难形成全覆盖

首先，《食品安全法》第 6 条第 3 款规定："县级人民政府食品药品监督管理部门可以在乡镇或者特定区域设立派出机构。"该条的设置意在解决县级以下广大农村地区食品安全监管中区域较大、经营主体多而分散，监管职能部门人力严重不足的状况。但从 2012 年党的十八大后，政府消除超编人员，解聘临时人员一直是各级行政机构的一项重要工作。按照国务院资料显示，现阶段我国有 11 个区公所，19,522 个镇，14,677 个乡，181 个苏木，1092 个民族乡，1 个民族苏木，6152 个街道，即乡镇级合计 41,636 个。① 那么，按照《食品安全法》在乡镇或者特定区域设置派出机构，如果每个机构设置 2 人，无论是公务员还是事业编制，大致都需要增编 8 万余人。即使按照每个街道 2 人的配额，也根本无法应对农村食品市场的监管需求，这些人员还不包括村级监管人员的数额，这样的人员设置面对广大的农村食品市场监管明显得力不从心，对地方财政也是一种巨大的负担。

其次，技术监管已成为当下应对食品工业高速发展的重要一环，对食品安全监管今天已经不能单单依靠监管人员的个人能力。现阶段，我国大部分农村地区还缺乏快速检测设备，没有检测车等流动性监测装置，很少有地方在县一级设置检测中心，监管者在农村集市中一旦发现安全隐患，要把样本送到市级检验中心检验，等到检验结果出来，集市早已结束。正是由于监管人员配置结构的不合理以及技术手段的严重匮乏，致使现阶段很难在农村地区落实《食品安全法》提出的全程监管以及全覆盖。

(二) 对不同经营主体，缺乏针对性配套制度

如前文所述，小作坊、小超市、小餐饮、小摊贩、集市贸易以及散装食品售卖和群体性聚餐，都是农村地区食品安全监管最薄弱的环节。对于这些不同的经营主体，由于人数不同，流动性不同，生产方式和售卖方式不同而采取"一刀切"的办证式管理方式是不科学的，也缺乏相应的针对性，无法体现新法提出的预防性监管原则。同时，由于农村地区基础设施、农民的交易习惯以及农村食品

---

① 参见都芙蓉、崔洋：《农村食品安全法律制度构建的难点与路径》，载《安徽农业科学》2012 年第 4 期。

市场的发展状况不可能马上改变,这些小的经营主体在很长一段时间内依然会是农村食品市场的销售主体。那么,针对这些不同主体应采取有针对性的分类监管,对正规的要进行规范,对零散的要实施集中,对集贸市场要实施登记,对于流动的要形成举措进行监管,这样才能形成对农村食品市场不同主体的有效监管。

(三)社会力量监管基本缺失

社会共治原则是 2015 年《食品安全法》的重大举措,是希望在食品安全治理过程中调动社会各方力量,包括政府监管部门、相关职能部门、有关生产经营单位、社会组织乃至社会成员个人,共同关心、支持、参与食品安全工作,推动完善社会管理手段,形成食品安全社会共管共治的格局。① 从我国现有的社会监管的主体来看,主要包括监管职能部门、行业协会、新闻媒体,以及社会大众广泛参与监管,但在我国广大农村地区社会监管的职能长期处在缺失阶段。首先,行业协会监管。现阶段全国范围内食品行业协会也并不多见,在省市级现有的食品行业协会中,仅在正规的食品厂家间体现出的运营能力、影响力和制约力也都不强,那么,农村地区的经营主体大都是无证的小作坊、小工厂,食品行业协会更难发挥其作用。其次,媒体监管。近年来,媒体监管在城市改善食品安全环境中起到了重大的作用,一些重大食品安全事件都是由新闻媒体首先披露的。但在农村领域,新闻媒体往往因路途遥远,提供线索的人员不多以及社会关注度不高等问题,忽视对农村市场的关注,农村地区因此成为媒体监督的盲区。最后,农村居民的自我监管。长期以来法律意识淡薄,诉讼成本高,举报途径匮乏以及奖励机制不健全一直是限制广大农村居民主动举报食品安全不法行为的重要原因,这也使在农村形成了怕麻烦、怕花钱、怕耽误事不愿举报,不愿多管闲事的氛围。同时,现有的激励机制也没能有效地鼓励农村居民进行举报。

三、完善农村地区食品安全监管配套制度的法律对策

(一)组建层次分明,布局合理的农村食品安全监管队伍

农村食品市场区域大,经营者分散,流动性强,执法力量严重不足,已成为农村食品监管的缩影,这也是实际情况。2015 年 11 月国务院食品安全办等五部门下发了《关于进一步加强农村食品安全治理工作的意见》(食安办〔2015〕

---

① 参见倪楠:《食品安全法研究》,法律出版社 2013 年版,第 112 ~ 118 页。

18 号），以加强对农村领域的食品安全监管。农村食品安全监管是我国食品安全监管的重要组成部分，其涉及人口多、范围广，未来很长一段时间都将是食品安全监管工作的重点和难点。长期以来，由于历史和现实的原因造成农村地区食品安全监管形势复杂，监管难度大，监管设施老旧以及监管人员严重不足的状况。为了破解这一难题，笔者认为，应从以下几方面解决：首先，将食品安全监管产生的经费纳入同级财政统筹拨付。食品安全是关系百姓生命健康和生产生活的头等大事，同级政府作为地方行政机关应统一规划，协调城市和农村发展，实现城乡基础设施一体化以及城乡食品安全监管设备一体化。同级财政应设专项经费支持农村食品监管技术设备更新，增补监管人员编制以及专项打击各种违反《食品安全法》的不法行为，真正做到从财政上给予农村食品安全监管配合和支持。其次，组建自治性食品安全监管队伍。《食品安全法》已明确提出，可以在乡镇设置食品安全监管派出机构。但笔者认为，该机构应是指导性机构、协调性机构，应为县乡村常设的食品安全监管队伍提供技术上的支持。未来应成立"县—乡—村"三位一体的农村食品安全监管体系，同时在不过度增加地方财政负担和人员编制的基础上，在县和乡设置由食药监局直接管理的稽查大队，该大队对县乡食品经营者进行巡查，而在村级则成立食品安全自治委员会负责本村的食品安全巡查。村级食品安全自治委员会由本村村委会成员或村民代表组成，这些成员熟悉本村村情，有利于管理本村的经营者，特别是可以强化对流动商贩的监督和检查。最后，加强联动机制。《食品安全法》确立了统一监管的新食品安全监管体系，但它并不意味着农业、工商、质检等相关部门退出食品市场的监管。在农村地区，各部门依旧要在自己的权限和管辖范围内对违法行为进行打击，并且应该更多进行有针对性的专项整顿和打击，各部门要形成有效的联动机制，相互协调形成合力，这样才能在广大农村市场、分散的经营户中形成有效的监管。

（二）构建具有农村特色的食品安全监管配套制度

2009 年以后，国家不断通过加大惩罚力度来治理食品安全事件不断发生的状况，到 2014 年城市的食品安全状况已经得到明显改善，但农村地区仍然存在食品安全事件频发的状况。这主要是由于农村食品经营者与城市相比规模较小、非常分散且流动性较强，这对监管带来了非常大的困难。同时，两版《食品安全法》都将主要精力集中在制度的创建和完善上，没有给予农村食品市场更多的关注，也没有专门为农村食品市场监管设计有针对性的配套制度，这在一定程度上削弱了《食品安全法》在农村地区的执行力。下一步应根据农村不同的经营主体和重点食品安全隐患,设置专门的配套制度。

首先,建立集市贸易和大型聚餐备案制度。集市贸易一直是我国广大农村地区居民进行商品交换的初级贸易市场,它长期以来是农村居民生产生活的重要组成部分,有的大型村镇每周都会有集市,集市开集时周围村镇的居民都会来进行商品买卖。但这种存在了上百年的贸易形势,在现代市场经济下却集中成为"五无"产品集散地、假冒伪劣聚集区,特别是在食品安全领域大量充斥着不合格食品和违规使用添加剂的现象。因此,应对集市贸易进行管理和规范,要在法律的范围内实施监管。笔者认为,对集市贸易应适时实行备案制:一是在工商局备案;二是在食药监局备案。备案的意义在于,每当开集时工商部门可以来检查产品标示,食药监部门可以通过快速检测或检测车对相关食品进行抽样检查,迅速做出判断,更好地保障集市贸易的合法、安全。同时,对农村大型聚餐也应采取备案制,主要备案的机关为食药监部门。大型聚餐是农村地区的习俗,无论婚丧嫁娶还是家有喜事都要举行少则 1 日多则 1 周的聚餐活动,这种大型聚餐往往涉及人员众多。食药监部门进行备案后,应对超过一定人数规定的聚餐予以抽检,以预防群体性中毒事件发生。

其次,建立流动商贩登记制度。流动商贩走街串巷式的叫卖是我国农村地区,特别是西部农村地区贩售杂货或小食品的一种主要形式,由于上门叫卖且大都是农村居民比较受欢迎的小物品,价格一般比较低廉,至今深受消费者喜爱。但在食品领域,这种流动式商贩绝大多数没有经营许可证,没有个人卫生许可证,无法提供产品的来源,更加无法保障原材料的无毒无害。现阶段,不可能"一刀切"地禁止农村流动商贩这种形式,但首先应该对这些流动性的商贩进行登记。登记的内容主要包括:个人基本信息、经营范围、健康状况,以及产品原材料进货途径。可以通过数字化进行管理,将这些信息进行登记录入后既方便监管者日常管理、抽查和检验,也可以任普通消费者通过读取流动商贩的数字信息进行识别。

最后,规范小餐馆、小作坊审批制度。小作坊、小餐馆一直是农村食品市场的主要经营者,不能因为其规模小就忽视对其监管,放宽监管标准。长期以来由于对这些主体缺乏必要的监管,这些主体也不符合《食品安全法》规定的生产标准。因此,对于这些主体要严格落实《食品安全法》相关规定,严格规范其经营和生产过程,使其真正做到符合法律规定的生产要求。

(三)实现技术监管和信息化管理

自改革开放后,特别是近 10 年,我国食品工业迅猛发展,如今的食品安全问题已不简单的是"三无"食品问题,对食品安全的监管已不能简单停留在依靠监管人员根据手摸、眼观和品尝来进行判断。未来食品安全技术监管应成为食品安全监管的重要组成部分,成为保障食品安全的重要手段,它也是落实新《食品安全法》事前监管原则的核心手段。[①] 但长期以来,我国农村与城市之间,农村与农村之间在基础设施和食品监管技术配置上都存在很大的差异。一些农村地区,特别是绝大多数西部农村地区,还不具备快速检测能力,还没有配置流动检测车辆,食品检测体系还远远没有形成,这就在一定程度上限制了监管的效果。下一步应把技术监管纳入到食品安全监管体系中来,充分发挥技术监管的优势,更好地保护广大人民群众的利益。特别是在农村地区,技术监管能够有效地监管集市贸易、流动商贩和大型聚餐中的不安全因素并能快速作出反应。首先,建立食品安全技术监管检测体系。该体系应依托省市级农产品食品检验检测研究中心,在各县市区成立相应的农产品食品检验检测中心,在大型的集贸市场所在的镇设立小型的农产品食品检验室。这样的设置可以使技术监管成为一个体系,在体系内可以实现信息共享,技术指导和安全预警,促使监管更具有科学性,对存在的食品安全风险可以做出更准确和及时的预警。其次,要逐步实现农村食品经营者信息化管理。现今,全国许多大型城市已在广泛试点网格化管理和信息化监管,这种信息化监管在农村食品安全领域的应用更为重要。由于农村食品安全经营主体过于分散,规模较小,流动性较大,那么,采取信息化管理较之传统的登记办证模式,更加快捷便利,也方便消费者查询经营者信息和经营资质。食品药品监管部门应采取核准制,为登记申请的经营者发放技术性条码,条码记录经营者相关信息和个人信用档案,这样有利于对流动性经营者进行监管和检验,也有利于实现追溯机制。

(四)充分发挥社会共治的作用

食品安全社会共治的形成包括两个方面:一方面,由单一主体变为多元主体,即改变政府单一食品安全监管者的状况,吸引更广泛的社会力量,如非政府组织、消费者、公众、企业等共同参与到食品安全治理中,形成强大的治理合力;另一方面,由监管方式变为治理方式,改变自上而下、被动的监管方式,构建自下而上的、主动的、多元主体合作共赢的协同运作机制。[②] 我国农村地区比城市更加需要在食品安全领域形成社会共治,以解决在农村食品安全监管中监管力

---

① 参见倪楠:《对 RFID 在食品安全法可追溯机制中应用的研究》,载《陕西教育》2013 年第 3 期。

② 参见倪楠:《食品安全法研究》,法律出版社 2013 年版,第 222～223 页。

量明显不足、经营主体缺乏责任意识以及新闻媒体关注度不够的问题。

首先,在规范经营主体资格后,通过加大处罚力度,明确经营者的主体责任。现阶段,农村地区的经营者主要表现为小作坊、小餐馆、小食品工厂和小超市等,在我们对其主体资格进行规范后,应不断加大惩处力度打击假冒伪劣、"五无"产品和违规使用添加剂等违法行为,要使这些经营者变被动接受监督为主动参与,要使经营者对自己的行为进行自律,使经营者之间形成相互监督的机制,要严格落实《食品安全法》将经营者设立为第一责任人的基本原则。

其次,组建规范的食品行业协会,提供更多的下延式服务。食品行业协会应是食品行业的自律性监管机构,食品行业协会应形成合理的服务体系,更多地为农村正规食品企业提供信息服务和技术上的帮助,使其成为更加符合市场经济要求的现代食品企业,使其自觉按照《食品安全法》的规定约束自己。

再次,媒体监管应给予农村食品安全更多的关注。随着农村经济的不断发展,农村媒体建设和网络建设都已经达到一个很高的标准,广大农村居民也更加渴望通过新闻媒体来了解世界和身边发生的事,新闻媒体应起到重要的传播和宣传作用。在食品安全领域,新闻媒体有责任也有义务为保障农村居民身体健康和生命安全发挥作用。

最后,拓宽检举揭发的途径,提高激励机制。1993年《产品质量法》颁布的时候,掀起了全国打击假冒伪劣产品的浪潮,全国出现了许多职业打假人,这为日后产品质量的改善起到了很大的作用。反观2009年《食品安全法》诞生后,即使设立了10倍赔偿的激励机制也并没有掀起揭发不安全食品的浪潮,这主要是因为检举揭发的渠道过少,激励机制不足。下一步应设置专项的举报渠道,设置专门的奖金,大力鼓励农村居民进行举报。

图书在版编目(CIP)数据

中国农村食品安全监管制度实施问题研究 / 倪楠著
. -- 北京：法律出版社，2018
（长安经济法学文库 / 强力主编）
ISBN 978-7-5197-2324-8

Ⅰ. ①中… Ⅱ. ①倪… Ⅲ. ①农村－食品安全－监管
制度－研究－中国 Ⅳ. ①TS201.6

中国版本图书馆CIP数据核字(2018)第122946号

中国农村食品安全监管制度实施问题研究 ZHONGGUO NONGCUN SHIPIN ANQUAN JIANGUAN ZHIDU SHISHI WENTI YANJIU	倪 楠 著	策划编辑 沈小英 责任编辑 沈小英 张泽华 装帧设计 贾丹丹

出版 法律出版社		**编辑统筹** 财经法治出版分社	
总发行 中国法律图书有限公司		**开本** 720毫米×960毫米 1/16	
经销 新华书店		**印张** 22	
印刷 北京虎彩文化传播有限公司		**字数** 398千	
责任校对 马 丽		**版本** 2018年7月第1版	
责任印制 吕亚莉		**印次** 2018年7月第1次印刷	

法律出版社 / 北京市丰台区莲花池西里7号 (100073)
网址 / www.lawpress.com.cn
投稿邮箱 / info@lawpress.com.cn   销售热线 / 010-63939792
举报维权邮箱 / jbwq@lawpress.com.cn   咨询电话 / 010-63939796

中国法律图书有限公司 / 北京市丰台区莲花池西里7号 (100073)
全国各地中法图分、子公司销售电话：
统一销售客服 / 400-660-6393
第一法律书店 / 010-63939781/9782   西安分公司 / 029-85330678   重庆分公司 / 023-67453036
上海分公司 / 021-62071639/1636   深圳分公司 / 0755-83072995

书号：ISBN 978-7-5197-2324-8   定价：78.00元